"十二五"普通高等教育规划教材

Shipin Weishengwu Jianyan Jishu

食品微生物检验技术

何国庆　张　伟　主编

中国质检出版社

中国标准出版社

北　京

图书在版编目（CIP）数据

食品微生物检验技术/何国庆,张伟主编. —北京:中国质检出版社,2013.11(2023.4重印)

"十二五"普通高等教育规划教材

ISBN 978 - 7 - 5026 - 3857 - 3

Ⅰ.①食… Ⅱ.①何… ②张… Ⅲ.①食品微生物—食品检验 Ⅳ.①TS207.4

中国版本图书馆 CIP 数据核字(2013)第 170174 号

内 容 提 要

本书理论突出"必需、够用、实用"的原则,侧重实际操作、检验方法,介绍了食品微生物检验实验室与设备、食品微生物检验基本程序（3W）、基础实验技术、现代食品微生物检验技术、卫生指标细菌的检验、致病细菌的检验、真菌的检验、其他检验项目。本书可作为高等院校食品加工、食品生物技术、食品营养检测、食品储运与营销、农产品安全检验等专业的教材,也可供相关企业技术人员参考。

中国质检出版社
中国标准出版社 出版发行

北京市朝阳区和平里西街甲 2 号（100029）

北京市西城区三里河北街 16 号（100045）

网址:www.spc.net.cn

总编室:(010) 68533533 发行中心:(010) 51780238

读者服务部:(010) 68523946

中国标准出版社秦皇岛印刷厂印刷

各地新华书店经销

*

开本 787×1092 1/16 印张 21.5 字数 550 千字

2013 年 11 月第一版 2023 年 4 月第九次印刷

*

定价:45.00 元

序　言

近年来，人们对食品安全的关注度日益增强，食品行业已成为支撑国民经济的重要产业和社会的敏感领域。随着食品产业的进一步发展，食品安全问题层出不穷，对整个社会的发展造成了一定的不利影响。为了保障食品安全，规制食品产业的有序发展，近期国家对食品安全的监管和整治力度不断加强。经过各相关主管部门的不懈努力，我国已基本形成并明确了卫生与农业部门实施食品原材料监管、质监部门承担食品生产环节监管、工商部门从事食品流通环节监管的制度完善的食品安全监管体系。

在整个食品行业快速发展的同时，行业自身的结构性调整也不断深化，这种调整使其对本行业的技术水平、知识结构和人才特点提出了更高的要求，而与此相关的高等教育正是对食品科学与工程各项理论的实际应用层面培养专业人才的重要渠道，因此，近年来教育部对食品类各专业的高等教育发展日益重视，并连年加大投入以提高教育质量，以期向社会提供更加适应经济发展的应用型技术人才。为此，教育部对高等院校食品类各专业的具体设置和教材目录也多次进行了相应的调整，使高等教育逐步从偏重基础理论的教育模式中脱离出来，使其真正成为为国家培养应用型的高级技术人才的专业教育，"十二五"期间，这种转化将加速推进并最终得以完善。为适应这一特点，编写高等院校食品类各专业所需的教材势在必行。

针对以上变化与调整，由中国质检出版社牵头组织了"十二五"普通高等教育规划教材（食品类）的编写与出版工作，该套教材主要适用于高等院校的食品类各相关专业。由于该领域各专业的技术应用性强、知识结构更新快，因此，我们有针对性地组织了西南大学、南昌大学、上海交通大学、浙江大学、上海海洋大学、中国海洋大学、南京农业大学、华中农业大学以及河北农业大学等40多所相关高校、科研院所以及行业协会中兼具丰富工程实践和教学经验的专家学者担当各教材的主编与主审，从而为我们成功推出该套框架好、内容新、适应面广的好教材提供了必要的保障，以此来满足食品类各专业普通高等教育的不断发展和当前全社会范围内对建立食品安全体系的迫切需要；这也对培养素质全面、适应性强、有创新能力的应用型技术人才，进一步提高食品类各专业高等教育教材的编写水平起到了积极的推动作用。

针对应用型人才培养院校食品类各专业的实际教学需要，本系列教材的编写尤其注重了理论与实践的深度融合，不仅将食品科学与工程领域科技发展的新理论合理融入教材中，使读者通过对教材的学习，可以深入把握食品行业发展的全貌，而且也将食品行业的新知识、新技术、新工艺、新材料编入教材中，使读者掌握最先进的知识和技能，这对我国新世纪应用型人才的培养大有裨益。相信该套教材的成功推出，必将会推动我国食品类高等教育教材体系建设的逐步完善和不断发展，从而对国家的新世纪人才培养战略起到积极的促进作用。

教材审定委员会

2013 年 2 月

前 言
• FOREWORD •

食品安全直接关系着广大人民群众的身体健康和生命安全，影响着国民经济的发展和社会稳定。世界上越来越多的国家把食品安全视为国家公共安全的重要组成部分，各国政府对其高度重视。而食源性疾病是食品安全主要问题，其发病率居各类疾病总发病率的前列，是当前世界上最突出的卫生问题。在食源性疾病中，由病原微生物引起的疾病往往占多数，因此，世界卫生组织和各国的食品安全管理部门，对食品微生物污染问题给予了充分关注。食品微生物检验是食品质量安全控制的重要技术之一，对于控制微生物引起的食源性疾病具有重要作用。

为了保证食品安全，保障公众身体健康和生命安全，我国于2009年6月1日起实施《食品安全法》，并对食品检验做出了相关规定。新的食品卫生微生物学检验的国家标准也已于2010年6月1日正式实施。编者在新的食品卫生微生物学检验国家标准和近年来食品微生物检测技术最新发展的基础上，吸取近年来国内外同类教材的优点，编写了这本《食品微生物检验技术》，以飨读者。本书系统地介绍了食品微生物检验的生理生化试验、基本程序、原理、方法和新技术，以及实验室设计和仪器设备等。除食品病原菌以外，还介绍了部分致腐性微生物的检验方法。本书注重理论与实践相结合，力求通俗易懂，深入浅出。本书适用于本专科生以及从事食品检验的技术人员使用，既可以作为理论教材，也可以作为实验指导书或技术参考书。

本书由何国庆教授、张伟教授、宁喜斌教授、孙力军教授等人编写。编写分工为：第一章、第二章由何国庆、李云编写，第三章由王革编写，第四章由马晓燕编写，第五章、第七章第五节、第十二节、第十三节由张伟编写，第六章由陈静编写，第七章第一节、第二节由宁喜斌编写，第七章第三节、第四节由黄现青编写，第七章第六节、第七节由张帅编写，第七章第八节、第九节、第十节、第十一节由孙力军编写，第七章第十四节、第十五节由赵文红编写，第八章由邓靖编写，第九章由袁勇军、陈秋平、吕娜编写。全书由何国庆、张伟统一审定和校阅。

本书倾注了每位编者的心血，但由于编写人员的学识和写作水平有限，书中难免出现缺陷和疏漏，敬请读者和同行专家批评指正，以便今后修订、补充和完善。

编　者

2013 年 6 月

目 录
• CONTENTS •

第一章　绪　论

人类加工食品的历史可以追溯到 8 000 年前,直到现代食品工业的出现和发展,如何防止食品腐败和避免食源性疾病的传播一直是食品加工过程中需解决的基本问题。食品微生物检测在现代食品加工中起到了重要的作用,检测食品原料、加工、运输、销售和贮藏等过程中微生物种类和数量的变化,已作为监控食品品质、保证食品安全的重要手段。近年来,全球范围内重大食品安全事件不断发生,其中病原微生物引起的食源性疾病是影响食品安全的最主要的因素之一,如大肠杆菌 O157: H7、志贺氏菌、单增李斯特氏菌、空肠弯曲菌、副溶血性弧菌、耶尔森氏菌等,被公认为是主要的食源性病原微生物。此外,一些有害微生物产生的生物性毒素,如黄曲霉素、赭曲霉素等真菌毒素和肠毒素等细菌毒素,已成为食品中有害物质污染和中毒的主要因素。

第一节　食品微生物检验概述

一、食品微生物检验的概念及特点

食品微生物检验是在应用微生物学的理论与方法,研究食品中微生物种类、分布、生物学特性及作用机理的基础上,解决食品中有关微生物的污染、毒害、检验方法、卫生标准等问题的一门学科。食品微生物检验是微生物学的一个分支,是近年来形成的一门新的学科。食品微生物检验是食品检验、食品加工以及公共卫生方面的从业人员必须熟悉和掌握的专业知识之一。

不同种类的食品以及食品在不同的生产加工过程与条件下,食品中含有微生物的种类、数量、分布存在较大差异,研究各类食品中存在的微生物种类、分布及其与食品的关系,才能辨别食品中有益的、无害的、致病的、致腐的或者中毒的微生物,以便对食品的卫生作出正确评价,为制定各类食品的微生物学标准提供科学依据。食品在生产、贮藏和销售过程中,存在微生物对食品的污染问题。研究微生物对食品污染的来源与途径,采取合理措施,加强食品卫生监督和管理,防止微生物对食品污染,从根本上提高食品的卫生质量。研究食品中的致病性微生物和产毒素微生物,弄清食品中微生物污染来源及其在食品中的消长变化规律,制定控制措施和无害处理方法,研究各类食品中微生物检验指标及方法,实现对食品中微生物监测控制,是食品微生物检验学的重要任务。

食品微生物检验的主要特点如下:

1. 食品微生物检验涉及的微生物范围广,采集样品比较复杂

食品中微生物种类繁多,包括引起食品污染和腐败的微生物,食源性病原微生物以及有益的微生物。

2. 食品微生物检验需要准确性、快速性和可靠性

食品微生物检验是判断食品及食品加工环境的卫生状况,正确分析食品的微生物污染途

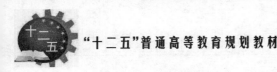

径,预防食物中毒与食源性感染发生的重要依据,需要检验工作尽快获得结果,对检验方法的准确性和可靠性提出了很高的要求。

3. 食品中待检测细菌数量少,杂菌数量多,对检验工作干扰严重

食品中的致病菌数量很少,却能造成很大危害。进行检验时,有大量的非致病性微生物干扰,两者之间比例悬殊。此外有些致病菌在热加工、冷加工中受了损伤,使目的菌不易检出。上述这些因素给检验工作带来一定困难,影响检验结果。

4. 食品微生物检验受法规约束,具有一定法律性质

世界各国及相关国际组织机构已建立了食品安全管理体系和法规,均规定了食品微生物检验指标和统一的相关标准检验方法,并以法规的形式颁布,食品微生物检验的实验方法、操作流程和结果报告都必须遵守相关法规标准的规定。

二、食品微生物检验的意义

食品微生物检验的广泛应用和不断改进,是制定和完善有关法律法规的基础和执行的依据,是制定各级预防、监控和预警系统的重要组成部分,是食品微生物污染的溯源、控制和降低由此引起的一系列重大损失的重要有效手段,对促进人民身体健康、经济可持续发展和社会稳定都很重要,具有较大的经济和社会意义。

食品微生物检验是衡量食品卫生质量的重要指标之一,是判断被检食品能否食用的科学依据之一。通过食品微生物检测,可以判断食品加工环境及食品卫生环境,能够对食品的微生物污染程度做出正确的评价,为各级卫生管理工作提供科学依据,为传染病和食物中毒提供防治措施。食品微生物检测能够有效地防止或减少食物中毒、人畜共患病现象的发生。食品微生物检验技术对提高产品质量、避免经济损失、保证出口等方面具有重要意义。

三、食品微生物检验的发展方向

食品微生物检验的传统方法有形态染色、细胞培养、生化试验、血清学分型、噬菌体分型、毒性试验及血清试管凝聚试验等。传统的食品微生物检测技术主要依靠微生物培养和生理生化实验,耗时长、效率低、敏感性差,不能及时检出食品中的病原菌。发展快速、准确、高效的现代食品微生物检测技术,可以快速检出食品中的病原微生物,迅速对食品的卫生质量作出评价,防止食物中毒的发生,有效地控制食源性疾病。随着分子生物学和微电子技术的飞速发展,快速、准确、特异检验微生物的新技术、新方法不断涌现,微生物检验技术由培养水平向分子水平迈进,并向仪器化、自动化、标准化方向发展,提高了食品微生物检验工作的高效性、准确性和可靠性。

(一)基于培养基生理生化特征的检测技术

1. 电阻抗法

电阻抗法是近年发展起来的一项生物学技术,原理是细菌在培养基内生长繁殖的过程中,可以使培养基中的大分子电惰性物质如碳水化合物、蛋白质和脂类等,代谢为具有电活性的小分子物质,如乳酸盐、醋酸盐等,这些离子态物质能增加培养基的导电性,使培养基的阻抗发生变化,通过检测培养基的电阻抗变化情况,就可判定细菌在培养基中的生长繁殖特性,即可检测出相应的细菌。该法目前已经用于细菌总数、霉菌、酵母菌、大肠杆菌、沙门氏菌、金黄色葡萄球菌等的检测。

2. 微量生化法

随着人们对快速测定细菌生化特性需求的增加,使高精密度(90%)和高重现性的商业试剂盒得以快速发展。常见的微生物鉴定用试剂盒有 MICRO - ID、API 等。API 20E 生化鉴定试剂盒由一组 20 只塑料小管组成,固定在一卡片纸上。每管中的培养基用于进行酶促反应或糖发酵试验。从营养琼脂平板上挑取可疑菌落,用生理盐水制备成适当的菌悬液,用吸管分注于各管内,滴加无菌石蜡油,然后把卡片垫板放至塑料盘中,于 36℃ 培养 18~24h,培养后观察颜色变化,并记录,输入 APILAB Plus 软件得出结果。API 创建了独特的数值鉴定法,可鉴定 15 个系列、600 多个细菌种,具有简单、快速、可靠等特点。

3. 快速酶触反应及代谢产物的检测

快速酶触反应是根据细菌在生长繁殖过程中可合成和释放某些特异性的酶,根据酶的特性,选用相应的底物和指示剂,反应的测定结果有助于细菌快速诊断。例如,美国 3M Petfifilm TM 微生物测试片可分别快速测定细菌总数、霉菌、酵母菌、大肠杆菌、金黄色葡萄球菌、大肠菌群等。

(二)分子生物学快速检测技术

1. 核酸探针技术

将已知核苷酸序列 DNA 片段用同位素或其他方法标记,加入已变性的被检 DNA 样品中,在一定条件下即可与该样品中有同源序列的 DNA 区段形成杂交双链,从而达到鉴定样品中 DNA 的目的,这种能认识到特异性核苷酸序列有标记的单链 DNA 分子称为核酸探针或基因探针。根据核酸探针中核苷酸成分的不同,可将其分成 DNA 探针或 RNA 探针;根据选用基因的不同分成两种,一种探针能同微生物中全部 DNA 分子中的一部分发生反应,它对某些菌属、菌种、菌株有特异性;另一种探针只能限制性同微生物中某一基因组 DNA 发生杂交反应,它对某种微生物中的一种菌株或仅对微生物中某一菌属有特异性。核酸探针检测技术的最大优点是特异性和敏感性。但探针检测技术中也存在一定的问题,如检测一种菌就需要制备一种探针;要达到检测量还要对样品进行一定时间的培养;探针检测是分析基因序列,对一些微生物毒素污染但不含产毒菌的食品无法检测。近年来,DNA 探针杂交技术在食品微生物检测中的应用研究十分活跃,目前,已可以用 DNA 探针检测食品中的大肠杆菌、沙门氏菌、志贺氏菌、李斯特氏菌、金黄色葡萄球菌等。

2. 聚合酶链式反应(PCR)技术

聚合酶链式反应(Polymerase Chain Reaction,PCR)技术是 1985 年诞生的一项 DNA 体外扩增技术。该技术通过对人工难以培养的微生物相应 DNA 片段进行扩增,检测扩增产物含量,从而快速地对食品中致病菌含量进行检侧。检测时,首先在高温下(95℃)使得蛋白质变性,DNA 双链变成单链,再迅速降温(55℃),使单链 DNA 退火,然后进行延伸(72℃),之后温度重新上升到 95℃,开始新的循环。经一套扩增循环(21~31 次)将一个单分子 DNA 扩增到 10^7 个分子。整个过程可以在 1h 内通过自动热量循环器完成。理论上,只要样品中含有 1 个分子微生物的 DNA,就完全可以通过 PCR 技术在短时间内检测到。这种测定方法的优点是测定结果迅速,灵敏度和特异性高,检测成本低。PCR 技术采用 DNA 扩增和自动化程序对特定的致病菌进行检测,已经成功地对沙门氏菌、大肠杆菌 O157:H7、单核增生李斯特氏菌等致病菌进行了有效测定。

实时定量 PCR(Real - time Quantitative Polymerasc Chain Reaction,RQ - PCR)技术是从传统 PCR 技术发展而来的新技术,其基本原理相同,但定量技术原理不同,是在 PCR 反应体系中加入荧光基团,利用荧光信号的积累实时监测整个 PCR 进程,通过标准曲线对未知模板进行定量分析的方法。这种方法既保持了 PCR 技术灵敏、快速的特点,又克服了以往 PCR 技术中存在的假阳性污染和不能进行准确定量的缺点。另外,还有重复性好、省力、费用低等优点,对定量检测细菌、病毒、衣原体、支原体等均有良好的检测效果。

(三)免疫学快速检测技术

1. 荧光抗体检测技术(IFA)

用以快速检测细菌的荧光抗体技术主要有直接法和间接法。直接荧光抗体检测法是在检样上直接滴加已知特异性荧光标记的抗血清,经洗涤后在荧光显微镜下观察结果。间接法是在检样上滴加已知细菌特异性抗血清,待作用后经洗涤,再加入荧光标记的抗体后在荧光显微镜下观察结果。此技术可用于沙门氏菌、炭疽杆菌检测等。IFA 方法简便、快速、经济,但有时受到样本中非特异性荧光的干扰,影响结果的判定,并且需要昂贵的荧光显微镜。

2. 免疫酶技术(EIA)

免疫酶技术是将抗原、抗体特异性反应和酶的高效催化作用原理有机结合的一种新颖、实用的免疫学分析技术。它通过共价结合将酶与抗原或抗体结合,形成酶标抗原或抗体,或通过免疫方法使酶与抗酶抗体结合,形成酶抗体复合物。这些酶标抗体(抗原)或酶抗体复合物仍保持免疫学活性和酶活性,可以与相应的抗原(抗体)结合,形成酶标记的抗原 - 抗体复合物。在遇到相应的底物时,这些酶可催化底物反应,从而生成可溶或不溶的有色产物或发光产物,可用仪器进行定性或定量。常用的酶技术分为固相免疫酶测定技术、免疫酶定位技术、免疫酶沉淀技术。固相免疫酶测定技术分为限量抗原底物酶法、酶联免疫吸附试验(ELISA)。酶联免疫吸附试验又分为间接法、竞争法、双抗体夹心法、酶 - 抗酶复合物法、生物素 - 亲和素系统。在病源菌和真菌毒素检测中,应用较多的是竞争法、双抗体夹心法。

第二节　食品中的微生物

一、食品中常见的微生物

(一)食品中常见细菌

1. 革兰氏阴性菌

(1)假单胞菌属(*Pseudomonas*)

革兰氏阴性需氧菌,无芽孢,端生鞭毛,能运动或不运动,有些菌能产生水溶性萤光色素。化能有机营养型,自然界中分布广泛,某些菌株有强烈分解脂肪和蛋白质的能力,污染食品后能在食品表面迅速生长引起变质,影响食品气味,如荧光假单胞菌(*P. fluorescens*)能在低温下生长,使肉类腐败;生黑腐败假单胞菌(*P. nigrifaciens*)能在动物性食品上产生黑色素;菠萝软腐假单胞菌(*P. ananas*)使菠萝腐烂。

（2）醋酸杆菌属（*Acetobacter*）

杆菌。幼龄菌为革兰氏阴性，老龄菌常为革兰氏阳性，无芽孢，需氧性，周生鞭毛，能运动或不运动。有较强的氧化能力，能将酒精氧化为醋酸，可用于制醋，但能引起果蔬和酒类的败坏。如纹膜醋酸菌（*Acetobacter aceti*），一般粮食发酵、果蔬腐败、酒类及果汁变酸等都有本菌参与，胶醋酸杆菌（*Acetobacter xylinum*）能产生大量黏液而对醋的生产不利。

（3）无色杆菌属（*Achromobacter*）

革兰氏阴性菌，有鞭毛，能运动。多数能分解葡萄糖及其他糖类，产酸不产气，能使禽肉和海产品变质发黏，分布于水和土壤中。

（4）产碱杆菌属（*Alcaligenes*）

革兰氏阴性菌，不能分解糖类产酸，能产生灰黄、棕黄和黄色的色素，引起乳品及其他动物性食品发黏变质，能在培养基上产碱。广泛分布于水、土壤、饲料和人畜的肠道中。

（5）黄色杆菌属（*Flavobacterium*）

革兰氏阴性菌，有鞭毛，能运动，对碳水化合物作用弱，能产生多种脂溶性而难溶于水的色素，如黄、橙、红等颜色。能在低温中生长，能引起乳、禽、鱼、蛋等食物的腐败变质。广泛分布于海水、淡水、土壤、鱼类、蔬菜和牛奶中。

（6）埃希氏杆菌属（*Escherichia*）和肠杆菌属（*Enterobacter*）

革兰氏阴性菌，前者又叫大肠杆菌属，短杆、单生或成对排列，周生鞭毛，能分解乳糖、葡萄糖产酸产气，能利用醋酸盐，不利用柠檬酸盐。大量存在于人和牲畜的肠道内，也分布于水和土壤中。在食品检验中，一旦发现了大肠杆菌，就意味着这种食品直接或间接地被粪便污染。也是食品中常见腐败菌，使乳及乳制品腐败。肠杆菌属与前者相似，但其中有些是低温菌，能在 $0 \sim 4 \,℃$ 繁殖，造成包装食品在冷藏过程中腐败变质。

（7）沙门氏菌属（*Salmonella*）和志贺氏菌属（*Shigella*）

都是革兰氏阴性杆菌，前者周生鞭毛，形态类似于大肠杆菌，但不发酵乳糖，可利用柠檬酸盐，后者不生鞭毛，它们都是重要的肠道致病菌，常污染蛋、乳和其他食品，误食污染后的食品会引起食物中毒或痢疾。

（8）变形杆菌属（*Proteus*）

周生鞭毛，能运动，菌体常不规则，呈现多形性，对蛋白质有很强的分解能力，是食品的腐败菌，并能引起人类食物中毒。广泛存在于人及动物的肠道、土壤、水域和食品中。

2. 革兰氏阳性菌

（1）乳酸杆菌属（*Lactobacillus*）

不运动，菌体杆状，常呈链状排列，常发现于牛奶和植物性食品的产品之中，如干酪乳杆菌、保加利亚杆菌、嗜酸乳杆菌，这些菌常用来作为干酪、酸乳等乳制品的发酵剂。

（2）链球菌属（*Streptococcus*）

球菌，呈短链或长链状排列，其中有些是人畜的病原菌，如引起牛乳房炎的无乳链球菌和引起人类咽喉炎的溶血性链球菌；有些菌种能引起食品变质，如粪链球菌、液化链球菌；有些菌种用于制造发酵食品，例如乳链球菌、乳酪链球菌，是用于乳制品发酵的菌种。

（3）明串珠菌属（*Leuconostoc*）

球状，成对或链状排列，能在高浓度盐和糖的食品中生长，引起糖浆、冰淇淋配料等酸败，常存在于水果、蔬菜之中。如蚀橙明串珠菌和戊糖明串珠菌可作为乳制品的发酵剂，戊糖明串

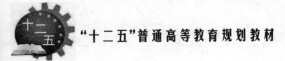

珠菌及肠膜明串珠菌产生的右旋糖酐可用于制造代血浆。

（4）芽孢杆菌属（*Bacillus*）

需氧菌，产生芽孢，该属中的炭疽杆菌是毒性很强的病原菌，其他的一些菌都是食品中常见的腐败菌，广泛分布于自然界中（土壤及空气中更为常见）。

（5）梭状芽孢菌属（*Clostridium*）

厌气或微需氧芽孢菌，能产生芽孢，肉毒杆菌是毒性极大的病原菌，嗜热解糖梭状芽孢菌（*Clostridium themosaccharolyticum*）是分解糖类的专性厌氧芽孢菌，常引起蔬菜类罐头产气变质，腐败梭菌（*Clostridium putrefaciens*）等能引起蛋白性食品变质，广泛生存于土壤、水体、动物和排泄物中。

（6）微球菌属（*Micrococcus*）和葡萄球菌属（*Staphylococcus*）

需氧性菌或兼性厌氧菌，在自然界分布广泛，如空气、水体、不洁净的容器、工具、人及动物的体表都能存在。某些菌种能产生色素，如黄色小球菌产生黄色，玫瑰色小球菌产生粉红色。这些菌的生长使食品变质，并具有较高耐热性和耐盐性，有些菌种也能在低温下生长引起冷藏食品败坏，金黄色葡萄球菌能产生肠毒素引起食物中毒。

（二）食品中常见酵母

1. 酵母菌属（*Saccharomyces*）

细胞圆形、卵圆形，常形成假菌丝，通常进行出芽及多极出芽繁殖，有性繁殖能产生 1～4 个子囊孢子。能发酵葡萄糖、蔗糖、半乳糖和棉子糖等多种糖类，产生乙醇及二氧化碳，但不发酵乳糖，可用于酿酒及面包发酵等。但也可引起果蔬、果酱等发酵变质，并能在酱油表面成白色皮膜。如鲁氏酵母（*Saccharomyces rouxii*）、蜂蜜酵母（*Saccharomyces mellis*）和啤酒酵母（*Saccharomyces cerevisiae*）。

2. 毕氏酵母属（*Pichia*）

细胞圆筒形，可形成假菌丝，子囊孢子为球形或帽形，子囊内的子囊孢子数为 1～4 个，分解糖的能力弱，不产生酒精，能氧化酒精，能耐高浓度酒精，常使酒类和酱油变质，并形成浮膜，例如：粉状毕氏酵母（*Pichia farinosa*）。

3. 汉逊氏酵母属（*Hansenula*）

细胞球形、卵形、圆柱形，常形成假菌丝，子囊孢子 1～4 个，孢子形状为帽形或球形，在液体中可形成浮膜。对糖有很强的发酵作用，主要产物是酯类而不是酒精，常危害酒类和饮料，例如：异常汉逊氏酵母（*Hansenula anomala*）。

4. 假丝酵母属（*Candida*）

细胞球形或圆筒形，有时连成假丝状，借多端出芽或分裂繁殖。在液体表面常形成浮膜，对糖分解作用强，有些菌种能氧化有机酸，如浮膜假丝酵母（*Candida mycoderma*）。

5. 红酵母属（*Rhodotorula*）

细胞球形、卵圆、圆筒形，借多端出芽繁殖，菌落特别黏稠，能产生赤色、橙色和灰黄色等色素，该属都具有积聚大量脂肪的能力，细胞内含脂量可高达 60%，但蛋白质含量低于其他酵母。在食品上生长可形成赤色斑点，如黏红酵母（*Rhodotorula glutinis*）、胶红酵母（*Rhodotorula mucilaginosa*）。

6. 球拟酵母属(*Torulopsis*)

细胞呈球形、卵圆形、椭圆形,借多端出芽繁殖,能分解多种糖,具有耐高糖及高盐的特性,常见于蜜饯、蜂蜜、果汁、乳制品、鱼、贝类及冰冻食品等食品中,如杆状球拟酵母(*Torulopsis bacillaris*)。

7. 丝孢酵母属(*Trichosporon*)

细胞呈假丝状,能形成出芽孢子和节孢子,出芽孢子可连接成短链状或花轮状,也能产生厚垣孢子,在液体表面能产生浮膜,细胞内含有的脂肪量与红酵母相似,对糖分解能力弱,常发现于酿造品和冷藏肉中,例如茁芽丝孢酵母(*Trichosporon pullulans*)。

(三)食品中常见霉菌

1. 毛霉属(*Mucor*)

菌丝绒毛状,菌丝体为无分隔的多核单细胞,可以在基质上和基质内广泛蔓延,无假根和匍匐枝。以菌丝和孢囊孢子进行无性繁殖,顶生孢子囊的孢囊梗多数呈丛生状,分枝或不分枝,孢囊梗伸入孢子囊部分称中轴,孢囊孢子为球形或椭圆形。有性繁殖形成接合孢子。有些毛霉具有强分解蛋白质的能力,并产生芳香味及鲜味,用于制造腐乳。有些种类具有较强的糖化力,可用于酒精和有机酸工业原料的糖化和发酵,常发现在果蔬、果酱、糕点、乳制品、肉类等上面,引起食品变质败坏,如鲁氏毛霉(*Mucor roxianus*)。

2. 根霉属(*Rhizopus*)

根霉的形态结构与毛霉相似,菌丝分枝,细胞多核无分隔,菌丝能伸入培养基内长成分枝的假根,连接假根匍匐生长于培养基表面的菌丝称匍匐菌丝,从假根处向上丛生直立的孢子囊梗,孢子囊梗不分枝,孢子囊梗的顶端膨大形成圆形的孢子囊,孢子囊内产生大量孢子囊孢子。能产生糖化酶和蛋白酶,常用于酿酒,并且是菌体激素、延胡索酸和酶制剂的应用菌,常会引起粮食及其制品霉变,如米根霉(*Rhizopus oryzae*)。

3. 曲霉属(*Aspergillus*)

菌丝为有分隔的多细胞,菌丝常有多种颜色,无假根,附着在培养基表面的菌丝分化为具有厚壁的足细胞,足细胞上形成直立的分生孢子梗,梗的顶端膨大成为顶囊,在顶囊的表面生出辐射状排列的一层或两层小梗,小梗顶端产生一串分生孢子,以分生孢子进行无性繁殖,分生孢子的形状、颜色、大小因不同种类而异,属半知菌类。曲霉属能产生糖化酶和蛋白酶,常作为糖化菌用于制药、酿造。分解有机质和蛋白能力强,并能引起食品霉变,某些种产生黄曲霉毒素。它们广泛分布于糕点、水果、蔬菜、肉类、谷物和各种有机物品上。

4. 青霉属(*Penicillium*)

菌丝体由分枝多有分隔的菌丝组成,菌丝可分化发育为具有横隔的分生孢子梗,分生孢子梗的顶端不膨大,顶端轮生小梗(或多级小梗)呈扫帚状,每个小梗顶端产生成串的分生孢子,分生孢子因种不同可产生青、灰绿、黄褐等颜色。未发现有性世代,能生长于各种食品上,引起食品和原料变质,某些菌种可制取抗菌素如点青霉(*Penicillium notatum*)。

5. 木霉属(*Trichoderma*)

菌丝内有横隔,菌丝生长初期为白色,分生孢子梗直立,菌丝与主梗几乎成直角,分枝多不规则或轮生,分枝上又可继续分枝,形成二级、三级分枝,分枝的末端称小梗,小梗上长出的分生孢子常黏聚成球形孢子头。有些种类能产生很强的纤维素酶,食品加工和饲料发酵上用于

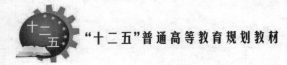

纤维素下脚料制糖、淀粉加工,如绿色木霉(*Trichoderma viride*)。木霉可引起谷物、水果、蔬菜霉变,同时也可使木材、皮革纤维品霉变,在自然界分布广泛。

6. 交链孢霉属(*Alternaria*)

菌丝有横隔匍匐生长,分生孢子梗较短、单生或成簇,大多数不分枝,分生孢子梗顶端生分生孢子,分生孢子呈桑葚状,也有椭圆和卵圆形,有纵横隔膜似砌砖状,顶端延长成喙状,孢子褐色到暗褐色,孢子常数个连接成链。广泛分布于土壤、有机物、食品和空气中。有些种类是植物病原菌;有些可引起果蔬食品的变质;有些用于生产蛋白酶或转化甾体化合物。

7. 葡萄孢霉属(*Botrytis*)

菌丝中有横隔,匍匐状分枝,分生孢子梗自菌丝上直立生出,细长,呈树枝状分枝,顶端常膨大,在短的小梗上簇生分生孢子如葡萄状,分生孢子单细胞、卵圆形。常产生外形不规则暗褐色菌核。广泛分布于土壤、谷物、有机残体、草食性动物的消化道中,是植物的病原菌,可引起水果、蔬菜败坏。本属有很强的纤维素酶,如灰色葡萄孢霉(*Botrytis cinerea*)。

8. 芽枝霉属(*Cladosporium*)

又称枝孢霉属,菌丝有分隔,橄榄色,自菌丝上长出的分生孢子梗几乎直立且分枝。分生孢子从分生孢子梗顶端芽生而出,形成树枝状短链,分生孢子呈球形或卵圆形,初为单细胞,老化后产生分隔。本属可引起食品霉变,并能危害纺织品、皮革、纸张和橡胶等物品,如蜡叶芽枝霉(*Cladosporium herbarum*)。

9. 镰刀霉属(*Fusarium*)

菌丝有分隔,气生菌丝发达,分生孢子梗和分生孢子从气生菌丝生出,或由培养基内营养菌丝直接生出粘分生孢子团,内有大量分生孢子,分生孢子有大小两种形状,大型孢子为多细胞,似镰刀状,大多有3~5个隔,少数球形、柠檬形;小型孢子大多为单细胞,少数有1~3个隔,分生孢子群集时呈黄色、红色或橙红色。有些种类能形成菌核。本菌可引起谷物和果蔬霉变,有些菌是植物病原菌,有些菌产生毒素引起人及动物中毒,如禾谷镰刀霉(*Fusarium graminearum*),还有些菌会产生赤霉素。

10. 地霉属(*Geotrichum*)

菌丝分隔,白色,菌丝进入成熟阶段即断裂为酵母状裂生孢子,裂生孢子可产生各种颜色如白色等。本属常见于酸泡菜、有机肥、腐烂果蔬及植物残体上。可引起果蔬霉烂,其菌体含有丰富营养成分,可供食用及饲料用,如白地霉(*Geotrichum candidum*)。

11. 链孢霉属(*Neurospora*)

又称为脉孢霉属,菌丝有分隔,菌丝上形成有分枝及有分隔的分生孢子梗,梗上产生成串分生孢子(单细胞)以芽生增殖,分生孢子群集时呈粉红色或橙黄色。菌体富含蛋白质和胡萝卜素,可引起面包、面制品霉变,例如谷物链孢霉(*Neurospora sitophila*)。

12. 复端孢霉属(*Cephalothecium*)

菌丝有隔,分生孢子梗单生、直立、不分枝,分生孢子顶生,有分隔,单独存在或呈链状,分生孢子为洋梨形的双细胞,呈粉红色。本菌能使果蔬、粮食霉变,例如粉红复端孢霉(*Cephalothecium roseum*)。

13. 枝霉属(*Thamidium*)

菌丝初生无隔,老化后分隔,菌丝分枝多,孢囊梗从菌丝上生出,孢子囊梗可同时生有大型孢子囊(及囊轴)和小型孢子囊(无囊轴),有性生殖产生接合孢子。本菌常出现于冷藏肉中和腐败的蛋中,如美丽枝霉(*Thamidium elegans*)。

14. 分枝孢霉属(*Sporotrichum carnis*)

或称侧孢霉,菌丝分隔,分生孢子梗有分枝,分生孢子梗顶端生出分生孢子,分生孢子单细胞,卵圆形或梨形,菌落奶油色,本属常出现于冷藏肉上,形成白色斑点,如肉色分枝孢霉(*Sporotrichum carnis*)。

15. 红曲霉属(*Monascus*)

菌丝有分隔、多核、分枝繁多,菌丝体产生的分生孢子梗与营养菌丝没有明显的区别。分生孢子着生在菌丝及其分枝的顶端,单生或成链,形成的闭囊壳球形,有柄,形成的子囊球形,内含8个子囊孢子。菌落初为白色,老熟后变成粉红色、红色至红褐色。红曲霉能产生红色色素、淀粉酶、麦芽糖酶、蛋白酶等,广泛用于食品工业上的酿酒、制醋、制红腐乳,以及作为食品的染色剂和调味剂。

二、食品中常见的致病菌

(一)沙门氏菌

沙门氏菌(*Samonella*)是一种致病性细菌,可引起细菌性食物中毒。据统计,在世界各国的细菌性食物中毒事件中,沙门氏菌引起的食物中毒常列榜首,我国食物中毒事件中也以沙门氏菌为首位。沙门氏菌主要寄居在人和温血动物的肠道内。沙门氏菌食物中毒的主要症状是急性胃肠炎。沙门氏菌对各种食品都可以造成污染,特别是动物性食品被污染的机会更多。沙门氏菌污染食品的途径主要有两种:一种为由于被屠宰的畜禽机体在生前就可能带菌,且会在机体抵抗力下降,条件适宜时进入血液、内脏和肌肉,造成动物性食品的内源污染;另一种为通过粪便污染各处环境、用具等,造成食品在原料生产、加工、运输、贮存、销售和消费等过程中被沙门氏菌污染。

(二)致病性大肠杆菌

致病性大肠杆菌(*Pothogenic Escherichia coli*)是指那些能够引起人类和动物(尤其是婴儿和幼龄动物)感染及人类食物中毒的一类大肠杆菌。本菌是一类条件性致病菌,在自然界分布广泛,但主要寄居在人类及动物的肠道内。根据各血清型的致病特点可将致病性大肠杆菌分为三大类,即产毒素性大肠杆菌、侵袭性大肠杆菌和肠道致病性大肠杆菌。大肠杆菌引起的食物中毒主要表现为急性胃肠炎的症状。致病性大肠杆菌可通过各种途径污染到食品中引起疾病发生。引起食物中毒的食品多为乳与乳制品、肉制品、水产制品等。在动物中,牛和猪的带菌是传播本菌并引起食物中毒的主要原因。致病性大肠杆菌可以从病人粪便、饮水、未消毒牛乳、肉类、病畜脏器、禽类及可能被人畜粪便污染的各种其他食物中分离出来。本菌引起的食物中毒是感染型和毒素型的综合作用。

(三)葡萄球菌

葡萄球菌(*Staphylococcus*)可引起毒素性食物中毒。在食物中毒中,葡萄球菌引起的食物中毒是一个世界范围的问题,过去在我国也是比较常见的一种食物中毒。本菌引起的食物中毒主要是由于致病性葡萄球菌产生的肠毒素所引起的。葡萄球菌在自然界分布广泛,在土壤、空气、水及生活常用物品上,特别是在人和动物的皮肤、鼻、喉及手等部位大量存在。可通过多种途径污染到食品,这些带有葡萄球菌的食品,一旦遇到适宜条件,葡萄球菌就会生长繁殖,产生肠毒素,被人食用后就可能会引起食物中毒。葡萄球菌中的金黄色葡萄球菌可通过以下途径污染食品:食品加工人员、炊事员或销售人员带菌,造成食品污染;食品在加工前本身带菌,或在加工过程中受到了污染,产生了肠毒素,引起食物中毒;熟食制品包装不严,运输过程受到污染。

(四)肉毒梭菌

肉毒梭菌(*Clostridum botulinum*)可引起严重的毒素性食物中毒,中毒是由肉毒梭菌产生的外毒素引起的,故也称为肉毒中毒。肉毒毒素是一种与神经亲和力较强的毒素,主要作用于神经系统,阻止乙酰胆碱的释放,导致肌肉麻痹和神经功能不全。肉毒梭菌为专性厌氧菌,其分布广泛,主要分布于土壤、霉干草和人、畜粪便中,在其他物品中也有分布,因此,很容易在食品的加工、运输和贮藏等过程中污染。在国外,引起肉毒中毒的食品多为各种肉类及肉制品、各种鱼、豆类、蔬菜和水果罐头等,并与生活习惯有关。欧洲各国多为火腿、腊肠、兽肉、禽肉等引起中毒;美国则多为水果罐头;日本和俄罗斯因鱼制品中毒较多。在我国,因肉制品和罐头食品引起中毒的较少,而因臭豆腐等引起的中毒较多。

(五)单核细胞增生李斯特杆菌

单核细胞增生李斯特杆菌(*Listeria moncytogenes*)是一种人畜共患病的病原细菌。它能引起人畜的李氏杆菌病。感染后主要表现为败血症、脑膜炎和单核细胞增多。该菌广泛存在于自然界中,食品中存在的单增李氏菌对人类的食品安全具有一定威胁,该菌在4℃的环境中仍可生长繁殖,是冷藏食品中的主要病原菌之一。

(六)蜡样芽孢杆菌

蜡样芽孢杆菌(*Bacillus cereus*)引起食物中毒是由于该菌产生的肠毒素。蜡样芽孢杆菌食物中毒在临床上可分为呕吐型和腹泻型两类,当摄入的食品中的蜡样芽孢杆菌数量大于10^6个/g时,常可导致食物中毒。蜡样芽孢杆菌在自然界分布广泛,常存在于土壤、灰尘和污水中,在植物和许多生熟食品中常见。目前,已从多种食品中分离出该菌,包括肉、乳制品、蔬菜、鱼、土豆、糊、酱油、布丁、炒米饭以及各种甜点等。在美国,炒米饭是引发蜡样芽孢杆菌呕吐型食物中毒的主要原因;在欧洲,大都由甜点、肉饼、色拉和乳、肉类食品引起;在我国,主要与受污染的米饭或淀粉类制品有关。

(七)志贺氏菌

志贺氏菌(*Shigella*)属的细菌通称痢疾杆菌,是细菌性痢疾的病原菌。人类对痢疾杆菌有很高的易感性,幼儿可引起急性中毒性痢疾,死亡率很高。志贺氏菌引起的细菌性痢疾,主要通过消化道途径传播,根据宿主的健康状况和年龄,只需少量病菌进入就有可能致病。志贺氏菌病常为食物暴发型或经水传播。和志贺氏菌病相关的食品包括色拉(土豆、金枪鱼、虾、通心粉、鸡)、生的蔬菜、乳和乳制品、禽类产品、水果、面包制品、汉堡包和有鳍鱼类。食源性志贺氏菌流行的最主要原因是从事食品加工行业人员患菌痢或带菌者污染食品,接触食品人员个人卫生差,存放已污染食品的温度不适当等。

(八)变形杆菌

变形杆菌(*Proteae*)为条件致病菌,一般对人体无害,但当食品中有大量活菌繁殖时,如食入胃肠道内,遇到适宜条件,便可引起食物中毒。变形杆菌不分解蛋白质,但能分解肽类,所以食品上即使有大量变形杆菌时,其感官上也无变化,但食入后可引起中毒。致病性变形杆菌引起的食物中毒是一种常见的细菌食物中毒,多因食入污染有变形杆菌的熟食肉类或凉拌菜,及吃病死畜禽肉而引起。变形杆菌在自然界中分布极广,在水、土壤、腐败有机物及动物肠道内均有本菌存在。

(九)产气荚膜梭菌

产气荚膜梭菌(*Clostridium welchii*)为厌氧芽孢菌,是引起食源性胃肠炎最常见的病原之一。可引起典型的食物中毒或暴发。患者临床特征是剧烈腹绞痛和腹泻。产气荚膜梭菌广泛分布于环境中,经常在人和许多家养及野生动物的肠道中发现。该细菌的芽孢长期存在于土壤和沉淀物中,从牛肉、猪肉、羔羊、鸡、火鸡、焖肉、红烧蔬菜、炖肉和肉汁中曾分离出产气荚膜梭菌。引起产气荚膜梭菌食物中毒的大多是畜禽肉类和鱼类食物,牛乳也可因污染而引起中毒,原因是因为食品加热不彻底,使芽孢在食品中大量繁殖所致。此外,不少熟食品由于加温不够或后污染,在缓慢的冷却过程中,细菌繁殖体大量繁殖并形成芽孢产生肠毒素,其食品并不一定在色泽和滋味上发生明显的变化,人们误食了这样的熟肉或汤菜,就有可能发病。

(十)空肠弯曲杆菌

空肠弯曲杆菌(*Campylobacter jejuni*)感染称为弯曲杆菌病,主要症状是腹泻。空肠弯曲杆菌是多种动物如牛、羊、狗及禽类的正常寄居菌。在它们的生殖道或肠道中都有大量细菌,故可通过分娩或排泄物污染食物和饮水。人群普遍易感,5岁以下儿童的发病率最高,夏秋季多见,苍蝇亦起重要的媒介作用,也可经接触感染。弯曲杆菌已从生的和未煮熟的鸡、生的和巴氏杀菌不彻底的牛奶、蛋制品、生火腿、未经氯处理的水中检出。

(十一)阪崎肠杆菌

阪崎肠杆菌(*Enterobacter sakazakii*)为条件致病菌,可引发婴幼儿和免疫力低下人群感染得病,甚至死亡,治愈后仍可能引发后遗症,包括严重发育延滞。婴儿配方奶粉可以是阪崎肠杆菌致病的直接来源、非直接来源和传播手段。阪崎肠杆菌从不同环境和食物中均能分离出来,如水、生物膜、温泉、水稻种子、啤酒杯、咸肉、发酵的面包、莴苣、豆腐、酸茶、奶酪、牛肉末、香肠、蔬菜等食物和饮料。由于这种微生物并不是动物和人的正常菌群,因此土壤、水和蔬菜可能是食物中阪崎肠杆菌的最初来源。

(十二)椰毒假单胞菌酵米面亚种

椰毒假单胞菌酵米面亚种(*Pseudomonas cocovenenans supsp. farino fermentans*)是我国发现的一种新的食物中毒菌,它存在于发酵的玉米、糯玉米、黄米、高粱米、变质银耳以及周围环境中,它是酵米面及变质银耳中毒的病原菌。该菌产生的毒素米酵菌酸是其致病原因。我国东

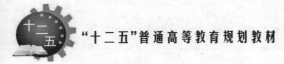

北和南方一些地区有食用酵米面的习惯。而酵米面贮存不当,极易被椰毒假单胞菌污染,引起严重的食物中毒。

(十三)副溶血性弧菌

副溶血性弧菌($Vibro\ parahaemolyticus$)是常见的引起食物中毒的病原菌。本菌引起的中毒多发生在沿海地区,多发生于夏季。致病性副溶血性弧菌中毒常表现为三种类型,即由肠毒素引起的毒素型,活菌侵入肠黏膜引起的感染型以及两者共同引起的混合型。一般认为本菌引起的食物中毒是由于摄取带有大量活菌的食物所致,人摄入 10^5 个活菌即可引起轻度中毒,摄入量超过 10^7 个就可引起明显中毒。引起副溶血性弧菌中毒的食品主要是海产品,其次是畜禽肉、蛋类食品。据我国调查,在本菌引起的食物中毒的病例中,海产品占 65% ,畜禽肉、蛋占 35% ,而肉类食品中盐腌食品占一半以上。

(十四)小肠结肠炎耶尔森氏菌

致病性小肠结肠炎耶尔森氏菌($Yersinia\ enerocolitica$)是 20 世纪 30 年代引起注意的急性胃肠炎型食物中毒的病原菌,为人畜共患病。耶尔森氏菌病典型症状常为胃肠炎症状、发热,亦可引起阑尾炎。本菌的易染人群为婴幼儿,常引起发热、腹痛和带血的腹泻。小肠结肠炎耶尔森氏菌分布很广,可存在于生的蔬菜、乳和乳制品、肉类、豆制品、沙拉、牡蛎、蛤和虾,也存在于环境中,如湖泊、河流、土壤和植被。已从家畜、狗、猫、山羊、灰鼠、水貂和灵长类动物的粪便中分离出该菌。在港湾周围,许多鸟类包括水禽和海鸥可能是带菌者。

(十五)黄曲霉

黄曲霉菌($Aspergillus\ flavus$)是最常见的产毒真菌,也是人类研究最多的一种真菌。该菌能产生黄曲霉毒素,属剧毒物质,其毒性比氰化钾大 100 倍,仅次于肉毒毒素,是霉菌毒素中最强的。癌性黄曲霉毒素是目前已知的最强烈的致癌物质之一。动物长期低水平摄入黄曲霉毒素,或短期摄入后长期观察均可见到,以诱发肝癌为主,也可诱发其他部位的癌症瘤。黄曲霉毒素主要污染粮油食品及其制品、与粮油相关动物性食品以及其他食品等,如花生、玉米、大米、小麦、豆类、坚果类、肉类、乳及乳制品、水产品等,均有污染黄曲霉毒素的可能性。其中,以花生和玉米污染最为严重。家庭自制的发酵食品也能检出黄曲霉毒素,尤其是高温高湿地区的粮油及其制品的检出率更高。

第二章 食品微生物检验实验室与设备

第一节 食品微生物检验实验室的设计

一、食品微生物检验实验室的设计与要求

自从发生"非典"事件以后,实验室的生物安全越来越受到重视。我国政府部门颁布并实施了相关法规、管理条例和标准,如 GB 50346—2011《生物安全实验室建筑技术规范》、GB 19489—2008《实验室 生物安全通用要求》、WS 233—2002《微生物和生物医学实验室生物安全通用准则》和国务院第 424 号令《病原微生物实验室生物安全管理条例》等,这些标准和条例成为微生物实验室生物安全管理工作的有力保障和依据。

实验室建设是进行食品微生物学检验的前提条件,实验室建设的主要目标是为微生物学试验提供一个安全、规范、方便、适宜的场所。实验室的设施和环境条件是非常重要的一个子系统,必须事先精心策划实施。

(一)微生物实验室的选址

依据实验室所处理感染性食品致病微生物的生物危险程度,可把食品微生物实验室分为与致病微生物的生物危险程度相对应的四个级别,其中一级对生物安全隔离的要求最低,四级最高。不同级别食品微生物实验室的规划建设和配套环境设施不同。食品微生物实验室的设施建设和环境应符合 GB 19489—2008,GB 50346—2011 等标准的要求。

食品微生物实验室的选址应考虑和周围环境的关系。应选择在清洁安静,光线充足,通风良好的场所,远离生活区、商业街、交通要道,企业的实验室要设置在距离生产车间较近但又有一定距离的地方。一级和二级生物安全实验室可共用普通建筑物,宜设在建筑物的一端或一侧,与建筑物其他部分可相同,但应有控制进出的门和防止昆虫、啮齿动物入内的设置。三级生物安全食品微生物也可共用普通建筑物,但应自成一区,宜设在建筑物的一端或一侧,与建筑物其他部分以密封门分开。四级生物安全食品微生物实验室应建造在独立的建筑物内,也可以和其他较低级别的食品微生物实验室共用建筑物。该实验室应远离公共场所和居住建筑,其间应设置隔离带,主实验室离外部建筑物距离应不小于外部建筑物高度的 1.5 倍。

(二)实验室的设计

实验室的设计应以获得可靠的微生物检验结果为重要依据。实验室应具有进行微生物检测所需的检测设施(专用于微生物检测和相关活动)及辅助设施(如大门、走廊、管理区、样品室、清洁间、储存室、文档室等)。食品微生物实验室平面布局设计参考图如图 2-1 所示。特殊设备要在特定环境下放置和操作。实验室的工作人员应多参与设计中的一些决策,其意见会最终影响到其工作环境和工作条件。可以由实验室人员草拟一个平面布局图,注明各区域

的名称、功能和所需面积以及对结构、层高、通风、给排水、供电、网络、门窗、墙面、地面、顶棚等方面的特殊要求。

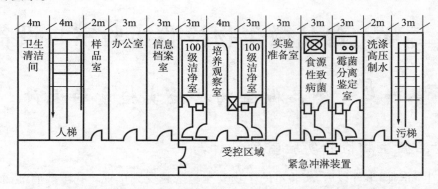

图2-1　食品微生物实验室平面布局设计参考图(外廊式7.5×40=300m²)

1. 实验室的布局

实验室规模和生物安全等级不同,布局设计也各有不同。食品微生物实验室应自成一体,工作区域特别是需要在无菌条件下工作的区域应有控制出入的门,在出入门口设置明显的禁止或限制无关人员进入的标识,并对该区域进行有效的控制、监测和记录。实验室总体布局和各区域的安排应符合实验流程,尽量减少往返或迂回,降低潜在的对样本污染和对人员与环境的危害,采取措施将实验区域和非实验区域隔离开来。

食品微生物实验室的房屋一般是位于建筑物的一端或一侧,由多套房间组成。根据不同用途,可分为贮藏室、培养基制备室、动物房(如果有动物的话)、无菌室、仪器室、培养室、微生物鉴定室、洗刷室、消毒灭菌室、样品室(存放收到的待检验样品以及保存已检验的样品),房间之间相互隔离。如都安置在一个大实验室内,则无菌操作区与清洗、消毒灭菌区应分别位于两端,而培养基制备、贮藏和培养区位于此两区之间。在实验室禁止吃东西、喝饮料,所以需要为这些活动另外提供适当的区域。此外,要考虑设计办公室、洗手间、接待室、档案室、实验数据处理室等。

(1)无菌室

无菌室通过空气的净化和空间的消毒为微生物实验提供一个相对无菌的工作环境,无菌室是处理样品和接种培养的主要工作间。无菌室一般由两个缓冲间、一个操作间组成,缓冲间和操作间应有样品传递窗,出入操作间和缓冲间的门不应直对,若条件允许,可按照清污分流的原则,人流、物流分开,避免交叉污染,而且人流通道为一缓、二缓(更衣)和三缓(风淋)三个缓冲间。物流通道为传递窗口,传递窗口的两道门要有连锁装置。无菌室应六面光滑平整,无缝隙、不起灰、不落尘、耐腐蚀、易清洗,墙壁与地面、墙壁与天花板处应圆弧形,以便于清洁,操作间不得安装下水道。

无菌室的照明灯应嵌装在天花板内,采光面积要大,光照分布均匀。缓冲间和操作间要有紫外线杀菌灯,用于空气消毒。无菌室内应安装调温装置,如果没有中央空调,可采用柜式空调控制室内温度,但不能将柜机直接安装在实验室内。

对于生物安全柜、无菌室的无菌操作区域,应制定文件化程序定期进行沉降菌的监测,定期监测是必需的。沉降菌监测时,培养皿应放置在有代表性的地点或位置,暴露15min,或暴露至正式实验结束,盖上平板盖并倒置平板,于36℃培养48h。细菌数应<1CFU/皿。如果使用尘埃粒子计数器检测,则≥0.5μm尘埃粒子的数量应<3.5个/L。

无菌室在使用前和使用后必须进行消毒,尤其是在使用后要及时消毒、清洁工作台面和地面,再用紫外灯辐照灭菌20min。操作人员进入无菌室应先关掉紫外灯,人员进入无菌室要着无菌衣、帽、口罩和专用鞋,非工作人员不得随意进入。需要带入无菌室间使用的仪器、器械、平皿等一切物品,均应包扎严密,并应经过适宜的方法灭菌。如有菌液洒在桌上或地上,应立即用5%石碳酸溶液或3%的来苏尔溶液倾覆在被污染处至少30min,再做处理。工作衣帽等受到菌液污染时,应立即脱去,高压蒸汽灭菌后洗涤。操作完毕,应及时清理无菌室,再用紫外灯辐照灭菌20min。带出无菌室的带菌废弃物要消毒灭菌后再进行清洗或废弃,严禁污染下水道和垃圾桶。

（2）培养室

培养室对无菌的要求不如无菌区严格,但要求清洁无尘,应设置在干扰少且非来往穿行的区域。培养室一般挨着无菌室,其主要设备是培养箱与边台。培养霉菌的培养箱不应与培养细菌的培养箱放在同一个培养室。

（3）培养基制备室

培养基室是制作、配制微生物培养所需培养基及检验用试剂的场所,其主要设备应为边台与药品柜。边台上要放置电炉,以满足熔化煮沸培养基时用;边台材料要耐高热、耐酸碱;药品柜分门别类存放一些一般药品及试剂等;危险、易腐易燃有毒有害药品单独设保险柜存放;边台上要放天平,以称取药品用。

（4）贮藏室

贮藏室要求是取放物品方便,用于贮存样品、设备、化学药品和玻璃器皿等。其主要设备应为各类冰箱、干燥箱等。此环境也要求清洁无尘。

（5）清洗、消毒灭菌室

清洗和消毒灭菌室应与其他区域分开,用以消毒洗涤待用与已用的玻璃器皿、培养基及污物。为满足洗涤消毒的功能,消毒室应设有洗涤池,洗涤池上下水网要畅通;器皿柜或实验台用来放置洗涤好的器皿;要注意高压灭菌锅所用电源应满足用电负荷;此外,室内应安有通风装置（通风柜）或换气扇。

2. 实验室的开间、进深和层高

实验室的开间主要取决于实验人员活动空间以及工程管网布置的必需尺寸。实验室的进深关系到实验台的长度、实验室的面积、采光通风、结构布置等方面的问题,一般为5 000～7 000mm。实验室开间和层高的确定可能会受到实验室建筑结构的制约,在可能的情况下,要尽量使得实验室在摆放了实验台和仪器、设备后,还为实验人员的正常工作留有充足的活动空间。一般情况下,实验台与实验台之间的距离要达到1 500～1 800mm,至少也要达到1 250mm,这样两边的实验台都可以有人工作。中央实验台与墙壁的距离要达900mm以上。

实验室的层高一般为3 600～3 800mm,净高2 600～3 000mm。洁净室的净高由于结构原因要比一般实验室低一些。

3. 实验室的供电

电源应有足够的容量,使其能承受实验场所所有设备同时启动的用电负荷,根据仪器要求,安装稳压系统、接地电阻等安全保护装置。每个实验室的功能不同,用电量也不一样,计算每个房间的最大用电量,对高耗电设备的供电予以特殊考虑。设计用电量时应为以后的发展留有余量;生物安全级别较高的实验室应设计双路独立供电,或设计备用发电机组。条件不具备时可以另设不间断电源,不间断电源的供电能力要求不少于45min。备用发电机对于保证主要设备(如培养箱、生物安全柜、冰箱)的正常运转都是必要的。

每个房间内要有三相交流电和单相交流电,最好设置一个总电源开关箱,嵌装在室内靠近走廊一面的墙内。这样做,不仅从走廊引线方便,控制检修也方便。每一个实验台都要设置一定数量的电源插座。这些插座应有开关控制和保险设备,以防发生短路时影响整个实验室的正常供电。插座设置应远离水盆和煤气。保证实验室内所有活动的充足照明,避免不必要的反光和闪光。为实验室配备应急照明,以保证人员安全离开实验室。因实验室可能会有腐蚀性气体,所以宜选择铜芯电线。

4. 实验室的给排水

实验室必须保证充足供水,以满足实验用水、消防用水的需要。每个实验室房间都应设置洗手池。对实验室的日最大用水量和小时最大用水量都应有一个计算。设计时据此确定水管规格。

实验室用水的水质除一般要求外,还需要软化水或蒸馏水。应设置专门装置解决。出于安全的考虑,实验室应设置紧急淋浴器和冲眼设备。

需要用水的场所应安装水龙头和耐化学腐蚀的下水道,需要严格防潮的场所不应有出水口。实验室的排水设计应保证排水的通畅。对于酸性水和碱性水应予以中和后排放,对于微生物性污水应妥善处理达到排放标准后再排放。

5. 实验室的通风

有温湿度要求的实验场所应安装空调、除湿机,需要低温保存的物品应配备冰箱、冷柜。实验室应有足够的通风橱,使所有会产生毒气的操作都在通风橱内进行,风机的抽风力应达到良好排气效果,同时可设计自然通风和安装排风扇,以保持换气和通风。

6. 实验室的橱柜

实验台(工作台)、通风橱和试剂架等是实验室必不可少的橱柜。实验台是实验室活动的中心。一般的实验台高度是850mm,边台宽度750mm,中央台宽度1 500mm。实验台本身应使用易清洁、耐腐蚀、密实无孔的材料制作,不应有裂缝,不应有暴露的接头缝隙或其他缺陷,因为在这些地方微生物可能会得以滋生。实验台应坚固,能承受预期的质量并符合使用要求。实验台表面应能防水、耐热、耐有机溶剂、耐酸碱和耐用于工作台面及设施消毒的其他化学物质。常用的台面材料有酚醛树脂板、耐酸碱实心理化板、不锈钢、贴面高密度板、木板等。实验台的下面可用于安放小橱柜和抽屉,但应留有便于地面卫生清洁的空间,每个实验台下面宜留有一两个伸膝凹口,凹口宽度600～1 100mm,这样检验员坐下的时候能够很容易靠近工作台。实验台上应配备有足够的气源、真空吸引器、压缩空气、电、蒸馏水、冷热自来水等。有些实验室设备(比如水浴锅、振荡器等),严禁与显微镜和分析天平等精密设备放在同一工作台上。天平台应设计有防震装置。

试剂架应设计有平开门或推拉门,搁板的边缘设有突缘,防止试剂不慎跌落。设置在实验台上的试剂架不宜过宽,以能够并列放置两个中型试剂瓶(500mL)为宜,通常为300mm左右。

微生物实验室宜用净化通风橱。通风橱的台面和内部挡板以及风机和风管均应是由耐腐蚀材料制成。每个通风橱都应有自己独立的供气、供水、压缩空气和供电系统。

在许多微生物实验室墙面空间也是被利用起来的,即在一面墙空间加上搁架,并封装起来形成橱柜,提供一个防尘环境,用来存放培养基、化学药品和其他材料,安装玻璃门。除了在拿放东西时,这些门都应一直保持关闭状态。

(三)其他

实验室可安装通信网络系统,使实验室运用计算机程序实现流程控制、数据传递、信息共享、统计分析等电子化管理。

实验室应配备安全防护设施和抢救药品,所有工作人员应掌握消防器材的使用方法,以便能在发生紧急事故时尽可能减少人身伤害和财产损失,应定期检查以下重要设施和物品的有效性:①试验烟雾自动报警器的感应是否灵敏;②喷淋装置能否正常喷水;③灭火器材是否有效;④防护用具和抢救药品是否及时得到补充,并在有效期内。

二、食品微生物实验室规范

(一)实验室安全操作规范

1. 一般作业要求

①限制或禁止非工作人员进入微生物检验实验室的工作区域。

②在工作区域内,必须使用专用的防护性外衣、大褂、罩衫或制服。微生物检验的工作人员及外来学习人员到非工作区域(如食堂、图书馆、办公室、车站等公众场所)时,防护服必须留在工作区域内,高压灭菌后,在微生物检验洗衣房中洗涤,严禁带回家中。

③用移液器、吸耳球等机械装置移液,严禁用嘴移液。

④进行检测作业时必须关上操作间的门窗,工作人员必须戴护目镜、口罩、帽子和袖套,保护好面部和手。所有的操作过程应尽量细心,避免食源性致病微生物培养物溅出或产生气溶胶。

⑤实验完毕、下班前、活体溅出或溢出时,都应使用对食源性致病微生物有效的消毒剂(75%酒精)进行台面消毒。

⑥严禁在工作区域饮食、吸烟、清洗隐形眼镜、佩戴首饰和化妆。食物应存放在工作区域以外的专用橱柜或冰箱中。

⑦所有包裹在被带入实验室前,均应经过肉眼安全检查,含标本、细菌、病毒分离株或生物毒素的包裹,应在安全橱或其他适当的防扩散装置中打开。

⑧可能接触潜在传染源、被污染的表面或设备时,要戴手套,明显污染的手套要高压灭菌处理;所有的培养物、贮存物及其他规定的废物在处理前,均应使用有效的消毒方法进行消毒,如高压灭菌。

⑨备用的标准菌株应贮存于上锁的贮存室、橱柜或低温冷柜,由专人负责管理。

⑩在紧急事故(如菌株外泄、毒素外泄、划伤、擦伤、失火、触电、中毒等)发生时,立即上报食品实验室负责人、微生物检验负责人或其他资深人员,以便他们在事发时合理、妥善处理有关安全问题,并要进行记录。

2. 特殊作业要求

①在开展有关食源性致病微生物检测工作时,实验室领导和微生物检验负责人应禁止或

限制外来人员进入实验室。一般情况下,易感人员或感染后会出现严重后果的人员,不允许进入食源性致病微生物检测实验室。实验室领导和微生物检验负责人对每种情况的估计和决定谁能进入食源性致病微生物检测实验室工作,负有最终责任。

②微生物检验负责人应制定规章和程序,只有告知潜在风险并符合进入食源性致病微生物检测实验室特殊要求的人,才能进入。

③食源性致病微生物检测实验室入口处贴有生物危险标志,并显示以下信息:有关食源性致病微生物、生物安全级别、负责人姓名、业务联系电话、在实验室中必须佩戴的个人防护设施、出实验室所要求的程序。

④建议食源性致病微生物检测实验室工作人员接受适当的体检和注射疫苗。

⑤微生物检验负责人为食源性致病微生物检测实验室工作人员特别制定的标准操作程序或生物安全手册中,应包括生物安全程序。对于有特殊风险的人员,要求阅读并在工作及程序上遵照执行。

⑥微生物检验负责人保证实验及其辅助人员接受适当的培训,包括和工作有关的可能存在的风险、防止暴露的必要措施和暴露评估程序。当程序必需改变时,有关人员必须每年更新知识,接受附加培训。

⑦对于污染的锐器,必须时刻保持高度的警惕,包括针、注射器、玻片、加样器、玻璃毛细吸管、手术刀。针和注射器或其他锐器的使用应限制在实验室内,可以用其他器具的,就不要用锐器,可能时,用塑料器具代替玻璃器具;注射和吸取感染材料时,只能使用针头固定注射器或一次性注射器(即注射器和针头是一体的)。用过的一次性针头必须弯曲、切断、破碎、重新套上针头套、或小心放入不会被刺穿的专用收集废弃锐器的容器中,在丢弃前进行高压灭菌处理或用有效消毒剂处理。非一次性锐器必须放置在坚壁容器中,转移至处理区消毒,最好高压杀菌。打碎的玻璃器皿不能直接用手处理,用其他工具(如刷子和簸箕、夹子或镊子)清理。

⑧食源性致病微生物培养物、体液标本或具有潜在致病性的废物要放入带盖的容器中,以防在收集、处理、贮存或装卸过程中泄漏。发生菌株泄漏时,应用有效的杀菌剂与泄漏的菌株混合,同时盖上浸油消毒剂的纱布灭菌15~30min,然后清理干净。

⑨在有关食源性致病微生物的检测工作结束后,尤其是食源性致病微生物样本溅出或洒出后,食源性致病微生物工作区域的设备和工作台面应当使用有效的消毒剂消毒。污染的设备在送去修理、维护前,应消毒。

⑩溅出或偶然事件中,明显暴露于食源性致病细菌时,要立即向实验室领导和微生物检验负责人报告,进行适当的医学评估、观察、治疗,保留书面记录。

(二)仪器设备的管理与维护

1. 设备的维护

设备的安装和布局应便于操作,易于维护、清洁和校准。实验室应设专人负责仪器设备档案的建立,负责仪器设备的校准、维修和状态控制。大型仪器设备应设有仪器设备主管人,并根据文件要求,负责仪器设备的日常维护和保养。实验室的设备应定期验证和进行维护,以确保设备处于良好工作状态。设备的维护和性能验证应根据使用频率在特定时间间隔内进行,并保存相关记录。

在检测过程中,如果发现仪器设备损坏或出现异常情况,使用人员应立即停止使用,及时报告仪器保管人或设备管理员,说明故障情况,分析原因和提出排除故障的方案。如需联系维修,应及时与生产厂家或设备维修部门取得联系,争取在尽可能短的时间里使设备恢复正常,同时做好整个过程的记录工作。特别严重的故障修复情况要报设备管理部门备案。仪器在停用维修阶段,应有明显标示,以免误用,有条件的实验室应将出现故障的仪器设备放置在合适的地方直至修复。必要时还应该检查对以前结果的影响。如果对以前的结果有影响,涉及重大的不符合工作,应按照纠正措施控制程序执行。

2. 玻璃器皿的清洗

新购买的玻璃器皿因含有有机物和游离碱,使用前分别在5%氢氧化钠(去除有机物)浸泡和3%稀酸(去除游离碱)中浸泡过夜,如果 pH 不为中性,要继续重复浸泡。新的三角瓶或试管的塑料盖或帽也都应经过处理,除去上面的有害物质。将它们浸在蒸馏水中,经过两次高压灭菌或连续两次用热去污剂洗涤,然后晾干。

带油污的玻璃器具的清洗,凡沾有凡士林或石蜡,且未曾污染菌的玻璃器皿,洗刷前,尽可能的去除油污,可先在 50g/L 的碳酸氢钠溶液中煮两次,再用洗洁精和热水洗刷。

污染微生物的玻璃制品的清洗方法具体如下。①带菌的移液管及滴管:可将染菌的移液管或滴管投入 3% 的来苏水或 5% 石炭酸溶液内浸泡过夜,经高压灭菌后,用自来水和蒸馏水冲洗干净。②其他带菌的玻璃器皿:污染的器具在清洗前进行高温消毒。污染的试管经过灭菌后,趁热倒出其中的培养基,然后用含有清洁剂的热水洗刷,最后用清水进行淋洗后干燥。培养后的培养皿要放置到适宜的容器中经高压蒸汽灭菌,不宜直接将平皿放入灭菌器内,防止琼脂融化后流出平皿外,堵塞排气孔。清洗后的玻璃器皿应明亮干净,无酸、碱和有毒残留。

3. 防止设备的交叉污染

需要加以注意的是避免来自设备的交叉污染,例如当设备需要丢弃时,应该对其清洗和灭菌。理想条件下,实验室应具有用于不同灭菌目的的独立高压灭菌器,分别用于试验废弃物的灭菌和培养基、玻璃器皿等的灭菌。此外,实验中所使用的一次性设备以及重复使用的玻璃器皿等也应确保处于无污染的状态。

（三）试剂与培养基

1. 试剂的接收与管理

实验室要确保所购买的、影响检测质量的供应品、试剂和易耗品,在经检查或确认符合有关检测方法中规定的标准规范或要求之后才能投入使用。应保存有关符合性检查的记录。实验室在初次使用对检测起决定作用的试剂或培养基时,应使用有证的国家或国际质控微生物/标准微生物,进行验证并记录,不得使用未达到相关标准要求的试剂。试剂或培养基超过保质期,一般不建议使用。

试剂、易耗品和其他物品经验收后,试剂管理员应及时根据采购物品存放区域的划分进行分类贮存,并建立贮存物品清单,清单应列明物品的名称、规格型号、数量、产地、生产日期、保质期等。实验室应根据化学药品和培养基的性质,结合其使用、存贮、废弃的特点进行管理。微生物检测试验中所配制的所有试剂,包括贮存液、培养基、稀释剂、悬浮液等,都应进行记录,并在存放的容器上进行标识。

2. 培养基的管理

培养基是微生物检验的关键实验材料,食品微生物检验实验室必须对自配或购买的培养基的可靠性采用一定的方法进行鉴定,以确保培养基的有效性。使用商品化脱水合成培养基制备培养基时,应严格按照厂商提供的使用说明配制,如:质量/体积、pH、制备条件、灭菌条件、操作步骤等。当使用独立成分制备培养基时,按配方准确配制,记录所有配制步骤。另外,记录所有使用成分的特性(如:代号和批号等)。所有污染的和未使用的培养基的弃置应采用安全的方式,而且要符合国家和地方法规的规定。

(四)标准培养物

对于食品微生物实验室,标准物质则一般仅指标准菌株。微生物标准菌株的保存、使用和管理是食品微生物实验室的一项重要工作。按照 GB/T 27025—2008 中关于标准物质的规定,微生物标准物质应严格其保存、使用、管理及确认程序。如果菌种管理不善,不仅会造成标准菌株的浪费、检验结果不准确,还会发生危害实验人员、危害社会的安全事故。

1. 标准菌株的来源

对于微生物实验室,标准培养物是标准菌株、标准贮备菌株和工作菌株的统称,其中,标准菌株一般是从标准菌株保藏中心获得的真空保存的菌株。标准菌株的源头是专门的菌种保藏机构的菌株,如 ATCC(American Type Culture Collection,美国典型培养物保藏中心)的菌株或商业来源的 ATCC 演化菌株、其他国外权威菌种保藏机构或我国国家菌种库贮存的各级标准菌株等。保藏中心提供的菌株都有固定的编号(菌株号)。如:来源自中国医学微生物菌种保藏管理中心的金黄色葡萄球菌 CMCC(B)26003。

2. 标准贮备菌株的制备与传代

来自菌株保藏中心的标准菌株经过传代培养,经过确认试验确定其纯度和生化特征符合要求后,可制备多份用于贮备的标准菌株,称为标准贮备菌株。

检查完纯度的复活后的培养物制备成菌悬液,液体选用 TSB、无菌脱纤维羊血、兔血或脱脂牛奶,其中包含终浓度为 10%~15% 的甘油。将菌悬液分装到无菌冻存管中。标准贮备菌株应制备多份,并采用超低温(-70℃)或冻干的形式保存。建议标准贮备菌株最多向下传 3 代,就应更换质控菌株。所有的标准培养物从贮备菌株传代培养次数不得超过 5 次,除非标准方法中要求并规定,或实验室能够提供文件化证据证明其相关特性没有改变。标准菌株、标准贮备菌株和工作菌株的传代关系见图 2-2。

微生物实验室所使用的标准菌株

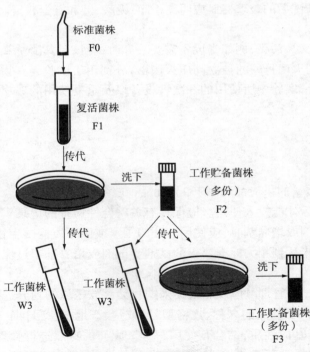

注:按上述程序继续,下一代菌种制备好后,将上一代菌种灭菌后丢弃。当传代至第5代(F5)时,需重新购买新的冻干菌株,开始新的一轮。

图2-2 标准菌株、标准贮备菌株和工作菌株的传代关系

的销毁要求。如果标准菌株出现了老化、退化或变异、污染等情况,经确认试验不符合的或该菌种已无使用需要的,应及时销毁。

第二节 食品微生物检验实验室主要的仪器与设备

应根据实验室的实际情况和检验项目选择和配备合适的仪器、设备。食品微生物检验实验室常用的仪器设备主要有:显微镜、电冰箱、培养箱、水浴锅、均质器、电子天平、电炉、分光光度计、灭菌锅、超净工作台、紫外灯等。

一、培养箱

培养箱也称温箱,是保证微生物恒温生长的培养设备。按照培养对象不同,培养箱分为需氧和厌氧培养箱。其中,需氧培养箱又分为普通培养箱和生化培养箱等。根据使用需要,实验室可常设 37℃,28℃,22℃培养箱各一个,培养物较多的实验室,还可以建造容量较大的培养室。

(一)普通培养箱

1. 构造

普通培养箱有隔水式和直热式两种。一般均采用双层箱体和双层门结构,双层箱体之间充填保温材料,内门为钢化玻璃,能清晰观察箱内物品。箱内设计有热风循环通道,确保箱内温度均匀。普通培养箱主要用于需氧和兼性厌氧细菌的培养,也可用于真菌培养,但切忌将细菌和真菌放在同一培养箱内培养。每批培养结束后,都要定期消毒,以免微生物交叉污染。

隔水式培养箱采用浸入式电热管隔水加温,箱内各部温度恒定均匀,是较常用的一种培养箱。直热式培养箱采用电炉丝等发热元件直接加热,并采用强制空气对流方式,强化了箱内空气的流动,使箱内温度尽可能达到均匀。

2. 使用及注意事项

(1)接通电源后,应立即测量并设定所需要的温度。隔水式培养箱在通电前必须先加水,并经常观察水位指示,水位不够时,应及时补足。

(2)培养箱内不宜放入过热或过冷物品,每层隔板上的物品不应放置过重。

(3)箱内的培养物不宜放置过挤,底层隔板上不要放置培养物,以利于空气流通和箱内温度分布均匀。

(4)有些培养箱顶部设有通风口,使用时应打开通风口,避免箱内过于潮湿。

(5)取放物品时,切勿碰撞温度探头。部分型号的培养箱,使用水银温度计测试箱内温度,温度计的水银端应置于箱内几何中心的位置。

(6)培养箱内最底层温度较高,培养物不宜与之直接接触。

(二)生化培养箱

1. 构造

生化培养箱也称真菌培养箱或多功能培养箱,由数显温控仪自动进行加热及制冷,温度可在 4~60℃之间调控。外箱体采用优质冷轧钢板冲压制成,表面经粉末静电喷涂处理,门里采用不锈钢制成,保温层采用硬质聚氨酯发泡。门壳由优质冷轧钢板冲压制成,门里采用工程塑料吹塑成型,门衬垫采用磁性胶与箱体密封,门体中部一般镶有中空玻璃,方便观察结果。有的生化培养箱还配有加湿、消毒系统,可自动控制湿度、定时消毒、自动换气等。生化培养箱的使用与普通培养箱基本相同,应特别注意温度的控制。

2. 使用及注意事项

（1）接通电源后,将温度显示开关拨至"开",再将"整定/测量"开关拨至"整定",然后旋转温度刻度盘,至数显表显示所需温度值为止。再将开关拨至"测量"挡,此时箱内温度便会随机启动,最终平衡达到所需温度值。工作时,温控选择盘不能任意往返拨动。

（2）控温旋钮的指示灯分别表示加热、制冷两种工作状态。若两灯均不亮,表示箱内温度达到平衡;若两灯同时亮,表示机器故障,须及时检修。

（3）在制冷机运转时,若出现异常声音、压缩机发烫和制冷温度不降,应立即停机,检查原因,待修复后方可再启动。

（4）使用配有加湿、消毒系统的培养箱时,要注意在灭菌过程中,不要打开箱门,以免紫外线照射到人体;使用高湿度后转至低湿度时,应检查箱内是否有积水,若有应处理后使用。

（5）切忌碰撞,拉动箱内探头,以免造成失控。

（6）定期消毒箱内,可每月一次,方法为断电后,先用3%来苏尔溶液涂布消毒,再用清水擦净。

（三）厌氧培养箱

厌氧培养箱是一种可在无氧环境下进行细菌培养的专用装置。对于一般厌氧菌的培养,选择能提供厌氧条件的恒温培养箱即可,例如二氧化碳培养箱。对于要求提供严格厌氧状态操作及培养的可选真空取样、厌氧操作、恒温培养一体化的专用装置(见图2-3),这种厌氧培养箱能提供严格的厌氧状态、恒定的培养温度和相对封闭的工作区域,其结构比较复杂。厌氧培养箱包括厌氧培养室、恒温厌氧操作室、N_2和CO_2气瓶以及电路控制系统等部分。厌氧培养箱在使用操作中,需要反复多次进行含有N_2、CO_2和H_2的混合气体的置换,形成操作室内的厌氧环境,并保持箱内为正压。操作室内还应放入除氧催化剂,确保室内保持严格的厌氧环境。灭菌、接种、培养等操作均需要在厌氧环境中进行。培养过程中需观察培养物时,只可通过玻璃观察,不能打开操作室门,以免影响厌氧菌生长。使用过程中应经常检查气体管线的密闭性,确保有无漏气情况。

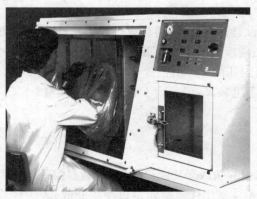

图2-3 厌氧培养箱

二、干燥箱

干燥箱全称为电热恒温干燥箱,也叫烘箱。主要用于实验室中玻璃和金属等耐高温器具的灭菌热处理,也可用于各种物品的烘焙、干燥及恒温加热实验用。

1. 构造

电热恒温干燥箱的结构和原理与直热式培养箱类似,其内部装有电热元件和风扇叶轮,加热后的空气通过风机的驱动在室内强制循环,形成较均匀的温度。干燥箱以物品干燥为目的,温度一般在60℃以上,不需要精确控制;干热灭菌一般调至160℃保持2h。

2. 使用及注意事项

(1)电热恒温干燥箱内严禁存放易燃易爆物品。

(2)该设备属大功率高温设备,使用时要注意安全,防止火灾、触电及烫伤等事故。

(3)在箱体的周围应留一定的空间,便于设备散热及操作和维护。

(4)应对称、交错放置样品,并留出10~20mm的间隙,底层搁板与工作室底部的距离应大于100mm,确保室内气流的正常流通。

(5)需要灭菌的玻璃器皿等应洗干净后干燥并用纸包裹或塞上棉塞后进行灭菌。

(6)注意温度不要超过170℃,否则包裹器皿用纸或棉塞会被烤焦甚至燃烧。

(7)灭菌完毕后,不能立刻打开箱门,需关闭电源,待温度降至50℃以下,才可开门取物,否则玻璃器材可因骤冷而爆裂。

三、高压蒸汽灭菌器

高压蒸汽灭菌法是一种最有效的灭菌方法,广泛应用于医院和实验室。该法所用的专用设备为高压蒸汽灭菌器,是食品微生物检验实验室的必备设备。常用于一般培养基、生理盐水、手术器械和敷料等耐高温、耐湿物品的灭菌,也用于污物和排泄物等的灭菌。

1. 构造

结构有卧式和立式(包括手提式)两种,均由双层金属圆桶构成,两层之间为隔套间。外桶坚厚,用于盛水,加热后产生蒸汽;桶口嵌有耐热的橡胶圈。外桶上方(立式)或前方(卧式)的外壁附有螺丝杆和螺帽,其上方(立式)或前方(卧式)有金属厚盖,盖边有螺丝口,通过扭紧的螺丝和橡胶圈将圆桶密封,不让蒸汽外溢。内桶呈放需要消毒的物品。高压蒸汽灭菌器上装有排气阀、安全阀,以调节器内压力。盖上装有温度计及压力表以表示内部温度和压力。有的高压蒸汽灭菌器桶底装有加热器,可自行加热。高档的高压蒸汽灭菌器为全自动装置,设定后自动控制加热、恒温、恒压、定时,使用方便。

灭菌原理:通过加热,隔套间的水沸腾而产生蒸汽,随着蒸汽压力升高,内桶的压力也会增高。高压蒸汽灭菌器通过使容器内压力升高,从而使沸点增高,得到高于100℃的温度,导致菌体蛋白质凝固变性而达到灭菌目的。在同一温度下,湿热的杀菌效力比干热大,其原因为:一是湿热中细菌菌体吸收水分,蛋白质含水量增加容易凝固变性;二是湿热的穿透力比干热大;三是湿热的蒸气有潜热存在,当水蒸气变为液态时可释放一定的热量,这种热量能迅速提高被灭菌物体的温度,从而增加灭菌效果。该法可以杀灭包括细菌芽孢在内的一切微生物。

2. 使用及注意事项

(1)注意检查排气阀、安全阀、压力表的性能是否正常,以保证器内温度和压力与表的指示

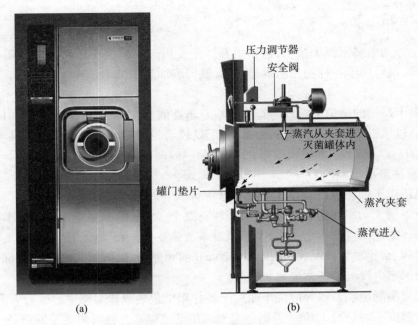

压力调节器
安全阀
蒸汽从夹套进入
灭菌罐体内
罐门垫片
蒸汽夹套
蒸汽进入
(a)　　　　　　　　(b)

图2-4　卧式高压蒸汽灭菌器

(a)实物图;(b)结构原理图

一致。若不能正确指示桶内压力或当压力过高时不能自动放气,桶内压力持续升高可引起爆炸。

(2)往隔套间加水时,加水量不可过少,以防水烧干损坏加热器和外桶。

(3)加热时一定要排净冷空气,否则器内空气冷热不均,达不到灭菌效果。

(4)桶中放置的灭菌物品不能过紧,需有缝隙,以利蒸汽流通。

(5)灭菌后,必须待压力表指示降至"0"时才可开盖取物,否则内外压力不平衡或冷空气突然进入,使玻璃炸裂或瓶塞冲出瓶口,导致培养基污染或灼烧取物者。

(6)高压蒸汽灭菌器必须定期进行安全和灭菌效果的检验,若不合格,则应报废。

(7)灭菌液体时,盛液不超过容器的3/4。

(8)针对不同灭菌指标的物品,不能一起灭菌。

(9)压力表使用日久后,压力指示灯不正确或不能回复零位,应及时予以检修。

(10)经常保持设备的清洁与干燥,可以延长其使用寿命,橡胶密封圈使用日久会老化,应定期更换。

四、超净工作台和生物安全柜

(一)超净工作台

超净工作台主要设置在无菌工作室内,也可以设置在环境较为清洁、相对安静的普通实验室内,进行简单的无菌操作。其主要用途是提供洁净、无菌、无尘的操作环境,保护实验样本不受污染以及危险的样品不泄露到周围环境中。

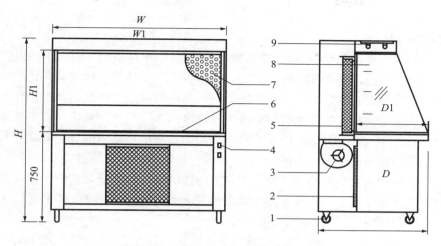

图 2 – 5　超净工作台结构示意图

1—带刹脚轮；2—初效过滤器；3—离心风机；4—控制开关；5—高效过滤器；

6—不锈钢台面；7—网孔散流板；8—玻璃；9—日光灯

1. 结构与原理

超净工作台主要由 3 个部分组成：高效空气过滤器、风机和箱体。高效空气过滤器是超净工作台的关键组件，其过滤性能的好坏，直接关系到超净工作台的工作质量和寿命。超净工作台原理：在特定的空间内，室内空气经预过滤器初滤，由小型离心风机压入静压箱，再经空气高效过滤器二级过滤，从空气高效过滤器出风面吹出的洁净气流具有一定的、均匀的断面风速，可以排除工作区原来的空气，将尘埃颗粒和生物颗粒带走，以形成无菌的高洁净的工作环境。

超净工作台按气流流向可分为垂直流超净工作台和水平流超净工作台，按操作人员数可分为单人工作台和双人工作台，按结构可分为常规型和新型推拉型以及自循环型。根据操作结构可分为单边操作及双边操作两种形式，按其用途又可分为普通超净工作台和生物（医药）超净工作台。垂直流工作台由于风机在顶部所以噪声较大，但是风垂直吹，多用在医药工程，这样保证人的身体健康；水平流工作台噪声比较小，风向往外，所以多用在电子行业，对身体健康影响不大。

2. 使用与注意事项

（1）超净台使用前应首先进行清洁，可在擦拭清洁操作区后，再用浸有清洁剂（75%乙醇或2%新洁尔灭）的纱布擦拭，并用紫外灯照射。

（2）一般情况下，应紫外灯照射处理 20～30min 后，再开启日光灯，启动风机。

（3）操作区内不允许放置不必要的物品，尽量保持洁净气流不受到阻碍。

（4）操作结束后，应关闭风机，立即清理操作区台面，用清洁剂及消毒剂擦拭消毒，再用紫外灯照射消毒 20～30min 后，关闭紫外灯，切断电源。

（5）应根据使用情况，定期清洗或更换高效空气过滤器。

（二）生物安全柜

生物安全柜（biological safety cabinet，BSA）是操作原代培养物、菌、毒株以及诊断性标本等具有感染性的实验材料时，用来保护操作者本人、实验室环境以及实验材料，使其避免暴露于上述操作过程中可能产生的感染性气溶胶和溅出物而设计的负压排气柜。

1. 结构与原理

生物安全柜的主要结构是由机箱、超高效过滤器、低噪声风机组、不锈钢工作腔、操作控制屏、各类灯具和电器、排风阀等几大部件组成。工作腔为全不锈钢整体结构。经严格设计制作的不锈钢送风匀流板能将垂直单向流空气均匀的从超高效过滤器中送出。在操作台前后两个高效率的可调吸风槽能最大限度地将污染气溶胶快速排入回风负压道内。在不锈钢工作腔的底部有一个能容纳4L液体的底盘，防止在操作或清洁过程中有液体的外溢。在工作腔的正面有一个能上下轻松移动的安全玻璃移门，如设备运行玻璃移门开启超过安全高度，设备即刻报警以保证安全。在生物安全柜的顶部设置了多方向性的排风箱。排风的密闭阀在出厂时已按向室内排风方式设定完成。生物安全柜的紫外线杀菌灯和照明荧光灯、玻璃移门采用互锁形式，最大程度地避免紫外线对人体的伤害。

生物安全柜(图2-6)的基本设计在排风系统增加了高效空气过滤器(HEPA)。对于直径0.3μm的颗粒，高效空气过滤器可以截留99.97%，而对于更大或更小的颗粒则可以截留99.99%。高效空气过滤器的这种特性使其能够有效地截留所有已知的传染因子，并确保从安全柜中排出的是完全不含微生物的空气。

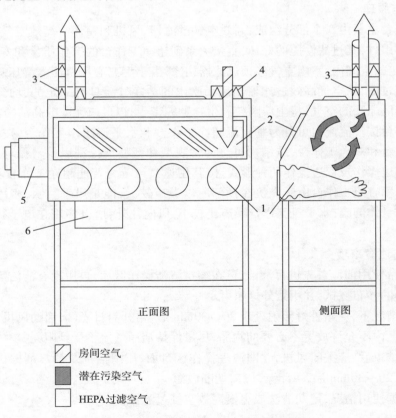

正面图　　　　　　　　　　　側面图

▨ 房间空气

▣ 潜在污染空气

□ HEPA过滤空气

图2-6　Ⅲ级生物安全柜(手套箱)模式图

1—用于连接等臂长手套的舱孔;2—窗口;3—两个排风高效空气过滤器;
4—送风高效空气过滤器;5—双开门高压灭菌器或传递箱;6—化学浸泡槽

2. 使用及注意事项

（1）摆放位置：生物安全柜最好放在远离人员通道及有潜在的干扰气流的位置，柜子的后面及两侧各留出 30cm 的空隙，在柜子的顶部有 30～35cm 的空隙。

（2）操作：只有经过培训和指导后的工作人员才能操作该设备。操作者在移动双臂进出安全柜时，需要小心维持前面开口处气流的完整性，双臂应该垂直地缓慢进出前面的开口。手和双臂伸入到生物安全柜中等待大约 1min，以使安全柜调整完毕并且让里面的空气"扫过"手和双臂的表面以后，才可以开始对物品进行处理。要在开始实验之前将所有必需的物品置于安全柜内，以尽可能减少双臂进出前面开口的次数。

（3）物品摆放：生物安全柜前面的进气格栅不能被纸、仪器设备或其他物品阻挡。放入安全柜内的物品应采用 70% 酒精来清除表面污染。所有物品应尽可能地放在工作台后部靠近工作台后缘的位置，并使其在操作中不会阻挡后部格栅。可产生气溶胶的设备（例如混匀器、离心机等）应靠近安全柜的后部放置。像有生物危害性的废弃物袋、盛放废弃吸管的盘子以及吸滤瓶等体积较大的物品，应该放在安全柜内的某一侧。在工作台面上的实验操作应该按照从清洁区到污染区的方向进行。

（4）操作和维护：大多数生物安全柜的设计允许整天 24h 工作。生物安全柜的所有维修工作应该由有资质的专业人员来进行。在生物安全柜操作中出现的任何故障都应该报告，并应在再次使用之前进行维修。

（5）紫外灯：生物安全柜中不需紫外灯。如有紫外灯，必须每周清理任何有可能影响杀菌效果的灰尘和污垢。安全柜重新检测时，紫外线的强度也要检查，以确保有适当的光发射量。

（6）明火：BSC 里应避免使用明火，它会破坏定向气流的方向，而且当使用挥发性的、易燃的化学品时，会造成危险。接种环灭菌可使用微型炉或"电炉"，其效果优于明火。

（7）溢出：溢出物处理的程序应有明文规定并张贴在显要的位置，每个实验室人员都要阅读并理解其中的内容。如果在 BSC 内部发生了生物危险材料的溢出，应在安全柜处于工作状态下马上清理，并应该使用有效的消毒剂尽可能地减少气溶胶的产生。所有接触溢出物的材料都应消毒或高压灭菌。

（8）清洁和消毒：实验结束时，包括仪器设备在内的生物安全柜里的所有物品都应清除表面污染，并移出安全柜。在每次使用前后，要清除生物安全柜内表面的污染。工作台面和内壁要用消毒剂进行擦拭。建议将安全柜一直维持运行状态。如果要关闭的话，则应在关机前运行 5min 以净化内部的气体。生物安全柜在移动以及更换过滤器之前，必须清除污染。最常用的方法是采用甲醛蒸气熏蒸。应该由有资质的专业人员来清除生物安全柜的污染。

五、显微镜

食品微生物检验中经常需要借助显微镜观察微生物的形态和结构。普通光学显微镜利用目镜和物镜两组透镜系统来放大成像，故又常被称为复式显微镜。

（一）结构

光学显微镜由机械装置和光学系统两大部分组成（见图 2－7）。机械装置包括镜座、支架、载物台、调焦螺旋等部件，是显微镜的基本组成单位，主要是保证光学系统的准确配制和灵活调控，在一般情况下是固定不变的。而光学系统由物镜、目镜、聚光器等组成，直接影响着显微镜的性能,是显微镜的核心。一般的显微镜都可配置多种可互换的光学组件,通过这些组件的变换可改变显微镜的功能,如明视野、暗视野、相差等。

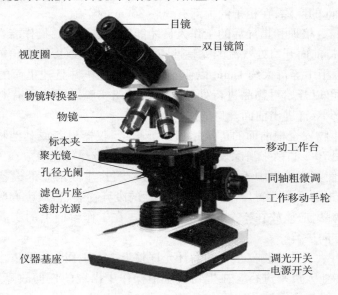

图 2-7　光学显微镜的结构

1. 机械部分

(1)镜臂为弓形金属柱,是搬取显微镜时手握之处。

(2)镜筒位于显微镜上方,为空心圆筒。镜筒上接目镜,下接物镜转换器。

(3)转换器用来安装和转换物镜。使用时可根据需要自由旋转,更换放大倍数不同的物镜。显微镜使用过程中,不得随意取下目镜,以防尘土落入物镜;严禁随意拆卸物镜,以防损坏。

(4)调节器有粗调节器和细调节器两种,用来调节物镜与标本片之间的距离,使被观察物形成清晰的图像。粗调节器,使被观察物形成清晰的图像。粗调节可使镜筒有较大距离的升降;细调节器升降的距离很小,一般在已见到模糊物像时使用。

(5)载物台为镜筒下的平台,用于载放被检标本片。载物台中央有通光孔,可通过集中的光线。载物台上装有固定标本片的压片夹及固定或移动标本片的推进器。

(6)镜座为支持全镜的底座。

2. 光学部分

(1)光源安装在镜座上,为显微镜提供光线。

(2)聚光器安装于载物台下方,其位置可上下移动,上升则视野明亮,下降则光线减弱。在聚光器下方通常还配有虹彩光圈,可调节成像的分辨力和反差,以获得最佳的成像效果。

(3)反光镜位于聚光器下方,作用是采集外界光线并反射到聚光器中。反光镜有平面镜和凹面镜之分,一般在光线较强时用平面镜,光线较弱时用凹面镜。

(4)物镜是决定显微镜性能的最重要部件,装在转换器的圆孔内,一般有 3 个,即低倍镜、高倍镜和油镜。物镜上一般都标有表示物镜光学性能和使用条件的一些数字和符号。如 100 指的是放大倍数;1.25 是物镜的数值口径,数值口径越大,分辨物体的能力越强;160 表示镜筒的机械长度(mm);0.17为所用盖玻片的最大厚度(mm)。为了区别不同放大倍数的物镜,物镜下缘常刻有一圈带颜色的线,如油镜下方有一圈白线。

(5)目镜安放于镜筒上端,刻有 5×、10×、15× 等标记,代表其放大倍数。目镜的作用是把物镜放大了的实像进一步放大,映入观察者的眼中。为便于指示物像,目镜中常装有指针。有的目镜上还装有目镜测微尺。

对任何显微镜来说,分辨率是决定其观察效果的最重要指标。显微观察时可根据物镜的特性而选用不同的介质,光学显微镜在使用最短波长的可见光(450nm)作为光源时在油镜下可以达到其最大分辨率0.18mm。由于肉眼的正常分辨能力一般为0.25mm左右,因此,光学显微镜有效的最高总放大倍数只能达到1 000~1 500 倍。

表2-1 光学显微镜物镜特性比较

特性	物镜			
	搜索物镜	低倍镜	高倍镜	油镜
放大倍数	4×	10×	40~45×	90~100×
数值孔径值	0.10	0.25	0.55~0.65	1.25~1.4
焦深	40mm	16mm	4mm	1.8~2.0mm
工作距离	17~20mm	4~8mm	0.5~0.7mm	0.1mm
蓝光(450nm)时可以达到的分别率	2.3mm	0.9mm	0.35mm	0.18mm

(二)光学显微镜操作

1. 低倍镜的使用

取镜:将显微镜从柜或箱中取出,右手紧握镜臂,左手托住镜座,保持镜身直立,轻松放置在离实验桌边缘约10cm的桌面上,端正坐姿,使镜臂对着左肩。显微镜放置妥当后,应检查各部分是否完好。对光转动粗调节器,使镜筒上升。转动转换器,切忌手持物镜转动,使低倍镜对准载物台的通光孔。当转动听到碰叩声时,说明物镜光轴已对准镜筒中心。在目镜上观察,调节反光镜、聚光器和光圈,直至视野内的光线均匀适宜。

装片:取标本片置于载物台上,盖玻片朝上,用压片夹固定调节推动器,将所要观察的部位调到通光孔的正中。调焦转动粗调节器,使载物台缓慢地上升至物镜距标本片约5mm处,注意在上升载物台时,防止镜头触碰标本片。通过目镜观察,缓慢转动粗调节器,使载物台下降,直到视野中出现清晰的物像为止。如果物像不在视野中心,可调节推动器将其调到中心。如果视野内的亮度不合适,可调节光圈的大小。如果在调节焦距时,载物台下降已超过工作距离(>5.40mm)而仍未见到物像,说明此次操作失败,则应重新操作,切不可心急而盲目地上升载物台。

2. 高倍镜的使用

先在低倍镜下把需观察的物像调节到中心,同时把物像调节到最清晰的程度,转换高倍镜,转动转换器时动作要轻、慢,并从侧面进行观察,防止高倍镜头碰撞标本片。如可能发生碰撞,则说明低倍镜的焦距没有调好,应重新操作。通过目镜观察,此时一般能见到模糊物像。轻微旋动细调节器,即可获得清晰物像。

3. 油镜的使用

使用油镜之前,必须先经低、高倍镜观察,然后将需要放大的部分移到视野中心。将聚光器的光圈开到最大。转换油镜转动转换器,移开高倍镜,在标本片观察部位上滴加一滴香柏油,慢慢转动油镜,从侧面水平观察镜头与标本片的距离,使镜头浸入油中而又不压迫载玻片。调焦通过目镜观察,轻微旋动细调节器,直至物像清晰。

擦镜:油镜使用完毕,先用擦镜纸将油镜和标本片上的油尽量擦净,再用擦镜纸沾少许二甲苯将油镜和标本片擦拭,随后再用擦镜纸反复擦拭 2 次。

使用完毕,将物镜转离通光孔,将物镜以"八"字形降位于载物台上,避免震动时镜头滑下,与聚光镜碰撞。清点附件,将显微镜归还原位,填写使用登记,并将其放回柜或箱内。

六、细菌滤器

细菌滤器是微生物检验室中不可缺少的一种仪器,可以用来去除糖溶液、血清、某些药物等不耐热液体中的细菌,也可用来分离病毒以及测定病毒颗粒的大小等。滤器的种类:常用的有蔡氏滤器、玻璃滤器以及滤膜滤器等。滤膜滤器(图 2-8)由硝基纤维素制成薄膜,装于滤器上,其孔径大小不一,常用于除菌的为 $0.22\mu m$。硝基纤维素膜的优点是本身不带电荷,故当液体滤过后,其中有效成分损失较少。蔡氏滤器由金属制成,中间夹石棉滤板,有石棉 K、EK、EK-S 三种,常用 EK 号除菌。玻璃滤器是用玻璃细砂加热压成小碟,嵌于玻璃漏斗中一般为 G1,G2,G3,G4,G5,G6 六种,G5,G6 可阻止细菌通过。

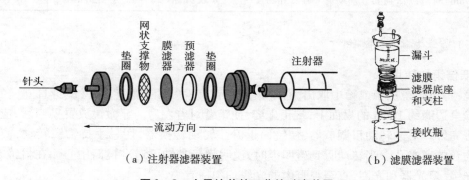

（a）注射器滤器装置　　　　　　　　　　（b）滤膜滤器装置

图 2-8　小量培养基灭菌的过滤装置

使用方法:滤器必须清洁无菌,无裂缝,将清洁的滤器、滤瓶分别用纸包装后采用蒸汽灭菌 20min 或煮沸灭菌[滤膜滤器(图 2-8b)],以无菌操作法将滤器和滤瓶装妥,并使滤瓶的侧管与抽气机的抽气橡皮管相连。倒入滤液,开动抽气机,使滤瓶中压力渐减,滤液流入滤器或滤瓶的试管内。滤毕,关闭抽气机。先将抽气机的抽气橡皮管从滤瓶侧管处拔下,再开启滤瓶的橡皮塞。迅速以无菌操作取出瓶中滤液,移放于无菌玻璃容器内。若滤瓶中装有试管,则将盛有滤液的试管取出加塞即可。

七、PCR 仪

PCR 仪也称基因扩增仪或自动热循环仪,其作用是进行基因扩增。简单地讲,PCR 仪就是一个温控设备和一个检测设备,它可按用户预编的程序自动进行升温、降温及恒温操作。根据其自动化程度,可分为安装机械手的半自动化 PCR 仪和微电脑控制的自动化 PCR 仪。根据其用途,可分为普通 PCR 仪、梯度 PCR 仪和荧光定量 PCR 仪。

PCR 仪的工作原理大致可分为四种类型,即:①灯光加热,流动空气冷却;②恒温液体加热和制冷;③半导体制热制冷;④热膜加热,压缩机制冷。目前常用的是半导体制热制冷型和热膜加热,压缩机制冷型,一般均为自动化的 PCR 仪。半导体制冷式 PCR 仪具有良好的性能,操作方便,但工作一定时间后需要更换 Peltier 元件。压缩机制冷式 PCR 仪控温精确,经久耐用,自动化程度高,具有低温性能,它采用高效电热管加热、压缩机制冷系统冷却的成熟技术方案,工作寿命可达 10 年之久,维护费用很低,也是目前唯一能够做到长时间提供 5 ~ 100℃超宽温度变化范围,使得 PCR 前样品处理、PCR 后样品保存再结合 PCR 本身,真正实现了 PCR 全过程的自动化。

自从 ABI 公司于 1986 年推出世界上第一台自动化 PCR 仪以来,现有国内外众多生产厂家,型号各异,工作原理不尽相同,使用方法也不尽一致的 PCR 仪,但都具有向自动化和智能化发展的趋势,如美国 PE2400,480,9600 型,MJ 公司的 PTC – 200 型等。由于 PCR 仪具有敏感性高、特异性强、快速、简便等优点,已在病原微生物学领域中显示出巨大的应用价值和广阔的发展前景。

八、微生物自动鉴定系统

随着微生物快速检测法的不断发展,很多检验技术日趋成熟和完善,并被人们进一步开发、研制成自动或半自动微生物检测仪。

(一)旋转平板技术和激光菌落扫描仪

自动旋转平板技术是在琼脂培养基表面倒一薄层样品,该仪器可使液体样品以螺旋转动方式分布,液体慢速流出后,随着平板的旋转从中心向边缘分布,样品分布非常均匀。这种方法可广泛用于细菌、酵母、霉菌及乳类样品中。样品倒入平板后,菌落数可以用激光菌落计数器来计数,即将光检测仪放置在仪器的底部,激光仪从上面自动扫描平板,当激光束通过菌落时,可以降低光的强度,从而检测出菌落的存在。这样菌落数可以通过电子计数,而不是传统的视觉计数。电子计数快而准确,与传统计数法得到的结果相近。

(二)免疫磁性微球

由于食品检样常为固液多相混合体,采用常规方法难以将少量的致病微生物分离出来,借助免疫磁性分离技术,可以达到快速分离的目的。免疫磁性分离方法,是将特异性抗体偶联在磁性颗粒表面,与样品中被检致病微生物发生特异性结合,载有致病微生物的磁性颗粒在外加磁场的作用下,向磁极方向聚集,弃去检样混合液,使致病微生物不但得到分离,而且也得到富集。免疫磁性分离技术以其特有的性能,在食品卫生检测和研究中取得了较好的结果。免疫磁性分离技术与常规检验方法相比具有显著的优点,可以很快地在含有大量杂菌的悬液有选择性地分离出目的微生物,并节省时间。

(三)电阻电导检测系统(Bactometer)

当细菌生产繁殖时,将蛋白质、糖类等大分子物质分解成氨基酸、有机酸等带电荷的小分子物质,从而改变培养液的导电度,这样测定电阻和导电度的变化,就可推算出样品原来的含菌数。美国 Vitek 公司生产的 Bactomerter 可利用电阻抗、电容抗或总阻抗等三种参数的自动微生物检测系统,它能快速测定样品中细菌的污染程度,从而快速提供品质控制的信息。适用于各种食品、制药、石化工厂的微生物品质管理,取代传统方法将检测时间由 3~5d 减到几个小时。也可用于样品的抗菌性试验。

Bactometer 系统主要由 BPU 电子分析器和培养箱组成。电子式铝合金温控培养箱,温度稳定,无需担心水浴式罐二度污染。每罐可控制 32 个样品,可扩充至 16 罐,分别处理 16 种不同温度的样品;不受培养基的限制;电阻抗试管可高温灭菌重复使用。电脑化操作,可观察培养曲线,使用方便。可同时检测 64 个样品,样品不需预先稀释,结果报告可用数字及曲线图表示。如食品中沙门氏菌用 Bactometer 系统检测一般只需 30h。

(四)ATB Expression 半自动细菌鉴定系统

ATB Expression 半自动细菌鉴定系统基本组成包括:自动接种器或电子连续加样器;读数器是光电比色计,在运行状态下可对置入比色槽的试条自动读数,并将数据传输到计算机;电子计算机可自动接受读数器数据,进行分析计算,并指示打印机打印报告。另外,该系统已配有电脑软件"专家系统"及统计软件。"专家系统"软件共 556 条规则,启用专家系统可防止错误药敏结果的产生,帮助识别技术错误和新耐药表型,并通过特殊的警报系统发出信号。统计软件设置了多种可变参数,可产生数十种流行病学统计报告,并可用图表表示。目前开发的软件可鉴定 770 种细菌,包括嗜血杆菌、奈瑟菌、支原体、厌氧菌和真菌。

(五)VITEK 全自动微生物分析系统

VITEK 全自动微生物分析系统是法国 biosMerieumx(生物梅里埃)生产的全自动微生物分析仪的一个系列,包括 VITEK-32,VITEK-60,VITEK-120 等。试验 2~6h 能出报告。判断某种菌的可能性是百分之几。有时也需要进行其他一些试验来进一步确定,比如血清学反应等。VITEK 自动化微生物分析仪由充填机/封口机、读取器/恒温器、电脑主机及打印机组成,充填机/封口机 3min 内把样本注入试验卡中及封口,读取器/恒温箱自动恒定培养温度并同时读取卡内生化反应变化(系统依据不同型号,容纳 32~480 张卡),电脑主机负责分析资料的贮存、系统的操作及分析程式的运作。

仪器的原理其实就是我们进行细菌鉴定中使用的生化反应。仪器把 30 个对细菌鉴定必需的生化反应培养基固定到卡片上,然后通过培养后仪器对显色反应进行判断,利用数值法进行判定。根据需要鉴定的微生物的种类的不同,设计了不同的鉴定卡片,比如革兰氏阴性菌卡、革兰氏阳性菌卡、酵母菌卡等。VITEK 根据不同的试卡可以鉴定各种革兰阳性菌、革兰阴性菌、厌氧菌、奈瑟菌、酵母菌、芽孢杆菌等 300 余个(种属)的微生物,还可以进行临床细菌的药敏试验。其特点为:①鉴定细菌类型广;②具有最大的准确性;③鉴定时间短;④高度可重复性;⑤仪器操作方便。

(六)全自动荧光酶标分析仪(Mini-VIDAS)

全自动荧光酶标分析仪是法国生物梅里埃公司生产的一种全自动荧光免疫分析仪,它集计算机、键盘及打印机于一身,全过程自动完成,将即可用试剂插入仪器中,然后由机器分担所有工作,直至打印报告。在微生物检测中主要应用酶联荧光技术(ELFA)对微生物或毒素等进行筛选检测,可用于食品及环境样本中的致病菌包括:沙门氏菌、李斯特菌、单核细胞增生李斯特菌、葡萄球菌肠毒素、大肠埃希菌 O157、弯曲杆菌、免疫浓缩沙门氏菌、免疫浓缩大肠埃希菌 O157。ELFA 技术具有优异的敏感性和特异性。

全自动荧光酶标分析仪由以下部分构成:①主机,mini VIDAS 全自动免疫荧光酶标分析仪;②附件,ATB 自动鉴定读数器;③电子加样器;④电子比浊器;⑤统一专用分析软件并兼容 API 系统。一次性即可用试剂分为 2 部分:①SPR,固相接受器,其内侧由抗体包被,此包被针起到固相吸附功能;②条形码标记试剂条,含所有所需试剂,取出即可用。试条类别由试条上颜色标贴及 3 字母的标志识别。使用该仪器操作简便,只需加一次样品,按一次键,整个检测过程都由仪器自动完成。多数试验在 50min 内结束。

第三章　食品微生物检验基本程序(3W)

食品微生物种类繁多,检测方法也各不相同,但是,总体来说包括以下基本程序(见图3-1)。

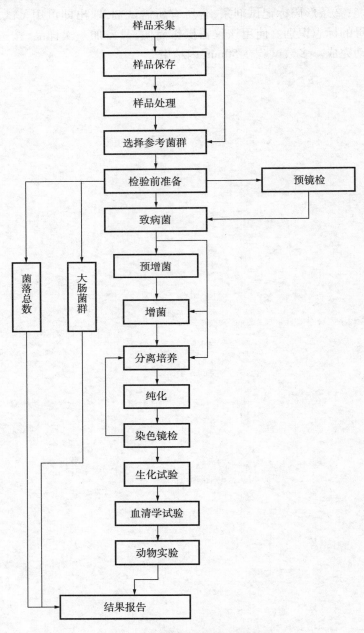

图3-1　食品微生物检测基本程序

进行食品微生物检测通常首先需要采集样品,如果马上检测,则需要选择参考菌群,做检验前准备工作,进而进行检验。如果不能马上检测,则需要对样品进行保存,并作处理。通常在食品微生物检测时,除了菌落总数和大肠菌群检测是必检项目外,则应该根据不同食品、不同检测目的来选择恰当的检验方法和待检菌。不同的检验方法和操作过程可能得出不同的检验结果,因此,必须有一种固定统一的检验方法和操作规程,以便得出具有可比性的检测结果。一般的常规检验方法主要参考现行国家标准。如水产品中副溶血性弧菌为必检项目,粮食米面制品中黄曲霉毒素则是必检项目。如果现行国标中有多种检验方法,则首选第一种方法。有些疑难微生物的检测,可以进行预镜检,作为疑似微生物的初步判定依据。

在致病菌检测过程中,由于通常致病菌数量较少,需要做增菌处理,有的微生物还需要进行预增菌。增菌后,再进行纯化分离,必要时,需要多次分离纯化,通过染色镜检,确认纯化的微生物,再进行生化试验以确定群属,把分好群属的微生物进行血清学试验以确定种型,必要时候还可以进行动物实验,以进一步确定微生物的种类,并出具报告。

第一节　检验前的准备

在对食品样品进行检验之前,为了保证检验顺利成功进行,必须做好充分的前期准备工作。这些工作看似简单,但必须严格按照规程执行,否则,会造成后期数据不准,不能在规定时间内完成检测工作,甚至整个检测工作无效。

这些检验前的准备工作通常包括:

一、配备所需仪器设备并确认可正常使用

食品微生物实验室应具备下列仪器:培养箱、高压灭菌锅、普通冰箱、低温冰箱、厌氧培养设备、显微镜、离心机、超净台、振荡器、普通天平、千分之一天平、烤箱、冷冻干燥设备、匀质器、恒温水浴箱、菌落计数器、生化培养箱、电位 pH 计、高速离心机。实验室所使用的仪器、容器应符合标准要求,保证准确可靠,凡计量器具须经计量部门检定合格方能使用。

二、玻璃仪器的清洗、烘干、包扎、灭菌

按技术要求将各种玻璃仪器进行清洗、烘干、包扎、灭菌,冷却后送无菌室备用。玻璃器皿通常包括各种规格的试管、培养皿、移液管(吸量管)、广口瓶、锥形瓶、烧杯、容量瓶等。玻璃器皿使用前应除去污垢,并用清洁液或2%稀盐酸溶液浸泡24h后,用清水冲洗干净备用。灭菌条件121℃,20min 或者干热 160～170℃,2h,冷却后送无菌室备用。

三、所需各种试剂、药品的准备及培养基的制备

培养基制备好根据需要分装试管,或灭菌后倾注平板,或保存在 46℃ 的水浴中,或保存在4℃的冰箱中备用。食品检测时,试剂的选择、各种培养基的配方及制备都要严格按照国标要求进行。科学研究时,培养基的制备可按照具体需要做改动,但是检测结果仅为科研所用。通常,使用不在国标之列的培养基进行的检测,不能作为检测机构提供检测报告的依据。

四、无菌室或超净工作台的灭菌

根据食品微生物检测实验室的生物安全级别,按要达到的要求进行灭菌,通常提前用紫外

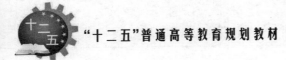

灯灭菌30~60min,关灯0.5h后方可进入。检测人员使用无菌室或超净工作台时,必须关闭紫外灯,以防造成伤害。必要时,进行无菌室的空气检测,把琼脂平板暴露在空气中15min,培养后每个平板上的菌落数不得超过15CFU。

五、工作衣、鞋、帽等物品的灭菌

检验人员的工作衣、鞋、帽、鞋、口罩等物品应灭菌后备用。工作人员进入无菌室后,实验没有完成之前不得随便出入无菌室。

第二节 样品的采集

在食品微生物检测中,样品的采集是极为重要的一个步骤。所采集的样品必须具有代表性,这就要求检验人员既要会选择正确的采样方法,还要了解食品加工的批号、原料的来源、加工方法、保藏条件、运输、销售中的各环节,并且需要销售人员的责任心和卫生知识水平等。

一、采样的目的和意义

采用什么样的取样方案主要取决于检验与采样的目的。食品微生物检测中采样的主要目的是:便于食品卫生质量监督管理,判定一批食品合格与否;鉴别食品中是否存在有毒有害物质,查找食物中毒病原微生物,鉴定畜禽产品中是否含有人兽共患病原体等;为新产品、新资源利用、新食品化工产品、新工艺投产前进行卫生鉴定。

二、抽样方案

检验目的不同,取样方案也不同。下面列举当今世界上较为常见的几种取样方案。目前最为流行的抽样方案为国际微生物规格委员会(the International Committee on Microbiological Specification for Food,简称ICMSF)推荐的抽样方案和随机抽样方案,有时也可参照同一产品的品质检验抽样数量抽样,或按单位包装件数 N 的开平方值抽样。无论采取何种方法抽样,每批货物的抽样数量不得少于5件。对于需要检验沙门氏菌的食品,抽样数量应适当增加,最低不少于8件。我国各类食品的采样方案,应该按照相应产品标准中的规定执行。

(一)ICMSF 的取样方案

ICMSF 的取样方案是依据事先给食品进行的危害程度划分来确定的,将所有食品分成三种危害度。I 类危害:老人和婴幼儿食品及在食用前可能会增加危害的食品;II 类危害:立即食用的食品,在食用前危害基本不变;III 类危害:食用前经加热处理、危害减小的食品。另外,将检验指标按对食品卫生的重要程度分成一般、中等和严重三档,根据以上危害度的分类,又将取样方案分成二级法和三级法。

ICMSF 推荐的抽样方案具体相关内容如下:

1. ICMSF 的采样设想及其基本原则

用于分析所抽样品的数量、大小和性质对结果会产生很大影响。在某些情况下用于分析的样品可能代表所抽"一批"(lot)样品的真实情况,这适合于可充分混合的液体,如牛奶和水。在"多批"(lots 或 batchers)食品的情况下就不能如此抽样,因为"一批"容易包含在微生物的质量上差异很大的多个单元。因此在选择抽样方案之前,必须考虑诸多因素(ICMSF,1986),包括:检验目的、产品及被抽样品的性质、分析方法。

ICMSF 提出的采样基本原则,是根据(1)各种微生物本身对人的危害程度各有不同。(2)食品经不同条件处理后,其危害度变化情况:①降低危害度;②危害度未变;③增加危害度,来设定抽样方案并规定其不同采样数。

ICMSF 将微生物的危害度、食品的特性及处理条件三者综合在一起进行食品中微生物危害度的分类。这种处理方法较为科学,同时也符合实际情况,因此对生产厂及消费者来说是比较合理的。目前,加拿大、以色列等很多国家已采用此法作为国家标准。

2. ICMSF 的采样方案

ICMSF 的采用方法是从统计学原理来考虑,对一批产品,检查多少检样,才能够有代表性,才能客观地反映出该产品的质量而设定的。

ICMSF 采样方案分为二级和三级采样方案。二级采样方案设有 n,c 和 m 值,三级采样方案设有 n,c,m 和 M 值。M 即附加条件后判定合格的菌数限量。

n:指同一批次产品应采集样品件数;

c:指最大可允许超出 m 值的样品数;

m:指微生物指标可接受水平的限量值;

M:指微生物指标的最高安全限量值。

(1)二级采样方案

按照二级采样方案设定的指标,在 n 个样品中,允许有 $\leqslant c$ 个样品其相应微生物指标检验值大于 m 值。自然界中材料的分布曲线一般是正态分布,以其一点作为食品微生物的限量值,只设合格判定标准 m 值,超过 m 值的,则为不合格品。通过检样是否超过 m 值,来判定该批样品是否合格。以生食海产品鱼为例:$n=5,c=0,m=10^2 CFU/g$。$n=5$ 即抽样 5 个,$c=0$ 即意味着在该批检样中,未见到有超过 m 值的检样,则此批货物为合格品。

(2)三级采样方案

按照三级采样方案设定的指标,在 n 个样品中,允许全部样品中相应微生物指标检验值小于或等于 m 值;允许有 $\leqslant c$ 个样品其相应微生物指标检验值介于 m 值和 M 值之间;不允许有样品相应微生物指标检验值大于 M 值。设有微生物标准 m 及 M 值两个限量如同二级法,超过 m 值的检样,即算为不合格品。其中以 m 值到 M 值的范围内的检样数,作为 c 值,如果在此范围内,即为附加条件合格,超过 M 值者,则为不合格。例如:冷冻生虾的细菌数标准 $n=5,c=3$,$m=10 CFU/g,M=10^2 CFU/g$,其意义是从一批产品中,取 5 个检样,经检样结果,允许 $\leqslant 3$ 个检样的菌数是在 m 值和 M 值之间,如果有 3 个以上检样的菌数是在 m 值和 M 值之间,或以上的菌数超过 M 值者,则判定该批产品为不合格品。

再例如:$n=5,c=2,m=100 CFU/g,M=1\ 000 CFU/g$。含义是从一批产品中采集 5 个样品,若 5 个样品的检验结果均小于或等于 m 值($\leqslant 100 CFU/g$),则这种情况是允许的;若 $\leqslant 2$ 个样品的结果(X)位于 m 值和 M 值之间($100 CFU/g < X \leqslant 1\ 000 CFU/g$),则这种情况也是允许的;若有 3 个及以上样品的检验结果位于 m 值和 M 值之间,则这种情况是不允许的;若有任一样品的检验结果大于 M 值($>1\ 000 CFU/g$),则这种情况也是不允许的。

3. ICMSF 对食品中微生物的危害度分类与抽样方案说明

为了强调抽样与检样之间的关系,ICMSF 已经阐述了把严格的抽样计划与食品危害程度

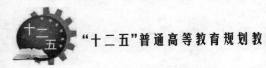

相联系的概念(ICMSF,1986)。在中等或严重危害的情况下使用二级抽样方案,对健康危害低的则建议使用三级抽样方案。ICMSF按微生物指标的重要性和食品危害度分类后确定的取样方法如表3-1所示。

表3-1　ICMSF按微生物指标的重要性和食品危害度分类后确定的取样方法

取样方法	指标重要性	指标菌	食品危害度		
			Ⅲ(轻)	Ⅱ(中)	Ⅰ(重)
二级法	一般	菌落总数 大肠菌群 大肠杆菌 葡萄球菌	$n=5$ $c=3$	$n=5$ $c=2$	$n=5$ $c=1$
	中等	金黄色葡萄球菌 蜡样芽孢杆菌 产气荚膜梭菌	$n=5$ $c=2$	$n=5$ $c=1$	$n=5$ $c=1$
三级法	中等	沙门氏菌 副溶血性弧菌 致病性大肠杆菌	$n=5$ $c=0$	$n=10$ $c=0$	$n=20$ $c=0$
	严重	肉毒梭菌 霍乱弧菌 伤寒沙门氏菌 副伤寒沙门氏菌	$n=15$ $c=0$	$n=30$ $c=0$	$n=60$ $c=0$

(二)美国FDA的取样方案

美国食品药品管理局(FDA)的取样方案具体相关内容如下:严重指标菌所取的15,30,60个样可以分别混合,混合的样品量最大不超过375g。也就是说,所取的样品每个为100g,从中取出25g,然后将15个25g混合成一个375g样品,混匀后再取25g作为试样检验,剩余样品妥善保存备用。

(1)对于随机取样,规定了一个通用原则:如无特殊规定,可根据总件数开方决定取样件数,一件两份。但不得少于12件,也不得多于36件。当总件数少于12件时,每件都要取样。

(2)对于食品中沙门氏菌的抽检:首先将食品根据受沙门氏菌危害以及食品的消费者分类分为三类(Ⅰ,包括分类Ⅱ中除了专门为婴幼儿、老年人、体弱多病者设计的食品之外几乎所有的食品;Ⅱ,包括那些在消费和取样中不常受到沙门氏菌污染的食品;Ⅲ,包括那些在消费和取样中易受沙门氏菌污染的食品),每类食品有不同的取样数要求(见表3-2):

表 3 - 2 食品取样数要求

食品类别	取样份数
I	60
II	30
III	15

通常每个样品取样不低于100g(约3.53oz)。对于重要的检样,不得减少抽检的份数。

(三)联合国粮农组织(FAO)规定的食品微生物质量

1979年版的FAO食品与营养报告中,在食品质量控制手段的微生物学分析中列举了各种食品的微生物限量标准,如表3-3,由于是按ICMSF的取样方案判定的,所以可以作为参照。

表 3 - 3 各种即食食品的微生物水平标准

准则 criterion	食品级别 food category	微生物水平(CFU/g,另有说明除外) microbiological quality(CFU per gram unless stated)			
		满意 satisfactory	可接受 acceptable	不满意 unsatisfactory	不可接受/潜在危险[1] unacceptable/potentially bazardous
需氧菌落计数[2] 30℃/48h aerobic colony count 30℃/48h	1	$<10^3$	$10^3 \sim 10^4$	$\geqslant 10^4$	不适用 N/A
	2	$<10^4$	$10^4 \sim 10^5$	$\geqslant 10^5$	不适用 N/A
	3	$<10^5$	$10^5 \sim 10^6$	$\geqslant 10^6$	不适用 N/A
	4	$<10^6$	$10^6 \sim 10^7$	$\geqslant 10^7$	不适用 N/A
	5	不适用 N/A	不适用 N/A	不适用 N/A	不适用 N/A
指示微生物[3] Indicator organisms					
肠杆菌科[4] enterobacteriacae	1 ~ 5	<100	$100 \sim 10^4$	$\geqslant 10^4$	不适用 N/A
总大肠埃希氏菌 Escherichia coli(total)	1 ~ 5	<20	20 ~ 100	≥100	不适用 N/A
总李斯特氏菌 listeria spp.(total)	1 ~ 5	<20	20 ~ 100	≥100	不适用 N/A
致病菌 pathogens					
沙门氏菌 Salmonella spp.	1 ~ 5	未检出/25g not detected in 25g	—	—	检出/25g detected in 25g
弯曲杆菌 campylobacter spp.	1 ~ 5	未检出/25g not detected in 25g	—	—	检出/25g detected in 25g

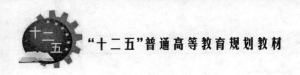
准则 criterion	食品级别 food category	微生物水平（CFU/g,另有说明除外） microbiological quality（CFU per gram unless stated）			
		满意 satisfactory	可接受 acceptable	不满意 unsatisfactory	不可接受/潜在危险[1] unacceptable/potentially bazardous
大肠杆菌 O157 及其他 肠出血性大肠杆菌 Escherichia coli O157 & other VTEC	1~5	未检出/25g not detected in 25g	—		检出/25g detected in 25g
霍乱弧菌 vibrio cholerae	1~5	未检出/25g not detected in 25g			检出/25g detected in 25g
副溶血弧菌[5] vibrio parahaemolyticus	1~5	<20	20~100	100~10^3	≥10^3
单核细胞增生 李斯特氏菌 Listeria monocytogenes	1~5	<$20^{7)}$	20~100	不适用 N/A	≥100
金黄色葡萄球菌 staphylococcus aureus	1~5	<20	20~100	100~10^4	≥10^4
产气荚膜梭菌 clostridium perfringens	1~5	<20	20~100	100~10^4	≥10^4
蜡样芽孢杆菌及其他 致病性芽孢杆菌[6] bacillus cereus and other pathogenic bacillus spp.	1~5	<10^3	10^3~10^4	10^4~10^5	≥10^5

1) 仅根据高菌落数和/或指示微生物指标,而缺乏其他不可接受指标的情况下进行检控不可能成功。

2) 本指南中需氧菌落计数不包括一些发酵食品,如意大利香肠、软质干酪及未巴氏消毒酸牛乳,这些食品都被归入第5类。应根据其外观、气味、质地以及指示微生物或致病菌存在及水平,来判定是否可接受。

3) 在一定条件下,某些菌株可能是致病的。

4) 不包括新鲜水果、蔬菜和色拉蔬菜。

5) 仅限于有关的水产品。

6) 如果芽孢杆菌数超过 10^4CFU/g 时,应进行微生物鉴别。

7) 对于冷藏条件下货架期较长的食品,应为未检出/25g。

N/A:不适用。

三、采样原则

（1）根据检验目的、食品特点、批量、检验方法、微生物的危害程度等确定采样方案。

（2）应采用随机原则进行采样，确保所采集的样品具有代表性。

每批食品应随机抽取一定数量的样品，生产过程中，在不同时间内各取少量样品予以混合。固体或半固体的食品应从表层、中层、底层及中间、四周等不同部位取样。

在食品的检验中，所采集的样品必须具有代表性，即所取样品能够代表食品的所有部分。如果采集的样品没有代表性，即使一系列检验工作非常精密、准确，其结果也毫无价值，甚至会出现错误的结论。食品因加工的批号、原料情况（来源、种类、地区、季节等）加工方法、保藏条件、运输、销售中的各环节及销售人员的责任心和卫生认识水平等无不影响着食品的卫生质量，因此要根据一小份样品的检验结果去说明一大批食品的质量或一起食物中毒的性质，就必须周密考虑，设计出一种科学的取样方法。采用什么样的取样方案主要取决于检验的目的，目的不同，取样的方案也不同。但不管采取何种方案，对抽样代表性的要求是一致的。最好对整批产品的单位包装进行编号，实行随机抽样。

（3）采样过程遵循无菌操作程序，防止一切可能的外来污染。

防止变质、损坏、丢失，一件用具只能用于一个样品，防止交叉污染。

（4）样品在保存和运输的过程中，应采取必要的措施防止样品中原有微生物的数量变化，保持样品的原有状态。

采集的非冷冻食品一般在 $0 \sim 5 \,^{\circ}\mathrm{C}$ 冷藏，不能冷藏的食品立即检验。一般在 36h 内进行检验。

（5）采样标签应完整、清楚。

每件样品的标签须标记清楚，尽可能提供详尽的资料。

（6）样品采集和现场测定必须有两人以上参加。

四、样品的种类

样品可分为大样、中样和小样三种。大样指一整批；中样是指从样品各部分取的混合样，一般为 200g（mL）；小样又称为检样，一般以 25g（mL）为准，用于检验分析。

五、采样的步骤

采样前调查→现场观察→确定采样方案→采样 →样品封存 →开具采样证明

六、采样前的准备

1. 干冰（有的称为 gel backs）

如果使样品在贮运过程中保持冷却，一些种类的制冷剂是必需的。注意检查干冰袋子是否与食品有接触，如果泄漏可能污染样品。也可以用湿冰，湿冰可以由工厂提供，然而取样前必须清楚这一点，如果想保持样品冷冻，干冰应在检验前获得。

2. 盒子或制冷皿

必要时检验员需要贮藏、运输所采集的样品。如果样品不需冷冻，那么用一个盒子即可，但如果样品需要冷却，一个标准的制冷皿或保温箱是必须使用的，一般来讲制冷皿随带一个塑料袋,样品可以放在袋子里,制冷剂如干冰等可以放置在袋外,这样样品就可以避免被制冷剂污染。

3. 灭菌容器

对于有锐利边面的产品如蟹、虾等,可以用玻璃取样瓶、血浆瓶以及灭菌的加仑漆桶等。

4. 取样工具

取样工具包括茶匙、角匙、尖嘴钳、镊子、解剖刀、量筒和烧杯,工具的类型一般由取样产品来决定。

应检查所有取样设施和容器的灭菌日期,应当在仪器设施的标签和包装上标明灭菌时间,一些仪器设施可以在当地实验室灭菌处理或购买灭菌仪器,在当地实验室灭菌的仪器设施一般可以保持至少两个月,过期后,设施必须重新灭菌。

5. 灭菌手套

灭菌手套在采样中并非必须应用,如果一个产品在样品收集过程中必须被接触,那么最好让工厂生产线的工人来做(加工处理产品的工人),将样品放入收集容器中,既然工人在生产过程中处理接触产品,那么我们就不能认为他们对产品有附加的污染。

采用手套时,必须用一种避免污染的方式戴上,手套的大小必须适合工作的需要。

6. 无菌棉拭子

一般用于拭取仪器设施和工厂环境区域,使用棉拭子一般有一个正确的程序,打开棉拭子剥掉表皮,小心地置于试管头上,注意不要沾染棉拭子的外端;下一步擦拭要取样的部位,如案板或顶部管道等部位,然后从试管头上小心翼翼地将拭子放入,将其全部堆入到试管中部。

7. 灭菌全包装袋

袋子必须购买灭菌的,使用时只需撕掉封头,张开袋子,将样品放入,然后将袋子顶端卷起,用线绳扎实牢;底部应当折叠两次,以便线绳不会穿透塑料袋,导致样品泄漏。

七、采样方法

根据样品种类,如袋、瓶和罐装者,应取完整的未开封的;如果样品很大,则需用无菌采样器取样;检样是冷冻食品,应保持在冷冻状态(可放在冰内、冰箱的冰盒内或低温冰箱内保存),非冷冻食品需在 0~5℃中保存。

1. 液体食品的采样

将样品充分混匀,用无菌操作开启包装,用 100mL 无菌注射器抽取,注入无菌盛样容器。

2. 半固体食品的采样

用无菌操作拆开样品包装,用无菌勺子从几个部位挖取样品,注入无菌盛样容器。

3. 固体样品的采样

大块整体食品应用无菌刀具和镊子从不同部位割取,割取时应兼顾表面与深度,注意样品的代表性;小块大包装食品应从不同部位的小块上切取样品,注入无菌盛样容器。样品是固体粉末,应边取边混合。

4. 冷冻食品的采样

大包装小块冷冻食品的采样按小块个体采取;大块冷冻食品可以用无菌刀从不同部位削取样品或用无菌小手锯从冰块上锯取样品,也可以用无菌钻头钻取碎样品,注入无菌盛样容器。

固体样品和冷冻食品取样还应注意检验目的,若需检验食品污染情况,可取表层样品;若需检验其品质情况,应再取深部样品。

5. 生产工序检测采样

（1）车间用水

自来水样从车间各水龙头上采取冷却水，汤料从车间容器不同部位用100mL无菌注射器抽取。

（2）车间台面、用具及加工人员手的卫生检测

用板孔5cm²的无菌采样板及5支无菌棉签擦拭25cm²面积。若所采表面干燥，则用无菌稀释液湿润棉签后擦拭，若表面有水，则用干棉签擦拭，擦拭后立即将棉签头用无菌剪刀剪入盛样容器。

（3）车间空气采样（直接沉降法）

将5个直径90mm的普通营养琼脂平板分别置于车间的四角和中部，打开平皿盖5min，然后盖上平皿盖送检。

6. 食物中毒微生物检验的取样

当怀疑发生食物中毒时，应及时收集可疑中毒源食品或餐具等，同时收集病人的呕吐物、粪便或血液等。

7. 人畜共患病原微生物检验的取样

当怀疑某一动物产品可能带来人畜共患病病原体时，应结合畜禽传染病学的基础知识，采取病原体最集中、最易检出的组织或体液送检验室检验。

八、采样标签的填写或标记

采样前后应立即贴上标签，每件样品必须标记清楚（如编号、样品名称、生产单位、生产日期、产品批号、产品数量、存放条件、采样时间、采样人姓名、现场情况）。

××××采样单

样品编号：_____ 产品名称（商品名）：_____ 规格型号：_____ 注册商标：_____

生产厂家：_____ 通讯地址：_____ 邮政编码 □□□□□□

受检地点：_____ 通讯地址：_____ 邮政编码 □□□□□□

采样地点：_____ 采样日期：_____ 采样基数：_____

生产日期：_____ 批　　号：_____

产品依据标准：_____ 有效成分及含量：_____

检验目的：_____ 检测项目：_____

采样人仔细阅读以下句子，然后签字

我认真负责地填写了该样品采样单，承认以上填写的合法性，被该采样单位所证实的样品系按照采样方法取得的，该样品具有代表性、真实性和公正性。

代表单位（章）　　　　　　　　　　　代表单位（章）

签字：　　　　　　　　　　　　　　　签字：

日期：　　年　月　日　　　　　　　　日期：　　年　月　日

备注：

图3-2　采样标签记录

第三节　样品的送检

采样后,应将样品在接近原有贮存温度条件下尽快送往实验室检验,保持样品完整。如不能及时运送,应在接近原有贮存温度条件下贮存。

一、送检要求

(1)要快速运送,尽快检验。如不能及时运送,冷冻样品应存放在 -20℃冰箱或冷藏库内;冷却和易腐食品存放在 0~4℃冰箱或冷却库内;其他食品可放在常温冷暗处。样品贮存一般不超过36h。

(2)若路途遥远,可在 1~5℃低温下运送,但注意防止冻结;运送冷冻和易腐食品应在包装容器内加适量的冷却剂或冷冻剂。保证途中样品不升温或不融化。必要时,可于途中补加冷却剂或冷冻剂。

(3)盛样品的容器应消毒处理,但不得用消毒剂处理容器。不能在样品中加入任何防腐剂。

(4)最好由专人立即送检。如不能由专人携带送样时,也可托运。托运前必须将样品包装好,应能防破损,防冻结或防易腐和冷冻样品升温或融化。在包装上应注明"防碎"、"易腐"、"冷藏"等字样。

(5)作好样品运送记录,写明运送条件、日期、到达地点及其他需要说明的情况,并由运送人签字。

(6)样品送检时,必须认真填写申请单,以供检验人员参考。

(7)检验人员接到送检单后,应立即登记,填写序号,并按检验要求放在冰箱或冰盒中,并积极准备条件进行检验。

二、送检流程

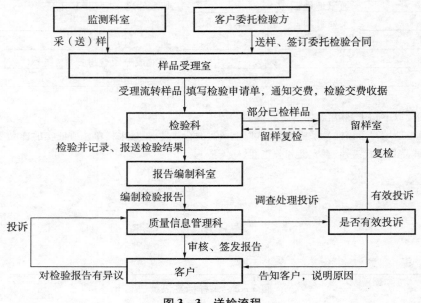

图3-3　送检流程

第四节 样品的处理

一、样品处理的基本方法

（一）液体样品的处理

1. 瓶装液体样品的处理

用点燃的酒精棉球灼烧瓶口灭菌,接着用石炭酸或来苏尔消毒后的纱布盖好,再用灭菌开瓶器将盖启开;含有二氧化碳的样品可倒入 500mL 磨口瓶内,口勿盖紧,覆盖一灭菌纱布,轻轻摇荡,待气体全部逸出后,取样 25mL 检验。

2. 盒装或软塑料包装样品的处理

将其开口处用 75% 酒精棉擦拭消毒,用灭菌剪子剪开包装,覆盖上灭菌纱布或浸有消毒液的纱布在剪开部分,直接吸取样品 25mL,或倾入另一灭菌容器中再取样 25mL 检验。

（二）固体或黏性液体样品的处理

此类样品无法用吸管吸取,可用灭菌容器称取检样 25g,加至预温 45℃的灭菌生理盐水或蒸馏水 225mL 中,摇荡融化或使用振荡器振荡融化,尽快检验。从样品稀释到接种培养,一般不超过 15min。

1. 固体食品的处理

固体食品的处理相对复杂,处理方法主要有以下几种:

（1）捣碎均质法

将样品(≥100g)剪碎或搅拌混匀,从中取 25g 放入带 225mL 无菌稀释液的无菌均质杯中,以 8 000~10 000r/min 均质 1~2min 即可。

（2）剪碎振摇法

将样品(≥100g)剪碎或搅拌混匀,从中取 25g 检样进一步剪碎,放入带 225mL 无菌稀释液和直径 5mm 左右玻璃珠的稀释瓶中,盖紧瓶盖,用力快速振摇 50 次,振幅不小于 40cm。

（3）研磨法

将样品(≥100g)剪碎或搅拌混匀,从中取 25g 检样放入无菌乳钵中充分研磨后,再放入带有 225mL 无菌稀释液的稀释瓶中,盖紧盖后,充分摇匀。

（4）整粒振摇法

有完整自然保护膜的颗粒状样品(如蒜瓣、青豆等)可以直接称取 25g 整粒样品置于带有 225mL 无菌稀释液和适量玻璃珠的无菌稀释瓶中,盖紧瓶盖,用力快速振摇 50 次,振幅要大于 40cm 以上。

2. 冷冻样品

冷冻样品在检验前要进行解冻。一般在 0~4℃下解冻,时间不能超过 18h;也可在 45℃下解冻,时间不能超过 15min。样品解冻后,无菌操作称取检样 25g,置于 225mL 无菌稀释液中,制备成均匀 1:10 稀释液。

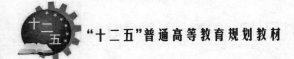

3. 粉状或颗粒状样品的处理

用灭菌勺或其他适用工具将样品搅拌均匀后,无菌操作称取检样25g,置于225mL灭菌生理盐水中,充分振摇混匀或使用振摇器混匀,制成1:10稀释液。

二、各类食品微生物检验用样品的采集与处理

(一)肉与肉制品样品的采集与制备

1. 样品的采取和送检

(1)生肉及脏器检样

如系屠宰场宰后的畜肉,可于开腔后,用无菌刀采取两腿内侧肌肉各150g(或劈半后采取两侧背最长肌肉各150g);如系冷藏或售卖之生肉,可用无菌刀取腿肉或其他部位的肌肉250g。检样采取后,放入无菌容器内,立即送检;如条件不许可时,最好不超过3h。送检样时应注意冷藏,不得加入任何防腐剂。检样送往化验室应立即检验或放置冰箱暂存。

(2)禽类(包括家禽和野禽)

鲜、冻家禽采取整只,放无菌容器内。带毛野禽可放清洁容器内,立即送检,以下处理同生肉及脏器检样。

(3)各类熟肉制品

酱卤肉、肴肉、肉灌肠、熏烤肉、肉松、肉脯、肉干等熟肉制品一般采取250g。熟禽采取整只,均放无菌容器内,立即送检,以下处理要求同上述生肉及脏器检样。

(4)腊肠、香肚等生灌肠

采取整根、整只,小型的可采数根数只,其总量不少于250g。

2. 检样的处理

(1)生肉及脏器检样的处理

先将检样进行表面消毒(在沸水内烫3~5s,或烧灼消毒),再用无菌剪子剪取检样深层肌肉25g,进行检验。

(2)鲜、冻家禽检样的处理

先将检样进行表面消毒,用灭菌剪子或刀去皮后,剪取肌肉25g(一般可从胸部或腿部剪取),进行检验。带毛野禽去毛后,同家禽检样处理。

(3)各类熟肉制品检样的处理

直接切取或称取25g,进行检验。

(4)腊肠、香肠等生灌肠检样处理

先对生灌肠表面进行消毒,用灭菌剪子取内容物25g,以下处理同生肉。

注:以上样品的采集,送检和处理均以检验肉禽及其制品内的细菌含量从而判断其质量鲜度为目的。如需检验肉禽及其制品受外界环境污染的程度或检索其是否带有某种致病菌,应用棉拭采样法。

3. 棉拭采样法和检样处理

检验肉禽及其制品受污染的程度,一般可用板孔5cm²的金属制规板,压在受检物上,将灭菌棉拭稍沾湿,在板孔5cm²的范围内揩抹多次,然后将板孔规板移压另一点,用另一棉拭揩抹,如此共移压揩抹10次,总面积50cm²,共用10只棉拭。每支棉拭在揩抹完毕后应立即剪断或烧断后投入盛有50mL灭菌水的三角烧瓶或大试管中,立即送检。检验时先充分振摇,吸取瓶

或管中的液体,作为原液,再按要求作 10 倍递增稀释。检测致病菌,不必用规板,可疑部位用棉拭揩抹即可。

(二)乳与乳制品样品检验

乳与乳制品包括鲜乳及其制品(菌落总数检验不适宜于酸乳)。

1. 样品的采取和送检

(1)生乳的采样

样品应充分搅拌混匀,混匀后应立即取样,用无菌采样工具分别从相同批次(此处特指单体的贮奶罐或贮奶车)中采集 n 个样品,采样量应满足微生物指标检验的要求。

具有分隔区域的贮奶装置,应根据每个分隔区域内贮奶量的不同,按比例从中采集一定量经混合均匀的代表性样品,将上述奶样混合均匀采样。

(2)液态乳制品的采样

适用于巴氏杀菌乳、发酵乳、灭菌乳、调制乳等。取相同批次最小零售原包装,每批至少取 n 件。

(3)半固态乳制品的采样

①炼乳(淡炼乳、加糖炼乳、调制炼乳等)的采样 原包装小于或等于 500g(mL)的制品:取相同批次的最小零售原包装,每批至少取 n 件。采样量不小于 5 倍或以上检验单位的样品。原包装大于 500g(mL)的制品(再加工产品,进出口):采样前应摇动或使用搅拌器搅拌,使其达到均匀后采样。如果样品无法进行均匀混合,就从样品容器中的各个部位取代表性样。采样量不小于 5 倍或以上检验单位的样品。

②奶油及其制品(稀奶油、奶油、无水奶油等)的采样 原包装小于或等于 1000g(mL)的制品:取相同批次的最小零售原包装,采样量不小于 5 倍或以上检验单位的样品。原包装大于 1000g(mL)的制品:采样前应摇动或使用搅拌器搅拌,使其达到均匀后采样。对于固态制品,用无菌抹刀除去表层产品,厚度不少于 5mm。将洁净、干燥的采样钻沿包装容器切口方向往下,匀速穿入底部。当采样钻到达容器底部时,将采样钻旋转 180°,抽出采样钻并将采集的样品转入样品容器。采样量不小于 5 倍或以上检验单位的样品。

(4)固态乳制品采样

适用于干酪、再制干酪、乳粉、乳清粉、乳糖和酪乳粉等。

①干酪与再制干酪的采样 原包装小于或等于 500g 的制品:取相同批次的最小零售原包装,采样量不小于 5 倍或以上检验单位的样品。原包装大于 500g 的制品:根据干酪的形状和类型,可分别使用下列方法:a. 在距边缘不小于 10 cm 处,把取样器向干酪中心斜插到一个平表面,进行一次或几次。b. 把取样器垂直插入一个面,并穿过干酪中心到对面。c. 从两个平面之间,将取样器水平插入干酪的竖直面,插向干酪中心。d. 若干酪是装在桶、箱或其他大容器中,或是将干酪制成压紧的大块时,将取样器从干酪顶斜穿到底进行采样。采样量不小于 5 倍或以上检验单位的样品。

②乳粉、乳清粉、乳糖、酪乳粉的采样 原包装小于或等于 500g 的制品:取相同批次的最小零售原包装,采样量不小于 5 倍或以上检验单位的样品。原包装大于 500g 的制品:将洁净、干燥的采样钻沿包装容器切口方向往下,匀速穿入底部。当采样钻到达容器底部时,将采样钻旋转 180°,抽出采样钻并将采集的样品转入样品容器。采样量不小于 5 倍或以上检验单位的样品。

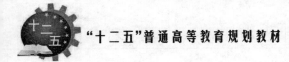

2. 检样的处理

（1）乳及液态乳制品的处理

将检样摇匀，以无菌操作开启包装。塑料或纸盒（袋）装，用75%酒精棉球消毒盒盖或袋口，用灭菌剪刀切开；玻璃瓶装，以无菌操作去掉瓶口的纸罩或瓶盖，瓶口经火焰消毒。用灭菌吸管吸取25mL（液态乳中添加固体颗粒状物的，应均质后取样）检样，放入装有225mL灭菌生理盐水的锥形瓶内，振摇均匀。

（2）半固态乳制品的处理

①炼乳　清洁瓶或罐的表面，再用点燃的酒精棉球消毒瓶或罐口周围，然后用灭菌的开罐器打开瓶或罐，以无菌操作称取25g检样，放入预热至45℃的装有225mL灭菌生理盐水（或其他增菌液）的锥形瓶中，振摇均匀。

②稀奶油、奶油、无水奶油等　无菌操作打开包装，称取25g检样，放入预热至45℃的装有225mL灭菌生理盐水（或其他增菌液）的锥形瓶中，振摇均匀。从检样融化到接种完毕的时间不应超过30min。

（3）固态乳制品的处理

①干酪及其制品　以无菌操作打开外包装，对有涂层的样品削去部分表面封蜡，对无涂层的样品直接经无菌程序用灭菌刀切开干酪，用灭菌刀（勺）从表层和深层分别取出有代表性的适量样品，磨碎混匀，称取25g检样，放入预热到45℃的装有225mL灭菌生理盐水（或其他稀释液）的锥形瓶中，振摇均匀。充分混合使样品均匀散开（1～3min），分散过程时温度不超过40℃。尽可能避免泡沫产生。

②乳粉、乳清粉、乳糖、酪乳粉　取样前将样品充分混匀。罐装乳粉的开罐取样法同炼乳处理，袋装奶粉应用75%酒精的棉球涂擦消毒袋口，以无菌手续开封取样。称取检样25g，加入预热到45℃盛有225mL灭菌生理盐水等稀释液或增菌液的锥形瓶内（可使用玻璃珠助溶），振摇使充分溶解和混匀。对于经酸化工艺生产的乳清粉，应使用pH8.4±0.2的磷酸氢二钾缓冲液稀释。对于含较高淀粉的特殊配方乳粉，可使用α-淀粉酶降低溶液黏度，或将稀释液加倍以降低溶液黏度。

③酪蛋白和酪蛋白酸盐　以无菌操作，称取25g检样，按照产品不同，分别加入225mL灭菌生理盐水等稀释液或增菌液。在对黏稠的样品溶液进行梯度稀释时，应在无菌条件下反复多次吹打吸管，尽量将黏附在吸管内壁的样品转移到溶液中。对于酸法工艺生产的酪蛋白：使用磷酸氢二钾缓冲液并加入消泡剂，在pH8.4±0.2的条件下溶解样品。对于凝乳酶法工艺生产的酪蛋白：使用磷酸氢二钾缓冲液并加入消泡剂，在pH7.5±0.2的条件下溶解样品，室温静置15min。必要时在灭菌的匀浆袋中均质2min，再静置5min后检测。对于酪蛋白酸盐：使用磷酸氢二钾缓冲液在pH7.5±0.2的条件下溶解样品。

（三）蛋与蛋制品检验

蛋与蛋制品包括鲜蛋及蛋制品。

1. 样品的采集和送检

（1）鲜蛋、糟蛋、皮蛋

用流水冲洗鲜蛋外壳，再用75%酒精棉球涂擦消毒后放入灭菌袋内，加封做好标记后送检。

（2）巴氏杀菌冰全蛋、冰蛋黄、冰蛋白

先将铁听开处用75%酒精棉球消毒，再将盖开启，用灭菌电钻由顶到底斜角钻入，徐徐钻取检样，然后抽出电钻，从中取出250g，检样装入广口瓶中，标明后送检。

（3）巴氏杀菌全蛋粉、蛋黄粉、蛋白片

将包装铁箱上开口处用75%酒精棉球消毒，然后将盖开启，用灭菌的金属制双层旋转式套管采样器斜角插入箱底，使套管旋转收取检样，再将采样器提出箱外，用灭菌小匙自上、中、下部收取检样，装入灭菌广口瓶中，每个检样质量不少于100g，标明后送检。

（4）对成批产品进行质量鉴定时的采样数量

巴氏消毒全蛋粉、蛋黄粉、蛋白片等产品以一日或一班生产量为一批，检验沙门氏菌时，按每批总量5%抽样（即每一百箱中抽取五箱，每箱一个检样），但每批最少不得少于三个检样。测定菌落总数和大肠菌群时，每批按装罐过程前、中、后取样3次，每次取样100g，每批合为一个检样。

巴氏消毒冰全蛋、冰蛋黄、冰蛋白等产品按生产批号在装听时流动取样。检验沙门氏菌时，冰蛋黄及冰蛋白按每250kg取样一件，巴氏消毒冰全蛋按每500kg取样一件。菌落总数测定和大肠菌群测定时，在每批装听前、中、后取样三次，每次取样100kg合为一个检样。

2. 检样的处理

（1）鲜蛋、糟蛋、皮蛋外壳

用灭菌生理盐水浸湿的棉拭充分擦拭蛋壳，然后棉拭直接放入培养基内增菌培养，也可将整只鲜蛋放入灭菌小烧杯或平皿中，按检样要求加入定量灭菌生理盐水或液体培养基，用灭菌棉拭将蛋壳表面充分擦洗后，以擦洗液作为检样检验。

（2）鲜蛋蛋液

将鲜蛋在流水下洗净，待干后再用酒精棉球消毒蛋壳，然后根据检验要求，打开蛋壳取出蛋白、蛋黄或全蛋液，进行检验。

（3）巴氏杀菌全蛋粉、全蛋片、蛋黄粉

将检样放入带有玻璃珠的灭菌瓶内，按比例加入灭菌生理盐水充分摇匀待检。

（4）巴氏消毒冰全蛋、冰蛋白、冰蛋黄

将装有冰蛋检样的瓶子浸泡于流动冷水中，使检样融化后取出，放入带有玻璃珠的灭菌瓶中充分摇匀待检。

（5）各种蛋制品沙门氏菌增菌培养

以无菌操作称取检样，接种于亚硒酸盐煌绿或煌绿肉汤等增菌培养基中（此培养基预先置于有适量玻璃珠的灭菌瓶内），盖紧瓶盖，充分摇匀，然后放入（36±1）℃恒温箱中培养（20±2）h。

（四）水产食品检验

1. 样品的采集和送检

现场采取水产食品样品时，应按检验目的和水产品的种类确定采样量。除个别大型鱼类和海兽只能割取其局部作为样品外，一般都采取完整的个体，待检验时再按要求在一定部位采取检样。在以判断质量鲜度为目的时，鱼类和体形较大的贝甲类应以个体为一件样品，单独采取一个检样。但当对一批水产品做质量判断时，仍须采取多个个体做多件检验以反映全面质量。一般小型鱼类和对虾、小蟹，因个体过小在检验时只能混合采取检样，在采样时须采数量更多的个体,鱼糜制品（如灌肠、鱼丸等）和熟制品采取250g,放灭菌容器内。

水产食品含水较多,体内酶的活力也较旺盛,易于变质。因此在采好样品后应在最短时间内送检,在送检过程中一般都应加冰保温。

2. 检样的处理

（1）鱼类

采取检样的部位为背肌。先用流水将鱼体体表冲净、去鳞,再用75%酒精的棉球擦净鱼背,待干后用灭菌刀在鱼背部沿脊椎切开5cm,再切开两端使两块背肌分别向两侧翻开,然后用无菌剪子剪取25g鱼肉进行检验。

在剪取肉样时要仔细操作,勿触破及粘上鱼皮。如果是鱼糜制品和熟制品则放乳钵内进一步捣碎后,再加生理盐水,混匀成稀释液。

（2）虾类

虾类采取检样的部位为腹节内的肌肉。将虾体在流水下冲净,摘去头胸节,用灭菌剪子剪除腹节与头胸节连接处的肌肉,然后挤出腹节内的肌肉,取25g进行检验。

（3）蟹类

蟹类采取检样的部位为胸部肌肉。将蟹体在流水下冲洗,剥去壳盖和腹脐,去除鳃条。再置流水下冲净。用75%酒精棉球擦拭前后外壁,置灭菌搪瓷盘上待干。然后用灭菌剪子剪开成左右两片,用双手将一片蟹体的胸部肌肉挤出（用手指从足跟一端剪开的一端挤压）,称取25g进行检验。

（4）贝壳类

用流水刷洗贝壳,刷净后放在铺有灭菌毛巾的清洁搪瓷盘上,用75%酒精棉球涂擦消毒,用灭菌小钝刀从贝壳的张口处缝隙中徐徐切入,撬开壳盖,再用灭菌镊子取出整个内容物,称取25g进行检验。

注:水产食品兼受海洋细菌和陆上细菌的污染,检验时细菌的培养温度应为30℃。以上检样的方法和检样部位均以水产品肌肉内细菌含量从而判断其新鲜度为目的。如须检验水产食品是否污染某种致病菌时,其检验部位应为胃肠消化道和鳃等呼吸器官,鱼类检取肠管和鳃;虾类检取头胸节内的内脏和腹节外沿处的肠管;蟹类检取胃和鳃条;贝类中的螺类检取腹足肌肉以下的部分;贝类中的双壳类检取覆盖在斧足肌肉外层的内脏和瓣鳃。

（五）冷冻饮品、饮料检验

冷冻饮品包括冰淇淋、冰棍、雪糕条和食用冰块。饮料包括果蔬汁、含乳饮料、碳酸饮料、植物蛋白饮料、固体饮料、可可粉固体饮料、乳酸菌饮料、罐装茶饮料、罐装型植物蛋白饮料（以罐头工艺生产）、瓶（桶）装引用纯净水、低温复原果汁等。

1. 样品的采集和送检

（1）果蔬汁饮料、碳酸饮料、茶饮料、固体饮料:应采取原瓶、袋和盒装样品。

（2）冷冻饮品:采取原包装样品。

（3）样品采取后,应立即送检。如不能立即检验,应置冰箱保存。

2. 样品的处理

（1）瓶装饮料

用点燃的酒精棉球灼烧瓶口灭菌,用石炭酸纱布盖好。塑料瓶口可用75%酒精棉球擦拭灭菌,用灭菌开瓶器将盖启开,含有二氧化碳的饮料可倒入另一灭菌容器内,口勿盖紧,覆盖一灭菌纱布,轻轻摇荡。待气体全部逸出后,进行检验。

（2）冰棍

用灭菌镊子除去包装纸,将冰棍部分放入灭菌磨口瓶内,木棒留在瓶外,盖上瓶盖,用力抽出木棒,或用灭菌剪子剪掉木棒,置45℃水浴30min,溶化后立即进行检验。

（3）冰淇淋

放在灭菌容器内,待其溶化,立即进行检验。

（六）调味品检验

调味品包括以豆类以及其他粮食作物为原料发酵制成的酱油、酱类和醋等及水产调味品。

1. 样品的采取和送检

样品送往化验室后应立即检验或放置冰箱暂存。

2. 检样的处理

（1）瓶装样品

用点燃的酒精棉球烧灼瓶口灭菌,用石炭酸纱布盖好,再用灭菌开瓶器启开,袋装样品用75%酒精棉球消毒后进行检验。

（2）酱类

用无菌操作称取25g,放入灭菌容器内,加入灭菌蒸馏水225mL。吸取酱油25mL,加入灭菌蒸馏水225mL,制成混悬液。

（3）食醋

用20%～30%灭菌碳酸钠溶液调pH到中性。

（七）冷食菜、豆制品样品检验

冷食菜、豆制品包括冷食菜、非发酵豆制品及面筋、发酵豆制品的检验。

1. 样品的采取和送检

采样时应注意样品的代表性,采集接触盛器边缘、底部及上面不同部位样品,放入灭菌容器内。样品送往化验室应立即检验或放置冰箱暂存,不得加入任何防腐剂,定型包装样品则随机采取。

2. 检样的处理

以无菌操作称取25g检样,放入225mL灭菌蒸馏水,用均质器打碎1min,制成混悬液。定型包装样品,先用75%酒精棉球消毒包装袋口,用灭菌剪刀剪开后以无菌操作称取25g检样放入225mL灭菌蒸馏水,用均质器打碎1min,制成混悬液。

（八）糖果、糕点果脯检验

1. 样品的采取和送检

糕点、面包、蜜饯可用灭菌镊子夹取不同部位样品,放入灭菌容器内,糖果采取原包装样品,采取后立即送检。

2. 样品的处理

（1）糕点、面包

如为原包装,用灭菌镊子夹下包装纸,采取外部及中心部位。如为带馅糕点,取外皮及内

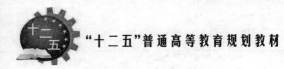

馅25g。裱花糕点,采取奶花及糕点部分各一半共25g,进行检验。

（2）蜜饯

采取不同部位称取25g检样,进行检样。

（3）糖果

用灭菌镊子夹取包装纸,称取数块共25g,加入预温至45℃灭菌生理盐水225mL,待溶化后检验。

（九）酒类检验

酒类包括发酵酒中的啤酒（鲜啤酒和熟啤酒）、果酒、黄酒、葡萄酒的检验。

1. 样品的采取和送检

发酵酒样品的采样按GB 4789.1—2010执行。

2. 样品的处理

用点燃的酒精棉球烧灼瓶口灭菌,用石炭酸纱布盖好,再用灭菌开瓶器将盖启开,含有二氧化碳的酒类可倒入另一灭菌容器内,口勿盖紧,覆盖一灭菌纱布,轻轻摇荡。待气体全部逸出后,进行检验。

（十）方便面（速食米粉）样品的采集与制备

随着生活水平的提高,生活节奏的加快,方便食品颇受人们的欢迎,销售量越来越大。方便面（米粉）是最有代表性的方便食品,方便面（米粉）是以小麦粉、荞麦粉、绿豆粉、米粉等为主要原料,添加食盐或面质改良剂,加适量水调制、压延、成型、汽蒸后,经油炸或干燥处理,达到一定成熟度的粮食制品。同类食品还有即食粥、速煮米饭等。这类食品大部分有包装,污染机会少,但往往由于包装纸、盒不清洁或没有包装的食品放于不清洁的容器内,造成污染。此外,也常在加工、存放、销售各环节中污染了大量细菌和霉菌,而造成食品变质。这类食品不仅会被非致病菌污染,有时还会感染到沙门氏菌、志贺氏菌、金黄色葡萄球菌、溶血性链球菌和霉菌及其毒素。

1. 样品的采集

袋装及碗装方便面（米粉）、即食粥、速煮米饭3袋（碗）为1件,简易包装的采取200g。

2. 样品的处理

（1）未配有调味料的方便面（米粉）、即食粥、速煮米饭

用无菌操作开封取样,称取样品25g,加入225mL灭菌生理盐水制成1:10匀质液。

（2）配有调味料的方便面（米粉）、即食粥、速煮米饭

用无菌操作开封取样,将面（粉）块、干饭粒和全部调料及配料一起称重,按1:1（kg/L）加入灭菌生理盐水,制成检样匀质液。然后,再称取50mL匀质液加至200mL灭菌生理盐水中,成为1:10的稀释液。

三、生产环境微生物检验用样品的采集与处理

（一）水样的采集与处理

1. 布点方法

在水质分析中,对水样取样的基本要求是所取得的样品应具有代表性和有效性。

①河流:在每个采样断面上,可根据分析测定的目的、水面宽度和水流情况,沿河宽和河深方向布设一个或若干个采样点。一般采样点设在水下 0.2～0.5m 处,还可根据需要,在平面采样点的垂线上分别采集表面水样(水面下约 0.5～1m)、深水水样(距底质以上 0.5～1m)和中层水样(表层和深层采样点之间的中心位置处)3 个点。

②地下水:布点通常与抽水点相一致。如做污染调查时,应尽量利用现有的钻孔进行布点,特殊需要时另行布点。

③废水:工业废水采样应在总排放口,车间或工段的排放口布点。生活污水采样点应在排出口,如考虑废水或污水处理设备的处理效果,应在进水和出水口处布点。

④湖泊、水库:可划分若干方块,在每个方块内布设采样点。

⑤给水管网:采样布点应在出厂水口、用户龙头或污染物有可能进入管网地方布点。

2. 采样器

要求采样器具的材质化学性质稳定,容易清洗,瓶口易密封。采样器可用无色具塞硬质玻璃瓶、具塞聚乙烯瓶或水桶。采集深水水样时,要用专门的采样器。

3. 采样方法与处理

采集水样前,应用水样冲洗采样瓶 2～3 次,采集水样时,水样距瓶口不少于 2cm。采集的水样如不能马上检测,需放置于 0～4℃ 保存。水样如污染比较严重,可直接用培养皿涂布培养,如水样比较洁净,可用适当孔径的滤器浓缩微生物后进行培养。

(二)空气样品的采集与处理

在空气样品的采集过程中包含两种微生物:浮游菌和沉降菌,其采集方法与处理各有不同。

1. 浮游菌的采集与处理

(1)浮游菌定义

浮游菌即为悬浮在空气中的活微生物粒子,通过专门的培养基,在适宜的生长条件下繁殖到可见的菌落数。以单位体积空气中含浮游菌菌落数的多少表示计数浓度,单位为 CFU/m^3 或 CFU/L。

(2)浮游菌采样器工作原理

浮游菌采样器一般采用撞击法机理,可分为狭缝式采样器、离心式或针孔式采样器,狭缝式采样器由内部风机将气流吸入,通过采样器的狭缝式平板,将采集的空气喷射并撞击到缓慢旋转的平板培养基表面上,附着的活微生物粒子经培养后形成菌落。离心式采样器由于内部风机的高速旋转,气流从采样器前部吸入从后部流出,在离心力的作用下,空气中的活微生物粒子有足够的时间撞击到专用的固形培养条上,附着的活微生物粒子经培养后形成菌落。针孔式采样器是气流通过一个金属盖吸入,盖子上是密集的经过机械加工的特制小孔,通过风机将收集到的细小的空气流直接撞击到平板培养基表面上,附着的活微生物粒子经培养后形成菌落。

(3)浮游菌的采集与处理

采样器进入被测房间前先用消毒房间的消毒剂灭菌,用消毒剂擦净培养皿的外表面。采样仪器经消毒后不先放入培养皿,开启浮游菌采样器,使仪器中的残余消毒剂蒸发,时间不少于 5min,并检查流量根据采样量调整设定采样时间。然后关闭浮游菌采样器,放入培养皿,盖

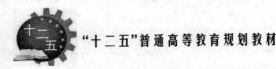

上盖子,置采样口于采样点后,开启浮游菌采样器进行采样。全部采样结束后,将培养皿倒置于恒温培养箱中培养,一般选用培养基为大豆酪蛋白琼脂培养基或沙氏培养基。

2. 沉降菌的采集与处理

(1)沉降菌的定义

通过沉降的方法收集空气中的活微生物粒子,通过专门的培养基,在适宜的生长条件下繁殖到可见的菌落数。在规定时间内每个平板培养皿收集到空气中沉降菌落数目,以 CFU/皿表示,判定实验空间的洁净度。

(2)沉降菌的采集与处理

测试前培养皿表面必须严格消毒。采样点一般离地面 0.8m 高度的水平面上均匀布置,采样点多于 5 点时,可取离地 0.8 ~ 1.5m(略高于工作区)分层布置,但每层不少于 5 点,送风口检测点位置离开送风面 30cm 左右。测定时,将已配置好的培养皿按采样点要求逐个放置,然后从里到外逐个打开培养皿盖,使培养基表面暴露在空气中。全部采样结束后,将培养皿倒置于恒温培养箱中培养,一般选用培养基为大豆酪蛋白琼脂培养基或沙氏培养基。

(三)生产工器具、工人体表样品的采集与处理

1. 样品采集

(1)物体表面

将经灭菌的内径为 5cm×5cm 的无菌规格板放在被检物体表面,用一浸湿有无菌生理盐水的棉拭子在其内涂擦 5 次,并随之转动棉拭子,连续采样 4 个规格板面积,共采集 100cm^2,然后剪去手接触部分,将棉拭子放入 20mL 生理盐水采样管内送检。

(2)手

被检人在从事工作前,双手五指并拢,用一浸湿生理盐水棉拭子在双手指曲面,从指根到指端来回涂擦 2 次(一只手涂擦面积约 30cm^2),然后剪去手接触部分,将棉拭子放入含 10mL 无菌生理盐水的采样管内送检。

2. 样品处理与检验

样品在采样后常温下 1h 内完成检验,1 ~ 4℃下保存并当天检验。将每支采样管振打 80 次,混匀后根据污染程度分别取不同的量做菌落总数和大肠菌群的测定。

第五节　致病菌检验参考菌群的选择

参考菌群即待检对象菌。各类食品由于生产、种植、养殖过程不同,加工方法不同,可能存在的致病菌也不尽相同。各类食品微生物检测中,确定哪些致病菌作为检测参考菌群就成了一件非常重要的工作。

通常,我国的微生物检验项目由一般性检验项目和致病菌两大类构成。一般检验项目包括菌落总数、大肠菌群、霉菌和酵母等指标,致病菌是可能通过食品引起食源性疾病的各种细菌。一般确定致病菌检测项目,需要依据我国各类食品国家标准中的卫生标准,即把国家卫生标准中的微生物指标中提到的微生物作为检测参考菌群。

如在对酱油进行微生物检测时,就需要根据 GB 2717—2003《酱油卫生标准》里的微生物指标来确定致病菌检测项目为沙门氏菌、志贺氏菌、金黄色葡萄球菌(表 3 - 4)。

表 3 – 4　微生物指标

项目	指标
菌落总数[a]/(CFU/mL)≤	30 000
大肠菌群/(MPN/100mL)≤	30
致病菌(沙门氏菌、志贺氏菌、金黄色葡萄球菌)	不得检出

[a] 仅适用于餐桌酱油。

对非发酵性豆制品及面筋进行微生物检测时,根据 GB 2711—2003《非发酵性豆制品及面筋卫生标准》中的微生物指标来确定致病菌检测项目为沙门氏菌、金黄色葡萄球菌、志贺氏菌(表 3 – 5)。

表 3 – 5　微生物指标

项目	指标	
	散装	定型包装
菌落总数/(CFU/g)≤	100 000	750
大肠菌群/(MPN/100g)≤	150	40
致病菌(沙门氏菌、金黄色葡萄球菌、志贺氏菌)	不得检出	

对于鱼糜制品,根据 GB 10132—2005《鱼糜制品卫生标准》中的微生物指标确定致病菌检测项目为沙门氏菌、金黄色葡萄球菌、副溶血性弧菌、志贺氏菌(表 3 – 6)。

表 3 – 6　微生物指标

项目	指标	
	即食类	非即食类
菌落总数/(CFU/g)≤	3 000	50 000
大肠菌群/(MPN/100g)≤	30	450
致病菌(沙门氏菌、金黄色葡萄球菌、副溶血性弧菌、志贺氏菌)	不得检出	

其他各类食品中微生物限量国家标准,请参照表 3 – 9:我国部分食品中微生物限量国家标准。

目前,我国《食品安全国家标准食品中致病菌限量》征求意见稿正在讨论中,即将出台。一旦该国家标准出台,则确定各类食品致病菌检测指标、限量要求和检验方法都将更加规范。

征求意见稿中,各类食品中致病菌限量通常如表 3 – 7 所示:

表 3-7　食品中致病菌限量标准

食品	致病菌指标	采样方案及限量（若非指定，均以 /25g 或 /25mL 表示）				检验方法	备注
		n	c	m	M		
肉及肉制品	沙门氏菌	5	0	0	—	GB 4789.4	—
	单核细胞增生李斯特氏菌	5	0	0	—	GB 4789.30	适用于熟肉制品和即食生肉制品
	金黄色葡萄球菌	5	0	100 CFU/g	—	GB 4789.10	
	空肠弯曲菌	5	0	0	—	GB/T 4789.9	适用于预制肉制品
	大肠埃希氏菌 O157：H7/NM	5	0	0	—	GB/T 4789.36	适用于预制牛肉制品
水产品	沙门氏菌	5	0	0	—	GB 4789.4	—
	单核细胞增生李斯特氏菌	5	0	0	—	GB 4789.30	适用于生食水产品和熟制水产品
	副溶血性弧菌	5	0	0	—	GB/T 4789.7	适用于熟制水产品
	副溶血性弧菌	5	0	100 MPN/g	—		适用于生食水产品和预制水产品
蛋制品	沙门氏菌	5	0	0	—	GB 4789.4	
粮食制品	沙门氏菌	5	0	0	—	GB 4789.4	—
	单核细胞增生李斯特氏菌	5	0	0	—	GB 4789.30	适用于熟制粮食制品
	金黄色葡萄球菌	5	1	100 CFU/g	1 000 CFU/g	GB 4789.10	适用于熟制粮食制品
	金黄色葡萄球菌	5	1	1 000 CFU/g	10 000 CFU/g		适用于生制粮食制品
豆类制品	沙门氏菌	5	0	0	—	GB 4789.4	—
	金黄色葡萄球菌	5	0	0	—	GB 4789.10	
	单核细胞增生李斯特氏菌	5	0	0	—	GB 4789.30	
焙烤及油炸类食品	沙门氏菌	5	0	0	—	GB 4789.4	—
	金黄色葡萄球菌	5	0	0	—	GB 4789.10	
糖果、巧克力类及可可制品	沙门氏菌	5	0	0	—	GB 4789.4	—

续表

食品	致病菌指标	采样方案及限量（若非指定，均以 /25g 或 /25mL 表示）				检验方法	备注
		n	c	m	M		
蜂蜜及其制品	沙门氏菌	5	0	0	—	GB 4789.4	—
	单核细胞增生李斯特氏菌	5	0	0	—	GB 4789.30	
加工水果	沙门氏菌	5	0	0	—	GB 4789.4	—
	金黄色葡萄球菌	5	0	0	—	GB 4789.10	
藻类制品	沙门氏菌	5	0	0	—	GB 4789.4	—
	副溶血性弧菌	5	0	0	—	GB/T 4789.7	
	单核细胞增生李斯特氏菌	5	0	0	—	GB 4789.30	
饮料类	沙门氏菌	5	0	0	—	GB 4789.4	—
	金黄色葡萄球菌	5	0	0	—	GB 4789.10	
冷冻饮品	沙门氏菌	5	0	0	—	GB 4789.4	—
	金黄色葡萄球菌	5	0	0	—	GB 4789.10	
发酵酒及其配制酒	沙门氏菌	5	0	0	—	GB 4789.4	—
	金黄色葡萄球菌	5	0	0	—	GB 4789.10	
调味品	沙门氏菌	5	0	0	—	GB 4789.4	—
	金黄色葡萄球菌	5	0	0	—	GB 4789.10	适用于除香辛料外的其他调味品
	副溶血性弧菌	5	0	0	—	GB/T 4789.7	适用于水产调味品
脂肪、油和乳化脂肪制品	沙门氏菌	5	0	0	—	GB 4789.4	适用于含水乳化油脂（大于1%为限值）
	金黄色葡萄球菌	5	0	0	—	GB 4789.10	
果冻	沙门氏菌	5	0	0	—	GB 4789.4	—
	金黄色葡萄球菌	5	0	0	—	GB 4789.10	
即食食品	沙门氏菌	5	0	0	—	GB 4789.4	适用于表中未列出的其他即食食品
	单核细胞增生李斯特氏菌	5	0	0	—	GB 4789.30	

第三章 食品微生物检验基本程序（3W）

从表 3-7 可以看出：通常采样方法为 ICMSF 法，各种食品检测时的参考菌群各不相同。

除中国外，英国、法国、日本、加拿大、澳大利亚、欧洲委员会、食品法典委员会、国际食品微生物规格委员会等 30 多个国家、地区和国际权威组织发布的技术法规和标准中都有食品微生物限量规定。出口食品的微生物检测应该参照相关限量标准进行检测。

第六节　样品的检验

样品的检验是整个检测过程中的关键步骤，该步骤除了必须按照国标检验程序进行外，还应注意以下几个方面的问题。

一、收样

(1)检验人员收到送检单及样品后，应认真核对登记，确保样品的相关信息完整并符合检验要求。如 2012 年收到的第 50 号样品，编号可写成：20120050。

(2)应按要求尽快检验。若不能及时检验，应采取必要的措施保持样品的原有状态，防止样品中目标微生物因客观条件的干扰而发生变化。可以将样品放在冰箱或冰盒中。

(3)冷冻食品应在 45℃ 以下不超过 15min，或 2~5℃ 不超过 18h 解冻后进行检验。

二、检验

国外的食品卫生标准，包括美国官定分析化学家协会(AOAC)、美国 FDA、日本厚生省、欧共体等对食品中致病菌的检验都规定了定性检验方法和限量标准，即 25g 或 25mL 样品中致病菌不得检出。我国食品微生物检测是 GB 4789—2008/2010《食品安全国家标准 食品微生物学检验》中以细菌等微生物常规培养为主的定性方法。

目前，无论是国际还是国内，均未制定统一的食源性致病菌的定量检验方法标准，而疾病的发生、暴发流行和重大食品安全事故的发生及溯源、预防控制措施的测评和危险性评估等监控措施的实施均依赖于快速、准确和灵敏的定性和定量病原体检测资料。定量检测资料尤为重要，这给我们研究建立定量检测方法提出了巨大的挑战。

致病菌的定量检测方法主要依赖 MPN(最大可能数)法和菌落平板计数法，需要进行菌落分离、生化和血清学方法鉴定等，需时较长，灵敏度和准确性过低。

(一)检验方法的选择

1. 应选择现行有效的国家标准方法

各类食品微生物学检验项目的部分国标代号如下。

菌落总数测定：GB 4789.2；

大肠菌群计数：GB 4789.3；

沙门氏菌检验：GB 4789.4；

志贺氏菌检验：GB 4789.5；

霉菌和酵母计数：GB 4789.15；

单核细胞增生李斯特氏菌检验:GB 4789.30;

乳酸菌检验:GB 4789.35;

阪崎肠杆菌检验:GB 4789.40;

金黄色葡萄球菌检验:GB 4789.10;

双歧杆菌的鉴定:GB 4789.34;

副溶血性弧菌检验:GB/T 4789.7;

小肠结肠炎耶尔森氏菌检验:GB/T 4789.8;

空肠弯曲菌检验:GB/T 4789.9;

常见产毒霉菌的鉴别:GB/T 4789.16;

罐头食品商业无菌的检验:GB/T 4789.26;

食品生产用水的微生物学检验:GB/T 5750.12。

注意:出口商品应按照客户要求,以对方出口国标准为主。

2. 食品微生物检验方法标准中对同一检验项目有两个及两个以上定性检验方法时,应以常规培养方法为基准方法

如空肠弯曲菌检验 GB/T 4789.9—2008 中检验方法有两种,第一法是常规培养法,第二法是全自动酶联荧光免疫分析仪筛选法。那么,做空肠弯曲菌的定性检验时,应该首选第一法常规培养法。

3. 食品微生物检验方法标准中对同一检验项目有两个及两个以上定量检验方法时,应以平板计数法为基准方法

如金黄色葡萄球菌检验 GB 4789.10—2010 中检验方法共有三种,第一法是金黄色葡萄球菌的定性检验方法,第二法是 BP 平板计数法,第三法是 MPN 计数法。则做金黄色葡萄球菌检验时,定性检验选择方法一,定量检验则首选方法二。

(二)检验要求

(1)按照标准操作规程进行检验操作,边工作边做原始记录。原始记录包括检验过程中观察到的现象、结果和数据等信息。记录应即时、准确。

(2)检测结束,连同结果一起交同条线技术人员复核。复核过程中发现错误,复核人应通知检测人更正,然后重新复核。

(3)检测人和复核人在原始记录上签名,并编写"检测报告底稿"。

(4)所有检测项目完成后,检测人员将原始记录、样品卡、报告书底稿交科主任作全面校核。

企业内部使用的原始记录表各不相同,现举例见表3-8:

表3-8　菌落总数(平板菌落计数法)记录报告

产品名称		生产车间		班次	
生产日期		抽样日期		检验日期	
菌落总数					
检验依据					

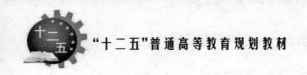

培养基 稀释度	平板计数琼脂培养基			结果报告数（CFU/g 或 mL）
	A	B	平均数	
1				
10^{-1}				
10^{-2}				
10^{-3}				
10^{-4}				
10^{-5}				
空白				
备注				
检验员：		日期：	复核：	日期：

其他检验表格举例参见表 3 – 10。

第七节 检验结果的报告

实验室应按照检验方法中规定的要求，准确、客观地报告每一项检验结果。

具体做法举例：

（1）经审核后的报告底稿、样品卡、原始记录，上交打印正式报告两份。

（2）将报告正本交审核人及批准人签名，并在报告书上盖上"检验专用章"和检测机构公章后对外发文。

（3）收文科室或收文人要在检测申请书上收件人一栏内签字，以示收到该报告的正式文本。

（4）在报告正式文本发出前，任何有关检测的数据、结果、原始记录都不得外传，否则作为违反保密制度论处。

（5）样品检验完毕后，检验人员应及时填写报告单，签名后送主管人核实签字，加盖单位印章以示生效，并立即交给食品卫生监督人员处理。

第八节 检验后样品的处理

食品微生物检验和其他行业的检验一样，通常分为型式检验、例行检验和确认检验。型式检验是依据产品标准，为了认证目的所进行的型式检验必须依据产品国家标准。一般是型式检验，为现场检测，可以是全检，也可以是单项检验。对于批量生产的定型产品，为检查其质量稳定性，往往要进行定期抽样检验（在某些行业称"例行检验"）。例行检验包括工序检验和出厂检验。例行检验允许用经过验证后确定的等效、快速的方法进行。确认检验是为验证产品持续符合标准要求而进行的在经例行检验后的合格品中随机抽取样品依据检验文件进行的检验。在例行检验和确认检验发现不合格品率接近公司规定值时，检验员应根据情况及时通知操作者注意加强控制；当不合格品率超过规定值，应采取纠正和预防措施。

表 3 - 9　我国部分食品中微生物限量国家标准

标准号	产品名称	菌落总数 CFU/g(mL)	大肠菌群 MPN/100g(mL)	致病菌	霉菌及酵母菌 CFU/g(mL)
GB 2711—2003	非发酵性豆制品及面筋	定型包装≤750 散装≤100 000	≤40 ≤150	不得检出沙门氏菌、金黄色葡萄球菌、志贺氏菌	—
GB 2712—2003	发酵性豆制品	—	≤30	不得检出沙门氏菌、志贺氏菌、金黄色葡萄球菌	—
GB 2713—2003	淀粉制品	≤1 000	≤70	不得检出沙门氏菌、志贺氏菌、金黄色葡萄球菌	—
GB 2714—2003	腌酱菜	—	散装≤90 瓶(袋)装≤30	不得检出沙门氏菌、志贺氏菌、金黄色葡萄球菌	—
GB 2716—2005	食用植物油	—	—	—	—
GB 2717—2003	酱油	≤30 000 (仅用于烹调酱油)	≤30	不得检出沙门氏菌、志贺氏菌、金黄色葡萄球菌	—
GB 2718—2003	酱	—	≤30	不得检出沙门氏菌、志贺氏菌、金黄色葡萄球菌	—
GB 2719—2003	食醋	≤10 000	≤3	不得检出沙门氏菌、志贺氏菌、金黄色葡萄球菌	—

续表

标准号	产品名称	菌落总数 CFU/g(mL)	大肠菌群 MPN/100g(mL)	致病菌	霉菌及酵母菌 CFU/g(mL)
	肉灌肠	≤50 000	≤30	不得检出沙门氏菌、志贺氏菌、金黄色葡萄球菌	—
	酱卤肉	≤80 000	≤150	不得检出沙门氏菌、志贺氏菌、金黄色葡萄球菌	—
	烧烤肉	≤50 000	≤90	不得检出沙门氏菌、志贺氏菌、金黄色葡萄球菌	—
GB 2726—2005	肴肉	≤50 000	≤150	不得检出沙门氏菌、志贺氏菌、金黄色葡萄球菌	—
	肉松、油酥肉松、肉松粉	≤30 000	≤40	不得检出沙门氏菌、志贺氏菌、金黄色葡萄球菌	—
	熏煮火腿、其他熟肉制品	≤30 000	≤90	不得检出沙门氏菌、志贺氏菌、金黄色葡萄球菌	—
	肉干、肉脯、肉糜脯、其他熟肉干制品	≤10 000	≤30	不得检出沙门氏菌、志贺氏菌、金黄色葡萄球菌	—
GB 10132—2005	鱼糜制品	即食类≤3 000 非即食类≤50 000	≤30 ≤450	不得检出沙门氏菌、志贺氏菌、金黄色葡萄球菌、副溶血性弧菌	—
GB 10133—2005	水产调味品	≤8 000	≤30	不得检出沙门氏菌、志贺氏菌、金黄色葡萄球菌、副溶血性弧菌	—
GB 13100—2005	肉类罐头	—	—	符合罐头食品商业无菌要求	—
GB 14939—2005	鱼类罐头	—	—	符合罐头食品商业无菌要求	—

续表

标准号	产品名称	菌落总数 CFU/g(mL)	大肠菌群 MPN/100g(mL)	致病菌	霉菌及酵母菌 CFU/g(mL)
GB 14967—1994	胶原蛋白肠衣	—	≤30	不得检出沙门氏菌、志贺氏菌	霉菌≤50
GB 14963—2011	蜂蜜	≤1 000	≤30	不得检出沙门氏菌、志贺氏菌、金黄色葡萄球菌	霉菌≤200
GB 13104—2005	白砂糖、绵砂糖	≤100	≤30	不得检出沙门氏菌、志贺氏菌、金黄色葡萄球菌、溶血性链球菌	酵母≤10 霉菌≤25
	赤砂糖	≤500	≤30		
	硬质糖果、抛光糖果	≤750	≤30	不得检出沙门氏菌、志贺氏菌、金黄色葡萄球菌	—
GB 9678.1—2003	焦香糖果、充气糖果	≤20 000	≤440	不得检出沙门氏菌、志贺氏菌、金黄色葡萄球菌	—
	夹心糖果	≤2 500	≤90	不得检出沙门氏菌、志贺氏菌、金黄色葡萄球菌	—
	凝胶糖果	≤1 000	≤90	不得检出沙门氏菌、志贺氏菌、金黄色葡萄球菌	—
GB 9678.2—2003	巧克力	—	—	不得检出沙门氏菌、志贺氏菌、金黄色葡萄球菌	—
GB 14884—2003	蜜饯	≤1 000	≤30	不得检出沙门氏菌、志贺氏菌、金黄色葡萄球菌	霉菌≤50

续表

标准号	产品名称	菌落总数 CFU/g(mL)	大肠菌群 MPN/100g(mL)	致病菌	霉菌及酵母菌 CFU/g(mL)
GB 2749—2003	巴氏杀菌冰全蛋	≤5 000	≤1000	不得检出沙门氏菌、志贺氏菌	—
	冰蛋黄、冰蛋白	≤1000 000	≤1000 000	不得检出沙门氏菌、志贺氏菌	—
	巴氏杀菌全蛋粉	≤10 000	≤90	不得检出沙门氏菌、志贺氏菌	—
	蛋黄粉	≤50 000	≤40	不得检出沙门氏菌、志贺氏菌	—
	糟蛋	≤100	≤30	不得检出沙门氏菌、志贺氏菌	—
	皮蛋	≤500	≤30	不得检出沙门氏菌、志贺氏菌	—
GB 2758—2005	鲜啤酒	—	≤3	不得检出沙门氏菌、志贺氏菌、金黄色葡萄球菌	—
	生啤酒、熟啤酒、黄酒、葡萄酒、果酒	≤50	≤3	不得检出沙门氏菌、志贺氏菌、金黄色葡萄球菌	—
GB 7101—2003	蛋白型固体饮料	≤30 000	≤90	不得检出沙门氏菌、志贺氏菌、金黄色葡萄球菌	霉菌≤50
	普通型固体饮料	≤1 000	≤40	不得检出沙门氏菌、志贺氏菌、金黄色葡萄球菌	霉菌≤50
GB 7099—2003	热加工糕点、面包	≤1 500	≤30	不得检出沙门氏菌、志贺氏菌、金黄色葡萄球菌	霉菌≤100
	冷加工糕点、面包	≤10 000	≤300	不得检出沙门氏菌、志贺氏菌、金黄色葡萄球菌	霉菌≤150

续表

标准号	产品名称	菌落总数 CFU/g(mL)	大肠菌群 MPN/100g(mL)	致病菌	霉菌及酵母菌 CFU/g(mL)
GB 2759.1—2003	含乳蛋白冷冻饮品	≤25 000	≤450	不得检出沙门氏菌、志贺氏菌、金黄色葡萄球菌	—
	含豆类冷冻饮品	≤20 000	≤450	不得检出沙门氏菌、志贺氏菌、金黄色葡萄球菌	—
	含淀粉火锅类饮品	≤3 000	≤3000	不得检出沙门氏菌、志贺氏菌、金黄色葡萄球菌	—
	食用冰块	≤100	≤6	不得检出沙门氏菌、志贺氏菌、金黄色葡萄球菌	—
GB 2759.2—2003	碳酸饮料	≤100	≤6	不得检出沙门氏菌、志贺氏菌、金黄色葡萄球菌	霉菌≤10 酵母菌≤10
GB 11673—2003	含乳饮料	≤10 000	≤40	不得检出沙门氏菌、志贺氏菌、金黄色葡萄球菌	霉菌≤10 酵母菌≤10
GB 11680—1989	食品包装用原纸	—	≤30	不得检出肠道致病菌、致病性球菌	—
GB 7098—2003	食用菌罐头	—	—	符合罐头食品商业无菌要求	—
GB 11671—2003	果、蔬罐头	—	—	符合罐头食品商业无菌要求	番茄酱罐头 (%视野)≤50
GB16565—2003	油炸小食品	≤1 000	≤30	不得检出沙门氏菌、志贺氏菌、金黄色葡萄球菌	—
GB 19299—2003	果冻	≤100	≤30	不得检出沙门氏菌、志贺氏菌、金黄色葡萄球菌	霉菌≤20 酵母菌≤20

第三章 食品微生物检验基本程序（3 W ）

65

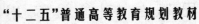

续表

标准号	产品名称	菌落总数 CFU/g(mL)	大肠菌群 MPN/100g(mL)	致病菌	霉菌及酵母菌 CFU/g(mL)
GB 17400—2003	方便面面块	≤1 000	≤30	不得检出沙门氏菌、志贺氏菌、金黄色葡萄球菌	—
	面块和调料	≤50 000	≤150	不得检出沙门氏菌、志贺氏菌、金黄色葡萄球菌	酵母菌≤100 霉菌≤30
GB 19302—2010	发酵乳	—	GB 4789.3 平板计数法 $n:5;c:2;m:1;M:5$	沙门氏菌 GB 4789.4 $n:5;c:0;m:0/25g(mL);M:—$、金黄色葡萄球菌 GB 4789.10 定性检验 $n:5;c:0;m:0/mL;M:—$	—
GB 13102—2010	炼乳	GB 4789.2 $n:5;c:2;m:30\ 000;M:100\ 000$	GB 4789.3 平板计数法 $n:5;c:1;m:10;M:100$	沙门氏菌 GB 4789.4 $n:5;c:0;m:0/25g(mL);M:—$、金黄色葡萄球菌 GB 4789.10 定性检验 $n:5;c:0;m:0/25g(mL);M:—$	—
GB 19645—2010	巴氏杀菌乳	GB 4789.2 $n:5;c:2;m:50\ 000;M:100\ 000$	GB 4789.3 平板计数法 $n:5;c:2;m:1;M:5$	沙门氏菌 GB 4789.4 $n:5;c:0;m:0/25g(mL);M:—$、金黄色葡萄球菌 GB 4789.10 定性检验 $n:5;c:0;m:0/25g(mL);M:—$	—
GB 19644—2010	乳粉	GB 4789.2 $n:5;c:2;m:50\ 000;M:200\ 000$	GB 4789.3 平板计数法 $n:5;c:1;m:10;M:100$	沙门氏菌 GB 4789.4 $n:5;c:0;m:0/25g(mL);M:—$、金黄色葡萄球菌 GB 4789.10 平板计数法 $n:5;c:2;m:10;M:100$	—

续表

标准号	产品名称	菌落总数 CFU/g(mL)	大肠菌群 MPN/100g(mL)	致病菌	霉菌及酵母菌 CFU/g(mL)
GB 19646—2010	稀奶油、奶油、无水奶油	GB 4789.2 $n:5;c:2;m:10\,000;M:100\,000$	GB 4789.3 平板计数法 $n:5;c:2;m:10;M:100$	沙门氏菌 GB 4789.4 $n:5;c:0;m:0/25g(mL);M:-$、金黄色葡萄球菌 GB 4789.10 平板计数法 $n:5;c:1;m:100;M:1000$	霉菌≤90
GB 5420—2010	干酪	—	GB 4789.3 平板计数法 $n:5;c:2;m:100;M:1\,000$	沙门氏菌 GB 4789.4 $n:5;c:0;m:0/25g(mL);M:-$、单核细胞增生李斯特氏菌 GB 4789.30 $n:5;c:0;m:0/25g(mL);M:-$	霉菌≤50 酵母菌≤50
GB 11674—2010	乳清粉和乳清蛋白粉	—	—	沙门氏菌 GB 4789.4 $n:5;c:0;m:0/25g(mL);M:-$、金黄色葡萄球菌 GB 4789.10 平板计数法 $n:5;c:2;m:10;M:100$	—

第三章　食品微生物检验基本程序（3 W）

无论是何种检验,进行检验的食品微生物检验室必须备有专用冰箱存放检测后的样品。

(1)阴性样品:在发出报告后,可及时处理。破坏性的全检,样品在检测后销毁即可。

(2)阳性样品:检出致病菌的样品还要经过无害化处理。一般阳性样品,发出报告3天(特殊情况可以适当延长)后,方能处理样品。

(3)进口食品的阳性样品:需保存6个月,方能处理。

(4)检验结果报告以后,剩余样品或同批样品通常不进行微生物项目的复检。

表3-10 菌落总数原始记录纸

样品名称			样品规格			
样品编号		报告编号		检验日期	年 月 日	

一、菌落总数:36℃±1℃,48h(霉菌、酵母菌,25~28℃,3~5d)

稀释度	接种量	平板菌落数/个	平均数	盐水对照	最后结果[CFU/g(mL)]
	1mL				
	1mL				
	1mL				
	1mL				
	1mL				
	1mL				

检验:　　　　　　　　　　　　　　　　审核:

样品名称			样品规格			
样品编号		报告编号		检验日期	年 月 日	

二、菌落总数:36℃±1℃,48h(霉菌、酵母菌,25~28℃,3~5d)

稀释度	接种量	平板菌落数/个	平均数	盐水对照	最后结果[CFU/g(mL)]
	1mL				
	1mL				
	1mL				
	1mL				
	1mL				
	1mL				

检验:　　　　　　　　　　　　　　　　审核:

第四章　基础实验技术

第一节　生理生化试验

各种微生物均含有各自独特的酶系统,用于进行合成代谢及分解代谢。在代谢过程中产生的分解产物及合成产物也有各自的特点,因此可借以区分和鉴定微生物的种类。通过利用生物化学的方法来测定微生物的代谢产物、代谢方式和条件等,从而鉴别细菌的类别、属种的试验称为生化试验或生化反应。

一、生理生化试验的原理及方法

食品中致病菌的检验,首先通过观察菌落的特征和革兰氏染色形态学观察进行初步鉴定。对分离的未知致病菌要鉴定其属或种,主要通过生理生化试验和血清学反应来完成。故生理生化试验是建立在菌落特征和形态染色反应基础上的。未知致病菌的鉴定最后还要依赖血清学试验。

生理生化试验是将已分离细菌菌落的一部分,接种到一系列含有特殊物质和指示剂的培养基中,观察该菌在这些培养基内的 pH 改变,和是否产生某种特殊的代谢产物。生化试验的项目很多,应根据检验目的需要适当选择。现将一些常用的方法介绍如下。

(一)糖类代谢试验

这类试验主要用于观察微生物对某些糖类分解的能力以及不同的分解产物,从而进行微生物学鉴定。

1. 糖(醇、苷)类发酵试验

(1)原理:不同的细菌含有发酵不同糖(醇、苷)类的酶,所以分解糖(醇、苷)类的能力各不相同,即使能分解同一种糖(醇、苷)类,其代谢产物也可能因不同的细菌而不同,有的细菌分解糖类只产酸不产气,有的细菌既产酸又产气,因此可以利用糖(醇、苷)类发酵试验对细菌进行鉴别。细菌分解糖(醇、苷)类以后所生成的酸,可以降低培养基的 pH,使酸碱指示剂变色,所以可以通过观察培养基颜色的变化判定是否分解糖(醇、苷)类;如果细菌分解糖(醇、苷)类除了产酸外,还产生大量的气体,可在液体培养基试管中放置一个小倒管(发酵管或杜氏小管),以便观察,也可以利用半固体培养基观察气体。

可以供糖(醇、苷)类发酵试验的碳水化合物有单糖类(葡萄糖、果糖、甘露糖、半乳糖、阿拉伯糖、木糖、鼠李糖、核糖)、双糖(麦芽糖、乳糖、蔗糖、覃糖、纤维二糖、木蜜糖)、三糖(棉籽糖、落叶松糖)、多糖(菊糖、淀粉、肝糖、糊精)、醇类(甘油、赤丝藻醇、侧金盏花醇、阿拉伯糖醇、木糖醇、甘露醇、卫矛醇、肌醇和山梨醇)和糖苷类(水杨苷、七叶苷、松柏苷、熊果苷、苦杏仁苷、α-甲基葡萄糖苷)。一般糖(醇、苷)类在培养基中的含量为 0.5% ~1% 。

糖(醇、苷)类发酵培养基中常用的指示剂有:溴麝香草酚蓝、溴甲酚紫、酸性复红、酚红等,其中以溴麝香草酚蓝的反应较为敏感,因此最为常用。

(2)培养基:液体糖发酵管最常用,也可以采用半固体糖发酵管或固体斜面培养基做糖(醇、苷)类发酵试验。

(3)试验方法:将分离得到的待试菌纯种培养物接种到糖(醇、苷)类发酵培养基(液体、半固体或固体斜面)中,于36℃±1℃培养,一般2~3d观察结果,迟缓反应需培养14~30d。若用微量发酵管或需要长时间培养时,注意保持一定的湿度,防止培养基干燥。

(4)应用:糖(醇、苷)类发酵试验是鉴定细菌的生化反应中最常用的重要方法,特别是肠杆菌科的细菌鉴定。如大肠杆菌能分解乳糖和葡萄糖,而沙门氏菌只能分解葡萄糖,不能分解乳糖。大肠杆菌有甲酸解氢酶,能将分解糖所生成的甲酸进一步分解成二氧化碳和氢气,故产酸又产气,而沙门氏菌无甲酸解氢酶,分解葡萄糖仅产酸而不产气。在进行大肠菌群测定时,就是根据这一原理而采用乳糖发酵试验。

2. 葡萄糖代谢类型鉴别试验(氧化/发酵试验,O/F 试验,Hugh – Leifson(HL)试验)

(1)原理:某些细菌在分解葡萄糖的过程中,必须有分子氧参加的为氧化型,氧化型的细菌在无氧的环境中不能分解葡萄糖;细菌在分解葡萄糖的过程中,可以进行无氧降解的,称为发酵型,发酵型的细菌不论在有氧或无氧的环境中都可以分解葡萄糖;不分解葡萄糖的细菌,称为产碱型。

(2)培养基:Hugh – Leifson(HL)培养基。

(3)试验方法:挑取待试菌纯种培养物分别穿刺接种到两支 Hugh – Leifson 培养基中,其中一支接种后滴加融化的1%琼脂液于培养基表面,也可加灭菌液体石蜡或凡士林,高度约1cm,于36℃±1℃培养,一般培养48h以上,观察结果。

(4)结果判断:结果见表4-1。

表4-1　葡萄糖代谢类型鉴别试验结果

反应类型	封口的培养基	开口的培养基
氧化型	不变	产酸(变黄)
发酵型	产酸(变黄)	产酸(变黄)
产碱型	不变	不变

(5)应用:主要用于鉴别葡萄球菌(发酵型)和微球菌(氧化型)。更重要的是对革兰氏阴性杆菌的鉴别,肠杆菌科的细菌全是发酵型,而绝大多数非发酵菌则为氧化型或产碱型细菌。

3. 甲基红(MR)试验

(1)原理:某些微生物如大肠杆菌、志贺氏菌等,在糖代谢过程中能够分解葡萄糖产生丙酮酸,丙酮酸进一步分解而生成甲酸、乙酸、乳酸、琥珀酸等,酸类增多而使培养基的酸度增高,当培养基的 pH 降至 4.5 以下,甲基红指示剂(10mg 甲基红溶于 30mL 95% 乙醇中,然后加入 20mL 蒸馏水)呈红色(即为阳性反应)。若细菌分解葡萄糖产酸量少,或产生的酸进一步转化为其他物质(如醇、酮、醛、气体和水),则培养基 pH 高于 4.5,呈黄色(即阴性反应)。

(2)培养基:葡萄糖缓冲蛋白胨水。

(3)试验方法:将分离得到的待试菌纯种培养物接种到葡萄糖缓冲蛋白胨水中,于36℃±1℃培养2~5d,观察时滴加甲基红试剂,一般每1mL培养基滴加试剂1滴,立即观察结果。

(4)结果判断:鲜红色为阳性,弱阳性为橘红色,黄色为阴性。

(5)应用:主要用于大肠埃希氏菌和产气肠杆菌的鉴别,前者为阳性,后者为阴性。肠杆菌科中的肠杆菌属、哈夫尼亚菌属为阴性,而沙门氏菌属、志贺氏菌属、柠檬酸杆菌属、变形杆菌属等为阳性。

4. V – P 试验

(1)原理:某些微生物如产气杆菌等能在分解葡萄糖产生丙酮酸后,再使丙酮酸脱羧成为中性的乙酰甲基甲醇,乙酰甲基甲醇在碱性环境下被空气中的氧所氧化,生成二乙酰(丁二酮),二乙酰与培养基中的精氨酸等所含的胍基结合,生成红色化合物,即为 V – P 试验阳性。如果培养基中胍基太少时,可在培养基中加入肌酸、肌酐等,可加速反应。

(2)培养基:葡萄糖缓冲蛋白胨水。

(3)试验方法:将分离得到的待试菌纯种培养物接种到葡萄糖缓冲蛋白胨水中,于36℃ ±1℃培养 2～5d,每 1mL 培养基中,加入 6% α – 萘酚 – 乙醇溶液 0.5mL 和 40% 氢氧化钾溶液 0.2mL,充分振摇试管,观察结果。本试验可采用产气肠杆菌作为阳性对照菌,采用大肠埃希氏菌作为阴性对照菌。

(4)结果判断:阳性反应立刻或于数分钟内出现红色,如为阴性,应放在 36℃ ±1℃下培养 4h 再进行观察。

(5)应用:本试验常与 MR 试验一起使用,一般情况下,前者为阳性的细菌,后者为阴性,反之亦然。但肠杆菌科的细菌并不一定都遵循此规律,如蜂房哈夫尼亚菌属和奇异变形杆菌的 VP 试验和 MR 试验常同为阳性。

5. β – 半乳糖苷酶试验

(1)原理:肠杆菌科的细菌发酵乳糖时,需要依靠两种不同系统的酶作用,一为半乳糖渗透酶,可将乳糖透过细胞壁,送到细菌细胞内;另一为 β – 半乳糖苷酶,可将乳糖分解成葡萄糖和半乳糖。具有上述两种酶的细菌,能迅速分解乳糖。当细菌只有 β – 半乳糖苷酶,而缺乏半乳糖苷渗透酶,或是其活性较弱,不能很快将乳糖运送到细菌细胞内,所以需要几天时间的培养才能迟缓分解乳糖。

o – 硝基苯酚 – β – 半乳糖苷(ONPG)是乳糖的类似物,且相对分子质量小,不需要半乳糖渗透酶就可进入到细菌细胞中,由细菌细胞内的 β – 半乳糖苷酶分解为半乳糖和邻硝基酚,后者为黄色而使培养基呈现黄色。

(2)培养基:ONPG 培养基。

(3)试验方法:挑取待试菌纯种培养物 1 满环接种于 ONPG 培养基中,于36℃ ±1℃培养 1～3h 或 24h 观察结果。此反应可采用柠檬酸杆菌或亚利桑那菌属作为阳性对照菌,可采用沙门氏菌作为阴性对照菌。

(4)结果判断:培养基呈现黄色为阳性结果,一般可在 1～3h 内显色;24h 不呈现黄色为阴性结果。

(5)应用:由于本试验对于迅速及迟缓发酵乳糖的细菌均可在短时间内呈现阳性,因此可用于迟缓发酵乳糖细菌的快速鉴定。埃希氏菌属、柠檬酸杆菌属、克雷伯氏菌属、肠杆菌属、哈夫尼亚菌属和沙雷氏菌属等为阳性反应,沙门氏菌、变形杆菌和普罗菲登斯菌属等为阴性反应。

6. 淀粉水解试验

（1）原理：某些细菌可以产生淀粉酶，可将培养基中的淀粉水解为糖类，在培养基上滴加碘试剂后，可与培养基中未转化的淀粉作用呈深蓝色反应，而菌落周围的淀粉由于被淀粉酶酶水解与碘不发生反应而呈现透明圈。

（2）培养基：淀粉血清琼脂平板。

（3）试验方法：挑取待试菌纯种培养物划线接种于淀粉血清琼脂平板，于36℃±1℃培养24h，在菌落上滴加革兰氏碘液，观察结果。观察结果。

（4）结果判断：培养基呈深蓝色，菌落周围有透明圈者为阳性，菌落周围没有透明圈为阴性。

（5）应用：重型白喉棒状杆菌产生淀粉酶，能分解淀粉，可用于鉴定。

（二）蛋白质及氨基酸代谢试验

1. 靛基质（吲哚）试验

（1）原理：某些细菌具有色氨酸酶，能分解培养基中的色氨酸，产生靛基质，与对二甲氨基苯甲醛作用时，形成玫瑰吲哚而呈红色。

（2）培养基：蛋白胨水或厌氧菌蛋白胨水。

（3）试剂：以下两种试剂选其一即可。

①柯凡克试剂：将5g对二甲氨基苯甲醛溶解于75mL戊醇中。然后缓慢加入浓盐酸25mL。

②欧－波试剂：将1g对二甲氨基苯甲醛溶解于95mL 95%乙醇中。然后缓慢加入浓盐酸25mL。

（4）试验方法：挑取分离得到的待试菌纯种培养物小量接种蛋白胨水中，36℃±1℃培养1~2d，必要时可培养4~5d。观察结果时可加柯凡克试剂0.5mL，轻摇试管；或者加欧－波试剂0.5mL，沿管壁流下，覆盖培养基表面。

（5）结果判断：阳性结果者加入柯凡克试剂后，试剂层为红色，或者加入欧－波试剂后，液面接触处呈玫瑰红色；不变色的为阴性结果。

（6）应用：主要用于肠杆菌科细菌的鉴定。

2. 硫化氢试验

（1）原理：某些细菌（如沙门氏菌、变形杆菌等）能分解培养基中的含硫氨基酸（如胱氨酸、半胱氨酸等）产生硫化氢，硫化氢遇到铅盐或铁盐，发生反应而生成黑色的硫化铅或硫化铁。

（2）培养基：多用硫酸亚铁琼脂，也可采用醋酸铅试纸培养基或厌氧菌醋酸铅培养基。

（3）试验方法：挑取待试菌纯种固体琼脂培养物，沿硫酸亚铁琼脂管壁穿刺，如采用醋酸铅试纸培养基，穿刺后还要悬挂醋酸铅纸条。于36℃±1℃培养1~2d，观察结果。

（4）结果判断：试纸或培养基变成黑色为阳性结果，阴性则培养基和试纸均不变色。

（5）应用：肠杆菌科中的沙门氏菌属、柠檬酸杆菌属、爱德华氏菌属和变形杆菌属多为阳性，其他菌属为阴性。沙门氏菌属中的甲型副伤寒沙门氏菌、仙台沙门氏菌和猪霍乱沙门氏菌等为阴性，部分伤寒沙门氏菌菌株也为硫化氢阴性。

3. 尿素酶试验

（1）原理：某些细菌能产生尿素酶，可以分解培养基中的尿素而产生大量的氨，使培养基变成碱性,酚红指示剂变为红色。

(2)培养基:尿素琼脂或尿素液体培养基。

(3)试验方法:挑取待试菌纯种培养物在尿素琼脂斜面划线接种,也可挑取少量接种到尿素液体培养基中,36℃ ±1℃培养 4 ~6h 或 24h,观察结果。

(4)结果判断:阳性者由于产生碱性物质使培养基变成红色,不变色者为阴性结果。

(5)应用:主要用于肠杆菌科中变形杆菌族的鉴定。奇异变形杆菌和普通变形杆菌尿素酶阳性,雷极氏普罗菲登斯菌和摩氏摩根氏菌阳性,斯氏和碱化普罗菲登斯菌阴性。

4. 氨基酸脱羧酶试验

(1)原理:某些细菌有氨基酸脱羧酶,可使氨基酸脱羧,产生胺类和二氧化碳。胺类的生成使培养基变碱,使酸碱指示剂溴甲酚紫变色呈深紫色。常用于脱羧酶实验的氨基酸有鸟氨酸、赖氨酸和精氨酸。

(2)培养基:氨基酸脱羧酶试验培养基。

(3)试验方法:从琼脂斜面上挑取待试菌纯种培养物接种氨基酸脱羧酶试验培养基和对照培养基,于 36℃ ±1℃培养 18 ~24h,每天观察结果。本试验可设对照菌株,赖氨酸脱羧酶试验采用产气肠杆菌作为阳性指示菌,阴沟肠杆菌作为阴性指示菌;鸟氨酸脱羧酶试验可采用阴沟肠杆菌作为阳性指示菌,克雷伯氏菌作为阴性指示菌;精氨酸脱羧酶试验可采用阴沟肠杆菌作为阳性指示菌,产气肠杆菌作为阴性指示菌。

(4)结果判断:氨基酸脱羧酶阳性者由于产生碱性物质,培养基应呈紫色;阴性者无碱性产物,但因葡萄糖产酸而使培养基变为黄色。对照管应为黄色。

(5)应用:赖氨酸和鸟氨酸脱羧酶试验对沙门氏菌均为阳性,但伤寒沙门氏菌和鸡沙门氏菌鸟氨酸为阴性,甲型副伤寒沙门氏菌赖氨酸为阴性;柠檬酸杆菌属和志贺氏菌均为阴性,但宋内氏志贺氏菌为鸟氨酸阳性,柠檬酸杆菌中少数为鸟氨酸阳性;埃希氏菌属结果不定。

5. 苯丙氨酸脱氨试验

(1)原理:某些细菌具有氨基酸脱氨酶,可使多种氨基酸发生氧化脱氨基作用,生成 α – 酮酸,进而与加入的三氯化铁试剂发生反应,呈现不同的颜色变化,例如,异亮氨酸和缬氨酸为橙色反应,甲硫氨酸为紫色反应,亮氨酸为灰紫色反应,组氨酸为绿色反应。

如果产生苯丙氨酸脱氨酶,能将苯丙氨酸氧化脱氨,形成苯丙酮酸。苯丙酮酸遇到三氯化铁时,即呈蓝绿色。延长反应时间,其产生的绿色会较快褪色。

(2)培养基:苯丙氨酸培养基。

(3)试验方法:自琼脂斜面上挑取大量待试菌纯种培养物,划线接种于苯丙氨酸琼脂,在 36℃ ±1℃培养 18 ~24h。滴加 10% 三氯化铁溶液 2 ~3 滴,自斜面培养物上流下,观察结果。本试验可以采用普通变形杆菌作为阳性对照菌,以产气肠杆菌为阴性对照菌。

(4)结果判断:斜面呈现绿色为阳性结果;斜面不变色为阴性结果。

(5)应用:主要用于肠杆菌科中细菌的鉴定。变形杆菌属、摩根氏菌属和普罗菲登斯菌属细菌均为阳性,肠杆菌科中其他细菌均为阴性。

6. 明胶液化试验

(1)原理:某些细菌可分泌胞外蛋白酶(明胶酶),能分解明胶,从而使明胶失去凝固能力而液化。

(2)培养基:明胶培养基。

（3）试验方法：自琼脂斜面上挑取待试菌纯种培养物，穿刺接种于明胶培养基，在 22 ～ 25℃培养，每天观察结果，记录液化时间，若采用 36℃ ±1℃ 培养，因为明胶在此温度下自溶，故在观察结果前，先放在冰箱中 30min，然后取出观察结果，不再重新凝固时为阳性结果。

（4）结果判断：在规定时间内培养基液化为阳性结果，没有液化的为阴性结果。

（5）应用：普通变形杆菌、奇异变形杆菌、沙雷氏菌和阴沟肠杆菌等能液化明胶，肠杆菌科中的其他细菌很少液化明胶。有些厌氧菌如产气荚膜梭菌、脆弱类杆菌也能液化明胶。另外，许多假单胞菌也能产生明胶酶而使明胶液化。

（三）呼吸酶类试验

1. 氧化酶试验

（1）原理：氧化酶即细胞色素氧化酶，是细胞色素呼吸酶系统的终端呼吸酶。做氧化酶试验时，此酶并不直接与氧化酶试剂发生反应，而是首先使细胞色素 C 氧化，然后氧化型的细胞色素 C 再使对苯二胺氧化，产生颜色反应，如果和 α－萘酚结合，会生成吲哚酚蓝（靛酚蓝），呈蓝色反应。此试验与氧气和细胞色素 C 的存在有关。

（2）试剂：

①1% 盐酸四甲基对苯二胺溶液或 1% 盐酸二甲基对苯二胺溶液，注意试剂配制好后盛于棕色磨口玻璃瓶内，置冰箱中可避光保存两周。

②1% α－萘酚－乙醇溶液。

（3）试验方法：有下述两种方法。

①滤纸法：取白色洁净滤纸条，沾取菌落少许，加试剂 1 滴，阳性者立即呈现粉红色，5 ～ 10s 内呈深紫色。再加 α－萘酚 1 滴，阳性者于 0.5min 内呈现鲜蓝色，阴性于 2min 内不变色。

②菌落法：以毛细滴管取试剂，直接滴加于菌落上，其显色反应同滤纸法。

本试验应避免接触含铁物质，否则易出现假阳性。可以采用铜绿色假单胞菌作为阳性对照菌，采用大肠埃希氏菌作为阴性对照菌。

（4）应用：可用于区别假单胞菌可与氧化酶阴性肠杆菌科的细菌，肠杆菌科阴性，假单胞菌属通常阳性。奈瑟氏菌属细菌均为阳性，莫拉氏菌属细菌阳性。

2. 细胞色素氧化酶试验

（1）原理：此试验同氧化酶试验实际上为同一试验。待检菌如果有细胞色素氧化酶，在分子氧存在的情况下，首先使细胞色素 C 氧化，然后氧化型的细胞色素 C 再使对苯二胺氧化，并和 α－萘酚结合，生成吲哚酚蓝（靛酚蓝），呈蓝色反应。因此，此试验离不开氧气和细胞色素 C。

（2）试剂：

①1% 盐酸二甲基对苯二胺溶液。

②1% α－萘酚－乙醇溶液。

（3）试验方法：取 37℃（或低于 37℃）培养 20h 的待试菌纯种斜面培养物一支，将两种试剂各 2 ～ 3 滴，从斜面上端滴下，并将斜面略加倾斜，使试剂混合液流经斜面上的培养物，如是平板培养物，则可直接用试剂混合液滴在菌落上。

本试验应避免接触含铁物质，否则易出现假阳性。可以采用铜绿色假单胞菌作为阳性对照菌，采用大肠埃希氏菌作为阴性对照菌。

(4)结果判断:阳性者30s内产生蓝色反应,阴性反应观察至2min。要注意超过2min,由于试剂在空气中会被氧化而出现假阳性反应。

3. 过氧化氢酶(触酶)试验

(1)原理:大多好氧或兼性厌氧微生物能产生过氧化氢酶,将过氧化氢酶分解成水和分子态的氧而释放出氧气。一般厌氧微生物则不产生此酶。

$$2H_2O_2 \xrightarrow{\text{过氧化氢酶}} 2H_2O + O_2 \uparrow$$

(2)试剂:3% H_2O_2。

(3)试验方法:挑取待试菌纯种培养物一接种环,置于洁净试管内,滴加3%过氧化氢溶液2mL,观察结果。本试验可以采用金黄色葡萄球菌作为阳性对照菌,采用链球菌作为阴性对照菌。注意3% H_2O_2要临用时配制,此外,为了避免出现假阳性结果,试验菌不能用血平板上的培养物。

(4)结果判断:阳性者半分钟内产生大量气泡;阴性者不产生气泡。

(5)应用:绝大多数含细胞色素的需氧和兼性厌氧菌均产生过氧化氢酶,但链球菌属为阴性。此外,金氏杆菌属的细菌也为阴性。分支杆菌的属间鉴别则用耐热触酶试验。

4. 过氧化物酶试验

(1)原理:有些细菌可产生过氧化物酶,可以将过氧化氢中的氧转移给可氧化的物质。反应如下所示。

$$RH_2 + 2H_2O_2 \xrightarrow{\text{过氧化物酶}} R + 2H_2O$$

(2)试剂:

①2%儿茶酚溶液。

②3%过氧化氢。

(3)试验方法:挑取固体培养基上待试菌纯种培养物一接种环,置于洁净试管内,滴加2%儿茶酚溶液1mL及3%过氧化氢溶液1mL,静置于室温中30~60min。

(4)结果判断:细菌变为黑褐色的为阳性结果;阴性结果不变色。

5. 硝酸盐还原试验

(1)原理:硝酸盐还原反应包括两个过程。一是在合成过程中,硝酸盐还原为亚硝酸盐和氨,再由氨转化为氨基酸和细胞内其他含氮化合物;二是在分解代谢过程中,硝酸盐或亚硝酸盐代替氧作为呼吸酶系统中的终末受氢体。能使硝酸盐还原的细菌从硝酸盐中获得氧而形成亚硝酸盐和其他还原性产物。但硝酸盐还原的过程因细菌不同而异,有的细菌仅使硝酸盐还原为亚硝酸盐,如大肠埃希菌和产气荚膜梭菌;有的细菌则可使其还原为亚硝酸盐和离子态的铵;有的细菌能使硝酸盐或亚硝酸盐还原为氮,如沙雷氏菌和假单胞菌等。有些细菌还可以将其还原产物在合成代谢中完全利用。硝酸盐或亚硝酸盐如果还原生成气体的终端产物如氮或氧化氮,就称为脱硝化作用。

硝酸盐还原试验系测定还原过程中所产生的亚硝酸,在酸性环境下,亚硝酸盐能与对氨基苯磺酸作用,生成对重氮苯磺酸。当对重氮苯磺酸与$N-$萘胺相遇时,结合成为紫红色的偶氮化合物$N-$萘胺偶氮苯磺酸。

(2)培养基:硝酸盐培养基。

(3)试验方法:挑取分离得到的待试菌纯种培养物接种到硝酸盐培养基,在36℃±1℃培养1~4d,加入甲液(对氨基苯磺酸0.8g溶解于2.5mol/L乙酸溶液100mL)和乙液(将甲萘胺0.5g溶解于2.5mol/L乙酸溶液100mL)各一滴,观察结果。若要检查是否有氮气产生,可在培养基管内加一小倒管,如有气泡产生,表示有氮气生成。此试验可以采用大肠埃希氏菌作为阳性对照菌,采用乙酸钙不动杆菌作为阴性对照菌。

(4)结果判断:立刻或10min内出现红色为阳性。若加入试剂后无颜色反应,其原因可能有三个:①硝酸盐没有被还原,试验阴性;②硝酸盐被还原为氨和氮等其他产物而导致假阴性结果,这时应在试管内加入少许锌粉,如出现红色则表明试验确实为阴性。若仍不产生红色,表示试验为假阴性;③培养基不适合细菌生长。

(5)应用:本试验在细菌鉴定中广泛应用。肠杆菌科细菌均能还原硝酸盐为亚硝酸盐;铜绿假单胞菌、嗜麦芽单胞菌、斯氏假单胞菌等假单胞菌可产生氮气,鼻疽假单胞菌能还原硝酸盐为亚硝酸盐;有些厌氧菌如韦荣球菌等试验也为阳性。

(四)有机酸及铵盐利用试验

1. 柠檬酸盐(枸橼酸盐)利用试验

(1)原理:某些细菌能利用铵盐作为唯一的氮源,同时利用柠檬酸盐作为唯一的碳源。它们可在柠檬酸盐培养基上生长,并分解柠檬酸钠生成碳酸钠,分解铵盐生成氨,使培养基变碱,此时,培养基中的指示剂——溴麝香草酚蓝就由原来的草绿色变成蓝色。本试验可以用产气肠杆菌作为阳性对照菌,用大肠埃希氏菌为阴性对照菌。

(2)培养基:西蒙氏柠檬酸盐培养基。

(3)试验方法:将分离得到的待试菌纯种培养物挑取少量划线接种到西蒙氏柠檬酸盐培养基中,也可将待试菌纯种培养物做成生理盐水菌悬液后,挑取一环划线接种于西蒙氏柠檬酸盐培养基中,36℃±1℃培养1~4d,每天观察结果。本试验可以用产气肠杆菌作为阳性对照菌,用大肠埃希氏菌为阴性对照菌。

(4)结果判断:阳性者斜面上有菌落生长,同时培养基变成蓝色;阴性者斜面上无细菌生长,培养基仍然保持原色(绿色)。

(5)应用:此试验常作为肠杆菌科中各菌属间的鉴别试验,埃希氏菌属、变形杆菌属、志贺氏菌属、爱德华氏菌属、摩根氏菌属等为阴性,其他菌属通常为阳性。

2. 丙二酸盐利用试验

(1)原理:琥珀酸脱氢是三羧酸循环的一个重要环节。在丙二酸浓度较高的情况下,丙二酸与琥珀酸会竞争琥珀酸脱氢酶。琥珀酸脱氢酶则不能被释放出来催化琥珀酸脱氢反应,故抑制了三羧酸循环,因而微生物的生长也受到了抑制。而有些微生物可以利用丙二酸钠作为唯一的碳源,在丙二酸钠培养基上生长,分解丙二酸钠产生碳酸钠,使培养基变碱,指示剂溴百里酚蓝也从草绿色变为蓝色。所用的丙二酸钠培养基中,除含有丙二酸钠外,还含有硫酸铵作为氮源,铵盐被分解产生氨导致碱性增强。本试验可以用大肠埃希氏菌作为阳性对照菌,用普通变形杆菌作为阴性对照菌。

(2)培养基:丙二酸钠培养基。

(3)试验方法:将新鲜培养的待试菌纯种培养物挑取少量接种到丙二酸钠培养基中,于36℃±1℃培养48h,观察结果。

(4)结果判断:培养基变成蓝色者为阳性,培养基仍然保持原色(绿色)者为阴性。

(5)应用:肠杆菌科中,亚利桑那菌属和克雷伯氏菌属为阳性,柠檬酸杆菌属、肠杆菌属和哈夫尼亚菌属有不同的生物型,其他各菌属均为阴性。

3. 葡萄糖铵试验

(1)原理:有些细菌可利用铵盐作为唯一氮源,且不需要尼克酸和某些氨基酸作为生长因子时,可以在葡萄糖胺培养基上生长,并分解葡萄糖产酸,酸碱指示剂溴麝香草酚蓝变色,培养基变成黄色。

(2)培养基:葡萄糖胺培养基。

(3)试验方法:用接种针轻轻触及培养物的表面,在盐水管内做成极稀的悬液,肉眼不见浑浊,以每一接种环内含菌数在 20～100 之间为宜。将接种环灭菌后挑取菌液接种,同时再以同法接种普通斜面一支作为对照。于 36℃ ±1℃ 培养 24h,观察结果。本试验要求比较严格,要防止尼克酸的污染,注意试验容器使用前用清洁液浸泡,并用新棉花做成棉塞,否则易造成假阳性的结果。

(4)结果判断:阳性者在对照培养基上生长良好,同时在葡萄糖胺培养基变成黄色,且斜面上形成正常菌落;阴性者只在对照培养基上生长良好,葡萄糖培养基无菌落生长,仍保留原来颜色(绿色)。如在葡萄糖胺斜面上生长极微小的菌落可视为阴性结果。

(5)应用:肠杆菌科中埃希氏菌属葡萄糖胺试验为阳性,志贺氏菌属虽然也可以利用铵盐为唯一氮源,但因其生长需要尼克酸等所谓生长因子,因此葡萄糖胺试验为阴性;变形杆菌属和摩根氏菌属不能利用铵盐为唯一氮源,因此葡萄糖胺试验为阴性。

(五)毒性酶类试验

1. 卵磷脂酶试验

(1)原理:有些细菌能产生卵磷脂酶,即 α-毒素,在有钙离子存在时,能迅速分解卵磷脂,生成甘油酯和水溶性磷酸胆碱。当这些微生物在卵黄琼脂培养基上生长时,菌落周围会形成浑浊带,在卵黄胰胨培养液中生长时,可出现白色沉淀。

(2)培养基:10% 卵黄琼脂平板。

(3)试验方法:将分离得到的待试菌纯种培养物划线接种于卵黄琼脂平板上,也可将其点种在培养基上。置 36℃ ±1℃ 培养 3～6h,观察结果。

(4)结果判断:卵磷脂阳性的菌株,在 36℃ ±1℃ 培养 3h,就会在菌落周围形成乳白色浑浊环,6h 后可扩展至 5～6mm。

(5)应用:此试验主要用于厌氧菌的鉴定。产气荚膜梭菌、诺维氏梭菌为卵磷脂酶试验阳性,其他梭菌不产生卵磷脂酶。蜡样芽孢杆菌也产生卵磷脂酶。

2. 血浆凝固酶试验

(1)原理:致病性葡萄球菌能产生两种凝固酶,一种和细胞壁结合,它直接作用于血浆中的纤维蛋白原,使之成为不溶解性纤维蛋白,附于细菌表面,生成凝块,因而有对抗吞噬作用,玻片试验的阳性结果是由此酶产生的;另一种凝固酶由菌体生成后释放于培养基中,叫做游离凝固酶,它能使凝血酶原变成血浆凝固酶,从而使抗凝的血浆发生凝固,试管法的阳性结果是由此酶产生的。

(2)试验方法:

①玻片法:取未稀释的血浆及生理盐水各 1 滴,分别放于洁净玻片上,挑取分离得到的待

试菌纯种培养物,分别与生理盐水及血浆混合,立即观察结果。

②试管法:取新鲜配制兔血浆 0.5mL,放入小试管中,再加入待试菌 BHI 肉汤 24h 培养物 0.2～0.3mL,振荡摇匀,置 36℃±1℃培养箱或水浴锅内,每半小时观察一次,观察 6h。同时,以血浆凝固酶试验阳性和阴性葡萄球菌菌株的肉汤培养物作为对照。也可用商品化的试剂,按说明书操作,进行血浆凝固酶试验。

试管法和玻片法两者所出现的阳性反应,可以得出不同结果。除应注意血浆中可能会含有特异凝集素,而使玻片法出现假阳性外,如果玻片法结果阴性时,仍应做试管法作最后确定。

(3)结果判断:玻片法中的血浆中有明显颗粒出现,而盐水中无自凝者为阳性结果;试管法中的小试管在 6h 内呈现凝固(即将试管倾斜或倒置时,呈现凝块),或凝固体积大于原体积的一半,被判定为阳性结果。

(4)应用:在检验葡萄球菌属时,常以它们能否凝固抗凝的人或兔血浆作为区别是否有致病性的依据。

3. 链激酶试验

(1)原理:A 型溶血性链球菌能产生链激酶(即溶纤维蛋白酶),该酶能激活人体血液中的血浆蛋白酶原,使成血浆蛋白酶,而后溶解纤维蛋白。产生链激酶的链球菌主要有 A,C 及 G 等群。

(2)试验方法:取草酸钾人血浆 0.2mL,加入无菌生理盐水 0.8mL,再加入试验菌 18～24h 肉汤培养物 0.5mL,混合后,再加入 0.25%氯化钙水溶液 0.25mL(如氯化钙已潮解,可适当加大到 0.3%～0.35%),振荡摇匀,置于 36℃±1℃水浴锅中 10min,血浆混合物自行凝固(凝固程度至试管倒置,内容物不流动),然后观察凝固块重新完全溶解的时间。

(3)草酸钾人血浆配制:草酸钾 0.01g 放入灭菌小试管中,再加入 5mL 健康人血,混匀,经离心沉淀,吸取上清液即为草酸钾人血浆。

(4)结果判断:在 24h 内凝固块完全溶解为阳性,24h 后不溶解即为阴性。

(5)应用:在检验溶血性链球菌时,常以它们能否融化凝固的人血浆来判断是否为 A 型溶血性链球菌,溶化时间越短,表示该菌产生的链激酶越多,强烈者可在 15min 内完全融化凝固的血浆。

(六)抑菌试验

1. 氰化钾试验

(1)原理:氰化钾可以抑制某些细菌的呼吸酶系统。细胞色素、细胞色素氧化酶、过氧化氢酶和过氧化物酶以铁卟啉作为辅基,氰化钾能和铁卟啉结合,使这些酶失去活性,使细菌的生长受到抑制。有的细菌在含有氰化钾的培养基中因呼吸链末端受到抑制而阻断了生物氧化,故不能生长;有的微生物则对氰化钾具有抗性,在含有氰化钾的培养基中仍能生长。

(2)培养基:氰化钾培养基。

(3)试验方法:将分离得到的待试菌纯种培养物接种于蛋白胨水中成为稀释菌液,挑取一环接种于氰化钾培养基,并另挑取一环接种于对照培养基。在 36℃±1℃培养 1～2d,观察结果。本试验可采用产气肠杆菌作为阳性对照菌,大肠埃希氏菌作为阴性对照菌。试验时注意氰化钾为剧毒药物。此试验失败的主要原因是封口不严,氰化钾逸出,造成假阳性结果。

(4)结果判断:如培养基对照管均生长,试验管亦生长者为阳性结果,表示不受氰化钾抑制;试验管无细菌生长为阴性,表示该菌受氰化钾抑制。

(5)应用:本试验常用于肠杆菌科各属的鉴别。沙门氏菌属、志贺氏菌属和埃希氏菌属的细菌可受氰化钾抑制,而肠杆菌科中的其他各菌不受抑制。

2. 杆菌肽敏感试验

(1)原理:A 群链球菌对杆菌肽几乎是 100% 敏感,而其他群链球菌对杆菌肽通常耐药。故此试验可对链球菌进行鉴别。

(2)培养基:血琼脂培养基。

(3)试验方法:用灭菌的棉拭子或涂布器取待检菌的肉汤培养物,均匀涂布于血平板上,用灭菌镊子夹取每片含有 0.04 单位的杆菌肽纸片置于上述平板上,36℃ ±1℃培养 18～24h,观察结果。用已知的阳性菌株做对照。

(4)结果判断:如有抑菌圈出现即为阳性。临床上判断结果的依据为抑菌环大于 10mm 者对杆菌肽敏感,抑菌环小于 10mm 者对杆菌肽有耐药性。

(5)应用:主要用于 A 群与非 A 群链球菌的鉴别。从临床分离的菌种中有 5%～15% 非 A 群链球菌也对杆菌肽敏感。

(七)三糖铁试验

(1)原理:本培养基适合于肠杆菌科的鉴定。用于观察细菌对糖的利用和硫化氢(变黑)的产生。该培养基含有乳糖、蔗糖和葡萄糖的比例为 10:10:1。只能利用葡萄糖的细菌,葡萄糖被分解产酸可使斜面先变黄,但因量少,生成的少量酸,因接触空气而氧化,加之细菌利用培养基中含氮物质,生成碱性产物,故使斜面后来又变红,底部由于是在厌氧状态下,酸类不被氧化,所以仍保持黄色。而发酵乳糖或蔗糖的细菌,则产生大量的酸,使斜面变黄,底层也呈现黄色。如果细菌能分解含硫氨基酸,生成硫化氢,与培养基中的铁盐反应,生成黑色的硫化亚铁沉淀,接种培养后,产生黑色沉淀。

(2)培养基:三糖铁培养基。

(3)试验方法:以接种针挑取待试菌可疑菌落或纯培养物,穿刺接种并涂布于斜面,置 36℃ ±1℃培养 18～24h,观察结果。

(4)结果判断:

①糖发酵情况:如果斜面碱性(红色)/底层碱性(红色),则表明试验菌不发酵葡萄糖、乳糖和蔗糖;如果斜面碱性(红色)/底层酸性(黄色),则表明试验菌只发酵葡萄糖,不发酵乳糖和蔗糖;如果斜面酸性(黄色)/底层酸性(黄色),则表明试验菌至少分解乳糖或蔗糖中的一种。

②分解糖类产气情况:如果培养基中有气泡,或者培养基呈裂开现象,或者琼脂被气体推挤上去,表明试验菌分解葡萄糖、乳糖或者蔗糖,既产酸又产气。

③H$_2$S 产生情况:如果培养基底部形成黑色,表明试验菌可分解含硫氨基酸,生成硫化氢。

二、生理生化试验注意事项

利用生理生化试验鉴定微生物种属时,为了提高试验的准确性及待检菌的检出率,应注意:待检菌应是新鲜培养物,一般采用培养 18～24h 的培养物做生理生化试验;待检菌应是纯种培养物;遵守观察反应的时间;观察结果的时间,多为 24h 或 48h;应做必要的对照试验;提高

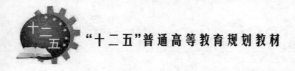
阳性检出率,至少挑取 2~3 个待检的疑似菌落分别进行试验。

第二节　血清学试验

血清学试验是根据抗原与相应抗体在体外发生特异性结合,并在一定条件下出现各种抗原－抗体反应的现象,用于检验抗原或抗体的技术。近年来,血清学检验技术发展迅速,新的技术不断涌现,应用范围也越来越广泛,不仅在传染病的诊断,病原微生物的分类鉴定及抗原分析,测定毒素与抗毒素的单位等方面广泛应用,而且扩大到生物学、生物化学、遗传学等各方面,都广泛地采用着。

一、抗原与抗体

(一)抗原(antigen)

凡是能刺激有机体产生抗体,并能与相应抗体发生特异性结合的物质,称为抗原。这一概念包括两个基本内容,一是刺激机体产生抗体,通常称为抗原性或免疫原性;另一是能和相应抗体发生特异性结合,称为反应原性。

1. 抗原的基本性质

(1)异源性

抗原必须是非自身物质,而且生物种系差异越大,抗原性越好。机体对它本身的物质,一般不产生抗体,而各种微生物以及某些代谢产物(如外毒素等)对动物机体来说是异种物质,具有很好的抗原性。

(2)大相对分子质量

凡是有抗原性的物质,相对分子质量都在 1 万以上。相对分子质量越大,抗原性越强。在天然抗原中,蛋白质的抗原性最强,其相对分子质量多在 7 万~10 万以上。一般的多糖和类脂物质因相对分子质量不够大,只有与蛋白质结合后才能有抗原性。

(3)特异性

抗原刺激机体后只能产生相应的抗体并能与之结合。这种特异性是由抗原表面的抗原决定簇决定的。所谓抗原决定簇也仅仅是抗原物质表面的一些具有化学活性的基因。

2. 抗原的种类

抗原物质的种类很多,关于它们的分类,至今尚无统一意见。按来源可分为天然抗原和人工抗原;按抗原性完整与否及其在机体内刺激抗体产生的特点,可分为完全抗原和不完全抗原。

(1)完全抗原与不完全抗原

①完全抗原(complete antigen)能在机体内引起抗体形成,在体外(试管内)可与抗体发生特异性结合,并在一定条件下出现可见反应的物质,称为完全抗原。如细菌、病毒等微生物蛋白质及外毒素等。

②不完全抗原(incomplete antigen)或称为半抗原(hapten)不能单独刺激机体产生抗体(若与蛋白质或胶体颗粒结合后,则可刺激机体产生抗体),但在试管内可与相应抗体发生特异性结合,并在一定条件下出现可见反应的物质,称为不完全抗原,或称半抗原。如肺炎双球菌的

多糖,炭疽杆菌的荚膜多肽,这一类半抗原又称复杂半抗原。还有一些半抗原在体外(试管内)虽与相应抗体发生了结合,但不出现可见反应,却能阻止抗体再与相应抗原的结合,这一类又称为简单半抗原。

（2）细菌抗原

细菌的结构虽然简单,但其蛋白质以及与蛋白质结合的多糖和类脂等,都具有不同强弱的抗原性。主要的细菌抗原有以下几种:

①菌体抗原。是细菌的主要抗原,存在细胞壁上,其主要成分为脂多糖。一般称菌体抗原为 O 抗原。细菌的 O 抗原往往由数种抗原成分所组成,近缘菌之间的 O 抗原可能部分或全部相同,因此对某些细菌可根据 O 抗原的组成不同进行分群。如沙门氏菌属,按 O 抗原的不同分成 42 个群。O 抗原耐热,121℃,2h 不被破坏。

②鞭毛抗原。存在于鞭毛中,亦称为 H 抗原。是由蛋白质组成,具有不同的种和型特异性,故通过对 H 抗原构造的分析,可作菌型鉴别。H 抗原不耐热,56～80℃,30～40min 即遭破坏。在制取 O 抗原时,常据此用煮沸法消除 H 抗原。

③表面抗原。包围在细菌细胞壁最外面的抗原,故称为表面抗原。随菌种和结构的不同可有不同的名称,如肺炎双球菌的表面抗原称为荚膜抗原,大肠杆菌、痢疾杆菌的表面抗原称为包膜抗原或 K 抗原,沙门氏菌属的表面抗原称为 Vi 抗原等。

④菌毛抗原。存在于菌毛中的抗原,也具有特异的抗原性。

⑤外毒素和类毒素。细菌外毒素具有很强的抗原性,能刺激机体产生抗毒素抗体。外毒素经 0.3%～0.4% 甲醛溶液处理后使其失去毒性但仍保持抗原性,即成为类毒素,如白喉类毒素及破伤风类毒素等。白喉外毒素经 0.3%～0.4% 甲醛液处理后可使外毒素的电荷发生改变,封闭其自由氨基,产生了甲烯化合物。其他基团(如吲哚异吡唑环)与侧链的关系也可变成为类毒素。抗原决定簇与毒性基团二者是不同的,但在空间排列上是相互靠近的基团。因此,当抗毒素与相应抗原决定簇结合时,可能掩盖了毒性基团,不呈现出毒素的毒性作用。

（二）抗体(antibody)

抗体是机体受抗原刺激后,在体液中出现的一种能与相应抗原发生反应的球蛋白,亦称为免疫球蛋白(immunoglobulin,简称 Ig)。含有免疫球蛋白的血清,通常被称为免疫血清或抗血清。

1. 抗体的基本性质

（1）抗体是一些具有免疫活性的球蛋白,具有和一般球蛋白相似的特性,不耐热,加热60～70℃即被破坏。抗体可被中性盐沉淀,生产上常用硫酸铵从免疫血清中沉淀免疫球蛋白,以提纯抗体。

（2）抗体在试管内能与相应抗原发生特异性结合,在机体内能在其他防御机能协同作用下,杀灭病原微生物。但某些抗体在机体内与相应抗原相遇时,能引起变态反应,如青霉素过敏等。

（3）抗体的相对分子质量都很高,试验证明,抗体主要由丙种球蛋白所组成,但不是说所有的丙种球蛋白都是抗体。

2. 抗体的种类

抗体的分类也很不一致,目前提得较多的分类方法有以下几种:

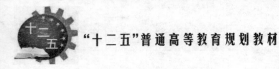

（1）根据抗体获得方式分

①免疫抗体。是指动物患传染病后或经人工注射疫苗后产生的抗体。

②天然抗体。是指动物先天就有的抗体，而且可以遗传给后代。

③自身抗体。是指机体对自身组织成分产生的抗体。这种抗体是引起自身免疫病的原因之一。

（2）根据抗体作用对象分

①抗菌性抗体。是指细菌或内毒素刺激机体所产生的抗体，如凝集素等。此抗体作用于细菌后，可凝集细菌。

②抗毒性抗体。是细菌外毒素刺激机体所产生的抗体，又称抗毒素。具有中和毒素的能力。

③抗病毒性抗体。病毒刺激机体而产生的抗体，具有阻止病毒侵害细胞的作用。

④过敏性抗体。是异种动物血清进入机体后所产生的使动物发生过敏反应的一种抗体。

（3）根据与抗原在试管内是否出现可见反应而分为

①完全抗体。能与相应抗原结合，在一定条件下出现可见的抗体抗原反应。

②不完全抗体。该种抗体能与相应的抗原结合，但不出现可见的抗体抗原反应。不完全抗体与抗原结合后，抗原表面具有抗体球蛋白分子的特性，如与抗球蛋白抗体作用则出现可见的反应。

二、血清学试验

抗原与相应抗体无论在体外或体内均能发生特异性结合，并根据抗原的性质，反应条件及其他参与反应的因素，表现为各种反应，统称为免疫反应。抗原抗体在体外发生的特异性结合反应，称之为血清学试验。

（一）血清学反应的一般特点

1. 特异性和交叉性

血清学反应具有高度特异性，但两种不同抗原分子上如有相同的抗原决定簇，则与抗体结合时可出现交叉反应，如肠炎沙门氏菌血清能凝集鼠伤寒沙门氏菌，反之亦然。

2. 可逆性

抗体与抗原的结合是分子表面的结合，虽然相当稳定，但却是可逆的。因为抗原抗体的结合犹如酶与底物的结合，是非共价键的结合，在一定条件下可以发生解离。两者分开后，抗原或抗体的性质不变。

3. 结合比例

抗原抗体的结合是按一定比例进行的，只有两者分子比例适合时才出现可见的反应。如抗原过多或抗体过多，都会抑制可见反应的出现，此即所谓的"带现象"。如沉淀反应，两者分子比例合适，沉淀物产生既快又多，体积大。分子比例不合适，则沉淀物产生少，体积少，或者根本不产生沉淀物。为了克服带现象，在进行血清学试验时，须将抗原与抗体作适当的稀释。

4. 敏感性

抗体抗原反应不仅具有高度特异性，而且还有高度的敏感性，不仅可用于定性，还可以定量、定位。其敏感性大大超过当前所应用的化学方法。

5. 阶段性

血清学反应分两个阶段,第一阶段为抗原抗体的特异性结合,此阶段需时很短,仅几秒至几分钟,但无可见现象。紧随着第二阶段为可见反应阶段,表现为凝集、沉淀、细胞溶解、破坏等,此阶段需时很长,从数分钟、数小时至数日。反应现象的出现受多种因素的影响。

(二)影响血清学反应的条件

1. 电解质

抗原与抗体一般均为蛋白质,它们在溶液中都具有胶体的性质,当溶液的 pH 大于它们的等电点时,如中性和弱碱性的水溶液中,它们大多表现为亲水性,且带有一定的负电荷。特异性抗体和抗原有相对应的极性基。抗原与抗体的特异性结合,也就是这些极性基的相互吸附。抗原和抗体结合后就由亲水性变为疏水性,此时已受电解质影响,如有适当浓度的电解质存在,就会使它们失去一部分负电荷而相互凝集,于是出现明显的凝集或沉淀现象。若无电解质存在,则不发生可见现象。因此血清学反应中,通常应用 0.85% 的 NaCl 水溶液作为抗原和抗体的稀释液,供应适当浓度的电解质。

2. 温度

抗原抗体反应与温度有密切关系,一定的温度可以增加抗原抗体碰撞结合机会,并加快反应速度。一般在 37℃ 水浴锅中保持一定的时间,即出现可见的反应,但若温度过高,超过 56℃ 后,则抗原抗体将变性破坏,反应速度往往降低。

3. pH

合适的 pH 是抗体抗原反应的必要条件之一,pH 过高过低可直接影响抗原抗体的理化性质,当 pH 低达 3 时,因接近细菌抗原的等电点,将出现非特异性酸凝集,造成假象,将严重影响血清学反应的可靠性。过高或过低的 pH 均可以使抗原抗体复合物重新解离。大多数血清学反应的适宜 pH 为 6~8。

4. 杂质异物

反应中如存在与反应无关的蛋白质、类脂、多糖等非特异性物质时,往往会抑制反应的进行,或引起非特异性反应。

(三)血清学反应的类型

1. 凝集反应

细菌、细胞等颗粒性抗原悬液加入相应抗体,在适量电解质存在的条件下,抗原抗体发生特异性结合,且进一步凝集成肉眼可见的小块,称为凝集反应。其参与反应的颗粒性抗原称为凝集原,参与反应的抗体称为凝集素。该类反应可分为直接凝集反应和间接凝集反应。直接凝集反应是抗原与抗体直接结合而发生的凝集。如细菌、红细胞等表面的结构抗原与相应抗体结合时所出现的凝集。直接凝集反应又分为玻片法和试管法,其中在食品微生物检验中最常用的是玻片法。

玻片法通常为定性试验,用已知抗体检测未知抗原。鉴定分离菌种时,可取已知抗体滴加在玻片上,直接从培养基上刮取活菌混匀于抗体中,数分钟后,如出现细菌凝集成块现象,即为阳性反应。该法简便快速,除鉴定菌种外,尚用于菌种分型,测定人类红细胞的 ABO 血型等。

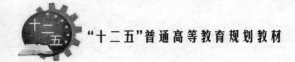

2. 沉淀反应

可溶性抗原(如血清蛋白、细菌培养滤液,细菌浸出液,组织浸出液等)与相应抗体发生特异性结合,在有适量电解质存在的条件下,形成肉眼可见的沉淀物,称为沉淀反应(precipitation)。参加反应的可溶性抗原称为沉淀原,参加反应的抗体称为沉淀素。沉淀原可以是多糖,蛋白质或它们的结合物等。同凝集原比较,沉淀原的分子小,单位体积内所含的抗原量多,与抗体结合的总面积大。沉淀反应的试验方法有环状法、絮状法和琼脂扩散法三种基本类型。

在作定量试验时,为了不使抗原过剩而生成不可见的可溶性抗原抗体复合物,应稀释抗原,并以抗原的稀释度作为沉淀反应的效价。

3. 补体结合反应

这是一种有补体参与并以溶血现象为指示的抗原抗体反应。参与本反应的有 5 种成分,分两个反应系统,一为检验系统(溶菌系统),包括已知抗原(或抗体)被检抗体(或抗原)和补体;另一为指示系统(溶血系统),包括绵羊红细胞、溶血素和补体。

补体是一组球蛋白,存在于动物血清中,本身没有特异性,能与任何抗原抗体复合物结合,但不能与单独的抗原或抗体结合。被抗原抗体复合物结合的补体不再游离。实验中常以新鲜的豚鼠血清作为补体的来源。实验时,先将抗原与血清在试管内混合,然后加入补体。如果抗原与血清相对应,则发生特异性结合,加入的补体被它们的复合物结合而被固定。如果抗原与抗体不对应,则补体仍游离存在。但因补体是否已被抗原抗体复合物结合,不能用肉眼察及,所以还需借助于溶血系统,即再加入绵羊红细胞和溶血素。如果不发生溶血,说明检验系统中的抗原与抗体相对应,补体已被它们的复合物结合而固定;如果发生溶血,说明被检系统中的抗原抗体不相对应,或者两者缺一,补体仍游离存在而激活了溶血系统。

第三节 动物实验

一、概述

在食品卫生微生物学检验中,动物实验是重要的手段之一。经常用于病原微生物的分离与鉴定、病原微生物的致病性测定,微生物毒素的毒力测定以及免疫血清的制备等。

(一)实验动物及其特点

在生物学相关学科的许多科学试验中都涉及到以动物作为实验材料或研究对象,但不是所有动物都是实验动物。所谓实验动物的应该是:根据科学研究的要求,在特定的环境条件下,经过人工定向驯化培育而成的,具备明确的生物学特性和清楚的遗传背景,作为科学实验的对象或材料的动物。

一般认为,实验动物应具有以下特点。

1. 实验动物应是遗传限定动物

即必须是经人工培育,遗传背景明确,来源清楚的动物。未经人工培育(如野生动物)或不同遗传背景的实验动物其遗传物质有较大差异,表现出不同的生物学特性,因而对实验处理的反应也不尽相同,这样可能会影响实验结果的准确性和可靠性。

2. 实验动物携带的微生物、寄生虫受人工控制

自然状态下，动物受到不同病原体的感染，健康状况也不相同，因而会直接影响到实验结果的可靠性。所以，无论是在实验动物生产繁育过程中还是在动物实验过程中，必须对实验动物携带的微生物和寄生虫实行控制。不仅可以保证实验结果的正确、可靠，还可以起到预防人畜共患病的目的。

3. 实验动物的环境受人工控制

为保证实验动物携带的微生物、寄生虫受人工控制，实验动物必须饲养于达到一定要求的环境中，即要对实验动物的环境实行控制。实验动物生产繁育设施以及动物实验设施环境的优劣，直接影响实验动物质量和动物实验结果。不同等级的实验动物必须饲养于与之相适应的环境设施中。

4. 实验动物主要应用于科学实验中

实验动物是用于科学研究、教学、生产、检定以及其他科学实验的动物，其应用领域广泛，包括医学、药学、产品质量检验、生物制品、轻工业、食品工业、农业、畜牧兽医、环保、国防、航空航天乃至实验动物科学本身等。在生命科学实验中，实验动物是研究的材料或对象，但它起的作用却是人类的替身，这一作用是最精密的的仪器也无法替代的。因此，实验动物是人类的"替身"和"活的精密仪器"。

（二）实验动物的分类

根据实验目的不同，对实验动物要求也不同，因此对实验动物作如下的分类。

1. 遗传学控制分类

（1）近交系动物：一般又称为纯系动物。此类动物是指采用兄妹交配（或亲子交配）繁殖20代以上的纯品系动物。任一纯系动物内所有个体都可以追溯到起源于第20代或以后代数的一对共同祖先。

（2）突变系动物：是指具有特殊突变基因，并伴有各种遗传缺陷的品系动物。

（3）杂交群动物：是指两个近交品系动物间有计划进行交配获得的第一代的动物，也称杂交一代，简称 F_1 代动物。F_1 代动物具有基因型相同，个体相同，表现型变异低，适应性强，对照敏感及分布广等特点，并具有双亲共有的遗传特性。

（4）封闭群动物：是指一个动物种群，在5年以上未从外部引进其他任何新血缘品系，是由同一血缘品系进行随机交配，并在固定场所保存繁殖的动物群。

2. 微生物学控制方法分类

（1）无菌动物。这种动物无论体表或肠道中均无微生物存在，并且体内不含任何抗体。这种动物在自然界中是没有的，是经人工剖腹产手术取出胎儿后，在无菌环境下饲育获得的。

（2）悉生动物。是指实验动物体内携带的微生物是经人工有计划投给的已知菌或动物生存必需菌。也就是给无菌动物引入已知5~17种正常肠道菌丛培育而成的动物。

（3）无特定病原体动物。又称屏障系统动物，是指实验动物体内不存在特定病原微生物和寄生虫的特殊动物，实际上是无传染病的动物。

（4）清洁动物或最低限度疾病动物。是指来源于剖腹净化，饲育在半屏障环境设施系统中，动物体内不携带人畜共患的病原体或动物传染病体的实验动物。

（5）常规动物。指一般在自然环境中饲养的带菌动物。饲育在开放环境设施中，饲料、垫

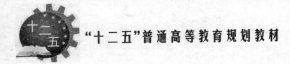

料和饮水一般不消毒,允许存在一定种类的微生物。

二、实验动物的选择

(一)实验动物的选择

实验动物种类很多,生理性状也不同,为保证动物实验的准确性,必须选择适宜的实验动物做实验。常用的有小白鼠、大白鼠、豚鼠、家兔及绵羊等。通常按实验目的、要求选择实验动物,选择时应注意如下几点。

(1)动物对病原菌的敏感性

在分离、鉴定病原菌时应选用最敏感的动物作为实验对象。如小白鼠对肺炎链球菌、破伤风外毒素敏感,豚鼠对结核分枝杆菌、白喉棒状杆菌等易感,测定金黄色葡萄球菌肠毒素以幼猫最敏感等。

(2)动物的数量必须符合统计学上预计数字的需要。

(3)实验的性质与要求

应根据实验的性质选择不同种类和品系的动物。如果要求就动物实验结果具有更好的规律性、重复性和可比性。宜选用纯系动物、无菌动物或无特殊病原体动物;如实验的目的是测定动物对病原体的感染性,最好选用无菌动物或悉生动物;如果仅仅是微生物学检验的一般动物实验,采用敏感的普通动物即可;制备抗体常选用家兔;研究过敏反应宜采用豚鼠等。

(4)实验动物的生理指标及个体差异

由于同一种实验动物存在着个体差异,还应注意个体的选择。

①年龄:一般均选用成年动物来进行实验。动物年龄常按其体重来估计,选用的动物体重大体上小白鼠20～30g、豚鼠500g左右、家兔2kg左右。

②性别:在实验研究中,动物如无特殊需要,一般宜选用雌雄各半。

③生理状态:实验动物应证明确实健康外,雌性动物若处于怀孕、授乳期不宜采用。

④生理指标:应了解所用动物的各项生理正常值,一般根据实验需要观察各项生理指标的变化情况,尤其是体重及体温的变化。

(二)常用的实验动物

1. 小白鼠

小白鼠(mouse , *Mus musculus*)生物学分类上属哺乳纲(Mammalia)、啮齿目(Rodentia)、属科(Family Muridae)、小鼠属(*Genusrmus*),是野生鼷鼠的变种。自17世纪开始用于比较解剖学研究及动物实验后,经长期人工饲养选择培育,已育成500多个独立的远交群和近交系,分布遍及世界各地,是当今世界上研究最详细的哺乳类实验动物,成为生物医学研究中最广泛使用的实验动物。在生物学的实验研究中使用最多的动物是小鼠。

因小鼠对多种病原体敏感、易感染,而成为人类传染性疾病的模型。常用小鼠对沙门氏菌病、淋巴细胞性脉络丛脑膜炎、脊髓灰质炎和钩端螺旋体病等人和小鼠共患性病进行研究,如病原体的致病力、宿主抗病机理、病理过程和治疗学等方面的研究。

现在,单克隆抗体已广泛用于疾病诊断、治疗和分子生物学研究。而单克隆抗体的制备是将 BALB/e、AKR、C_{57}BL 等小鼠免疫后的脾细胞与骨髓瘤细胞融合后培育而成的。

由于研究需要的不同,采用不同的培育方法,育成在遗传学上各具特点的品系和品种,通常分为两大类,即封闭群和近交系。常用封闭群小鼠主要有:昆明小鼠(KM)、NIH 小鼠、ICR 小鼠、LACA 小鼠;在近交系动物中,近交系小鼠是品系最多,应用领域最为广泛,使用历史最长的实验动物。据不完全统计,近交系小鼠的品系、亚系及其衍生品系,如同源导入系、同源突变近交系和重组近交系的数目总共加起来已超过 1 000 个。

2. 豚鼠

豚鼠(*Cavia porcellus*)在生物学分类上属哺乳纲(Mammalia)、啮齿目(Order Rodentia)、豚鼠属(*Cavia*)。在分类学上与灰鼠、豪猪较为接近。原产于南美西部,实验豚鼠是用野生豚鼠驯化而来,豚鼠又称荷兰猪、天竺猪、土拨鼠等。是较早用于生物医学研究的动物,常用的品系有:短毛系、Dunkan – Hartley 系、2 系和 13 系。

豚鼠对结核杆菌、白喉杆菌、鼠疫杆菌、钩端螺旋体、布氏杆菌以及沙门菌都比较敏感,尤其对结核杆菌有高度敏感性,感染后的病变酷似人类的病变,是结核菌分离、鉴别、疾病诊断以及病理研究的最佳动物。幼龄豚鼠用于研究肺支原体感染的病理和细胞免疫。

豚鼠是实验动物血清中补体含量最多的一种动物,免疫学实验中所使用的补体多来源于豚鼠血清。豚鼠易过敏,注射马血清即可复制过敏性休克的动物模型。迟发超敏反应性与人类相似,最适合进行这方面的研究。目前,豚鼠有远交群 30 个,近交品系 15 个,我国目前使用的大多是随机杂交,来源于英国种。

3. 大白鼠

大鼠(Rat,*Rattus norvegicus*)在生物学分类上属哺乳纲(Mammalia)、啮齿目(Order Rodentia)、鼠科(Family Muridae)、大鼠属(*Rattus Gemus*)、褐家鼠(*R. noregicus*)的变种。18 世纪初开始人工饲养,19 世纪中期用于动物实验。大鼠体型较小,遗传学和寿龄较为一致,实验结果也较为一致,常被誉为精密的生物仪器而广泛应用到生物医学研究中的各个领域。大鼠体型大小适中,易饲养,繁殖力强,采样方便,给药容易,是生物医学科学研究中常用的实验动物之一。

多数病原体可使大鼠生出与人相似的疾病,所以在传染病的研究领域常常使用大鼠。如:细菌性感染可诱发大鼠急性化脓性疾病,出生 5d 的大鼠接种流行性感冒杆菌用以研究细菌性软脑膜炎,鼠伤寒菌可引起大鼠感染性腹泻,用以研究人类感染性腹泻的病理和治疗,给 1 岁大鼠静脉内接种大肠杆菌可产生肾炎病的动物模型。另外,病毒性肝炎、疱疹病毒感染等病毒性疾病,旋毛虫、血吸虫、钩虫和锥虫等寄生虫病也可使用大鼠诱发相应的动物模型。

4. 家兔

兔(*Oryctolagus cuniculus*)在生物学分类上属哺乳纲(Mammalia)、兔形目(Lagomorpha)、兔科(Leparidae)。兔科中有真兔(Oryctolagus)、野兔(Lepus)和白尾棕色兔(Sylvilagus)属。作为实验动物的兔主要是真兔属,也有野兔和白尾棕色兔鼠。

家兔对多种微生物都非常敏感,因此可建立天花、脑炎、狂犬病、细菌性心内膜炎、淋球菌感染、慢性葡萄球菌骨髓炎和肺吸虫、血吸虫、弓形虫等病的动物模型,用于研究与人类相应的疾病。家兔淋巴结明显,适合注射,而被广泛地用于人、畜各类抗血清和诊断血清的研制,如细菌、病毒、立克次体等病原体的免疫血清,免疫人球蛋白免疫血清、兔抗羊球蛋白免疫血清、兔抗豚鼠球蛋白免疫血清,兔抗大鼠肝组织免疫血清、兔抗大鼠肝铁蛋白免疫血清等。制备畜用兔化组织疫苗,如猪瘟兔化组织疫苗。

由于生物学和医学领域不同科学研究目的的需要,经长期的选择和培育,实验兔已形成了不同用途的品种和品系。不论在体型大小、被毛结构、毛色特征,生产性能、生长发育和生理生化、免疫功能等方面都有很大的差异。

目前,各国用的实验兔有用于采血的新西兰兔(Newzealand white)和弗莱密希兔(Flemish giant)等,供作肿瘤动物模型和其他特殊实验的小型兔有波兰兔(Polish)和荷兰兔(Dutch)等。我国比较常用的实验兔品种为日本大耳白兔。由于来源复杂、饲育的地域广阔、引进时间较久,所以各地的兔群差异较大,现已形成不同的类群,在东北三省十几个单位饲育的长春大耳白兔(C:BWR)就是其中之一。1989年,中国科学院上海实验动物中心从日本引进新西兰白兔,现已在国内广泛应用。上述2个品种已于1983年经卫生部确定为全国卫生系统通用的实验家兔品种。另外,有些地区和单位还使用青紫蓝兔和中国白兔。

5. 猫

猫(Felis catus)在生物学分类上属哺乳纲(Mammalia)、食肉目(Carnivora)、猫科(Felidae)。猫自19世纪末开始用于实验。在某些实验中,猫具有其他实验动物难以取代的特殊作用。猫的生理特征比家兔和啮齿类动物更近似于人类,是常用的实验动物之一。

在生物医学研究中,猫主要用于神经学、生理学、药理学领域的研究。猫可以耐受长时间的麻醉与脑的部分破坏手术,手术时能保持正常血压。猫的反应机能与人类近似,循环、神经、肌肉系统发达。实验效果较啮齿类更接近于人类,特别适宜作观察各种反应的实验。

一般认为埃及猫和努比亚猫(Felis maniculata)是现代家猫的祖先,世界上现有品种猫35种以上,猫有长毛种和短毛种两类。我国的猫虽有不同毛色,但其身体大小没有多大差异,也难以区分品种,常见的是一种俗称狸花猫的猫,其毛色为褐色条纹。目前,我国实验中使用的猫绝大部分为收购来的家养杂交猫,国内少数单位已开始饲养、繁殖。买实验用猫应选用短毛猫,因长毛猫体质较弱,实验耐受性差,且易污染实验环境。

三、动物实验方法

(一)实验前的准备

1. 选择动物与标记

按实验目的和要求,选择体重适当、健康状况良好、易感的动物。分别编号、标志(小鼠、大鼠可用饱和苦味酸、品红或结晶紫等染料,涂于动物背部加以标志,家兔等较大的动物可用有号码的金属薄片嵌在动物耳朵上)、测体重、体温等,并详细记录。如同时使用较多的动物进行分组实验,则应按动物体重、雌雄等条件搭配一致,并按随机抽样的原则进行分组,尽可能减少实验误差。

2. 接种材料的处理

接种材料如为细菌纯培养物、病人血液、胸(腹)水等,可直接接种;病人的粪、尿、痰等含杂菌较多的标本,通常应作适当处理后再行接种,以防止非目的菌造成的病变与死亡,影响实验结果。

3. 接种部位消毒

常用消毒剂为碘酊与75%酒精。如接种部位需除毛时,可采用剪毛、拔毛、剃毛或脱毛剂(硫酸钡与等量淀粉加水呈糊状)涂于皮毛上,经3~4min后,用温水洗净擦干,毛即脱落。

4. 其他准备工作

如应认真检查注射器与针头吻合严密,否则容易引起意外事故;注射器吸取接种物后,应将注射器针头向上,针头尖端置一挤干的酒精棉球,然后缓慢排出空气,取下酒精棉球焚烧或投入消毒缸内。

(二)接种途径和方法

1. 皮内接种

通常以背部皮肤为宜,并以白毛处为佳。去毛消毒皮肤后,将局部皮肤绷紧,针孔向上平刺入真皮层内,若针孔隐约可见,针已处在真皮内,随机缓慢注入接种物,至注射部位出现隆起小皮丘。若无此现象可能已刺入皮下。注射量约为 0.1 ~ 0.2mL。

2. 皮下接种

接种部位可选用腹壁、背部或腹股沟等处。除毛消毒后,轻轻捏起皮肤,针头刺入皮褶,将接种物缓缓注入。注射量为 0.2 ~ 1.0mL。注射部位初显隆起,不久即渐消退。

3. 肌肉接种

一般选用臀部和大腿部肌肉,若为禽类则以胸部肌肉为宜。局部除毛消毒后将注射针头直接刺入肌内注射。接种量为 0.2 ~ 1.0mL。

4. 静脉接种

家兔以耳静脉外缘为宜。注射应从耳尖部血管开始,逐次下移,以防止血管因多次注射发生栓塞。注射时,用手轻捏或弹动耳缘,使静脉充血,必要时可用酒精摩擦,使血管扩张。针头以平行方向穿破皮肤,刺入血管,注入接种物。此时,可见静脉血色变成接种物颜色,稍停注射,静脉血色又复现。如接种部位局部隆起,表示未刺入静脉,应重行穿刺。注射量一般为 0.1 ~ 1.0mL。小鼠和大鼠可注射尾静脉;豚鼠可注射后腿静脉;鸡可注射翅下静脉。

5. 腹腔接种

常用于小白鼠。将小鼠固定于左手掌心,使其头部向下垂,可使肠管聚向横膈,右手持注射器将针头由下腹部刺入,可避免刺破肠管,接种量为 0.2 ~ 2.0mL。

6. 脑内接种

常用于小白鼠。用微量注射器在眼角与耳根连接线的中点处,垂直刺入颅腔硬脑膜下,深度约为 3 ~ 6mm。注射量小鼠为 0.01 ~ 0.03mL;家兔或豚鼠为 0.1 ~ 0.2mL。家兔、豚鼠由于颅骨较硬,需用钢锥先打孔后注射。注射后 24h 死亡者,多系外伤所致。

7. 脚掌(垫)接种法

先将动物脚掌(垫)皮肤消毒,将装有小号针头的结核菌素注射器的针头刺入脚掌(垫)的皮下,接种量为 0.1 ~ 0.5mL。

(三)接种后的观察与解剖

根据实验目的与要求,一般每天或每周观察一次。观察动物的食欲、精神状态及接种部位的变化,局部有无异常反应,周围淋巴结有无肿大等。必要时,测其体温、体重及血液学指标。并将观察测定的结果记录在实验动物登记卡上。如发病或处于濒死状态,根据实验目的,进行人工处死解剖,进行必要的检查。

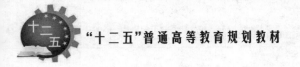

（四）动物采血方法

由于实验的目的不同,血液的处理方法各异。如需动物的全血或血细胞时,在容器中加入玻璃珠,灭菌后盛入动物血液,不断摇动以除去血液中的纤维蛋白,以防血液凝固。欲制备血浆,血液采集后应注入加抗凝剂的试管内,以防凝血。如用动物血清,血液应放入干燥的无菌离心管中,置37℃温箱或室温,凝后剥离血块,分离血清。为保证血清质量,防止浑浊,应在早晨喂食前采血。常用动物采血法如下。

1. 心脏采血法

本法常用于豚鼠及家兔的采血。一般可将动物固定在解剖台上,也可由助手握住前后肢进行采血即可。局部去毛后,用碘酒和酒精消毒,用手触摸探明心脏搏动最强部位(胸部左侧第3、4肋间),通常在胸骨左缘的正中,选心跳最显的部位作穿刺,刺入心脏后血液随即进入针管,则缓慢抽至所需量时,拔出针头。针头宜稍细长些,以免发生手术后穿刺孔出血。注意事项有:①动作宜迅速,以缩短在心脏内的留针时间和防止血液凝固;②如针头已进入心脏但抽不出血时,应将针头稍微后退一点。③在胸腔内针头不应左右摆动以防止伤及心、肺。家兔一次可取血20~25mL;而豚鼠身体较小,成年豚鼠每周采血应不超过10mL为宜。

2. 耳静脉采血

本法为最常用的取血法之一,常作多次反复取血用,因此,保护耳缘静脉,防止发生栓塞特别重要。将兔放入仅露出头部及两耳的固定盒中,或由助手以手扶住。选耳静脉清晰的耳朵,将耳静脉部位的毛拔去,用75%酒精局部消毒,待干。用手指轻轻摩擦兔耳,使静脉扩张,用连有5(1/2)号针头的注射器在耳缘静脉末端刺破血管,待血液漏出取血或将针头逆血流方向刺入耳缘静脉取血,取血完毕用棉球压迫止血,此种采血法一次最多可采血5~10mL。

3. 颈动脉放血(采全血)

此法可获得大量血液,常用于家兔。就将家兔置于兔固定筒内,或者固定于解剖台上,使头部后仰,整个颈部伸直露出。除去颈部毛,并消毒,沿颈部中线切开皮肤约10cm,分离皮下组织,直至暴露出气管两侧的胸锁乳突肌,分离胸锁乳突肌与气管间的颈三角区疏松组织,暴露出颈总动脉后使之游离;于动脉下套入两根黑丝线,分别置于远心及近心端。结扎远心端的丝线。近心端的动脉用血管夹夹住,用尖头小剪刀在两根丝线间的动脉壁上剪一小口,插入塑料放血管。再将近心端的丝线结扎固定于放血管上,以防放血管滑脱;松开血管夹,使血液流入灭菌三角烧瓶中。一般一只家兔可放血80~100mL。

第五章 现代食品微生物检验技术

传统的食品微生物检测技术主要靠微生物培养和生理生化实验,耗时长、效率低、敏感性差。因此,发展快速、准确、高效的现代食品微生物检测技术,可以快速检出食品中的病原微生物,迅速对食品的卫生质量作出评价,防止食物中毒的发生,有效地控制食源性疾病。

科学技术的发展带动了食品微生物检测技术的现代化,使其提高到了一个新的层次,最突出的特点是依靠高新技术和自动化的仪器设备,食品微生物检测技术与生物技术相结合,发展在线无损检测技术,更加注重简便、快速、准确、实用。其研究内容主要有食品微生物现代免疫学检测技术、食品微生物分子生物学检测技术、食品微生物的自动化检测技术、食品微生物生物传感器检测技术等。

第一节 现代免疫检测技术检测食品微生物

一、概述

免疫检测技术是指利用免疫反应特异性的原理,建立各种检测与分析的技术,可以用已知的抗原测定样品中未知的抗体,也可以用已知的抗体测定样品中未知的抗原。传统免疫检测技术通常直接用抗原抗体反应产生的现象判断实验结果,这些现象包括颗粒性抗原所形成的凝集现象、可溶性抗原所形成的沉淀现象、补体系统参与的溶血现象,其检测的灵敏度较低。现代免疫检测技术源于标记技术在免疫学中的应用,为提高抗原和抗体检测的敏感性,将已知抗体或抗原标记上高度敏感的示踪物质,通过检测标记物,反映有无抗原抗体反应,从而间接地测出微量的抗原或抗体的存在与否或量的多少。常用的标记物有酶、荧光素、放射性同位素、胶体金及电子致密物质等。这种抗原或抗体标记上显示物所进行的特异性反应称为免疫标记技术。主要包括免疫荧光检测技术、酶免疫检测技术、放射免疫检测技术、免疫胶体金检测技术等。免疫标记检测技术具有灵敏度高、快速、定性或定量甚至定位的特点,是目前应用最广泛的免疫学检测技术。

二、酶联免疫吸附测定技术检测食品中微生物

(一)基本原理

酶联免疫吸附测定(enzyme – linked immunosorbent assay,简称 ELISA)是在免疫酶技术的基础上发展起来的一种新型的免疫测定技术,其基本原理是抗体(抗原)与酶结合后,仍然能和相应的抗原(抗体)发生特异性结合反应,将待检样品事先吸附在固相载体表面称为包被,加入酶标抗体(抗原),酶标抗体(抗原)与吸附在固相载体上的相应的抗原(抗体)发生特异性结合反应,形成酶标记的免疫复合物,不能被缓冲液冲掉,当加入酶的底物时,底物发生化学反应,呈现颜色变化,颜色的深浅与待测抗原或抗体的量相关,借助分光光度计的光吸收计算抗原

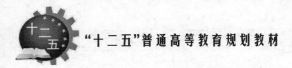

（抗体）的量，也可用肉眼定性观察，因此可定量或定性的测定抗原或抗体。

（二）ELISA 的种类

ELISA 可用于测定抗原，也可用于测定抗体，主要有以下几种类型。

1. 双抗体夹心法测抗原

双抗体夹心法是检测抗原最常用的方法（图 5 - 1），其基本原理和过程为：

（1）将特异性抗体与固相载体联结，形成固相抗体。洗涤除去未结合的抗体及杂质。

（2）加受检标本，保温反应。标本中的抗原与固相抗体结合，形成固相抗原抗体复合物。洗涤除去其他未结合物质。

（3）加酶标抗体，保温反应。固相免疫复合物上的抗原与酶标抗体结合。彻底洗涤未结合的酶标抗体。此时固相载体上带有的酶量与标本中受检抗原的量相关。

（4）加底物显色。固相上的酶催化底物成为有色产物。通过比色，测知标本中抗原的量。

2. 间接法

间接法是检测抗体常用的方法。其利用酶标记的抗抗体检测与固相抗原结合的受检抗体，故称为间接法（图 5 - 1）。其基本原理和过程为：

（1）将特异性抗原与固相载体联结，形成固相抗原。洗涤除去未结合的抗原及杂质。

（2）加稀释的受检血清，保温反应。血清中的特异抗体与固相抗原结合，形成固相抗原抗体复合物。经洗涤后，固相载体上只留下特异性抗体，血清中的其他成分在洗涤过程中被洗去。

（3）加酶标抗抗体，固相免疫复合物中的抗体与酶标抗体抗体结合，从而间接地标记上酶。洗涤后，固相载体上的酶量与标本中受检抗体的量正相关。

（4）加底物显色。

间接法的优点是只要变换包被抗原就可利用同一酶标抗体建立检测相应抗体的方法。

3. 竞争法测抗原

小分子抗原或半抗原因缺乏可作夹心法的两个以上的位点，因此不能用双抗体夹心法进行测定，可以采用竞争法。标本中的抗原和一定量的酶标抗原竞争与固相抗体结合，标本中抗原含量越多，结合在固相上的酶标抗原越少，最后的显色也越浅。样品孔底物降解量与待测抗原量呈负相关（图 5 - 1）。其基本原理和过程为：

（1）将特异性抗体与固相联结，形成固相抗体，洗涤除去未结合的抗体及杂质。

（2）加入待测标本（含相应抗原）和相应的一定量的酶标抗原，待测标本中的抗原和酶标抗原竞争与固相抗体结合，待测标本中抗原含量越高，则与固相抗体结合越多，使得酶标抗原与固相抗体结合的机会就越少，甚至没有机会结合。洗涤除去其他未结合物质。

（3）加入底物后不显色或显色很浅，显色深者为阴性。

（三）固相载体

可作 ELISA 中载体的物质很多，最常用的是聚苯乙烯。聚苯乙烯具有较强的吸附蛋白质的性能，抗体或蛋白质抗原吸附其上后保留原来的免疫活性。聚苯乙烯为塑料，可制成各种形式。在 ELISA 测定过程中，它作为载体和容器，不参与化学反应。加之它的价格低廉，所以被普遍采用。

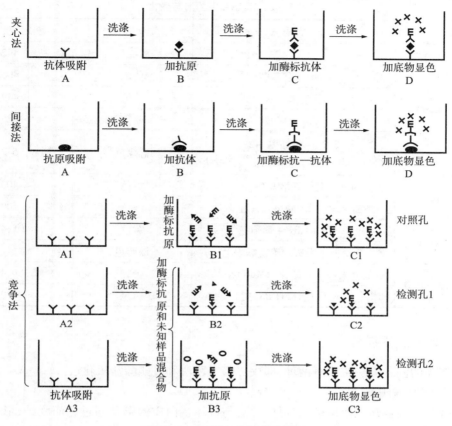

图 5 - 1 ELISA 常用方法图示

ELISA 载体的形状主要有三种：小试管、小珠和微量反应板（酶标板）。小试管的特点是还能兼作反应的容器，最后放入分光光度计中比色。小珠一般为直径 0.6cm 的圆球，表面经磨砂处理后吸附面积大增加。如用特殊的洗涤器，在洗涤过程中使圆珠滚动淋洗，效果更好。最常用的载体为微量反应板，专用于 ELISA 测定的产品也称为 ELISA 板，国际通用的标准板形是 8×12 的 96 孔式。为便于作少量标本的检测，有制成 8 联或 12 联孔条的，放入座架后，大小与标准 ELISA 板相同。ELISA 板的特点是可以同时进行大量标本的检测，并可在特定的比色计上迅速读出结果。现在已有多种自动化仪器用于微量反应板型的 ELISA 检测，加样、洗涤、保温、比色等步骤皆可实现自动化，对操作的标准化极为有利。

（四）酶与底物

在 ELISA 中，主要的酶为辣根过氧化物酶（HRP）、碱性磷酸酶、葡萄糖氧化酶、四甲基联苯胺（TMB）、碱性磷酸酶（AP）和 $\beta - D -$ 半乳糖苷酶等，其中辣根过氧化物酶最常用。不同的酶作用的底物不同，辣根过氧化酶常用的底物为邻苯二胺（OPD）、四甲基联苯胺（TMB）。OPD 经 HRP 作用后，产物为橘红色。TMB 经 HRP 作用后，产物为蓝色，用酸终止反应后，由蓝色变为黄色，由于其敏感性高且无致癌作用，现已基本上取代了 OPD 而成为 HRP 最为常用的底物。ELISA 中的酶与底物见表 5 - 1：

表 5-1　ELISA 中的酶与底物

酶	底物	显色反应	测定波长/nm
辣根过氧化物酶	邻苯二胺	橘红色	492
	四甲基联苯胺	黄色	460
	氨基水杨酸	棕色	449
	邻联苯甲胺	蓝色	425
	2,2'-连胺基-2 (3-乙基-并噻唑啉磺酸-6)铵盐	蓝绿色	642
碱性磷酸酯酶	4-硝基酚磷酸盐(PNP)	黄色	400
	萘酚-AS-Mx 磷酸盐+重氮盐	红色	500
葡萄糖氧化酶	ABTS+HRP+葡萄糖	黄色	405,420
	葡萄糖+甲硫酚嗪+噻唑兰	深蓝色	
β-D-半乳糖苷酶	甲基伞酮基半乳糖苷(4MuG)硝基酚	荧光	360,450
	半乳糖苷(ONPG)	黄色	420

（五）酶标抗体制备

酶标抗体的制备方法主要有两种,即戊二醛交联法和过碘酸盐氧化法。

1. 戊二醛交联法

戊二醛是一种双功能团试剂,它可以使酶与抗体蛋白质的氨基通过它而联结,形成酶-戊二醛-抗体蛋白结合物。碱性磷酸酯酶一般用此法进行标记。交联方法有一步法和两步法。在一步法中,戊二醛直接加入酶与抗体的混合物中,反应后即得酶标记抗体。在两步法中,先将酶与戊二醛作用,透析除去多余的戊二醛后,再与抗体作用而形成酶标抗体。也可先将抗体与戊二醛作用,再与酶联结。

2. 过碘酸盐氧化法

本法只适用于含糖量较高的酶。辣根过氧化物酶的标记常用此法。反应时,过碘酸钠将 HRP 分子表面的多糖氧化为醛基很活泼,可与蛋白质上的氨基形成 Schiff 氏碱而结合。

（六）ELISA 测定的基本方法

以双抗夹心法为例说明 ELISA 测定的基本方法。

1. ELISA 测定的基本方法

（1）包被:用碳酸盐包被缓冲液将抗体稀释,在每个聚苯乙烯板的反应孔中加 0.1mL,4℃过夜,或用 37℃孵育 2h。次日,弃去孔内溶液,用洗涤缓冲液洗 3 次,每次 3min。

（2）加样:加一定稀释的待检样品 0.1mL 于上述已包被的反应孔中,置 37℃孵育 1h,然后洗涤(同时做空白孔,阴性对照孔及阳性对照孔)。

（3）加酶标抗体:于各反应孔中,加入新鲜稀释的酶标抗体 0.1mL,37℃孵育 0.5~1h,洗涤。

（4）加底物液显色:于各反应孔中加入临时配制的 TMB 底物溶液 0.1mL,37℃10~30min。

（5）终止反应：于各反应孔中加入 2M 硫酸 0.05mL。

（6）结果判定：可于白色背景上，直接用肉眼观察结果：反应孔内颜色越深，阳性程度越强，阴性反应为无色或极浅，依据所呈颜色的深浅，以"＋"、"－"号表示。也可用酶标仪测 OD 值：于 450nm 处，以空白对照孔调零后测各孔 OD 值，若大于规定的阴性对照 OD 值的 2.1 倍，即为阳性。

2. 注意事项

（1）包被：蛋白质与聚苯乙烯固相载体是通过物理吸附结合的，靠的是二者疏水基团间的作用力。大分子蛋白质较小分子蛋白质通常含有更多的疏水基团，故更易吸附到固相载体表面。对于直接包被效果不佳的，可以采用间接的捕获包被法，即先将针对该抗原的特异抗体作预包被，其后通过抗原抗体反应使抗原固相化。脂类物质无法与固相载体结合，可将其在有机溶剂（例如乙醇）中溶解后加入 ELISA 板孔中，开盖置冰箱过夜或冷风吹干，待酒精挥发后，让脂质自然干固在固相表面。

（2）加样：加样时应将液体加在孔底，避免加在孔壁上部，并注意不可出现气泡。

（3）保温：保温容器最好是水浴箱，可使温度迅速平衡。各 ELISA 板不应叠在一起。为避免蒸发，板上应加盖，或将板平放在底部垫有湿纱布的湿盒中。湿盒应该是金属的，传热容易。

（4）洗涤：洗涤的目的是洗去反应液中没有与固相抗原或抗体结合的物质以及在反应过程中非特异性吸附于固相载体的干扰物质。聚山梨酯 20 的洗涤效果好，并具有减少非特异性吸附和增强抗原抗体结合的作用。ELISA 板的洗涤一般可采用以下方法：①吸干孔内反应液；②将洗涤液注满板孔；③放置 2min，略作摇动；④吸干孔内液，也可倾去液体后在吸水纸上拍干。洗涤的次数一般为 3～4 次，有时甚至需洗 5～6 次。另外，还可用自动化洗板设备洗涤。

（5）结果判定：ELISA 实验结果可用肉眼观察，也可用酶标仪测定。肉眼观察也有一定准确性。将凹孔板置于白色背景上，用肉眼观测结果。每批实验都需要阳性和阴性对照，如颜色反应超过阴性对照，即判断为阳性。欲获精确实验结果或定量检测，须用酶标仪来测量光密度。

夹心法和间接法：以 P/N 值表示，即该标本的吸光度与一组阴性对照吸光度的比值，大于 1.5，2 倍或 3 倍，即判为阳性。

竞争法：抑制率（％）＝（阴性对照吸光度－标本吸光度）×100％/阴性对照吸光度，一般规定，抑制率≥50％ 为阳性，<50％ 为阴性。

定量测定结果根据标准曲线计算样品中待测物的含量。

（七）其他类型的 ELISA

1. 斑点 ELISA

斑点－ELISA（dot－ELISA）实验原理与常规的 ELISA 相同，不同之处在于斑点－ELISA 所用载体为对蛋白质具有极强吸附力（近 100％）的硝酸纤维素（NC）膜，此外酶作用底物后形成有色的沉淀物，使 NC 染色实验方法为：加少量（1～2μL）抗原于膜上，由于 NC 膜吸附能力强，故需在干燥后进行封闭。然后滴加样品血清，其中的待检抗体即与 NC 膜上抗原结合。洗涤后再滴加酶标二抗，最后滴加能形成不溶有色物的底物溶液（如 HRP 标记物，常用二氨基联苯胺）。阳性者即可在膜上出现肉眼可见的染色斑点。斑点酶免疫吸附试验如图 5－2 所示。

斑点－ELISA 的优点为：①NC 膜吸附蛋白力强，微量抗原吸附完全，故检出灵敏度可较普

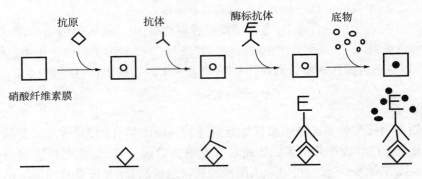

图 5 - 2　斑点酶免疫吸附试验

通 ELISA 高 6 ~ 8 倍;②试剂用量较 ELISA 节约约 10 倍;③操作简单,实验及结果判断不需特殊设备条件;④吸附抗原(抗体)或已有结果的 NC 膜可长期保存(-20℃可长达半年),不影响其活性。

2. 应用亲和素和生物素的 ELISA(BAS - ELISA)

生物素(biotin)是广泛分布于动植物体内的一种生长因子,又称辅酶 R 或维生素 H。亲和素(avidin)是一种糖蛋白,可由蛋清中提取。每个分子由 4 个亚基组成,可以和 4 个生物素分子亲密结合。亲和素与生物素的结合,虽不属免疫反应,但特异性强,亲和力大,两者一经结合就极为稳定。且均能偶联抗体、抗原和辣根过氧化物酶而不影响其生物学活性。在生物素 - 亲和素系统(biotin - avidinsystem,BAS)中,借助所形成的亲和素 - 生物素 - 酶复合物,追踪生物素标记的抗原或抗体,通过酶催化底物显色,可检出相应的抗体或抗原。因抗原或抗体分子可偶联多个生物素,1 个亲和素分子又可结合 4 个生物素分子,故组成的新的生物放大系统,可进一步提高检测的灵敏度。其基本原理和过程为(图 5 - 3):

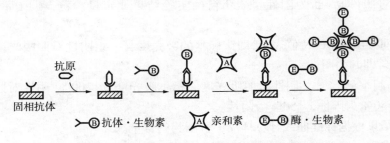

图 5 - 3　BAS - ELISA 夹心法测抗原示意图

3. 发光酶免疫测定

发光酶免疫测定与一般 ELISA 的区别是,酶所催化的底物是发光剂。产物不是一般 ELISA 的有色物质,而是发光产物,所发出的光可用特定的仪器测定。常用的酶是 HRP 和 AP,HRP 的发光底物有鲁米诺及衍生物、对 - 羟基苯乙酸;AP 的底物为 3 - (2 - 螺旋金刚烷) - 4 - 甲氧基 - (3 - 磷酸氧基) - 苯基 - 1,2 - 二氧乙烷和 4 - 甲基伞形酮磷酸盐。

(八)酶联免疫测定技术在食品微生物检验中的应用

ELISA 法可进行定性和定量检测,具有特异、敏感、快速、方便等优点,便于基层应用。可检测细菌及其毒素、真菌及其毒素、病毒和寄生虫。现已开发出了 ELISA 和单抗 ELISA 检测各种病原微生物的方法和试剂盒,例如,单抗 ELISA 检测单增李斯特菌,检出限为 5CFU/g。ELISA 检测沙门氏菌,检出限为 500CFU/g,ELISA 检测黄曲霉毒素,检出限为 0.01ng/kg。下面以 ELISA 法检测沙门氏菌为例,说明 ELISA 在食品微生物检验中的应用。

1. 实验原理

应用双抗体夹心法测定标本中沙门氏菌。用纯化的沙门氏菌抗体包被微孔板,制成固相抗体,可与样品中沙门氏菌相结合,经洗涤除去未结合的抗原和其他成分后,再与 HRP 标记的沙门氏菌抗体结合,形成抗体 – 抗原 – 酶标抗体复合物,经过彻底洗涤后加底物 TMB 显色。TMB 在 HRP 酶的催化下转化成蓝色,并在酸的作用下转化成最终的黄色。用酶标仪在 450nm 波长下测定吸光度(OD 值),从而判定样品中沙门氏菌的存在与否。

2. 基本方法

(1)样品 36℃增菌 18h。

(2)加样:分别在阴、阳性对照孔中加入阴性对照、阳性对照 50μL。然后在待测样品孔先加样品稀释液 40μL,然后再加样品增菌液 10μL。加样时将样品加于酶标板孔底部,尽量不触及孔壁,轻轻晃动混匀。

(3)温育:用封板膜封板后置 37℃温育 30min。

(4)配液:将 30 倍浓缩洗涤液用蒸馏水 30 倍稀释后备用。

(5)洗涤:小心揭掉封板膜,弃去液体,甩干,每孔加满洗涤液,静置 30s 后弃去,如此重复 5 次,拍干。

(6)加酶:每孔加入酶标试剂 50μL,空白孔除外。

(7)温育:操作同(3)。

(8)洗涤:操作同(5)。

(9)显色:每孔先加入显色剂 A50μL,再加入显色剂 B50μL,轻轻震荡混匀,37℃ 避光显色 15min。

(10)终止:每孔加终止液 50μL,终止反应(此时蓝色立转黄色)。

(11)测定:以空白孔调零,450nm 波长依序测量各孔的吸光度(OD 值)。测定应在加终止液后 15min 以内进行。

(12)结果判定:样品的吸光度与阴性对照吸光度的比值大于 2.1 判为阳性。

三、免疫胶体金层析条技术检测食品中微生物

免疫金技术(Immune colloidal gold technique)是指利用胶体金作为标记物,用于指示体外抗原抗体间发生的特异性结合反应,是免疫标记技术之一。经过多年的发展,胶体金技术逐渐得到完善和成熟,目前此项技术已经广泛应用免疫检测中,检测结果可直接利用肉眼来观察。由于胶体金标记技术中标记物的制备简便,使用安全,结果易于观察,所以此项技术可应用于简易、快速检测,并可开发商业化的检测产品。胶体金标记技术的灵敏性虽然不及荧光抗体技术、放射免疫分析技术及酶免疫技术,但是与放射免疫分析技术相比,它不需要使用具有危险性放射性同位素;与酶免疫技术相比,它具有自显色性,无需底物的显色环节;与荧光抗体技术相比,它不需要使用荧光显微镜。因而是继三大标记技术后,成为又一成功应用的免疫标记技术。

（一）免疫胶体金技术的原理

胶体金是由氯金酸（$HAuCl_4$）在还原剂作用下，聚合成为特定大小的金颗粒，并由于静电作用成为一种稳定的胶体状态，微小金颗粒稳定地、均匀地、呈单一分散状态悬浮在液体中，称为胶体金，也称金溶胶。胶体金颗粒大小多在 1～100nm，而且能够呈现一定的颜色，胶体金颗粒大小不同，呈现的颜色也不同，最小的胶体金（2～5nm）是橙黄色的，中等大小的胶体金（10～20nm）是酒红色的，较大颗粒的胶体金（30～80nm）则是紫红色的，胶体金颗粒呈现的颜色通过目测即可观察到。胶体金除自身可以呈色的特点外，还具有高电子密度，所以胶体金不论目测，在光学显微镜下，还是在电子显微镜下，都极易检测出来。

胶体金在弱碱环境下带负电荷，可与蛋白质分子的正电荷基团形成牢固的结合，由于这种结合是静电结合，所以不影响蛋白质的生物特性。因此，将胶体金标记到抗体分子上，金标抗体仍然可以和相应的抗原发生特异性结合，因胶体金颗粒能够呈现一定的颜色，可通过肉眼或仪器检测胶体金，判别免疫反应结果，实现对抗原的检测（图5-4）。

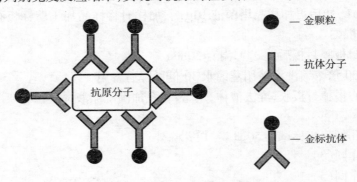

图5-4　金标抗体与抗原反应的示意图

（二）免疫胶体金层析技术原理

免疫金技术除应用于光镜或电镜的免疫组化染色法外，还广泛地应用于各种液相免疫测定、固相免疫测定及免疫印迹试验等。免疫胶体金层析技术是固相免疫测定中应用较广的一种检测技术。

胶体金标记的特异性抗体与待检抗原反应后形成抗原抗体复合物，这一复合物在硝酸纤维素膜上进行层析，当抗原抗体复合物层析到膜上某一区域（反应点）时被这里固着的第二抗体捕获，从而在局部显现红色来指示免疫反应结果。

（三）层析装置的结构

以夹心法为例，胶体金免疫层析装置的结构见图5-5。试剂全部是冻干的，多种试剂，被组合在一个约 6mm×70mm 的塑料板条上，成为试剂条，试剂条吸样端（A）和手握端（E）分别粘贴上吸水材料，金标特异抗体Ⅰ干片粘贴在近吸样端（B）处，紧贴其上为硝酸纤维素膜条。硝酸纤维素膜条上有两个重要区域，反应区（C）包被有特异抗体Ⅱ，质控区（D）包被有抗抗体，为抗体Ⅰ特异性的抗抗体。

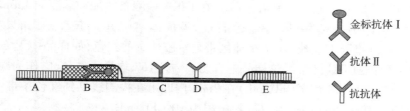

金标抗体Ⅰ

抗体Ⅱ

抗抗体

A—吸样端；B—金标抗体干片存放区；C—反应区；D—质控区；E—手握端

图5-5　胶体金免疫层析装置的结构示意图

（四）层析过程及结果

测定样品时，将试纸条 A 端浸入待检样品中，A 端吸水材料即吸取液体向上端移动，流经 B 处时使干片上的金标抗体Ⅰ溶解，并带动其向硝酸纤维素膜条渗移。若标本中有待测抗原，其可迅速与金标抗体Ⅰ结合形成复合物，此抗原金标抗体Ⅰ复合物继续向前层析，流至 C 区抗原又和固相抗体Ⅱ发生特异性结合反应，形成金标抗体Ⅰ－抗原－抗体Ⅱ复合物，金标抗体Ⅰ被间接地固定在此处，在膜上显出红色反应线条带。过剩的金标抗体Ⅰ继续前行，至 D 区时被固相抗抗体捕获，而显出红色质控线条带，所以阳性标本会出现两条红色条带，见图5-6。反之，阴性标本则无红色条带，而仅显示红色质控线条带。

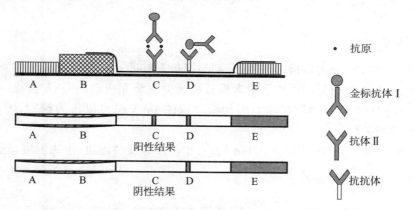

· 抗原

金标抗体Ⅰ

抗体Ⅱ

抗抗体

阳性结果

阴性结果

A—吸样端；B—金标抗体干片存放区；C—反应区；D—质控区；E—手握端
上为检测结果示意图，中、下为实际检测结果图

图5-6　胶体金免疫层析结果

胶体金免疫层析试验的特点是：简便、快速，除试剂外无需任何仪器设备，且试剂稳定，因此特别适宜商品化产品的研制和开发，可满足基层开展快速检验的需要。但这类试验不能准确定量，所以一般情况下只做定性检测。

（五）在食品微生物检测中的应用

目前，许多学者研究了免疫胶体金层析技术检测大肠杆菌 O157、单增李斯特氏菌等多种细菌的方法。如刁琳琪等研究了免疫胶体金层析技术检测大肠杆菌 O157 的方法，具体步骤如下。

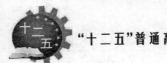

将标本接种于 EC 肉汤进行增菌培养 6h。在 GICA 检测条的加样端滴加 150uL 增菌样品,此时样品向检测条的另一端移动,将金标记 O157 抗体溶解并一起移动,如果样品中含有 *E.colio*157,则硝酸纤维膜上包被 O157 抗体区带显示胶体金的红色,如样品中无 *E.colio*157,则此区带不显色。兔抗鼠 IgG 区带无论样品中有无 *E.colio*157 均显示红色,它作为检测条失效与否的判断标志。强阳性标本(10^8CFU/mL)在 2min 内即可在检测线见到红色条带;弱阳性标本(10^5CFU/mL)约需 10 ~ 15min 判读结果,检出限为 10^5CFU/mL。

第二节　分子生物学技术检测食品中微生物

一、概述

长期以来,病原微生物体外培养是病原体检测的"金标准",采用目前的培养技术,仅有 1% 的细菌可以培养。近年来,随着分子生物学的发展,分子生物学检测技术的方法学研究也取得了很大的进展,并不断地应用于病原微生物的检测。先后建立了核酸分子杂交、核酸探针、PCR、核酸等温扩增和基因芯片等检测病原微生物的方法,为病原微生物的快速、高效、精确检测提供了可能。

二、PCR 技术检测食品中的微生物

(一)PCR 反应基本原理

以拟扩增的 DNA 分子为模板,以一对分别与模板互补的寡核苷酸片段为引物,在 DNA 聚合酶的作用下,按照半保留复制的机制沿着模板链延伸直至完成新的 DNA 合成。不断重复这一过程,可使目的 DNA 片段得到扩增。因为新合成的 DNA 也可以作为模板,因而 PCR 可使 DNA 的合成量呈指数增长。

PCR 技术的关键是一对引物,一个 Taq 酶,三个温度即变性温度、退火温度、延伸温度。

(二)PCR 反应基本步骤

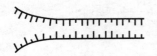

图 5-7　模板双链 DNA 变性示意图

1. 变性

模板双链 DNA 加热至 94℃ 左右一定时间后,使模板 DNA 双链或经 PCR 扩增形成的 DNA 双链两条链碱基对之间的氢键破裂,双螺旋解开,使之成为单链,以便它与引物结合,为下轮反应作准备,这一过程称为变性(图 5-7)。

2. 退火

模板 DNA 经加热变性成单链后,当温度降至 55℃ 左右,引物与模板 DNA 单链的互补序列配对结合,这一过程称为退火(图 5-8)。

```
5' ┤├┤├┤├┤├┤├ 3'
           3' ┤├┤├ 反向引物
正向引物
3' ┤├┤├ 3'
3' ┤├┤├┤├┤├┤├ 5'
```

图 5-8　引物与模板 DNA 单链的互补序列配对结合示意图

3. 延伸

在适宜温度下,DNA 模板 – 引物结合物在 TaqDNA 聚合酶的作用下,以 dNTPs 为反应原料,靶序列为模板,发生酶促聚合反应,这一过程称为延伸(图 5 –9)。延伸时是按照碱基互补配对的原则,合成了一条新的与模板 DNA 链互补的半保留复制链。

重复循环变性—退火—延伸这三个过程,就可获得更多的"半保留复制链",而且这些新合成的链又可以成为下次循环的模板(图 5 –10)。PCR 反应的最后结果是,经过 n 次循环之后,反应混合物中所含有的双链 DNA 分子数,即两条引物结合位点之间的 DNA 区段的拷贝数,在理论上的最高值应该是 2^n。而每完成一次循环大概需要 $2 \sim 4\min$,因此,$2 \sim 3h$ 就能将待扩增的目的基因扩增放大几百万倍。

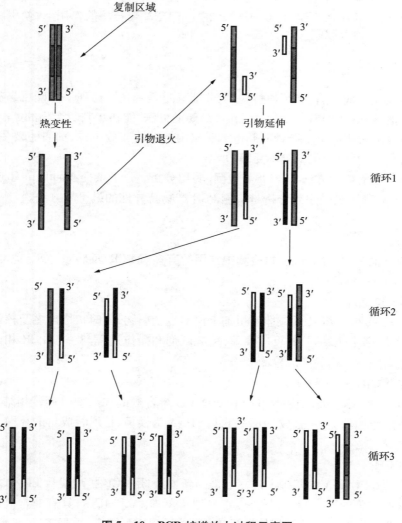

图 5 –10   PCR 扩增放大过程示意图

第五章 现代食品微生物检验技术

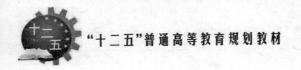

（三）PCR 反应体系及反应参数

一个标准的 PCR 反应的反应体系为：

10 × 扩增缓冲液	10μL
4 种 dNTP 混合物	200μmoL/L
引物	1μmol/L
模板 DNA	0.1~2μg
Taq DNA 聚合酶	2.5u
Mg^{2+}	1.5mmol/L
加双或三蒸水至	100μL

在标准 PCR 反应中，双链 DNA 在 90~95℃变性，再迅速冷却至 40~60℃，使引物退火并结合到靶序列上，然后快速升温至 70~75℃，在 Taq DNA 聚合酶的作用下，使引物链沿模板按照从 5′→3′的方向进行延伸。

（四）PCR 产物的检测

PCR 扩增反应完成之后，必须通过检测，才能确定是否真正得到了准确可靠的预期特定扩增产物。凝胶电泳是检测 PCR 产物常用和最简便的方法，能初步判断产物的大小，有助于产物的鉴定。凝胶电泳常用的有琼脂糖凝胶电泳和聚丙烯酰胺凝胶电泳，前者主要用于 DNA 片段大于 100bp 者，后者主要用来检测小片段 DNA。

另外还有其他的检测方法如 ELISA 检测、酶切分析、分子杂交、Southern 印迹杂交和核酸序列分析（测序），其中核酸序列分析是检测 PCR 产物特异性的最可靠方法。

（五）PCR 的种类

PCR 的种类很多，在食品微生物检测中常用的有多重 PCR、反转录 PCR、免疫 PCR、荧光定量 PCR 等。

1. 多重 PCR

多重 PCR 是在同一 PCR 反应体系里加上两对以上引物，同时扩增出多个核酸片段的 PCR 反应，即同时扩增多个靶基因，其反应原理，反应试剂和操作过程与一般 PCR 相同。多重 PCR 主要用于多种病原微生物的同时检测。

2. 反转录 PCR（RT‒PCR）

RT‒PCR 是将 RNA 的反转录（RT）和 cDNA 的聚合酶链式扩增（PCR）相结合的技术。首先经反转录酶的作用从 RNA 合成 cDNA，再以 cDNA 为模板，扩增合成目的片段。RNA 病毒可用此方法检测。

3. 免疫 PCR

免疫 PCR 是在 ELISA 的基础上建立起来的新方法，用 PCR 扩增代替 ELISA 的酶催化底物显色。PCR 具有很强的放大能力，其可以定量地检测 DNA 和 RNA，具有非常高的敏感性和特异性，因此，将与抗原结合的特异抗体通过连接分子与 DNA 结合，再经 PCR 扩增，由此定量检测抗原，敏感性高于 ELISA。

4. 实时荧光定量 PCR(real – time PCR)

实时荧光定量 PCR 是指在 PCR 反应体系中加入荧光基团,利用荧光信号积累实时监测整个 PCR 进程,最后通过标准曲线对未知模板进行定量分析的方法。

(六)PCR 技术检测食品致病菌的基本方法

1. 试剂的准备

(1)模板 DNA 或 RNA。

(2)对应目的基因的特异引物。

(3)10 × PCR buffer。

(4)dNTP 混合液:含 dATP、dCTP、dGTP、dTTP。

(5)Taq DNA 聚合酶。

2. PCR 检测食品致病菌的操作步骤

(1)模板 DNA 或 RNA 的提取

对于模板的提取方法有好多,根据不同的需要,不同的菌种,可以采用不同的方法。通常试验所采用的方法有普通热裂解法、溶剂提取法、试剂盒提取法等。

基本的操作步骤就是先将待检样品按照国标的方法制成样品悬液,例如对于固体样品来说,取 25g 样品加到 225mL 的生理盐水中搅匀制成样品悬液。然后再通过离心、加入试剂等一系列的步骤除去杂质得到菌体。最后通过一定的方法进行模板 DNA 或 RNA 的提取。

(2)进行 PCR 反应

首先配置 PCR 的反应体系。(常用的有两种)

①包括 $5\mu L$ $10 × PCR$ buffer,$4\mu L$ dNTPs 混合物,$0.5\mu L$ $40\mu mol$ 正向引物,$0.5\mu L$ $40\mu mol$ 反向引物,$0.25\mu L(5U/\mu L)$ Taq 酶,模板 $2\mu L$,水 $37.75\mu L$。总反应体系 $50\mu L$。

②包括 $25\mu L$ Premix Taq 预混液,$1\mu L$ $20\mu mol$ 正向引物,$1\mu L$ $20\mu mol$ 反向引物,水 $23\mu L$。总反应体系 $50\mu L$。

备注:视 PCR 仪有无热盖,来决定是否在 PCR 反应体系中添加石蜡油。

然后进行 PCR 反应,调整好反应程序,将提取好的模板和配置好的 PCR 反应体系混和,稍加离心后,立即置 PCR 仪上,执行扩增。一般是 93℃预变性 3 ~ 5min,进入循环扩增阶段:93℃ 40s→58℃ 30s→72℃ 60s,循环 30 ~ 35 次,最后在 72℃延伸 3.5min,保温 7min。PCR 反应结束后,将 PCR 扩增出来的产物放置于 4℃待电泳检测或 –20℃长期保存。

(3)PCR 产物的电泳检测

如在反应管中加有石蜡油,需用 $100\mu L$ 三氯甲烷进行抽提反应混合液,以除去石蜡油,否则,可直接取 5 ~ $10\mu L$ 进行电泳检测。

根据 PCR 产物的大小,选择相应浓度的琼脂糖凝胶进行电泳,根据凝胶成像系统观察结果并成像。

(4)PCR 产物的鉴定

有时候为了进一步验证试验的结果,会对 PCR 扩增的产物进行测序。

(七)PCR 技术在食品微生物检测中的应用

PCR 检测技术具有特异性强、灵敏度高、简便、快速,对原始材料的纯度要求低等特点,已

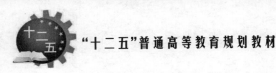

广泛应用于食品微生物检测领域。下面以 PCR 技术检测乳品中的金黄色葡萄球菌为例说明 PCR 技术在食品微生物检测中的应用。

1. 实验器材及试剂

（1）实验器材：PCR 仪、电泳仪、凝胶成像系统。

（2）实验试剂：10 × PCR buffer、dNTPs、TaKaRa Taq、DNA Marker DL2000、溶葡萄球菌酶、无水乙醇、石油醚、三氯甲烷、氨水、糖原、引物。

正向引物：5′ – GCGATTGATGGTGATACGGTT – 3′

反向引物：5′ – AGCCAAGCCTTGACGAACTAAAGC – 3′

2. 操作步骤

利用 PCR 技术从乳品中直接检测金黄色葡萄球菌，其操作方法如下。

（1）DNA 模板的制备

具体步骤如下。

①将 1mL 无水乙醇、1mL 氨水和 1mL 石油醚分别加入到 5mL 的待检测乳品中，并混匀。

②混合物以 12 000g，离心 10min。弃去上清液，沉淀用 300μL 10mmol/L 的 TE（pH7.8）溶解后，加入 5μL10mg/mL 溶葡萄球菌酶，37℃ 温育 1h，期间不断剧烈振荡。然后加入 50μL 10% 的 SDS，煮沸 5min。

③将等体积的三氯甲烷加入上述混合液中，充分振荡混匀，17 000g 离心 10min，弃沉淀，保留上清液。

④将上清液移入一新的离心管中，用 0.1 倍体积 2.5mol/L 乙酸铵（pH5.4）、2.5 倍体积预冷无水乙醇和 5μL 的 10mg/mL 糖原沉淀 DNA，混合物 17 000g，离心 20min。DNA 沉淀干燥后用 100μL 灭菌双蒸水溶解，备用。

（2）配置反应体系

总反应体系为 50μL，其中包括 5μL 10 × PCR buffer、4μL dNTPs 混合物、0.5μL 40μmol 正向引物、0.5μL 40μmol 反向引物、0.25μL（5U/μL）Taq、模板 2μL、水 37.75μL。

（3）PCR 扩增

PCR 扩增反应采用冷启动。94℃ 预变性 4min，再按 94℃ 1min→52℃ 0.5min→72℃ 1.5min 进行 35 个循环，最后 72℃ 延伸 3.5min。

3. PCR 扩增产物的检测

取 5μL 的 PCR 产物在 2% 的琼脂糖凝胶上进行电泳，利用凝胶成像系统观察结果并成像。

4. 报告结果

根据引物的位置可知目的扩增产物大小为 279bp，所以我们可以根据 PCR 扩增产物在琼脂糖凝胶上是否形成 279bp 的条带来判断扩增是否发生。

三、实时荧光定量 PCR 技术检测食品中的微生物

（一）实时荧光定量 PCR 的基本原理

实时 PCR（real – time PCR）又称荧光定量 PCR，是美国的 PE 公司在 1995 年研制出来的一种新技术。实时荧光定量 PCR 技术，是指在 PCR 反应体系中加入荧光基团，利用荧光信号积累实时监测整个 PCR 进程，最后通过标准曲线对未知模板进行定量分析的方法。

实时 PCR 技术的基本原理是在常规 PCR 基础上运用荧光能量传递(fluorescence resonance energy transfer,FRET)技术,加入荧光标记探针,巧妙地把核酸扩增、杂交、光谱分析和实时检测技术结合在一起,借助于荧光信号来检测 PCR 产物。荧光标记探针根据碱基配对原理与扩增产物核酸序列结合。PCR 反应开始后,随着链的延伸,Taq 酶沿着 DNA 模板移动到荧光标记探针结合位置,发挥它的 5′→3′ 外切核酸酶活性,将荧光探针切断,释放出 R 基团的荧光信号,被释放的游离 R 基团的数目和 PCR 产物的数量是一对一的关系,因此 R 基团的荧光信号强弱就与 PCR 产物数量成正比关系,使用仪器测量出前者就可以推算出后者。在荧光定量 PCR 技术中,有一个很重要的概念,即 Ct 值。Ct 值定义为:每个反应管内的荧光信号到达设定的域值时所经历的循环数。研究表明,每个模板的 Ct 值与该模板的起始拷贝数的对数存在线性关系,利用已知起始拷贝数的标准品可作出标准曲线(纵坐标代表起始拷贝数的对数,横坐标代 Ct 值)。这样只要获得未知样品的 Ct 值,即可从标准曲线上计算出该样品的起始拷贝数。

(二)实时 PCR 的标记方法

实时 PCR 技术自从问世以来,得到了不断的发展。到目前为止,该技术已经非常成熟了。标记方法也由最初单一的染料法,发展到了特异性更高的探针法,如 Taqman 探针、分子信标(Molecular Beacon)等不同方法的标记探针,其中,由于 Taqman 探针在实时 PCR 中使用最为广泛,因此实时定量 PCR 方法也称为 Taqman 探针法。下面介绍常用的两种标记方法的原理。

1. 双标记探针(Taqman 探针)

双标记探针这种标记方法是目前应用最为广泛的一种。所谓双标记探针是指在探针的 5′端标记报告荧光基团 R(Reporter,R 如荧光素),而在探针的 3′端或在内标记一个吸收或淬灭荧光基团 Q(Quencher,Q 如 TAMRA)。在 PCR 体系中加入一对引物的同时添加一个荧光双标记的寡核苷酸探针,该探针能与引物扩增片段中的某一区域特异性结合。在没有 PCR 扩增时,由于荧光基团和淬灭基团共同连于同一探针上,它们之间的空间距离很近,因此淬灭基团会吸收荧光基团激发的荧光,从而使荧光基团被淬灭,不发荧光,仪器检测不到激发荧光;而当 PCR 扩增时,引物与荧光标记的特异性探针同时结合在模板上,荧光标记的探针与模板的结合位置位于上下游引物之间。在 PCR 延伸的过程中,当引物沿模板延伸至探针结合处,利用 TaqDNA 聚合酶的 5′→3′ 外切酶活性,会将荧光探针水解,荧光基团被释放出来。由于在空间上与淬灭基团分开,则发出荧光,发出的荧光可以被荧光探头检测到。一边扩增,一边检测,这样就实现了"实时"检测。随着 PCR 的扩增,模板的数量不断增加,结合到模板上的探针也不断增加,被引物延伸过程中 TaqDNA 聚合酶水解下探针的数量也不断增加,报告荧光基团释放的荧光量也不断增加。从而可以根据荧光信号的增强来计算 PCR 扩增产物的增加量。

2. 分子信标探针(molecular beacon probe)

所谓分子信标是一种由非特异的茎和特异的环组成的一种独特的茎环结构,探针的 5′端标记报告荧光基团 R(reporter,如荧光素),而在探针的 3′端标记一个吸收或淬灭基团(quencher,如 TAMRA)。在没有 PCR 扩增时,探针处于自身环化的状态,由于荧光基团和淬灭基团空间距离很近,使荧光基团被淬灭,不发荧光,仪器检测不到荧光;而当 PCR 扩增时,探针因与模板链杂交而打开,使 5′端荧光基团与 3′端的吸收或淬灭基团分开,发出荧光,仪器就会监测到荧光信号。随着 PCR 扩增产物的增加,荧光信号的强度会增强,从而可以根据荧光信号的增强来计算 PCR 扩增产物的增加量。

（三）实时 PCR 的应用

实时 PCR 可以对样品的整个扩增过程进行实时在线监控，由于使用的引物和荧光探针都能同时与模板特异性结合，增强了反应的特异性。结果分析更加快捷方便，灵敏度大大提高。实时 PCR 检测技术目前已应用于食品微生物检测领域。如：可检测沙门氏菌、志贺氏菌、大肠杆菌 O157、金黄色葡萄球菌、副溶血性弧菌等食品病原菌。应用实例见第七章第一节沙门氏菌的检验。

四、基因芯片技术检测食品中微生物

（一）基因芯片检测技术的原理

基因芯片（genechip，DNA chip），又可称作 DNA 微阵列，是指由按照预定位置固定在固相载体上很小面积内的千万个核酸探针分子所组成的微点阵阵列。如果把样品中的核酸片段进行标记，在一定条件下，来自样品的互补核酸片段可以与载体上的核酸分子杂交，在专用的芯片阅读仪上就可以检测到杂交信号。

（二）芯片的制备

首先设计引物和探针，通常是引物标记上荧光或其他标记物，其目的是为了使扩增产物上标记上荧光。选择经过相应处理的硅片、玻璃片、瓷片或聚丙烯膜、硝酸纤维素膜、尼龙膜等作为芯片片基，采用点样法或光刻 DNA 合成法将探针固定于芯片片基上，形成探针阵列。点样用的芯片片基为使其表面带上正电荷以吸附带负电荷的探针分子，通常需包被以氨基硅烷或多聚赖氨酸等。

（三）基因芯片检测的基本步骤

1. 样品 DNA 的扩增与荧光标记
从样品中提取模板 DNA，用标记上荧光的引物，进行 PCR 扩增，从而扩增产物被标记上荧光。

2. 基因芯片的杂交检测
将 PCR 扩增产物与杂交液混合，点样到芯片的探针区域，保温杂交一定时间，杂交结束后，用洗涤液洗涤。若样品中含有被检测的靶基因，扩增后被标记上荧光，与固定的探针杂交后，被间接固定在芯片上，不能被洗涤液冲掉，杂交后的探针即显示荧光信号。否则，不能发生杂交，洗涤后，荧光物质被冲掉，不会显示荧光信号。

3. 基因芯片的扫读
样品中若有被检测的靶基因，杂交后，用专用的芯片阅读仪检测芯片，在探针杂交的位置会显示荧光信号。否则，没有荧光信号。将扫读的结果与事先建立基因芯片杂交标准图谱相比较，以判断检测结果，也可通过扫描软件也可自动分析检测结果。

（四）基因芯片技术在食品微生物检测中的应用

1. 实验器材及材料
实验材料：SSC、Denhardt's、SDS、鲑鱼精 DNA、TaqDNA 聚合酶、dNTP、DNA Marker。

实验器材:基因芯片点样仪、基因芯片扫描仪、高速低温离心机、紫外分光光度计、基因扩增仪、型凝胶成像分析系统。

2. 实验方法

(1)寡核苷酸探针的设计

用 Array Designer 4.0 软件来设计 15 株菌种的共有和特异性探针,设计的标准为:探针长度在 25~28bp,探针与非目的序列的错配碱基不超过 13bp,重复碱基不超过 6 个,最小的解链温度为 56℃。用 Bioedit8.0 软件创建不同致病菌 16SrDNA 的本地 BLAST 数据库,将设计好的探针进行本地 BLAST 选出合适的探针,探针由 TaKaRa 公司合成并进行氨基化修饰。探针的名称和长度见表 5-2。

表 5-2 探针列表

序号	探针名称	序列
1	共有探针(Common probe)	CGGTGAATACGTTCCCGGGCCTTGTAC
2	阴性对照探针(Negative control probe)	GACTAGTCGATCGTAGCATTGCATGCAAC
3	空白对照(Nothingness antitheses)	
4	革兰氏阳性菌的共有探针(G⁺ probe)	GACGTCAAATCATCATGCCCCTTATGTC
5	革兰氏阴性菌的共有探针(G⁻ probe)	GACGTCAAGTCATCATGGCCCTTACGAC
6	肠道致病菌的共有探针 1(Intestinal bacteria common probe 1)	GGCGCTTACCACTTTGTGATTCATGAC
7	肠道致病菌的共有探针 2(Intestinal bacteria common probe 2)	GCACTTTATGAGGTCCGCTTGCTCTCGCG
8	大肠杆菌、沙门氏菌和宋内氏志贺氏菌共有探针(*Escherichia coli*,*Salmonella* and *Shigella* common probe)	GCGCATACAAAGAGAAGCGACCTCGCGA
9	金黄色葡萄球菌共有探针 1(*Staphylococcus aureus* probe 1)	AAGCCGGTGGAGTAACCTTTTAGGAGC
10	金黄色葡萄球菌共有探针 2(*Staphylococcus aureus* probe 2)	AGTAACCATTTGGAGCTAGCCGTCG
11	金黄色葡萄球菌共有探针 3(*Staphylococcus aureus* probe 3)	TAGAGTAACCTTTTGGAGCTAGCCG
12	肉毒梭状芽孢杆菌共有探针(*Clostridium botulinum* probe)	GTAGGTACAATAAGACGCAAGACCGTGA
13	产气荚膜梭菌(*Clostridium perfringens* probe)	AGCCAAACTTAAAAACCAGTCTCAGTTC
14	志贺氏菌共有探针(*Shigella sonnei* probe)	GCTAAAAGAAGTAGGTAGCTTAACCTTC
15	霍乱弧菌探针 1(*Vibrio cholerae* probe 1)	AGGGCAGCGAATACCGCGAAGGTGGAGC
16	霍乱弧菌探针 2(*Vibrio cholerae* probe 2)	CCTTCGCGGTATTCGCTGCCCTCTGT
17	普通变形杆菌探针(*Proteus vulgaris* probe)	TTAAGTCGTATCATGGCCCTTACGAGTA
18	单核增生李斯特氏菌探针(*Listeria monocytogenes* probe)	CTAATCCCATAAAACTATTCTCAGT
19	小肠结肠炎耶尔森氏菌探针(*Yersinia enterocolitica* probe)	GCAAGCGGACCACATAAAGTCTGTCGTA
20	腊样芽孢杆菌探针(*Bacillus cereus* probe)	GGTACAAAGAGCTGCAAGACCGCGAGG
21	副溶血性弧菌探针(*Vibrio parahaemolyticus* probe)	GTTTCAACTACGGGGGGACGCTTACCA

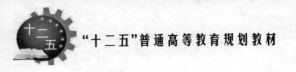
续表

序号	探针名称	序列
22	河流弧菌探针（*Vibrio fluvialis* probe）	ACAGAGGGCGGCCAACTTGCGAAAGTGA
23	拟态弧菌探针1（*Vibrio mimicus* probe 1）	AAATCAGAATGTTGCGGTGAATACGTT
24	拟态弧菌探针2（*Vibrio mimicus* probe 2）	GTATACAGAGGGCAGCGATACCGCGAGGT
25	乙型溶血性链球菌探针（*Streptococcus hemolytic* $-\beta$ probe）	TCAGCACGCCGCGGTGAATACGTTCCC

（2）基因芯片的寡核苷酸探针

寡核苷酸探针的设计是基因芯片成功与否的关键,本研究设计了25条寡核苷酸探针并进行了氨基化修饰(表5-2)。探针1是所有真细菌的共有探针,选自于目的片断的保守序列;探针2是阴性对照探针;探针3是空白对照;探针4是革兰氏阳性菌的共有探针;探针5是革兰氏阴性菌的共有探针;探针6,7是肠道致病菌的共有探针;探针8是宋内氏志贺氏菌、大肠杆菌和沙门氏菌的共有探针;探针9~25则分别是每个菌的特异性探针。探针的分布见图5-11。

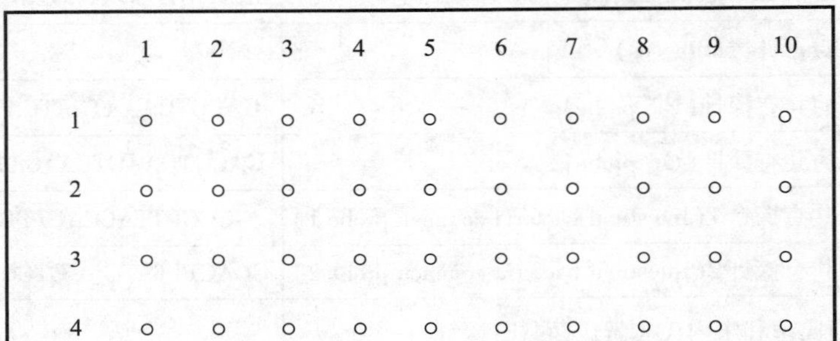

图5-11 探针分布图

从第1行的第1列到第5列为共有探针;从第2行的第1列到第5列为阴性探针;从第3行的第1列到第5列为空白对照;从第4行的第1列到第5列为革兰氏阳性探针;从第5行

的第 1 列到第 5 列为革兰氏阴性探针；从第 6 行的第 1 列到第 5 列为肠道菌共有探针 1；从第 7 行的第 1 列到第 5 列为肠道菌共有探针 2；从第 8 行的第 1 列到第 5 列为大肠、沙门氏、致贺氏共有探针；从第 9 行的第 1 列到第 5 列为金黄色葡萄球菌探针 1；从第 10 行的第 1 列到第 5 列为金黄色葡萄球菌探针 2；从第 11 行的第 1 列到第 5 列为金黄色葡萄球菌探针 3；从第 12 行的第 1 列到第 5 列为肉毒梭状芽孢杆菌探针；从第 13 行的第 1 列到第 5 列为产气荚膜梭菌探针；从第 1 行的第 6 列到第 10 列为宋内氏致贺氏菌探针；从第 2 行的第 6 列到第 10 列为霍乱弧菌探针 1；从第 3 行的第 6 列到第 10 列为霍乱弧菌探针 2；从第 4 行的第 6 列到第 10 列为普通变形杆菌探针；从第 5 行的第 6 列到第 10 列为单核增生李斯特菌探针；从第 6 行的第 6 列到第 10 列为小肠结肠炎耶尔森氏菌探针；从第 7 行的第 6 列到第 10 列为腊样芽孢杆菌探针；从第 8 行的第 6 列到第 10 列为副溶血性弧菌探针；从第 9 行的第 6 列到第 10 列为河流弧菌探针；从第 10 行的第 6 列到第 10 列为拟态菌探针 1；从第 11 行的第 6 列到第 10 列为拟态菌探针 2；从第 12 行的第 6 列到第 10 列为乙型溶血性链球菌探针；从第 13 行的第 6 列到第 10 列为共有探针。

探针 1、2 和 3 是为了杂交区域的定位和结果的可靠性而设计，如果探针 2 出现了信号，则可肯定模板的提取、基因扩增或杂交的过程存在一定的问题，试验结果不可信。

（3）基因芯片的前处理和制作

将探针溶于 TE 稀释液中稀释至 40μM/L，然后用点样稀释液稀释至 20μM/L。将探针按一定顺序移至 384 孔板（genetix）中。打开 OmniGrid 点样仪，装上 MicroQuill 2000 点样针（majer precision），放上 384 孔样品板及待点样基片，运行程序开始点样。点样完成的芯片置点样仪中水合 30min，室温干燥 2h。以封闭液封闭 15min，水冲洗 2 次，室温干燥后备用。

（4）15 株食源性致病菌芯片杂交的标准图谱建立

提取 15 株食源性致病菌的 DNA，做不对称 PCR 的扩增和产物的标记。将 15 株菌种的 16SrDNA 序列用 NTI9.0 软件进行同源性比较，选取 16SrDNA 末端一段 356bp 左右突变率较高的区域作为目的序列，用 Oligo6.0 在此区域的两端设计一对通用引物。R2 用荧光素 Cy5 标记，随着不对称 PCR 反应的完成，含有 R2 的寡核苷酸单链也被标记上了荧光素 Cy5。

（5）基因芯片的杂交和数据的获得与分析

取 6μL 第二轮 PCR 产物 94℃变性 5min，迅速冰浴 5min，和 6μL 杂交液混和，点样到具有探针区域的基因芯片上，盖上盖玻片防止液体挥发，放入杂交盒中，58℃杂交 1.5h。杂交结束后，用 0.1×SSC 将盖玻片冲掉，用 0.1×SSC 和 0.2×SDS 的预热混和液（58℃）洗涤 2 次，每次 1min，再用 1×SSC 的预热液（58℃）洗涤 1 次 2min，用离心机 1 500r/min 室温干燥 5min。用 genepix4 对杂交结果进行扫描检测和分析，建立芯片杂交的标准图谱（图 5-12）。

（6）样品检测

①鲜肉样品取 25g 样品加入 225mL 生理盐水均质制成匀浆液。

②食品样品模板 DNA 的提取：取 10mL 匀浆以 500r/min 离心 10min。吸取上清液加入另一灭菌离心管中以 14 000r/min 离心 10min，沉淀用 500μL 生理盐水悬浮，加入 0.25 倍体积的乙酸乙酯，震荡器混匀 2min，然后以 17 000r/min 离心 10min。去掉上清液，沉淀用 20μL 生理盐水悬浮，加入直径 2.00mm 滤膜片，然后 56℃干燥，干燥后的滤膜片，加入 10% SDS 溶液 200μL 煮沸 10min，用滤膜专用缓冲液洗涤 2 次，然后再用 TE 缓冲液洗涤 2 次，56℃干燥后，可作为 PCR 反应的模板。

③按建立基因芯片杂交标准图谱的方法进行不对称 PCR 扩增。

④按建立基因芯片杂交标准图谱的方法进行基因芯片的杂交。

⑤用 genepix4 分析得到有杂交信号的点,检测结果与标准图谱相比较,每条探针 5 个点,取 5 个杂交点中值的平均值,以 1 000 个单位作为杂交检测的临界点,当信号强度大于等于 1 000 个单位时,检测结果为阳性,当信号强度小于 1 000 个单位时,检测结果为阴性。如肉制品样品中检测的扫描结果和图 5 – 12 中产气荚膜梭菌的图谱相同,且信号强度大于或等于 1 000 个单位,即可判定为气荚膜梭菌污染,通过扫描软件也可自动分析检测结果。

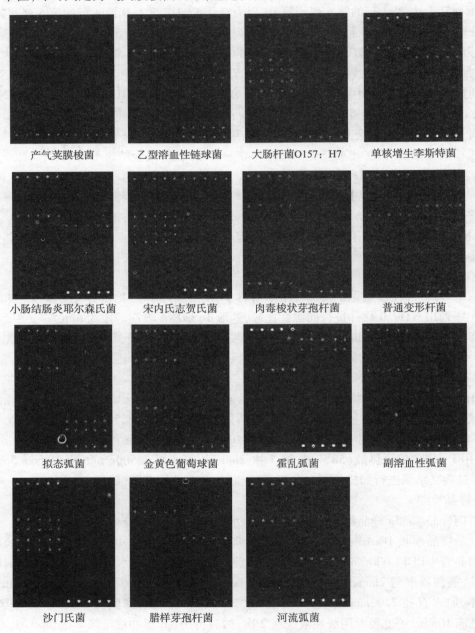

图 5 – 12　株食源性致病菌的杂交标准图谱

综上所述,基因芯片技术作为一种新技术,具有快速、准确、灵敏和可进行高通量的检测等优点,基因芯片技术检测食品病原菌,在不久的将来必将会标准化、商品化,人们可在一张芯片上检测到几乎所有病原菌,实现病原菌检测的技术革命。

五、环介导等温扩增技术检测食品微生物

环介导等温扩增技术(loop - mediated Isothermal Amplification,简称 LAMP)是由日本荣研株式会独自开发的一种简单、快速、特异、经济、新颖的核酸扩增方法。LAMP 法的特点是针对靶基因的 6 个区域设计 4 种特异的引物,利用一种链置换 DNA 聚合酶(BstDNApolymerase)在恒温条件下(65℃左右)保温几十分钟,即可完成核酸扩增反应,具有高特异性和等温快速扩增的特点,可以在 1h 之内,将靶 DNA 片段扩增 $10^9 \sim 10^{10}$ 倍。在 DNA 延伸合成时,从脱氧核苷三磷酸基质(dNTPs)中析出的焦磷酸离子与反应溶液中的镁离子结合,会产生一种焦磷酸镁的衍生物,而高效扩增的 LAMP 法生成大量这样的衍生物,并呈现白色沉淀。可以把浑浊度作为鉴定指标,只要用肉眼观察白色浑浊沉淀,就能鉴定扩增与否,而不需要繁琐的电泳,紫外观察等过程。因为 LAMP 反应不需要 PCR 仪和昂贵的试剂,所以利于在一些基层机构的应用,有着极为广泛的应用前景。

(一)LAMP 法的基本原理

在了解了 LAMP 反应中所涉及的六个区域的分布以及四条特异性引物与这六个区域的关系后,在这节中,我们将向读者介绍一下 LAMP 法的基本原理。

在 LAMP 反应中,不像 PCR 反应一样,它不需要通过热变性来将双链 DNA 变成单链。因为双链 DNA 在 65℃左右处于动态平衡状态,任何一条引物与双链 DNA 的互补部位进行碱基互补配对延伸的时候,另一条链就会脱落变成单链。LAMP 法正是利用这一特点进行反应的。当目的基因和其他的反应试剂在 60 ~ 65℃的一个恒定的温度下孵育,以下的反应步骤就会发生。

第一步:在 65℃左右,模板 DNA 的双链处于动态平衡的状态,此时正向内引物 FIP 的 F2 区段和目的序列上的 F2c 互补配对,并在链置换型 DNA 聚合酶(Bst DNA polymerase)的作用下,以 F2 区段的 3′末端为起点,启动链置换 DNA 的合成(图 5 - 13)。

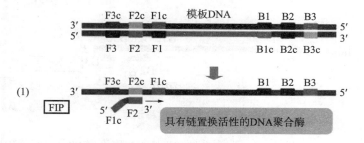

图 5 - 13 启动链置换 DNA 的合成

第二步:以正向内引物 FIP 的 F2 区段的 3′端为起点,通过具有链置换活性的 DNA 聚合酶的作用,合成了模板 DNA 的互补链(图 5 - 14)。

第三步:正向外引物 F3 与目的序列 F2c 前端的 F3c 序列互补,以 F3 的 3′末端为起点,通

图 5 – 14　模板 DNA 互补链的合成

过链置换型 DNA 聚合酶的作用,一边置换先头由引物 FIP 合成的 DNA 链,一边合成自身的 DNA 链,如此向前延伸(图 5 – 15)。

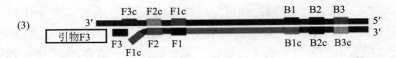

图 5 – 15　引物 F3 合成自身的 DNA 链

第四步:最终由引物 F3 合成的 DNA 链与模板 DNA 形成双链(图 5 – 16)。

图 5 – 16　F3 合成的 DNA 链与模板 DNA 形成双链

第五步:由引物 FIP 先合成的 DNA 链被引物 F3 进行链置换反应,从而产生一条单链,这条单链的 5′末端存在互补的 F1c 和 F1 区段(图 5 – 17)。

图 5 – 17　被置换下来的由引物 FIP 先合成的 DNA 链

第六步:5′末端互补的 F1c 和 F1 区段,会发生自身的碱基互补配对,形成环状的结构。同时,反向内引物 BIP 同该单链杂交结合,以引物 BIP 的 B2 区段的 3′端为起点,合成互补链,在此过程中环状结构被打开,接着,类似于引物 F3 的反向外引物 B3 从引物 BIP 外侧插入,与 B3c 序列互补(图 5 – 18)。

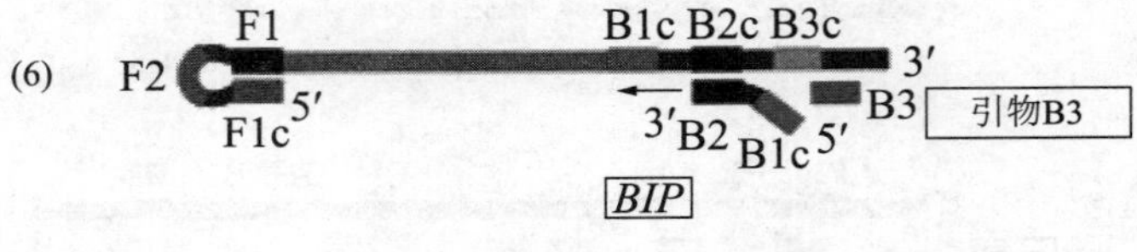

图 5 – 18　第六步过程示意图

第七步:以 B3 的 3′末端为起点,通过链置换型 DNA 聚合酶的作用,一边置换先头由引物 BIP 合成的 DNA 链,一边合成自身的 DNA 链,如此向前延伸。最终由引物 B3 合成的 DNA 链形成双链(图 5 – 19)。

第八步:由引物 BIP 先合成的 DNA 链被引物 B3 进行链置换反应,产生一条单链,这条单链 DNA 的两端存在互补序列。自身发生碱基互补配对,形成环状结构,于是整条链呈现哑铃

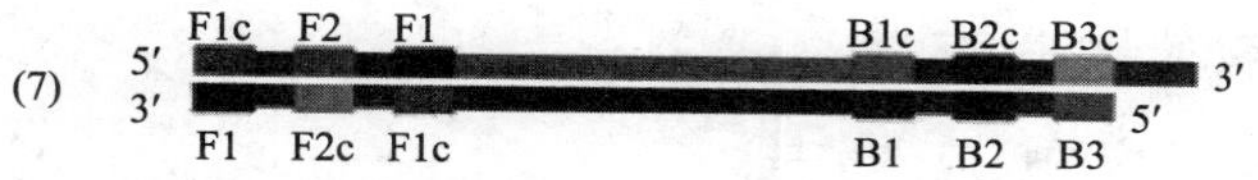

图 5 – 19   引物 B3 合成的 DNA 链与引物 FIP 合成的 DNA 链形成双链

状结构。该哑铃状结构是 LAMP 法核酸扩增的起始结构。至此为止,以上所有的步骤都是为了形成 LAMP 法核酸扩增的起始结构(图 5 – 20)。

$$
\text{(8)} \quad
$$

图 5 – 20   由引物 BIP 合成的 DNA 链两端形成环状结构

第九步:以下是 LAMP 法核酸扩增循环。

首先在哑铃结构图 5 – 20 中,以 3′末端的 Fl 区段为起点,以自身为模板,进行 DNA 合成延伸。与此同时,引物 FIP 的 F2 区段与环上单链 F2c 杂交,启动新一轮链置换反应。解离先前由 Fl 区段合成的双链核酸。同样,在解离出的单链核酸上的 3′末端存在 B1c 和 B1 互补序列,自身发生碱基互补配对从而形成环状结构,然后以 B1 区段的 3′末端为起点,以自身为模板,进行 DNA 的合成延伸[如图 5 – 21 中(9)]。同时,释放出由引物 FIP 形成的互补链,释放出的单链两端分别存在互补的 F1/F1c 区段和 B1/B1c 区段,自身发生碱基互补配对,形成哑铃状结构[如图 5 – 21 中(11)]。此时,形成的哑铃结构和在第八步中形成的哑铃结构正好相反,接下来的步骤类似于图 5 – 21 中的(8)~(11)。以 3′末端的 Bl 区段为起点,以自身为模板,进行 DNA 合成延伸。与此同时,引物 BIP 的 B2 区段与环上单链 B2c 杂交,启动新一轮链置换反应。经过相同的过程,又形成环状结构。通过此过程,结果在同一条链上互补序列周而复始形成大小不一的结构。

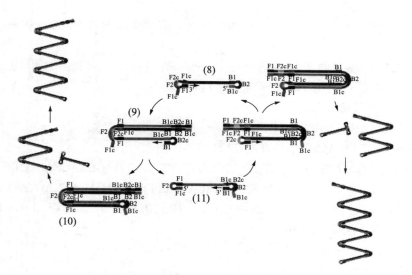

图 5 – 21   LAMP 法核酸扩增循环示意图

（二）LAMP法的反应体系

一个标准的LAMP反应的反应体系是：

20mM Tris – HCl(pH = 8.8)	1.4mM dNTPs
10mM KCl	1.6μM FIP
8mM $MgSO_4$	1.6μM BIP
10mM $(NH_4)_2SO_4$	0.2μM F3
0.1%吐温20	0.2μM B3
0.8M甜菜碱	模板DNA
8U Bst DNA聚合酶	

（三）LAMP检测步骤

从样品中提取DNA或RNA,准备反应混合物,添加DNA或RNA模版。在60~65℃孵育15~60min,进行LAMP扩增,结束后,在80℃孵育10min终止酶活,即可完成反应。最后通过电泳、肉眼观察沉淀和加入荧光物质对扩增产物进行检测,也可通过实时浊度仪和实时荧光仪等方法进行检测。由于扩增产物为混合物,所以电泳带为梯形。从dNTP析出的焦磷酸根离子与反应溶液中的 Mg^{2+} 结合,产生副产物(焦磷酸镁)可形成乳白色沉淀。若加入SYBR Green I荧光染色剂,由于SYBR Green I荧光染料只与双链DNA的小沟结合,当它与DNA双链结合的时候,会发出比原先强800~1000倍的荧光,通过反应液中的荧光强度变化来判断产物的产生。如果发生了扩增反应,反应结束时混合液的颜色会由橙色变成绿色,如果没有发生扩增反应,反应结束时混合液的颜色就会保持SYBR Green I的橙色不变。

（四）LAMP技术在食品微生物检测中的应用

1. 试剂和材料

除有特殊说明外,所有实验用试剂均为分析纯;实验用水符合GB/T 6682—2008中一级水的要求。

（1）引物:根据空肠弯曲菌特有的靶序列ccoN基因设计一套特异性引物,包括外引物1（F3）、外引物2（B3）、内引物1（FIP）、内引物2（BIP）。

外引物扩增片段长度:216bp。

F3(5′ – 3′):GAAGCGCTTTTTGGTTCTT

B3(5′ – 3′):GGTATTACTCAAGGTATGATGTG

FIP(5′ – 3′):GGTGGATTGTTGTATCTTATCGGTTTTTTTATCAAGCAAGCACTCTTCCACAAG

BIP(5′ – 3′):ATAAGGAACAATAGCCACAACAGTTTTTGCGACAGATGAGTATGGTAAC

（2）10 × ThermoPol缓冲液含:0.2mol/LTris – HCl,0.1mol/L氯化钾,0.1mol/L硫酸铵,20mmol/L硫酸镁,1% Triton X – 100。

（3）dNTPs:每种核苷酸浓度10mmol/L。

（4）甜菜碱:浓度5mol/L。

（5）硫酸镁（$MgSO_4$）:浓度150mmol/L。

（6）Bst DNA聚合酶:酶浓度8U/μL。

（7）阳性对照：空肠弯曲菌标准菌株，或含目的片段的 DNA。

（8）DNA 提取液：20mmol/L Tris - HCl，2mmol/L EDTA，1.2% Triton X - 100（pH 8.0）。

（9）显色液：SYBR Green I 荧光染料，1 000×。

（10）1.5mL 塑料离心管。

（11）空肠弯曲菌 LAMP 检测试剂盒，参照试剂盒说明书操作。试剂盒组成及使用注意事项参见附录 B。

2. 仪器和设备

（1）移液器：量程 0.5 ~ 10μL；量程 10 ~ 100μL；量程 100 ~ 1 000μL。

（2）高速台式离心机：≥7 000g。

（3）水浴锅或加热模块：65℃ ±1℃ 和 100℃ ±1℃。

（4）计时器。

3. 操作步骤

（1）样品制备、增菌培养

按照 GB/T 4789.9 的方法进行样品制备和增菌。

（2）细菌模板 DNA 的制备

1）增菌液模板 DNA 的制备

对于获得的增菌液，采用如下方法制备模板 DNA：

①直接取该增菌液 1mL 加到 1.5mL 无菌离心管中，7 000g 离心 2min，尽量吸弃上清液。

②加入 80μL DNA 提取液，混匀后沸水浴 10min，置冰上 10min。

③7 000g 离心 2min，上清液即为模板 NDA。取上清液置 -20℃ 可保存 6 个月备用。

2）可疑菌落模板 DNA 的制备

对于分离到的可疑菌落，可直接挑取可疑菌落，再按照 1）中②步骤制备模板 DNA 以待检测。

①采用以下方法，也可使用空肠弯曲菌 LAMP 检测试剂盒按照说明书操作。

②采用下述方法，也可使用等效的商品化的 NDA 提取试剂盒，并按其说明提取制备模板 DNA。

（3）环介导恒温核酸扩增

1）反应体系

空肠弯曲菌 LAMP 反应体系见表 5 - 3。

表 5 - 3　空肠弯曲菌 LAMP 反应体系

组分	工作液浓度	加样量/μL	反应体系终浓度
ThermoPol 缓冲液	10×	2.5	1×
外引物 1（F3）	10μmol/L	0.5	0.2μmol/L
外引物 2（B3）	10μmol/L	0.5	0.2μmol/L
内引物（FIP）	40μmol/L	1.0	1.6μmol/L

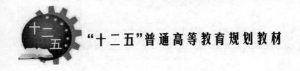

续表

组分	工作液浓度	加样量/μL	反应体系终浓度
外引物(BIP)	40μmol/L	1.0	1.6μmol/L
dNTPs	10mmol/L	4	1.6mmol/L
甜菜碱	5mol/L	4	0.8mol/L
硫酸镁	150mmol/L	1	8mmol/L
Bst DNA 聚合酶	8U/μL	0.5	0.16U/μL
DNA 模板	—	2.5	—
去离子水	—	7.5	—

2)反应过程

①按表5-3所述配制反应体系。

②65℃扩增60min。

3)空白对照、阴性对照、阳性对照设置

每次反应应设置阴性对照、空白对照和阳性对照。

空白对照:以水替代 DNA 模板。

阴性对照:以 DNA 提取液代替模板 DNA。也可使用空肠弯曲菌 LAMP 检测试剂盒中的阴性对照。

阳性对照制备:将空肠弯曲菌标准菌株接种于营养肉汤中41℃±1℃培养18~24h,用无菌生理盐水稀释至约 $10^6 \sim 10^8$ CFU/mL(约麦氏浊度0.4),按上述方法提取模板 DNA 作为 LAMP 反应的模板。也可使用空肠弯曲菌 LAMP 检测试剂盒中的阳性对照。

(4)结果观察

在上述反应管中加入2μL 显色液,轻轻混匀并在黑色背景下观察。

(5)结果判定和报告

在空白对照和阴性对照反应管液体为橙色,阳性对照反应管液体呈绿色的条件下:

①待检样品反应管液体呈绿色,该样品结果为空肠弯曲菌初筛阳性,对样品的增菌液或可疑纯菌落进一步按 GB/T 4789.9—2008 中操作步骤进行确认后报告结果。

②待检样品反应管液体呈橙色则可报告空肠弯曲菌检验结果为阴性。

若与上述条件不符,则本次检测结果无效,应更换试剂按本方法重新检测。

(五)LAMP 法的特点

LAMP 法具有许多迄今为止的扩增方法无法比拟的优点。

(1)不需要特殊试剂,不需要预先进行双链 DNA 的变性。只需要保持一个恒定的温度就能扩增反应。

(2)特异性强。LAMP 反应是针对模板的六个区段,设计四条引物,并且这六个区段的顺序也有规定。原理上 LAMP 法扩增的特异性很高,因此可以根据是否扩增就能判断目标基因的存在与否,即能够进行细菌或病毒的定性检测。

(3)能够快速、高效地进行扩增。因为整个反应不需要在温度变化上浪费时间,所以整个扩增反应在不到1h即可完成,且产率可达到0.5mg/mL。

(4)灵敏度高,扩增模板可达10拷贝亦或更少。

(5)扩增RNA只要在DNA基因扩增试剂的基础上加上逆转录酶,就能够完全像DNA基因扩增那样,一步实现RNA扩增。

(6)鉴定简便。在核酸大量合成时,从dNTP析出的焦磷酸根离子与反应溶液中的Mg^{2+}结合,产生副产物——焦磷酸镁沉淀。它有极高的特异性,只要用肉眼观察或浊度仪检测沉淀浊度就能够判断扩增与否。而不需要繁琐的电泳、紫外观察等步骤。

(7)经济性强。不需要昂贵的仪器和试剂,利于在一些基层机构中应用。

第三节　生物传感器技术检测食品中微生物

一、概述

1. 概念

生物传感器是生物学与热力学、光学、电学、微电子技术等学科交叉结合、相互渗透的产物,它具有分析速度快、特异性强、易携带、操作简易和仪器价格低廉等特点,已较广泛地应用于医学、军事、环保、农业和食品的诸多领域。

生物传感器是由固定化的生物敏感材料作识别元件,与合适的换能器及信号放大装置构成的分析工具或系统。

生物传感器的基本组成包括三部分:

①生物敏感元件,又称生物识别元件(感受器),它是具有识别能力的生物分子(如:酶、抗原(体)等)经固定化后形成的一种膜结构,对被测定的物质具有选择性的分子识别能力。

②换能器,又称转换器,主要是电化学或光学检测元件。当待测物与分子识别元件特异性地结合后,所产生的复合物(或光、热等)通过信号转换器转变为可以输出的电信号、光信号等,从而达到分析测定的目的。

③信号处理放大装置,它能将换能器产生的电信号进行处理、放大和输出。

2. 生物传感器基本工作原理

当被分析物中特异性的待测物与分子识别元件结合后,其产生的复合物、光、热等就被信号转换器转换为光信号或电信号等,电信号再经信号分析处理系统处理后输出,反映出样品中被测物质。

3. 生物传感器的分类

根据生物传感器中信号检测器上的敏感材料分类:如DNA传感器、免疫传感器、酶传感器、微生物传感器、组织传感器、细胞传感器、细胞器传感器等。

根据生物传感器的信号换能器分类:如电化学传感器、介体传感器、测热型传感器、测光型传感器、测声型传感器、半导体传感器、压电晶体传感器等。

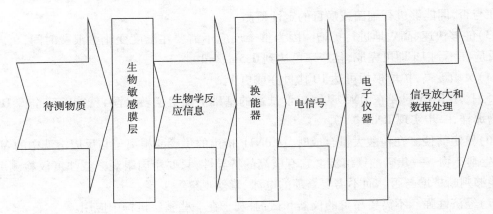

图 5 - 22　生物传感器基本工作原理

二、常见的生物传感器

（一）酶生物传感器

1. 酶生物传感器的原理

酶传感器由固定化酶和电化学器件构成,通过电极反应检测出与酶反应有关的物质并转换为电信号,从而检测试液中的特定成分的浓度。

作为电化学器件使用的是各种电极,其测定方法大致分为:电位法和电流法两种。

（1）电位法:该方法由工作电极和参考电极来实现。工作电极带有选择性膜,膜能够与酶反应有关的离子、气体等电极活性物质进行选择性反应。工作电极的膜电位随电极活性物质的浓度而变化。按照工作电极与参考电极的电位差来测定这个变化,再换算成浓度。pH 电极、钠及钾离子电极、氨气体电极、二氧化碳气体电极等都是这种类型的电极。

（2）电流法:该方法分为电动势型(燃料电池型)和极谱型两类。电动势型是在电解液中电极活性物质自发地进行电极反应,并测出流动的电流。极谱型是采用外部的电源,通过在阳极与阴极之间加以电位,使电极活性物质氧化、还原,检测两电极间流动的电流。氧电极和过氧化氢电极是电流法使用的典型电极。

此外,由于与酶反应有关的物质生成或消耗会引起溶液电导率的变化,所以测定电导率变化的"电导率法"也被有些电化学装置所采用。

2. 酶的固定化方法

酶传感器是生物传感器领域中研究最多的一种类型。此类传感器中,酶是传感器的核心部分,但是酶易溶于水,本身也不稳定,需要将其固定在各种载体上,才可延长酶的活性。酶的固定化方法大致分为三类:载体结合法、架桥法、包括法。酶固定化技术在很大程度上决定了酶传感器的性能,包括稳定性、灵敏度、选择性、检测范围与使用寿命等。

3. 酶传感器的应用

酶传感器是间接型传感器,它不是直接测量待测物质,而是通过于反应有关的物质间接地测量待测物质。葡萄糖传感器就是一例。葡萄糖是典型的单糖,有可将它进行特殊的氧化从而生成葡萄糖酸的酶(葡萄糖氧化酶,GOD),GOD 催化下列反应:

$$C_6H_{12}O_6 + O_2 \xrightarrow{GOD} C_6H_{10}O_2 + H_2O_2$$

这是一个耗氧反应,由于 GOD 的催化作用,氧随着葡萄糖被氧化的量而逐渐消耗,同时产生 H_2O_2。用氧做电极,可把反应系统中的含氧量变化转换为电信号,其强弱直接反映了系统中的葡萄糖浓度,通过仪器测定实现传感器的功能。由于反应中 H_2O_2 的产生会影响 GOD 的活力,所以及时分解 H_2O_2,会对酶膜起保护作用。利用辣根过氧化物酶(POD)的催化作用,从理论上讲能达到此目的。反应如下:

$$H_2O_2 + 还原剂(还原型) \xrightarrow{POD} 还原剂(氧化型) + H_2O$$

不同的酶膜及反应条件对酶传感器的响应速度和灵敏度有很大的影响。如 pH,还原剂维生素 C 的量,适当的搅拌以及改变机械强度的明胶的添加等条件,对测量的速度及灵敏度起着很大的作用。

(二)组织传感器

组织传感器将组织切片中的生物催化层与基础敏感膜电极结合而成。由于酶存在于生物组织中,因而组织传感器工作的基本原理与酶传感器相同。

(三)微生物传感器

微生物传感器由包含微生物的膜状感受器和电化学换能器组合而成,可以分为:以微生物呼吸活性(氧消耗量)为指标的呼吸活性测定型传感器,和以微生物的代谢产物(电极活性物质)为指标的电极活性物质测定型传感器两类。

(1)呼吸活性测定型传感器

微生物大体上分为好氧性微生物和厌氧性微生物。好氧性微生物呼吸时消耗 O_2 并生成 CO_2,因此把固定了好氧性微生物的膜和 O_2 电极或 CO_2 电极结合起来,就构成了呼吸活性测定型微生物传感器。其基本原理是:作为测定对象的有机化合物(基质)存在于溶液中,基质向微生物膜上扩散,微生物因同化了这种有机物而使呼吸活泼起来。O_2 在微生物膜上被消耗,其含量减少。结果透过透氧性膜,到达电极的还原氧量减少。这个变化可以直接从电流的减小来观察。只要确定了电流值的变化量和有机物浓度之间的关系,就可以进行这种有机物的定量分析。

(2)电极活性物质测定型传感器

厌氧微生物则可以通过电极活性物质测定型传感器测定,好氧性微生物也可利用这种传感器。微生物在代谢有机物时生成各种产物。在代谢产物是电极活性物质的情况下,把微生物膜和离子选择性电极组合起来,就构成了电极活性物质测定型微生物传感器。当待测物(有机物)扩散到微生物膜内时,它被微生物代谢而生成氢。氢到达阳极,经电化学反应而被氧化。阳极和阴极之间的电流值和微生物所生成的 H_2 成比例地变化。因此,根据这个电流的测量,可以测定被测对象的浓度。

(四)免疫传感器

利用抗体能够识别抗原并和被识别抗原结合的功能,借此开发的生物传感器称为免疫传感器。免疫传感器是以免疫测定法的原理为基础构成的,可分为采用标识剂(标识免疫)的方式和不用标识剂(非标识免疫)的方式两种。免疫传感器可以识别肽或蛋白质等高分子之间微小的结构差异。

(1)非标识免疫方式是在感受器表面上形成抗原抗体复合物,此时引起的物理变化直接转换为电信号。已经进行了两类研究:①在膜表面上结合抗体(或抗原)以组成感受器,用来测定其与抗原(或抗体)反应前后的膜电位;②在金属表面上结合抗体(或抗原)以组成传感器,用来测定其与抗原(或抗体)反应时所产生的电极电位变化。

(2)在标识免疫方式的免疫传感器中,把酶、红血球或核糖体等作为标识剂,将各种标识剂的最终变化用电化学换能器转化为电信号。这种标识免疫传感器的重要特点是利用了标识剂的一种化学放大作用,从而获得较高的灵敏度。

免疫传感器分为:①电化学免疫传感器(这类生物传感器分为电位测量式、电流测量式和导电率测量式三种类型);②质量检测免疫传感器;③压电免疫传感器;④声波免疫传感器;⑤热量检测免疫传感器;⑥光学免疫传感器。

(五)DNA 生物传感器

DNA 生物传感器是由固定有已知的核苷酸序列的单链 DNA(ssDNA 探针)的电极(探头),通过 DNA 分子杂交,对待测样品的目的 DNA 进行识别、杂交,结合成双链 DNA。杂交反应在传感器电极上完成,产生的电、光、热信号由换能器转变成电信号。根据电信号的变化量,推断出被检测 DNA 量。因换能器和分子识别种类不同,所以就可以构成不同类型的 DNA 生物传感器。

按换能器转换信号可以分为电化学 DNA 传感器、光学 DNA 传感器、光渐消逝波 DNA 传感器、荧光 DNA 传感器、表面等离子体共振 DNA 传感器、光寻址电位式 DNA 传感器、生物发光 DNA 传感器、拉曼光谱式 DNA 传感器、瞬波光纤 DNA 传感器、压电晶体 DNA 生物传感器等。

三、应用

(一)微生物的检测

1. 微生物数量的检测

基于微生物呼吸代谢过程中产生电子的生物传感器,可以直接在阳极上放电,产生微电流,而电流的大小与测定中微生物浓度有关。另有一种光纤传感器可直接放入被测的样品溶液中,通过测定微生物代谢过程中产生的二氧化碳量来估算细菌浓度。

2. 病原菌的检测

采用光纤传感器与聚合酶链式反应生物放大作用耦合,可实现对食品中李斯特菌单细胞基因的检测,而采用酶免疫电流型生物传感器可实现对存在于食品中少量的沙门氏菌、大肠杆菌和金黄色葡萄球菌等的检测。蛋白 A 可作为金黄色葡萄球菌的存在标记物,利用光纤免疫传感器,将抗蛋白 A 的抗体固定在光纤上捕获蛋白 A,然后结合上 FTIC 标记的抗蛋白 A IgG 以产生抗原 – 抗体反应的信号。该免疫传感器的检出限是 1ng/mL 蛋白 A,检测时间 4min,比需要 3~4h(检出限为 0.1~1ng/mL)的 ELISA 更加快速。

（二）生物毒素的检测

采用光纤传感器测定食品中的肉毒杆菌毒素 A，检测下限可达 5μg/L，1min 内可完成测定。利用压电晶体免疫传感器检测葡萄球菌肠毒素 B，检测范围为 2.5~60μg/mL。应用光纤免疫传感器检测火腿中的葡萄球菌肠毒素 B，其检测下限可达 5μg/L。免疫传感器还可用于检测黄曲霉毒素 B_1、腐马素 B_1，通过光纤免疫传感器来测定花生和玉米粉中的黄曲霉毒素 B_1，检出限为 0.05μg/L。

第四节　食品微生物自动化仪器检测

微生物检测的发展方向是快速、准确、简便、自动化。近年来，微生物快速检测技术取得了显著的进展。当前很多生物制品公司利用传统微生物检测原理，结合不同的检测方法，设计了形式各异的微生物检测仪器设备，正逐步广泛应用于食品微生物检测。

一、全自动微生物鉴定仪器

（一）ATB Expression 细菌鉴定智能系统

ATB Expression 细菌鉴定智能系统是主要用于细菌快速鉴定的仪器，它是从 API 系统发展而来，以 API 试剂条为基础，测试品种齐全，共有 750 种反应，电脑数据库已得到不断完善和补充，鉴定能力强，可鉴定近 700 多种细菌。传统的微生物鉴定方法不仅过程繁琐，费时费力，且在方法学和结果的判定、解释等方面易发生主观片面而引起错误，难以进行质量控制。

自动细菌鉴定仪使微量生化反应的基质准备及结果判读工序自动化，减少了操作时间；其操作过程借助电子比浊仪和电子连续加样器，反应试条标准化，提供了标准化、简单及准确的比浊及加样程序，大大消除了实验过程的个体差异；此外，传统的微量生化实验，通常是怀疑某一种菌落，再来选择生化实验的种类，而自动细菌鉴定仪只是根据革兰氏阴性或革兰氏阳性、细菌形态、氧化酶反应（－＋）来决定鉴定试条的选择，且可以直接报告确定的目的菌。自动细菌鉴定仪作为一种鉴定仪器对食物中毒的细菌的快速鉴定（快速鉴定试条培养 4h 即可），是传统的常规检测法所不能做到的。

1. 系统原理

该系统包括微生物数值编码鉴定技术、微生物快速生化反应技术、反应结果自动检测查询技术。选择识别力最强的同化试验、抑制试验、酶试验和传统的生化反应等，经过优化，组成由 32 个反应联合的专一鉴定试剂条。采用 8 进位制细菌数码分类法，整个鉴定条 10~11 位数的生物数码，与标准数据库分类单位比较，得到相似系统和鉴定值，并计算模式频率 T 值（Tindex），T 值越接近 1，代表该细菌与典型菌株反应模式越接近。

（1）微生物数值编码鉴定技术

细菌的编码鉴定法是根据 Bascomb（1978）、Lapage（1973）与 Willcox（1973）等人的理论编制而成，新编码鉴定法采用 21 项生化指标，每 3 项为一组，共计有 7 个组。每组的 3 项生化试验，凡阳性结果者其数值分别记为 1，2，4，反应阴性者记为 0，尔后，分别将各组数值相加，依次组成一组 7 位数值的编码，即代表所鉴定的菌株的相应菌名。查《革兰氏阴性杆菌新编码鉴定手册》中的检索表，找出这 7 位数码相对应的菌名。如一株拟态弧菌的编码为 7206520，查《手册》检索表相对应的菌名为梅氏弧菌(*Vibrio metschnikovii*)，见表 5 - 4。

表 5 - 4 一株拟态弧菌的编码鉴定计数及菌名检索

	第1位数			第2位数			第3位数			第4位数			第5位数			第6位数			第7位数			鉴定结果
	ONPG	精氨酸	赖氨酸	鸟氨酸	柠檬酸	硫化氢	尿酶	IPA	吲哚	V-P	明胶	葡萄糖	甘梨醇	肌醇	山梨醇	鼠李糖	蔗糖	蜜二糖	苦杏仁甙	阿拉伯糖	氧化酶	
	124			124			124			124			124			124			124			
反应结果	+	+	+	-	+	-	-	-	-	-	+	+	+	-	+	-	+	-	-	-	-	
应得数值	124			020			000			024			104			020			000			梅氏弧菌
组合编码	7			2			0			6			5			2			0			

（2）微生物快速生化反应技术

通过实验总结不同的细菌与不同的物质反应规律，设计独特的培养基通过与未知细菌反应，根据反应结果鉴定出细菌。该技术采用生化反应试剂板条，细菌的生化反应板条排列结构如表 5 - 5 所示。

表 5 - 5 细菌生化反应试剂板排列结构表

	1	2	3	4	5	6	7	8	9	10	11	12
A	○	○	○	○	○	○	○	○	○	○	○	○
B	○	○	○	○	○	○	○	○	○	○	○	○

其中，A1 ~ A12，B1 ~ B12 共有 24 种反应来鉴定细菌，说明 A1 即指第 A 行第 1 列孔，其他类推。系统根据细菌生理学特点利用生物化学方法鉴定细菌的类别，主要采用的试验包括：糖（醇）发酵试验、V - P 试验、甲基红试验、七叶苷水解试验、石蕊牛乳试验、靛基质（吲哚）试验、硫化氢试验、明胶液化试验等。

（3）反应结果自动检测查询技术

自动读数仪由光学成像物镜、CCD 像感器、精密机械扫描器、A/D 变换、帧存储器、接口、控制部分和微电脑等组成，系统采集数据后，经过一系列的传输，最后电脑确定每一个反应孔中的数据结果。系统软件通过对细菌分类入库，不同的细菌对应不同的生化反应，有不同的结果，通过把未知细菌与各个不同的生化反应结果相计算，确定相应的鉴定百分率，从而确定最终结果。

（4）鉴定方法

系统软件是计算并比较数据库内每个细菌对 24 个生化反应出现的频率的总和来确定所需鉴定细菌：①假设数据库各细菌对 24 个生化反应的阳性百分率记为 P；②计算未知细菌对 24 个生化反应的出现频率：阳性反应 $= P/100$ 阴性反应 $= 1 - (P/100)$；③计算单项总发生频率，即每个细菌条目中各种生化反应频率之积，及多项总发生频率，即各单项总发生频率之总和；④计算全体鉴定百分率 %id $=$ 单项总发生频率/多项总发生频率 $\times 100$；⑤按 %id 大小排序，通过 %id 值以及其他参考值最终确定未知细菌。

2. 系统鉴定的技术指标

ATB 细菌鉴定系统的技术指标如表 5 - 6 所示。

表 5 - 6　ATB 细菌鉴定系统的技术指标

鉴定细菌科别	鉴定时间/h	符合率
肠杆菌科	16 ～ 18	98.5%
非发酵菌	18 ～ 24	96%
弧菌科	18 ～ 24	95.5%
微球菌属	18 ～ 24	96%
葡萄球菌属	18 ～ 24	98.5%
链球菌科	18 ～ 24	96%
奈瑟氏菌属	18 ～ 24	97%

3. 适用范围

除鉴定常见的肠道菌、非肠道革兰氏阴性菌、革兰氏阳性球菌以及厌氧菌外，还可鉴定单核增生李斯特菌在内的 6 种李斯特菌、包括空肠弯曲菌在内的 18 种弯曲菌、包括蜡样芽孢杆菌、炭疽杆菌在内的 24 种需氧芽孢杆菌、包括淋球菌在内的 10 种奈瑟氏菌和嗜血杆菌、52 种乳酸杆菌等，可见其适用范围的广泛。

（二）全自动微生物快速鉴定仪器 VITEK 系统

VITEK 系统，即全自动微生物鉴定/药敏分析系统 VITEK 是目前世界上先进、自动化程度最高的细菌鉴定仪器之一。该系统有高度的特异性、敏感性和重复性，还具有操作简便、检测速度快的特点，绝大多数细菌的鉴定以及检测在 2 ～18h 内可得出结果。

1. 系统工作原理

VITEK 对细菌的鉴定是以每种细菌的微量生化反应为基础，不同种类的 VITEK 试卡（检测卡）含有多种生化反应孔，可达 30 种。仪器把 30 个对细菌鉴定必需的生化反应培养基固定到卡片上，然后通过培养后仪器对显色反应进行判断，利用数值法进行判定。根据需要鉴定的微生物种类的不同，设计了不同的鉴定卡片，比如革兰氏阴性菌卡、革兰氏阳性菌卡、酵母菌卡等。

将手工分离的待检菌的纯菌落制成符合一定浊度要求的菌悬液，经充填机将菌悬液注入试卡内，封口后放入读数器/恒温培养箱，根据试卡各生化反应孔中的生长变化情况，由读数器按光学扫描原理，定时测定各生化介质中指示剂的显色（或浊度反应，然后把读出信息输入电

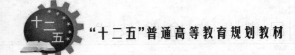

脑储存并进行分析,再和预定的阈值进行比较,判定反应,再通过数值编码技术与数据库中反应文件进行比较,最后鉴定报告将在显示器上自动显示,并在打印机上自动打印。

2. VITEK 系统技术指标的应用

VITEK 系统的应用范围极其广泛。首先,可鉴定 405 种细菌。其中:GPI(革兰氏阳性菌鉴定)卡可鉴定凝固酶阳性和阴性的葡萄球菌、肠球菌、溶血链球菌、棒状杆菌属以及李斯特氏菌属和丹毒丝菌等 51 种;GNI(革兰氏阴性杆菌鉴定)卡可鉴定肠杆菌科、弧菌科和非发酵菌等116 种;NFC(革兰氏阴性非发酵菌鉴定)卡可鉴定不动杆菌、气单胞菌、产碱杆菌、假单胞菌、弧菌等 42 种;YBC(酵母菌鉴定)卡可鉴定假丝酵母(念珠菌)、隐球菌、地霉、丝孢酵母、红酵母等34 种;ANI(厌氧菌鉴定)卡可鉴定放线菌、拟杆菌、梭杆菌、乳杆菌、真杆菌、梭菌、消化链球菌等 94 种;BAC 卡可鉴定芽孢杆菌 21 种;NHI(需氧芽孢杆菌鉴定)卡可鉴定奈瑟氏菌、嗜血杆菌、金氏菌、摩拉氏菌、布兰汉氏菌等 47 种。其次,可对澄清液体中的微生物进行计数。最后,测定细菌生长曲线。VITEK 系统准确率高、速度快,鉴定沙门氏菌属只需 4h,志贺氏菌属 6h,缩短了肠道致病菌生化鉴定的时间,操作也简便。

二、全自动微生物总数快速测定仪器

全自动微生物总数快速测定仪器包括微生物总数快速测定仪、ISO – GRID 检测系统等。下面介绍具体仪器的名称和应用。

(一)微生物总数快速测定仪

微生物总数快速测定仪(又名 ATP 荧光仪)是专门设计用于快速检测微生物数量的测定仪器。它简单实用,能快速和方便的得到微生物的增长水平,及时采取有效措施控制微生物的繁殖,这样就可以防止由于微生物大量繁殖而引发的一系列问题。

ATP – 虫萤光素酶发光体系用于分析从微生物中提取的 ATP,为在数分钟内检测微生物提供了一种简便而灵敏的方法。近几年来,这一技术在发达国家已越来越多地用于微生物快速检测。国内在这方面的研究报导较少,更没有广泛地实际应用。其主要原因在于对这一技术的具体方法缺乏研究,在应用中用了不恰当的萃取剂和不合适的微生物 ATP 萃取方法,致使测量结果不理想,从而放弃使用这一技术进行微生物快速检测分析。在对 ATP 技术中非微生物ATP 的清除以及微生物 ATP 萃取方法进行了实验观察后,结果表明:利用生物发光 ATP 技术快速检测微生物时,必须对非微生物 ATP 进行有选择地萃取和水解,同时必须选择合适的微生物 ATP 萃取剂和萃取方法,否则可能得出错误的结果。

1. 微生物快速测定仪工作原理

ATP(adenosine triphosphate),三磷酸腺苷,是一种存在于所有的活的细胞体内化学物质,它是微生物能量的主要载体。ATP 的量和活的细胞体的活性、种类和数量呈一定的比例关系。ATP 可以和虫荧光素相互作用而发出生物光,光的强度和微生物的数量呈一定的比例关系。通过检测生物光的强度来反映出微生物的数量。

ATP 为代谢提供能量来源,是微生物不可缺少的物质。如果样品中污染了微生物,用有机溶剂等专用试剂破菌后,ATP 就被释放出。利用 ATP – 荧光反应可测出 ATP 的含量。

2. 微生物快速测定仪结构组成

结构组成包括样品过滤膜、ATP – 生物荧光反应器、荧光增强及数据处理系统。将整个待测样品(而非从样品中抽取几毫升,这样有助于提高检测的代表性)用600孔疏水分隔的过滤膜过滤,而后将膜温育一段时间(检测酵母时可不经温育直接检测),向膜上喷上溶菌试剂,再向膜上喷荧光素/荧光素酶。理论上说,每个CFU都会形成一个荧光斑。荧光增强系统则将每个微菌落发出的荧光加以成千倍的增强,并用偶联的照相机记录下荧光图像。而后自动图像处理器会分析荧光强度等数据,并由此计数出微生物的数量。附带的软件会记录图像和数据,存档以待进一步的分析。

(二)ISO – GRID 检测系统

ISO – GRID 检测系统是一种基于疏水性网膜(HGMF)的过滤系统。该系统通过使用含有1600个小方格的滤膜,来对微生物进行检测或计数。简单检测步骤如下:首先稀释的样品通过5μm的不锈钢预过滤器过滤,过滤掉可能引起微生物分析误差的样品残渣颗粒。其次,样品通过疏水的滤膜过滤。再次,将滤膜放在特异性的琼脂培养板上培养,以检测目标微生物。最后,在膜上检测目标微生物,并记录阳性区域的数量。滤膜不会染上琼脂培养基的颜色,从而很容易地区别微生物,并进行鉴别和记数。

ISO – GRID 检测系统优点:此方法快速简便,重复性好,适用于沙门氏菌、酵母、霉菌、大肠菌群及大肠杆菌的检测和计数。

三、全自动大肠杆菌快速测定仪器

(一)大肠杆菌快速测定仪

肠杆菌快速测定仪是快速检测大肠杆菌生化反应的色原及成套鉴定系统。以 API 为代表的细菌生化反应的成套系统中,已用新型的色原或荧光底物代替传统的糖类和氨基酸。此种底物系由色原(呈色)或荧光与糖类或氨基酸人工合成。此底物无色,经细菌的细胞内或细胞外酶的作用而释放出色原(呈色)或荧光,其优点是特异性强,反应迅速,易于自动化检测,明显提高了细菌生化反应的准确性,实现了细菌生化反应革命性变化。

常用呈色的色原有:α – 萘酚、β – 萘酚、邻位或对位硝基酚、对硝基苯胺、酚酞、2 – 氨基 – 4 – 硝基苯等,常用的荧光物有4 – 甲基伞形酮(4MU)、7 – 氨基 – 4 – 甲基伞形酮香豆素。以此类先进的生化反应底物为基础,已制成各菌属细菌鉴定装置,一次可做10~40项试验,反应结果可由人工或仪器判定,在通过编码得出鉴定结果。先进的细菌自动鉴定系统可在2~6h完成鉴定,就是在鉴定系统中应用了此类色原或荧光底物。

(二)大肠杆菌荧光法现场快速定量检测系统

大肠杆菌荧光法现场快速定量检测系统是将国际上最近推出的一种酶 – 底物反应显色法结合我国现行卫生标准发展而成,它是将现行检测大肠杆菌的多管发酵法简化为膜荧光菌落计数法,前者耗时72h,后者仅用15h,达到了快速定量检测的目的;该系统能有效地排除气单胞菌、假单胞菌等常见水中杂菌的干扰,检测结果以水样所含大肠菌群绝对数表示,较现行的MPN 值表示法更为准确;该系统可直接适用于现场水质大肠杆菌检测工作。经有关卫生防疫单位实际工作验证,膜荧光法大肠杆菌定量检测效果与现行多管法检测结果一致。食物中大肠杆菌的污染被看成是危害公众健康的重要因素。大肠杆菌存在于大肠杆菌群之中,来源于粪便。因此,大肠杆菌的快速检测是必要和迫切的。在荧光培养基中加入 4 - 甲基伞形花内脂 - β - D - 葡糖醛酸化物,大肠杆菌可以在 24h 内通过增菌培养或分离培养直接被检测到。该荧光检测方法是根据大肠杆菌中所含有的 β - 葡糖醛酸酶,这种酶溶于甲基伞形花内脂 - β - D - 葡糖醛酸化物的荧光培养基中并产生甲基伞形花内脂。在紫外线照射下形成的蓝色荧光可以确定大肠杆菌的存在。

四、其他快速测定仪器

(一)自动菌落计数系统

确定菌落数量是农业、食品、医药卫生分析中进行质量检测的一项基本而重要的工作。人工计数耗时长,效率低,误差大,重现性不好。而菌落自动计数系统不仅计数结果准确,重现性好,而且速度快,最小可分辨 0.1mm 的菌落。

菌落自动计数系统的硬件配置如图 5 - 23 所示,平皿(里面有接种好的菌落)置于光学平台上,光学平台主要用于调节辐射光的幅度与角度,使 CCD 数码相机采集的图像便于后期的处理与识别。在设定的光线条件下,通过 CCD 数码相机采集菌落的图像,并将其送入 PC 机,然后通过运行于 PC 机上的图像处理软件对获取的数字图像进行一系列的预处理和目标分割后计数,即可以得到菌落的个数。

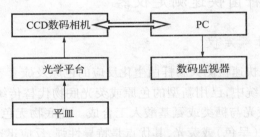

图 5 - 23　菌落自动计数系统的硬件配置

(二)应用电阻抗技术的全自动微生物监测系统——BACTOMETER

电阻抗检测法是最近发展起来的应用于细菌检测的一项电化学技术,约 100 年前就曾有人尝试用电阻法测量细菌悬液的菌浓度。20 世纪 50 年代,美国开始出现以此为原理的自动化仪器。20 世纪 70 年代~80 年代,欧洲也陆续开发出类似的仪器。1998 年,电阻抗分析法成为除平板分析法外,其他微生物检测法中首先被德国权威机构所接受的微生物测定方法。

采用阻抗测量法可以迅速检测出各种微生物对不同底物的作用结果,即在含有几种不同底物的培养基中分别接种适量的被检微生物,经一定时间培养后用阻抗测量仪检测,在检测其生长情况的同时也表述出特征进而鉴别其种、属。此法广泛用于细菌、酵母菌、霉菌和支原体等的检测和鉴定,具有高敏感性、特异性、快反应性和高度可重复性等优点。通常在 6~8h 内可得出结果,理论上测量范围可达 $1 \sim 10^8$ CFU/mL。

1. 基本原理

阻抗法是通过测量微生物代谢引起的培养基电特性变化来测定样品微生物含量的一种快速检测方法。微生物在培养过程中,生理代谢作用使培养基中的电惰性物质(如碳水化合物、类脂、蛋白质)转化为电活性物质,大分子物质转化为小分子物质。随着微生物增长,培养基中电活性分子和离子逐渐取代了电惰性分子,使导电性增强,电阻抗降低。正是由于微生物在培养过程中的这种新陈代谢,培养基的阻抗(M)和电极周围的双电层电极阻抗(E)发生变化,并且这种变化与微生物的数量呈某种比例关系。通过测定 M 值和 E 值的变化,可测定总微生物的数量以及通过选择性培养基测定某一类特定细菌等。研究表明,电导率随时间的变化曲线与微生物生长曲线出奇的相似,出现缓慢增长期、加速增长期、指数增长期和缓慢减少期,最后趋于稳定期。微生物的起始数量不同,出现指数增长期的时间也不同,通过建立二者之间的关系,就能通过检测培养基电特性变化推演出微生物的原始菌量。此外,不同微生物的阻抗曲线均不相同,因此阻抗法能够作为微生物鉴定的有利依据。根据测量电极是否直接与培养基接触将检测方法分为直接和间接阻抗测量法。

(1)直接阻抗测量法

直接阻抗法是将培养基装入特制的测量管,接种微生物后在培养基中插入电极,直接测量培养基的电特性变化。直接法使用的培养基需要根据待测菌的特性来设计,它既要有利于被测菌的繁殖与分离,又要在检测过程中产生显著的阻抗变化。因此,培养基的选择是决定检测成败的关键因素之一。例如,金黄色葡萄球菌在营养肉汤中能生长,但不能产生明显电反应,而在惠特利阻抗肉汤中不仅能够很好地生长,而且能产生强烈的阻抗信号。

(2)间接阻抗检测法

某些特殊微生物的培养需要使用 LiCl、KCl 等高浓度盐来达到分离效果。这些盐离子使培养基本身带有很强的导电性,掩盖了微生物代谢产生的阻抗变化,因此不能用直接阻抗法分析。间接阻抗检测法是通过检测微生物生长代谢产生的 CO_2 来反映微生物的代谢活性。测试时在阻抗测试管中加入 KOH(没过电极),盛装培养基的小管与测试管相通,接种后培养产生的 CO_2 进入测试管与 KOH 反应生成碳酸盐,其导电性比原始溶液低,记录测试管中溶液的导电性变化即可得到微生物的信息。

2. 在食品工业中的应用

阻抗法已经在食品质量监测和特殊食品病原菌的检测中得到广泛应用,可检测食品中的活菌总数、沙门氏菌、大肠杆菌、大肠菌群和酵母菌等。对食品中沙门氏菌的检测已经通过 AOAC 认可,是快速定性定量检测食品微生物的理想方法之一。尽管如此,由于被污染食品中微生物种群繁多,特别是同属相似菌的干扰严重,因此有关直接阻抗测量所需要的特殊培养基的优化设计还需要进一步研究。

(三)全自动酶联荧光免疫分析系统(mini VIDAS)

1. 原理

Vidas 全自动免疫分析仪,是用荧光分析技术通过固相吸附器,用已知抗体来捕捉目标生物体,然后以带荧光的酶联抗体再次结合,经充分冲洗,通过激发光源检测,即能自动读出发光的阳性标本,其优点是检测灵敏度高,速度快,可以在 24～48h 的时间内快速鉴定沙门氏菌、大肠杆菌 O157∶H7、单核李斯特菌、空肠弯曲杆菌和葡萄球菌肠毒素等。

以免疫技术捕获目标微生物,应用荧光技术进行全自动检测。抗原鉴别是基于在 VIDAS 仪器内进行的酶联荧光免疫分析。这种 mini - VIDAS 全自动荧光酶标免疫测试系统采用 ELFA技术为检测原理,ELFA 与荧光读数相结合。抗原(细菌、蛋白)的检测是就用一种夹心技

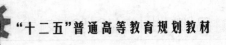

术,包被针上有抗体包被,与所测得的荧光标本中的抗原的含量成正比。它由电脑控制,自动地完成全部分析过程。底物与荧光物质结合,荧光强弱与标本中被测物浓度相关。由于同时作标本对照,所以系统本身自动消除由标本产生的非特异荧光。经扫描后读数与标准比较计算出标本值,根据临界判断结果并自动打印报告单。

像吸液管的装置是固相容器(SPR),在分析中既作为固相也作为吸液器。SPR 包被有高特异的单克隆抗体混合物。将一定量的增菌肉汤加入试剂条,肉汤中的混合物在特定时间内循环于 SPR 内外。如果有抗原存在则与包被在 SPR 内的单克隆抗体结合,其他没有结合上的化合物被冲洗掉。结合有碱性磷酸酶的抗体在 SPR 内外循环与结合在 SPR 内壁上的抗原结合,最后的冲洗步骤将没有结合的接合剂冲洗掉。底物——4 - 甲基伞形磷酸酮被 SPR 壁上的酶转换成荧光产物——4 - 甲基伞形酮。荧光强度由光学扫描器测定。实验结果由计算机自动分析,产生基于荧光测试的试验值与标准相比较后打印出每一个被测样品的阳性或阴性结果。

2. 技术指标及特点

①结果准确:应用免疫夹心方法,对每个标本做两次免疫反应,大大提高检测的特异性,从而保证检测结果的可靠性。特大固相吸附表面积,提高免疫捕获的数量,增加灵敏度。荧光检测方法,灵敏度比可见光方法高出 1 000 倍。②检测快速:上机检测时间 40~70min。③检测项目多。④使用灵活:独立运行的检测仓可随机进行样品的检测。可在不同的检测仓检测相同或不同的项目,也可在同一检测仓检测相同或不同的项目。⑤特异性强:标本不需分离出目标微生物即可上机检测。⑥避免交叉污染:没有采样针,避免标本之间交叉污染;样品不与仪器接触,仪器内没有抽吸样品的管路,杜绝了标本对环境的污染。⑦全自动化、操作简便:标本加入试剂条启动仪器后,便可自动完成全部检测过程并自动打印报告。所有免疫试剂都已配制成可直接使用的形式。⑧稳定性高:试剂有效期长,14d 内只需做一次质控。⑨可检测单核增生李斯特菌、弯曲菌、大肠杆菌 O157、沙门氏菌、葡萄球菌肠毒素。

第六章 卫生指标细菌的检验

第一节 食品中菌落总数的测定

一、菌落总数的概念与卫生学意义

菌落总数通常是指在检样经过处理,在一定条件下培养后(如培养基成分、培养温度和时间、pH、需氧性质等),单位质量(g)、容积(mL)或表面积(cm^2)内所形成的好氧或兼性厌氧细菌菌落的总数。特定培养条件下所得结果,只包括一群在平板计数琼脂上生长发育的嗜中温需氧菌或兼性厌氧菌菌落总数;并不表示实际所有细菌总数,是活菌计数、需氧菌数。厌氧或微需氧菌、有特殊营养要求及非嗜中温细菌并未包括在标准平板计数内。即整个培养期间,长出菌落并不能反映食品中所有微生物菌群状况,通过标准平板计数法获得微生物菌落数仅仅反映在给定生长条件下可生长这些微生物情况。微生物学中所有以培养物为基础的测试,其结果会受到培养条件"不完善"的影响。如果改变生长条件的话,则观察到正在生长的微生物可能相同,也可能不同。

食品中菌落总数的卫生学意义主要体现在三个方面。一方面,可作为食品被微生物污染程度的标志(或食品清洁状态的标志)。它反映食品在生产过程中是否符合卫生要求,以便对被检样品做出适当的卫生学评价。菌落总数的多少在一定程度上标志着食品卫生质量的优劣。食品中细菌数量越多,说明食品被污染的程度越重、越不新鲜,对人体健康威胁越大。相反,食品中细菌数量越少,说明食品被污染的程度越轻,食品卫生质量越好。第二方面,可以应用这一方法观察细菌在食品繁殖的动态,以便对被检样品进行卫生学评价时提供依据。在我国的食品卫生标准中,针对各类不同的食品分别制定出了不允许超过的数量标准,借以控制食品污染的程度。第三方面,它可用来预测食品贮藏期限(保存期)。食品中细菌数量越少,食品存放的时间就越长。相反,食品的可存放时间就越短。如菌落数为 $10^5 CFU/cm^2$ 的牛肉在 0℃时可存放 7d,而菌落数为 $10^2 CFU/cm^2$ 时,在同样条件下可存放 18d;在 0℃ 时菌落数为 $10^5 CFU/cm^2$ 的鱼可存放 6d,而菌落数为 $10^3 CFU/cm^2$ 时,则存放时间可延长至 12d。

由于食品的性质、处理方法及存放条件的不同,以致对食品卫生质量具有重要影响的细菌种类和相对数量比也不一致,因而目前在食品细菌数量与腐败变质之间还难于找出适用于任何情况的对应关系。同时,用于判定食品腐败变质的界限值出入也较大。有人主张判定猪肉新鲜、次鲜及变质的菌落总数界限值分别 $10^4 CFU/g$,$10^4 \sim 10^6 CFU/g$ 和 $10^6 CFU/g$ 以上,鲜鱼变质的界限值为 $10^4 CFU/g$。

二、检验原理

菌落总数主要用来作为判定食品被细菌污染的指标。用来检查食品原料的清洁程度,食品处理是否得当,食品的新鲜程度和品质等。目前,最常用的菌落总数计数方法为平板菌落计数法,它是一种活菌计数法,也是我国卫生标准规定的公认可行的方法。此法是指样品经过处理,在严格规定的条件下(如培养基成分、培养温度和时间、pH 和需氧性质等),所得 1mL(g 或 cm²)检样中所含菌落的总数。

菌落总数测定的方法采用的是稀释平板法,其原理是:样品经过稀释后,使样品悬液中的细菌分散存在,接种一定量(一般为 1mL)到培养基中,再加入适量培养基(多为 15mL),充分混匀。从理论上来说,微生物在培养基中分散呈单个存在,一个菌体长出一个肉眼可见的菌落,计算菌落数可推出菌体数。因为在平板计数琼脂上形成的菌落,可能由一个菌落长成,也可能由一个以上的细菌长成,所以最终以菌落形成单位数(CFU)报告。选择菌落数在 30~300 个之间的稀释度的平板进行计数,乘以稀释倍数,即为 1mL(g 或 cm²)检样中所含细菌的数量。食品中细菌的种类很多,它们的生理特性和所需要的培养条件不尽相同。如果要采用培养的方法计数食品中所有的细菌种类和数量,必须采用不同的培养基和培养条件,其工作量很大。然而,尽管食品中细菌种类很多,但其中是以易培养、中温、好氧或兼性厌氧的细菌占绝大多数,同时它们对食品的影响也最大,所以在食品的细菌总数检测时采用国家标准规定的方法是可行的,而且已得到公认。

三、检验方法

菌落总数的计数方法有很多种,包括直接法和间接法,直接法可分为平板菌落总数测定法、还原试验法;间接法可分为 ATP 生物发光法、鲎试剂测定法、电阻抗测定法、发射测量法、接触酶测量法、微量量热法。下面对国标采用的平板计数法(GB 4789.2—2010)作详细介绍。

(一)检测程序

检验程序如图 6-1 所示。

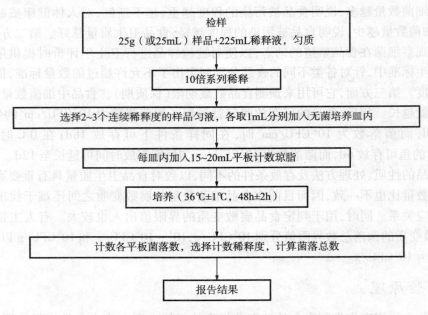

图 6-1 菌落总数的检验程序

（二）仪器设备

除微生物实验室常规灭菌及培养设备外,还包括以下设备和材料:

恒温培养箱(36℃±1℃,30℃±1℃)、冰箱(2~5℃)、恒温水浴箱(46℃±1℃)、天平(感量为0.1g)、均质器、振荡器、无菌吸管(10mL和1mL)或微量移液器及吸头、无菌锥形瓶(250mL,500mL)、无菌培养皿(直径90mm)、pH计或pH比色管或精密pH试纸、放大镜或/和菌落计数器。

（三）培养基和试剂

平板计数琼脂、磷酸盐缓冲液、无菌生理盐水。

（四）操作步骤

1. 检样稀释

（1）固体和半固体样品:称取25g样品,置盛有225mL磷酸盐缓冲液或生理盐水的无菌均质杯内,8 000~10 000r/min均质1~2min,或放入盛有225mL稀释液的无菌均质袋中,用拍击式均质器拍打1~2min,制成1:10的样品匀液。

（2）液体样品:以无菌吸管吸取25mL样品置盛有225mL磷酸盐缓冲液或生理盐水的无菌锥形瓶(瓶内预置适当数量的无菌玻璃珠)中,充分混匀,制成1:10的样品匀液。

（3）用1mL无菌吸管或微量移液器吸取1:10样品匀液1mL,沿管壁缓慢注于盛有9mL稀释液的无菌试管中(注意吸管或吸头尖端不要触及稀释液面),振摇试管或换用1支无菌吸管反复吹打使其混合均匀,制成1:100的样品匀液。

（4）按(3)操作程序,制备10倍系列稀释样品匀液。每递增稀释1次,换用1次1mL无菌吸管或吸头。

（5）根据对样品污染状况的估计,选择2~3个适宜稀释度的样品匀液(液体样品可包括原液),在进行10倍递增稀释时,吸取1mL样品匀液于无菌平皿内,每个稀释度做2个平皿。同时,分别吸取1mL空白稀释液加入2个无菌平皿内作空白对照。

（6）及时将15~20mL冷却至46℃的平板计数琼脂培养基(可放置于46℃±1℃恒温水浴箱中保温)倾注平皿,并转动平皿使其混合均匀。

2. 培养

（1）待平板计数琼脂凝固后,将平板翻转,36℃±1℃培养48h±2h。水产品30℃±1℃培养72h±3h。

（2）如果样品中可能含有在琼脂培养基表面弥漫生长的菌落时,可在凝固后的平板计数琼脂表面覆盖一薄层琼脂培养基(约4mL),凝固后翻转平板,按上步条件进行培养。

3. 菌落计数

可用肉眼观察,必要时用放大镜或菌落计数器,记录稀释倍数和相应的菌落数量。菌落计数以菌落形成单位(colony-forming units,CFU)表示。

（1）选取菌落数在30~300CFU之间、无蔓延菌落生长的平板计数菌落总数。低于300CFU的平板记录具体菌落数,大于300CFU的可记录为多不可计。每个稀释度的菌落数应采用两个平板的平均数。

（2）其中一个平板有较大片状菌落生长时,则不宜采用,而应以无片状菌落生长的平板作为该稀释度的菌落数;若片状菌落不到平板的一半,而其余一半中菌落分布又很均匀,即可计算半个平板的菌落数后乘以2,代表一个平板菌落数。

（3）当平板上出现菌落间无明显界线的链状生长时,则将每条单链作为一个菌落计数。

4. 菌落总数的计算方法

（1）如果只有一个稀释度平板上的平均菌落数在适宜计数范围（30～300CFU）内,则将此平均菌落数乘以相应的稀释倍数报告结果。

（2）若有两个连续稀释度的平板菌落数在适宜计数范围内,按式（6-1）计算:

$$N = \frac{\sum C}{(n_1 + 0.1n_2)d} \qquad (6-1)$$

式中　N——样品中菌落数;

　　$\sum C$——适宜计数范围内的平板菌落数之和;

　　n_1——第一适宜稀释度（低稀释倍数）平板个数;

　　n_2——第二适宜稀释度（高稀释倍数）平板个数;

　　d——稀释因子（第一适宜稀释度）。

（3）若所有稀释度的平板菌落数均大于300CFU,则对稀释度最高的平板进行计数,其他平板可记录为多不可计,结果按平均菌落数乘以最高稀释倍数计算。

（4）若所有稀释度的平板菌落数均小于30CFU,则应按稀释度最低的平均菌落数乘以稀释倍数计算。

（5）若所有稀释度（包括样品液体原液）均无菌落生长,则以小于1乘以最低稀释倍数计算。

（6）若所有稀释度的平板菌落数均不在30～300CFU之间,其中一部分小于30CFU或大于300CFU时,则以最接近30CFU或300CFU的平均菌落数乘以稀释倍数计算。

5. 菌落总数的报告

菌落数在1～100时,按"四舍五入"原则,以整数报告;如大于100时,则报告前面两位有效数字,第3位数按"四舍五入"计算,为了缩短数字后面的零数,也可以10的指数表示;若所有平板上为蔓延菌落而无法计数,则报告菌落蔓延;若空白对照上有菌落生长,则此次检测结果无效;称重取样以CFU/g为报告单位,按体积取样的以CFU/mL为报告单位。

（五）注意事项

（1）检验中所需玻璃仪器必须是完全灭菌的,并在灭菌前彻底清洗干净,不得残留有抑制物。用作样品稀释的液体,每批都要有空白对照,以判定是空白稀释液,用于倾注平板的培养基,还是平皿、吸管或空气可能存在的污染。平板计数琼脂底部带有沉淀的部分应弃去。

（2）检样的稀释液可用灭菌生理盐水或蒸馏水。如果对含盐量较高的食品（如酱品）进行稀释,则宜采用蒸馏水。

（3）注意每递增稀释一次,必须另换1支1mL灭菌吸管,这样所得检样的稀释倍数才准确。吸管在进出装有稀释液的玻璃瓶或试管时,不要触及瓶口或试管的外侧部分,因为这些地方都有可能接触过手或其他沾污物。在做10倍递增稀释液时,吸管插入检样稀释液内不能低于液面 2.5cm;吸入液体时,应先高于吸管刻度,然后提起吸管尖端离开液面,将尖端贴于玻璃瓶或试管的内壁使吸管内的液体调至所要求的刻度,这样取样准确,而且在吸管从稀释液内取出时不会有多余的液体粘附在管外;当用吸管将检样稀释液加至另一装有 9mL 空白稀释液的管内时,应小心沿管壁加入,不要触及管内稀释液,以防吸管尖端外侧部分粘附的检液也混入其中。

(4)为防止细菌增殖产生片状菌落,在检液加入平皿后,应在 20min 内倾入培养基,并立即使之与培养基混合均匀。检样与培养基混合时,可将平皿底在平面上先前后左右摇动,然后按顺时针方向和逆时针方向旋转,以使之充分混匀。混合过程中应加小心,不要使混合物溅到皿边的上方。皿内琼脂凝固后,将平皿翻转,倒置于培养箱进行培养,避免菌落蔓延生长,防止冷凝水落到培养基表面影响菌落形成。

(5)为了控制和了解污染,在取样进行检验的同时,于工作台上打开一块琼脂平板,其暴露的时间应与该检样从制备、稀释到加入平皿时所暴露的时间相当,然后与加有检样的平皿一起培养,以了解检样在检验操作过程中有无受到来自空气的污染。

(6)培养温度应根据食品种类而定。肉、乳、蛋类食品用 37℃ 培养,培养时间为 (48 ± 2) h;水产品用 30℃ 培养,培养时间为 (72 ± 3) h。培养时间和温度之所以有所不同,是因为在制定这些食品卫生标准中关于菌落总数的规定时,分别采用了不同的培养温度和时间所取得的数据的缘故。水产品因来自淡水或海水,水底温度较低,因而制定水产品细菌方面的卫生标准时,采用 30℃ 作为培养温度。

(7)加入平皿内的检样稀释液(特别是 10^{-1} 的稀释液)有时带有检样颗粒,在这种情况下,为了避免与细菌菌落发生混淆,可做一检样稀释液与培养基混合的平皿,不经培养,于 4℃ 环境中放置,以便在计数检样菌落时用作对照;也可利用 TTC(2,3,5 - 氯化三苯四氮唑)解决,45℃,每 100mL 平板计数琼脂加 1mL 0.5% 的 TTC,细菌有还原能力,菌落呈红色,而食品颗粒不带红色。此方法在检验芝麻酱和沙拉酱时非常有用。

(8)如果稀释度大的平板上菌落数比稀释度小的平板上菌落数高,是检验工作中发生的差错,属实验事故,也可能因抑制剂混入样品中所致,均不可用作检样计数报告的依据。如果平板上出现链状菌落,菌落之间没有明显的界限,这是在琼脂与检样混合时,一个细菌块被分散所致。进行平板计数时,不要把链状生长的菌落分开来数,以一条链作为一个菌落计,如有来源不同的几条链,每条链作为一个菌落计。此外,如皿内培养基凝固后未及时进行培养而遭受昆虫侵入,在昆虫爬过的地方也会出现链状菌落,也不应分开来数。

(9)检样如是微生物类制剂(如酸乳、乳酒),则平板计数中应相应地将有关微生物排除,不可并入检样的菌落总数中做报告,一般在校正检样的 pH 至 7.6 后,再进行稀释和培养,此类嗜酸性微生物往往不易生长,并可以用革兰氏染色法染色鉴别。染色鉴别时,要用不校正 pH 的检样做成相同倍数的稀释液进行培养,所生成的菌落涂片染色作对照,以此辨别。乳酸菌于普通营养琼脂平板上在有氧条件下培养,24h 内通常是不生长的。酵母菌呈卵圆形,远比细菌大,革兰氏染色呈阳性。

(10)平板培养计数法只能检出生长的活菌,不能检出样品中全部的细菌数,计数总是比食品中实际存在的细菌数要少,这是因为食品中存在多种细菌,它们的生活特性各异,不可能在统一培养条件下全部生长出来。但是,仍能借此评定整个食品被细菌污染的程度,所以目前一般食品的卫生检验中都普遍采用这种方法。

第六章 卫生指标细菌的检验

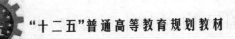

平板菌落计数主要用于测定食品,特别是已属于直接供食用的制成食品中的菌落总数,因为对这些食品的卫生要求,是严格防止消化道传染病病原菌和食物中毒病原菌污染。由于这些病原菌都属于嗜温性菌,因而测定细菌数时,采用中温培养是比较合理的。

四、菌落总数快速检测方法

国标测试法中规定:一般食品36℃±1℃培养48h±2h,水产品30℃±1℃培养72h±3h。但在实际情况中,有些食品如面包、蛋糕保存期仅两三天,有些食品如馒头、米饭等是当天生产当天销售完,基本没有库存,实时采集样品,采用国家标准测定方法获得检测结果意义有限。由此,快速检测技术应运而生,并由培养水平向分子水平迈进;特别是近年随分子生物学、微电子技术及生物技术发展,微生物快速检验技术已有很大发展。

(一)Petrifilm™测试片法

Petrifilm™测试片是美国3M公司发明的一种进行菌落计数的干膜,采用可再生的水合物材质,由上下两层薄膜组成。上层聚丙烯薄膜含有黏合剂、指示剂及冷水可溶性凝胶;下层聚乙烯薄膜含有细菌生长所需的标准培养基。细菌在测试片上生长时,细胞代谢产物与上层的指示剂TTC发生氧化还原反应,将指示剂还原成红色非溶解性产物三苯甲,从而使细菌着色。故测试片上红色菌落判断为菌落总数。具体方法详见行业标准SN/T 1897—2007《食品中菌落总数的测定 Petrifilm™测试片法》。

1. 样品接种及培养

根据食品卫生标准要求或对标本污染情况的估计,选取2～3个适宜稀释度检验。将Petrifilm™大肠菌群测试片置于平坦实验台面,揭开上层膜,用吸管或微量移液器吸取某一稀释度1mL样液,垂直滴加在测试片的中央,将上层膜缓慢盖下,允许上层膜直接落下,但不要滚动上层膜,把压板(凹面底朝下)放置在上层膜中央,轻轻地压下,使样液均匀覆盖于圆形的培养面积上,切勿扭转压板。拿起压板,静置至少1min以使培养基凝固。将测试片的透明面朝上置于培养箱内,堆叠片数不超过20片,36℃±1℃培养48h±2h(水产品30℃±1℃培养72h±3h);如有产品标准等特殊要求,则按相应的标准或要求进行。

2. 判读

培养48h±2h后立即计数,可目测或用标准菌落计数器、放大镜或Petrifilm™自动判读仪来计数。计数红色菌落,不论菌落大小都应计数(图6-2)。当细菌浓度很高时,整个测试片会变成红色或粉红色,将结果记录为"多不可计"。有时,圆形培养区边缘上及边缘以外有许多小的菌落,其结果也记录为"多不可计",可对样品进行进一步的稀释,以获得准确的计数。一些微生物会液化凝胶,造成局部扩散或菌落模糊的现象。如果液化现象干扰计数,可以计数未液化的面积来估算菌落浓度。

3. 菌落总数测试片计数的报告

选取菌落数在25～250CFU之间的测试片,计数红色菌落数,两个测试片的平均菌落数乘以稀释倍数即为每克(或毫升)样品中的细菌菌落形成单位(CFU)数。如果所有稀释度测试片上的菌落数都小于25,则计数稀释度最低的测试片上的平均菌落数乘以稀释倍数报;如果所有稀释度的测试片上均无菌落生长,则以小于1乘以最低稀释倍数报告;如果最高稀释度的菌落数大于250,计数最高稀释度的测试片上的平均菌落数乘以稀释倍数报告。计数菌落数大于

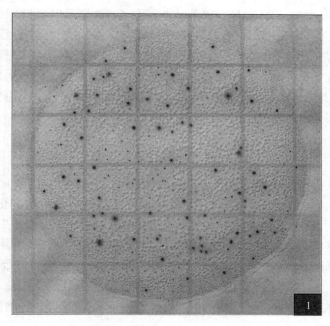

图 6 – 2　Petrifilm™ 测试片上的细菌菌落

250 的测试片时,可计数一个或两个具有代表性的方格内的菌落数,换算成单个方格内的菌落数后乘以 20,即为测试片上估算的菌落数(圆形生长面积为 $20cm^2$)。报告单位以 CFU/g(或 CFU/mL)表示。

（二）电阻抗法

此法是用电阻抗作为媒介,检测微生物代谢活性的一种快速方法。电阻抗是指交流电一种传导材料时的阻力。电阻抗法的主要原理是检测培养基中的大分子在电中性或弱离子条件下的微弱电位变化,也就是说,微生物生长代谢时能将培养基中蛋白质和碳水化合物转变为氨基酸及乳酸等,引起培养基电阻抗微弱变化,通过仪器记录阻抗改变时间测定微生物存在及计数。单位时间内电阻抗值的改变与培养基中含细菌量成正比。如将样品接种后从开始培养至阻抗值发生急剧变化的时间称为检测时间,则该时间的长短与样品中的原始细菌数呈正比,即原始菌数越高,检测时间越短;反之越长。根据这一原理,以电阻为检测信号,将电阻转换为电导,电导产生明显变化所需要的时间与样品初始细菌数成反比。阻抗法非常适于临床样本细菌检测、食品质量与病原体检测、工业生产中微生物过程控制及环境卫生细菌学。

（三）ATP 生物发光法

ATP(三磷酸腺苷)生物发光法,也被称为萤火虫 – 荧光素酶法,是利用产生于生物体内化学发光现象建立起来的一种检测方法。萤火虫会发光是由于它能合成将化学物质化学能转变为光能的生物催化剂——萤火虫荧光素酶(简称虫光素酶)、虫荧光素及所有细胞生物都产生生物能量物质——三磷酸腺苷(ATP)。在有氧条件下,虫光素酶催化虫荧光素与 ATP 之间发生氧化反应形成氧化荧光素并发出荧光。在一个反应系统中,当虫光素酶和虫荧光素处于过

第六章　卫生指标细菌的检验

135

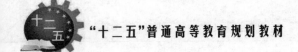

量情况下,荧光强弱取决于 ATP 数量。因此,在检测含细菌样品时,细菌细胞越多,ATP 量越高,发出荧光也就越强。由于虫光素酶对 ATP 反应非常灵敏,荧光强弱可通过荧光仪计量。所以,在排除样品中非细菌 ATP 干扰情况下,通过荧光值就能确定样品中细菌 ATP 量,通过相对荧光值和细菌细胞数关系曲线,就能快速确定样品中细菌细胞数。ATP 生物发光法从待测样品制备、细菌 ATP 提取、ATP 发光强度检测,整个过程可在 1h 内完成,具有快速、简便的特点,可满足一般快速检测要求。

(四)还原试验法

微生物细胞在进行生物代谢的氧化还原过程中,有的成分被氧化,有的被还原,测定还原能力即可推测样品内的细菌数。"电位计"能测出氧化还原电位发生的变化,某些指示剂和色素也可反映这个变化,这些成分颜色的改变决定于样品内的细菌数的多少,样品内含细菌数高,颜色改变就快,这些成分的还原时间同细菌数量成反比。还原试验常用的有美蓝,美蓝在氧化态时呈蓝色,还原态时为无色。存在于食品中的微生物,在它们的生命活动中能分泌还原酶,使美蓝还原而褪色。还原反应的速度和样品中含有的细菌数量成正比,因此,可用美蓝褪色速度的快慢估计样品中的含菌数量。此法尤其适用于乳品工业中检测原料乳中的微生物数量。

(五)滤膜法

以疏水物质在 $5cm^2$,孔径为 $0.45\mu m$ 的滤膜上横竖各刻印 40 条线,将滤膜分为 1 600 个小格,以疏水格作为栅栏以防止菌落扩散,操作时样品稀释液首先通过 $5\mu m$ 前滤器过滤,再通过 $0.45\mu m$ 疏水滤膜 HGMF 过滤,然后根据所需检验菌特性,将滤膜置于不同选择性培养基上培养 24h,按阳性方格计数。此法快速简便,在样品过滤集菌过程中,能去除样品中抑菌物质,有利细菌生长;每一张滤膜分为 1 600 个正方形小格,每个细菌菌落只可占据一个格子,细菌分散生长,更利于细菌计数;并可避免常规方法因样品接种量限制,常常出现假阴性结果现象。此法经过改进后其检测速度更快,具体如下:用集菌仪将菌液过滤后,取滤膜一部分进行染色、制片,然后在油镜下统计细菌个数。根据细菌在滤膜上分布特点,将圆形区域作为统计单位,得到圆形区域内细菌平均个数,从而计算出菌液浓度。该法检测时间约 1h,是一种快速检测细菌总数方法。

(六)微量量热法

化学反应及生物化学反应都伴随着一系列热效应,这些热效应与反应物变化间有定量相关性。微量量热法是利用细菌生长时产生热量的原理设计而成。微生物在生长和代谢过程中产生大量的代谢热。由于各种微生物的代谢产物热效应不同,因此可显示出特异性的热效应曲线图。热效应曲线图的形成,是由于培养基含有多种成分,微生物则产生多种不同的代谢产物,以此表现出的热效应为多个曲线峰,如为单一营养成分,则只能有一个峰出现。在细菌生长过程中,用微量量热计测量产热量等热数据,经过计算机处理,绘制成温度时间热效应曲线图,以此推断细菌存在的数量。此法对于保质期短、易受微生物污染变质糕点、面包的细菌检测很适用,是一种快速检测方法。

（七）流式细胞术

流式细胞计数（flow cytometry，FCM）是一种需培养就可直接检测样品中细菌方法。在流式细胞仪中，让带菌样品流经一个小孔时，检测细菌细胞与周围介质电传导率差异，或用激光照射，分析光散射情况得知细胞大小、形状、密度及其表面状况，或用荧光物质标记细胞，检测荧光信号。流式细胞计数法检测单一样品约需 15min，连续检测速度更快。

（八）固相细胞计数法

固相细胞计数（SPC）结合直接落射荧光滤过技术和流式细胞计数法，不需进行前增菌，可快速计数滤膜上（固相）单个细胞（细胞计数），是一项新技术。滤过样品后，存留微生物在滤膜上进行荧光标记；采用激光扫描设备自动计数。每个荧光点可直观由通过计算机驱动流动台连接到 ChemScan 上落射荧光显微镜来检测，根据所使用荧光标记，在几小时内可获得有关微生物特性及生理状态信息。

（九）显微图像识别技术

随着图像处理技术专业化与计算机成本下降和速度的提高，机器视觉技术已广泛应用于各个领域。目前，已将电荷耦合器件 CCD 技术应用于细菌总数检测，提出基于机器视觉和神经网络图像识别技术快速检测食品细菌总数新方法（10min 以内即可完成全部检验）。比较传统方法，显微图像识别技术不需复杂仪器设备，操作方便，无需培养基，简化实验准备操作和判定时间，特别适于现场取样检测及生产中现场监控。

（十）机器视觉法

综合利用活体染色、计算机视觉、图像处理、人工神经网络等技术，研制一套由显微镜、摄像机、步进电机及驱动器、电脑等组成活菌总数计算机视觉快速检测系统。采用亚甲基蓝作为活体染色剂来区分活菌和死菌，通过数字摄像机拍摄细菌内部染色效果，确定有效提取活菌图像新算法。该系统操作简单，对检测人员知识水平要求低，只需其填入相关产品号等检测信息后系统即可自动完成检测，打印检测报表，整个过程可在 40min 内完成，可很好适应最新提出对农产品实行安全现场监测要求，将其应用于新鲜蔬菜、水果等保鲜时间短的农产品活菌总数检测具有很好前景。

（十一）鲎试剂法

鲎是一类栖身于海洋的古老珍奇的大型节肢动物，其血液中 99% 为变形细胞，所含的血蓝色素使鲎的血液为蓝色。鲎血变形细胞溶解物对细菌内毒素非常敏感，遇内毒素后即凝固形成凝胶状物质。内毒素在碱性金属离子（Ca^{2+}、Mg^{2+}）存在下激活鲎试剂中的凝固酶原，使其转变为凝固酶，凝固酶使存在于鲎试剂中的凝固蛋白原生成凝固蛋白，产生凝胶，凝胶的形成速度及其坚固程度与内毒素浓度相关。革兰氏阴性细菌内毒素在极微量情况下使鲎试剂凝固，可根据凝固时间推测食品中的细菌数。该法主要用于检测冷藏和冷藏食品中革兰氏阴性细菌的数量，也可用于肉类微生物学品质的快速检测。

第六章　卫生指标细菌的检验

137

第二节　食品中大肠菌群计数

一、大肠菌群的定义及范围

大肠菌群(coliforms)是一群在37℃能分解乳糖产酸产气、需氧及兼性厌氧的革兰氏阴性无芽孢杆菌。它并非细菌学分类命名,而是卫生细菌领域的用语,它并不代表某一种或某一属细菌,一般认为,该菌群可包括大肠埃希氏菌属、柠檬酸杆菌属、克雷伯氏菌属和阴沟肠杆菌属的细菌。大肠菌群成员中以埃希氏菌属为主,称为典型大肠杆菌。其他三属习惯上称为非典型大肠杆菌。

①大肠埃希氏菌:$(0.4 \sim 0.7) \mu m \times (1.0 \sim 3.0) \mu m$ 的圆头杆菌,单个或成对。多有动力,有的有荚膜,有的有微荚膜。进行混合酸发酵,产生二氧化碳和氢气(1:1)。在EMB平板上形成黑色或紫黑色,带有金属光泽的菌落,或不带有金属光泽的菌落。

②柠檬酸杆菌:细胞、菌落形态与大肠埃希氏菌相似,有动力。$1.0 \mu m \times (2.0 \sim 6.0) \mu m$。发酵葡萄糖和其他糖类产酸产气,产生二氧化碳和氢气(1:1)。乳糖迟缓发酵。可以柠檬酸为唯一碳源,可在含KCN的培养基上生长,产生硫化氢,赖氨酸脱羧酶阴性。在EMB平板上形成紫黑色菌落。

③克雷伯氏菌:较短粗的杆菌,$(0.3 \sim 1.0) \mu m \times (0.6 \sim 6.0) \mu m$。无鞭毛,但多有菌毛,无动力。有较厚荚膜。常端对端成对排列。利用葡萄糖进行2,3 - 丁二醇发酵和混合酸发酵(二氧化碳多于氢气),产酸少,产乙醇多。VP通常阳性。不产生硫化氢。吲哚阴性。在EMB平板上形成棕红色菌落。因产生较厚荚膜,菌落大而黏,而且呈脓样。个别也形成紫黑色菌落。菌体稍短。

④阴沟肠杆菌:$(0.6 \sim 1.0) \mu m \times (1.2 \sim 3.0) \mu m$,有周身鞭毛,有些有荚膜,有动力。能利用柠檬酸盐和醋酸为唯一碳源。利用葡萄糖产酸产气,产生二氧化碳和氢气(2:1)。VP通常阳性。在EMB平板上形成紫色或紫黑色菌落。菌体稍长,甚至弯曲。

二、大肠菌群计数的卫生学意义

一般认为,作为食品被粪便污染的理想指示菌应具备以下特征:①仅来自于人或动物的肠道,并在肠道中占有极高的数量;②在肠道以外的环境中,具有与肠道病原菌相同的对外界不良因素的抵抗力,能生存一定时间,生存时间应与肠道致病菌大致相同或稍长;③培养、分离、鉴定比较容易;④指示菌的繁殖速度与病原菌大致相同,在食品贮藏条件下,指示菌不应繁殖很快,否则无法推测食品实际污染病原菌和粪便污染的程度。大肠菌群比较符合以上要求。

大肠菌群分布较广,在温血动物粪便和自然界广泛存在。调查研究表明,大肠菌群细菌多存在于温血动物粪便、人类经常活动的场所以及有粪便污染的地方,人、畜粪便对外界环境的污染是大肠菌群在自然界存在的主要原因。粪便中多以典型大肠杆菌为主,而外界环境中则以大肠菌群其他型别较多。大肠菌群中典型大肠杆菌以外的菌属,除直接来自粪便外,也可能来自典型大肠杆菌排除体外7~30d后在环境中的变异。所以食品中检出大肠菌群,表示食品受到人和温血动物的粪便污染,其中典型大肠菌群为粪便近期污染,其他菌属则可能为粪便的陈旧性污染,具有广泛的卫生学意义。

大肠菌群是评价食品卫生质量的重要指标之一,最初作为肠道致病菌而被用于水质检验,目前已被国内外广泛应用于食品卫生工作中,用做食品卫生质量检验的指示菌。大肠菌群的食品卫生学意义是作为食品被粪便污染的指示菌。食品中粪便含量只要达到 10^{-3} mg/kg 即可检出大肠菌群。大肠菌群数的高低,反映了加工过程中食品粪便污染的程度。

粪便是人类肠道正常排泄物,其中有健康人粪便,也有肠道患者或带菌者的粪便,所以粪便内除一般正常细菌外,同时也会有一些肠道致病菌存在,如沙门氏菌属和志贺氏菌属,是引起食物中毒的重要致病菌,因而食品中有粪便污染,则可以推测该食品中存在肠道致病菌污染的可能性,潜伏着食物中毒和流行病的威胁,然而对食品经常进行逐批逐件地检验有一定困难,特别是致病菌的数量极少时,更不易检测。鉴于大肠菌群与肠道致病菌来源相同,而且一般在外环境中生存时间也与主要肠道致病菌一致,所以大肠菌群的另一个重要食品卫生学意义是作为肠道病原菌污染食品的指示菌,可避免直接检查食品中的致病菌所造成的人力、物力与时间的浪费。在食品中检出大肠菌群数量越多,肠道致病菌存在的可能性就越大。

三、检验原理

大肠菌群系是指一群能发酵乳糖、产酸产气、需氧和兼性厌氧的革兰氏阴性无芽孢杆菌。该菌主要来源于人畜粪便,故以此作为粪便污染指标来评价食品的卫生质量,推断食品中有否污染肠道致病菌的可能。

目前,对于大肠菌群的检测主要是依据国家标准 GB 4789.3—2010 中规定的方法,包括大肠菌群 MPN 计数法(第一法)和大肠菌群平板计数法(第二法)。

MPN 计数法是基于泊松分布的一种间接计数方法。样品经过处理与稀释后用月桂基硫酸盐胰蛋白胨肉汤(LST)进行初发酵,是为了证实样品或其稀释液中是否存在符合大肠菌群的定义,即"在 37℃分解乳糖产酸产气",而在培养基中加入的月桂基硫酸盐能抑制革兰氏阳性细菌(但有些芽孢菌、肠球菌能生长),有利于大肠菌群的生长和挑选。初发酵后观察 LST 肉汤管是否产气。初发酵产气管,不能肯定就是大肠菌群,经过复发酵试验后,有时可能称为阴性。有数据表明,食品中大肠菌群检验步骤的符合率,初发酵与证实试验相差较大。因此,在实际检测工作中,证实试验是必需的。而复发酵时培养基(煌绿乳糖胆盐肉汤)中的煌绿能抑制产芽孢细菌。此法食品中大肠菌群是以每 1g(mL)检样中大肠菌群最可能数(MPN)表示,再乘以100,即可得到100g(mL)检样中大肠菌群的最可能数。从规定的反应呈阳性管数的出现率,用概率论来推算样品中菌数最近似的数值。

平板计数法是根据检样的污染程度,做不同倍数稀释,选择其中的 2~3 个适宜的稀释度,与结晶紫中性红胆盐琼脂(VRBA)培养基混合,待琼脂凝固后,再加入少量 VRBA 培养基覆盖平板表层(以防止细菌蔓延生长),在一定培养条件下,计数平板上出现的大肠菌群典型和可疑菌落,再对其中 10 个可疑菌落用 BGLB 肉汤管进行证实实验后报告。称重取样以 CFU/g 为单位报告,体积取样以 CFU/mL 为单位报告。VRBA 培养基中,蛋白胨和酵母膏提供碳、氮源和微量元素;乳糖是可发酵的糖类;氯化钠可维持均衡的渗透压;胆盐或 3 号胆盐和结晶紫能抑制革兰氏阳性菌,特别抑制革兰氏阳性杆菌和粪链球菌,通过抑制杂菌生长,而有利于大肠菌群的生长;中性红为 pH 指示剂,培养后如平板上出现能发酵乳糖产生紫红色菌落时,说明样品稀释液中存在符合大肠菌群的定义的菌,即"在 37℃分解乳糖产酸产气",因为还有少数其他菌也有这样的特性,所以这样的菌落只能称为可疑,还需要用 BGLB 肉汤管试验进一步证实。

四、检验方法

(一)MPN 计数法(GB 4789.3—2010)

1. 仪器设备

除微生物实验室常规灭菌及培养设备外,还包括以下设备和材料:

恒温培养箱(36℃±1℃)、冰箱(2~5℃)、恒温水浴箱(46℃±1℃)、天平(感量为0.1g)、均质器、振荡器、无菌吸管(10mL 和 1mL)或微量移液器及吸头、无菌锥形瓶(250mL,500mL)、pH 计或 pH 比色管或精密 pH 试纸。

2. 培养基及试剂

月桂基硫酸盐胰蛋白胨(lauryl sulfate tryptose,LST)肉汤、煌绿乳糖胆盐(brilliant green lactose bile,BGLB)肉汤、磷酸盐缓冲液、无菌生理盐水、无菌 1mol/L NaOH、无菌 1mol/L HCl。

3. 检验程序

大肠菌群 MPN 计数法检验程序如图 6-3 所示。

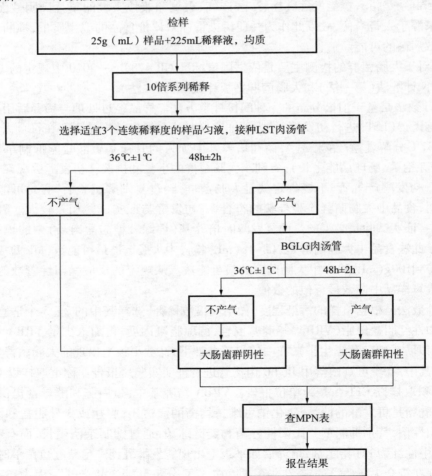

图 6-3 大肠菌群 MPN 计数法检验程序

4. 操作步骤

（1）检样稀释

①固体和半固体样品：称取 25g 样品，放入盛有 225mL 磷酸盐缓冲液或生理盐水的无菌均质杯内，8 000 ~ 10 000r/min 均质 1 ~ 2min，或放入盛有 225mL 磷酸盐缓冲液或生理盐水的无菌均质袋中，用拍击式均质器拍打 1 ~ 2min，制成 1∶10 的样品匀液。

②液体样品：以无菌吸管吸取 25mL 样品置盛有 225mL 磷酸盐缓冲液或生理盐水的无菌锥形瓶（瓶内预置适当数量的无菌玻璃珠）中，充分混匀，制成 1∶10 的样品匀液。

③样品匀液的 pH 应控制在 6.5 ~ 7.5 之间，必要时用 1mol/L NaOH 或 1mol/L HCl 调节。

④用 1mL 灭菌吸管或微量移液器吸取 1∶10 稀释液 1mL，沿管壁徐徐注入含有 9mL 灭菌生理盐水的试管内，振摇试管混合均匀，制成 1∶100 的稀释液。

⑤根据食品卫生标准要求或对检样污染程度的估计，按上述操作顺序，依次做 10 倍递增稀释液，如此每递增稀释 1 次即换用 1 支 1mL 吸管或吸头。从制备样品匀液至样品接种完毕，全过程不得超过 15min。

（2）初发酵试验

每个样品，选择 3 个适宜的连续稀释度的样品匀液，每个稀释度接种 3 管月桂基硫酸盐胰蛋白胨（LST）肉汤，每管接种 1mL（如接种量在 1mL 以上者，用双料 LST 肉汤），置（36 ± 1）℃恒温箱内，培养（24 ± 2）h，观察倒管内是否有气泡产生，（24 ± 2）h 产气者进行复发酵试验，如未产气则继续培养至（48 ± 2）h，产气者进行复发酵试验，未产气者，则可计为大肠菌群阴性。

（3）复发酵试验

用接种环从产气的 LST 肉汤管分别取培养物 1 环，移种于煌绿乳糖胆盐肉汤（BGLB）管中，（36 ± 1）℃培养（48 ± 2）h，观察产气情况。产气者，计为大肠菌群阳性。

（4）大肠菌群最可能数（MPN）的报告

根据复发酵试验确证为大肠菌群 LST 的阳性管数，查 MPN 检索表（表 6 - 1），报告每 1g(mL) 样品中大肠菌群的最可能数，即 MPN 值。

表 6 - 1　大肠菌群最可能数检索表　　　　　单位：MPN/g(mL)

阳性管数			MPN	95% 可信限		阳性管数			MPN	95% 可信限	
0.1	0.01	0.001		上限	下限	0.1	0.01	0.001		上限	下限
0	0	0	<3.0	–	9.5	2	2	0	21	4.5	42
0	0	1	3.0	0.15	9.6	2	2	1	28	8.7	94
0	1	0	3.0	0.15	11	2	2	2	35	8.7	94
0	1	1	6.1	1.2	18	2	3	0	29	8.7	94
0	2	0	6.2	1.2	18	2	3	1	36	8.7	94
0	3	0	9.4	3.6	38	3	0	0	23	4.6	94
1	0	0	3.6	0.17	18	3	0	1	38	8.7	110
1	0	1	7.2	1.3	18	3	0	2	64	17	180
1	0	2	11	3.6	38	3	1	0	43	9	180

阳性管数			MPN	95% 可信限		阳性管数			MPN	95% 可信限	
0.1	0.01	0.001		上限	下限	0.1	0.01	0.001		上限	下限
1	1	0	7.4	1.3	20	3	1	1	75	17	200
1	1	1	11	3.6	38	3	1	2	120	37	420
1	2	0	11	3.6	42	3	1	3	160	40	420
1	2	1	15	4.5	42	3	2	0	93	18	420
1	3	0	16	4.5	42	3	2	1	150	37	420
2	0	0	9.2	1.4	38	3	2	2	210	40	430
2	0	1	14	3.6	42	3	2	3	290	90	1 000
2	0	2	20	4.5	42	3	3	0	240	42	1 000
2	1	0	15	3.7	42	3	3	1	460	90	2 000
2	1	1	20	4.5	42	3	3	2	1 100	180	4 100
2	1	2	27	8.7	94	3	3	3	>1 100	420	—

注1：本表采用3个稀释度[0.1g(mL)，0.01g(mL)和0.001g(mL)]，每个稀释度接种3管。

注2：表内所列检样量如改用1g(mL)，0.1g(mL)和0.01g(mL)时，表内数字应相应降低10倍；如改用0.01g(mL)，0.001g(mL)，0.000 1g(mL)时，则表内数字应相应提高10倍，其余类推。

5. 注意事项

（1）初发酵阳性管的判断问题

样品中若存在一定数量的大肠菌群，初发酵管一定会产酸，而由于特殊情况，导致产气现象不明显或倒管内无气体，但在液面却可看见小气泡，可能原因为：固体制品因为不能完全溶解于水，即使经过稀释后，发酵管内仍有肉眼可见的悬浮物，这些沉淀于管底，堵住了发酵倒管的管口，影响气体进入倒管中。大肠菌群的产气量，多者可以使发酵倒管全部充满气体，少者可以产生比小米粒还小的气泡。如果对产酸但未产气的发酵管有疑问时，可以用手轻轻打动试管，如果有气泡沿管壁上浮，即应考虑可能有气体产生，而应作进一步试验。或者将倒管改进成开口不规则的倒管，管口不完整使其开口与发酵管底部有一段距离，提高了气体的收集率，使产气明显便于观察。

（2）MPN 检索表

最可能数（MPN）是表示样品中活菌密度的估测。MPN 检索表是采用三个稀释度九管法，稀释度的选择是基于对样品中菌数的估测，较理想的结果应是最低稀释度3管为阳性，而最高稀释度3管为阴性。如果无法估测样品中的菌数，则应做一定范围的稀释度。表6-1检索表列出了95%可信度，供参考。

在查阅 MPN 检索表时，应注意以下问题：

①MPN 检索表中只提供了 3 个稀释度，即 10^{-1}，10^{-2}，10^{-3} mL(g)；若改用 10，1，10^{-1} mL(g)时，则表内数字应相应降低或增加10倍。其余可类推。

②在 MPN 检索表第一栏阳性管数下面列出的 mL(g)是指原样品（包括液体和固体）的量，

并非稀释后的量,对固体样品更应注意。如固体样品1g经10倍稀释后,虽加入1mL量,但实际其中只含0.1g样品,故应按0.1g计。

(二)平板计数法(第二法)

1. 仪器设备

除微生物实验室常规灭菌及培养设备外,还包括以下设备和材料:

恒温培养箱(36℃±1℃)、冰箱(2～5℃)、恒温水浴箱(46℃±1℃)、天平(感量为0.1g)、均质器、振荡器、无菌吸管(10mL和1mL)或微量移液器及吸头、无菌锥形瓶(250mL,500mL)、无菌培养皿(直径90mm)、pH计或pH比色管或精密pH试纸。

2. 培养基及试剂

结晶紫中性红胆盐琼脂(violet red bile agar,VRBA)、煌绿乳糖胆盐(brilliant green lactose bile,BGLB)肉汤、磷酸盐缓冲液、无菌生理盐水、无菌1mol/L NaOH、无菌1mol/L HCl。

3. 检验程序

大肠菌群MPN计数法检验程序如图6-4所示。

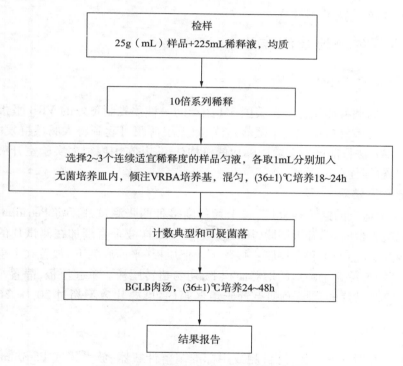

图6-4 大肠菌群平板计数法检验程序

4. 操作步骤

(1)检样的稀释

按第一法进行。

(2)平板计数

①根据对样品污染状况的估计,选择2～3个适宜的连续稀释度,每个稀释度接种2个无

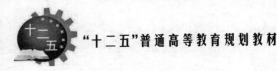

菌培养皿,每皿 1mL。同时取 1mL 稀释液加入两个无菌培养皿内,作空白对照。

②及时将 15~20mL 冷却至 46℃ 的结晶紫中性红胆盐琼脂培养基(VRBA)(可放置于 46℃±1℃恒温水浴锅中保温)倾注培养皿内,并小心转动培养皿使其混合均匀。

③待琼脂凝固后,再 3~4mL VRBA 覆盖平板表层。翻转平板,至于 36℃±1℃培养 18~24h。

(3)平板菌落数的选择

选取菌落数在 15~150CFU 之间的平板,分别计数平板上出现的典型和可疑大肠菌群菌落。典型菌落为紫红色,菌落周围有红色的胆盐沉淀环,菌落直径为 0.5mm 或更大。

(4)证实实验

从 VRBA 平板上挑取 10 个不同类型的典型和可疑菌落,分别接种于煌绿乳糖胆盐肉汤(BGLB)管中,36℃±1℃培养 24~48h,观察产气情况。如 BGLB 肉汤管产气,即可报告为大肠菌群阳性。

(5)大肠菌群平板计数的报告

经最后证实为大肠菌群阳性的试管比例乘以(3)中计数的平板菌落数,再乘以稀释倍数,即为每 1g(mL)样品中大肠菌群数。

五、大肠菌群快速检测方法

(一)大肠菌群 Petrifilm™ 测试片法

Petrifilm™ 大肠菌群测试片是由美国 3M 生产的一种预先制备好的 VRB 平板培养基系统,并添加了 TTC 作为菌落指示剂便于菌落判读,而上层薄膜可起到将大肠菌群发酵产生的气体截留的作用。该方法目前已被多数国际权威机构认可,并在国内很多实验室开展运用,有操作简单、检测周期短等优点。

1. 样品接种及培养

选取 2~3 个适宜的连续稀释度,每个稀释度接种两张测试片。将 Petrifilm™ 大肠菌群测试片置于平坦实验台面,揭开上层膜,用吸管吸取 1mL 样液垂直滴加在测试片的中央,将上层膜缓慢盖下,避免气泡产生和上层膜直接落下。把压板(平面底朝下)放置在上层膜中央,轻轻地压下,使样液均匀覆盖于圆形的培养面积上,切勿扭转压板。拿起压板,静置至少 1min 以使培养基凝固。将测试片的透明面朝上置于培养箱内,堆叠片数不超过 20 片,36℃±1℃培养 24h±2h。

2. 判读

培养 24h±2h 后立即计数,可目测或用标准菌落计数器、放大镜或 Petrifilm™ 自动判读仪来计数。红色有气泡的菌落确认为大肠菌群(图 6-5)。圆形培养区边缘上及边缘以外的菌落不作计数。当培养区域出现大量气泡,大量不明显小菌落或培养区呈暗红色三种情况,表明大肠菌群的浓度较高,需要进一步稀释样品以获得更准确的读数。

3. 大肠菌群测试片计数的报告

选取菌落数在 15~150CFU 之间的测试片,计数其红色有气泡的菌落数,两个测试片的平均菌落数乘以稀释倍数即为每克(或毫升)样品中的大肠菌群菌落形成单位(CFU)数。如果所有稀释度测试片上的菌落数都小于 15,则计数稀释度最低的测试片上的平均菌落数乘以稀释

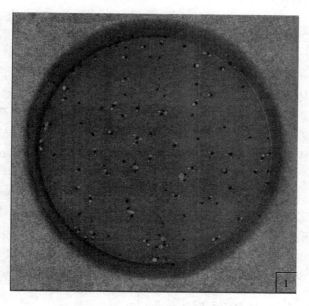

图 6 - 5 Petrifilm™ 大肠菌群测试片

倍数报告;如果所有稀释度的测试片上均无菌落生长,则以小于 1 乘以最低稀释倍数报告;如果最高稀释度的菌落数大于 150,计数最高稀释度的测试片上的平均菌落数乘以稀释倍数报告。计数菌落数大于 150 的测试片时,可计数一个或两个具有代表性的方格内的菌落数,换算成单个方格内的菌落数后乘以 20 即为测试片上估算的菌落数(圆形生长面积为 20cm^2)。报告单位以 CFU/g(或 CFU/mL)表示。

（二）酶活性检测法（酶底物法）

β - 葡萄糖醛酸酶和 β - 半乳糖苷酶是 2 种最常使用在大肠菌群检测中的酶类。很多研究发现,94% ~96% 的大肠杆菌均表达 β - 葡萄糖醛酸酶,而其他肠道细菌表达 β - 葡萄糖醛酸酶的比例明显低于大肠杆菌。因此相对来说,该酶可以作为大肠杆菌的标志性酶。多种底物可用于建立酶催化的显色反应或荧光反应。例如,羟基吲哚 - β - D 葡萄糖苷酸(IBDG)和半乳糖苷(X - Glu),为 β - 葡萄糖醛酸酶催化显色的底物,4 - 甲基伞形酮 - β - D - 半乳糖苷(MUG)为 β - 葡萄糖醛酸酶催化显现荧光的底物;5 - 溴 - 4 - 氯 - 3 - 吲哚半乳糖苷(X - Glu)、邻硝基苯基 - β - D - 半乳糖苷(ONPG)和对硝基苯基 - β - D - 吡喃半乳糖苷(PNPG)用于检测 β - 半乳糖苷酶的显色反应,而 MUG 用于检测 β - 半乳糖苷酶的荧光反应。

（三）Hygicut 载片培养法

该产品是一种结晶紫中性红胆盐琼脂载片,它把适合于大肠菌群快速生长的琼脂培养基浇注在一块带折页设计的塑料浆片上,使培养基能方便、充分地与样品表面接触,并带有帽盖,可以使载片在无污染情况下放回到无菌培养管中进行转运和培养。大肠菌群细菌能够分解琼脂载片上的乳糖产酸和产气,并产生其他特征性的形态、颜色变化,从而通过目测对大肠菌群菌落数进行定性或定量的快速检测。

（四）试剂盒法

试剂盒法是按照国家食品、水质标准检测方法——试管发酵方法研制而成。其原理是将液体乳糖培养基经固化加工后，置于特制透明塑料盒中，两者合二而一，组成试剂盒。试剂盒一般分为组合式和分体式2种。组合式一般针对某一类样品，形式固定。分体式检测样品多样化，形式灵活，自由组合。大肠菌群快速检测试剂盒是以GB 4789.3—2010、GB/T 5750.12—2006中2.1和2.3标准为依据，集多种方法和优点于一身，弥补了其他方法的不足。该试剂盒为分体式，选用无毒、无味、透明度好的塑料材质制成大（10mL）和小（1mL）发酵盒为载体，取代了传统的玻璃试管，发酵盒底部中央设有气窗，供气体贮存和观察，发酵盒正面印有加样刻度线，便于加样操作。将乳糖胆盐培养基经科学计算烘干包备在发酵盒内，量小、干燥便于贮存和携带。既替代了玻璃试管、产气管和液体乳糖胆盐培养基，又满足了功能上的需要，且适用于食品、水质的大肠菌群检测，一盒多用，实现了专业技术人员多年设想的检测大肠菌群拥有一个简单、快速、准确和价格低廉技术方法的愿望，填补了国内外技术空白，是大肠菌群检测技术新的创新和重大突破。

六、大肠菌群与粪大肠菌群、大肠杆菌的关系

从总的范畴上来说，大肠菌群＞粪大肠菌群＞大肠杆菌。大肠菌群指一群在37℃培养24h能发酵乳酸、产酸产气、需氧和兼性厌氧的革兰氏阴性无芽孢杆菌。该菌群包括大肠埃希氏菌、柠檬酸杆菌、克雷伯氏菌和阴沟肠杆菌等。大肠菌群成员中以埃希氏菌属为主，称为典型大肠杆菌。总大肠菌群中的细菌除生活在肠道中外，在自然环境中的水与土壤中也经常存在，但此等在自然环境中生活的大肠菌群培养的最合适温度为25℃左右，如在37℃培养则仍可生长，但如将培养温度再升高至44.5℃，则不再生长。

粪大肠菌群是大肠菌群的一种，又名耐热大肠菌群。北美国家一般使用"粪大肠菌群"概念，如AOAC、FDA。SN中的"粪大肠菌群"概念为等同采用AOAC方法，故而使用粪大肠菌群概念；而欧洲使用"耐热大肠菌群"概念，较少使用"粪大肠菌群"。粪大肠菌群是生长于人和温血动物肠道中的一组肠道细菌，随粪便排出体外，在粪便中占有较大的比例，故称为粪大肠菌群。受粪便污染的水、食品、化妆品和土壤等物质均含有大量的这类菌群。若检出粪大肠菌群即表明已被粪便污染。粪大肠菌群耐热，在44~44.5℃的高温条件下仍可生长繁殖并将色氨酸代谢成吲哚，其他特性均与总大肠菌群相同。因此，可用提高培养温度方法将自然环境中的大肠菌群与粪大肠菌群区分。在37℃培养生长的大肠菌群，包括在粪便内生长的大肠菌群称为"总大肠菌群"；在44.5℃仍能生长的大肠菌群，称为"粪大肠菌群"（fecal coliform），粪大肠菌群细菌在卫生学上具有重要的意义。

通常情况下，粪大肠菌群与大肠菌群相比，在人和动物粪便中所占的比例较大，而且由于在自然界容易死亡等原因，粪大肠菌群的存在可认为食品直接或间接的受到了比较近期的粪便污染。因而，粪大肠菌群在食品中的检出，与大肠菌群相比，说明食品受到了更为不清洁的加工，含有肠道致病菌和食物中毒菌的可能性更大。

粪大肠菌群比大肠菌群能更贴切地反应食品受人和动物粪便污染的程度，且检测方法比大肠杆菌简单得多，而受到重视。

第三节 食品中粪大肠菌群计数

一、食品中粪大肠菌群的概念和卫生学意义

粪大肠菌群是大肠菌群的一种,又名耐热大肠菌群,通常是指一群在 44.5℃ 培养 24～48h 能发酵乳糖、产酸产气和利用色氨酸产生靛基质的需氧和兼性厌氧的革兰氏阴性无芽孢杆菌,粪大肠杆菌主要包括埃希氏菌属,其次包括肠杆菌属和克雷伯氏菌属的少数细菌。粪大肠菌群是生长于人和温血动物肠道中的一组肠道细菌,随粪便排出体外。粪大肠杆菌的唯一来源是粪便,受粪便污染的水、食品、化妆品和土壤等物质均含有大量的这类菌群,若检出粪大肠菌群即表明已被粪便污染。因此,粪大肠杆菌可作为粪便污染指标评价食品的卫生状况,推断食品中肠道致病菌污染的可能性。粪大肠菌群与非粪便来源的大肠菌群的主要区别是:前者在 44.5℃ 条件下,在葡萄糖肉汤培养基内能生长并产气,而后者则不能。

作为粪便污染指示菌,粪大肠菌群与大肠菌群、大肠杆菌相似,主要以其检出情况来判断食品是否受到了粪便污染。粪便是肠道排泄物,有健康者,也有肠道病患者或带菌者粪便,所以粪便中既有正常肠道菌,也可能有肠道致病菌(如沙门氏菌、志贺式菌、霍乱弧菌、副溶血弧菌等)。因此,食品既然受到粪便污染就有可能对食用者造成潜在的危害。所以粪大肠菌群在食品中的检出,说明食品加工过程更不清洁,且受到了粪便的近期污染,含有肠道致病菌和食物中毒菌的可能性更大。

二、检验原理

总大肠菌群中的细菌除生活在肠道中外,在自然环境中的水与土壤中也经常存在,但此等在自然环境中生活的大肠菌群培养的最合适温度为 25℃ 左右,如在 37℃ 培养则仍可生长,但如将培养温度再升高至 44.5℃,则不再生长。

粪大肠菌群耐热,在 44～44.5℃ 的高温条件下仍可生长繁殖并将色氨酸代谢成吲哚,其他特性均与总大肠菌群相同。因此,可用提高培养温度方法将自然环境中的大肠菌群与粪大肠菌群区分。

目前,对于食品中粪大肠菌群的检测主要是依据国家标准 GB/T 4789.39—2008 中规定的方法,粪大肠菌群 MPN 计数法。

MPN 计数法是基于泊松分布的一种间接计数方法。样品经过处理与稀释后用月桂基硫酸盐胰蛋白胨肉汤(LST)进行初发酵,是为了证实样品或其稀释液中是否存在符合总大肠菌群的定义,即"在 37℃ 分解乳糖产酸产气",而在培养基中加入的月桂基硫酸盐能抑制革兰氏阳性细菌(但有些芽孢菌、肠球菌能生长),有利于总大肠菌群的生长和挑选。初发酵后观察 LST 肉汤管是否产气。未产气者为粪大肠菌群阴性,对产气者则进行 44.5℃ ± 0.2℃ 培养 24h ± 2h EC 肉汤培养基复发酵试验,产气则继续培养至 48h ± 2h,记录 EC 肉汤管产气的 EC 肉汤管数,产气管为粪大肠菌群阳性。

三、检验方法

（一）MPN 计数法

1. 检测程序

粪大肠菌群 MPN 计数法的检测程序如图 6 – 6 所示。

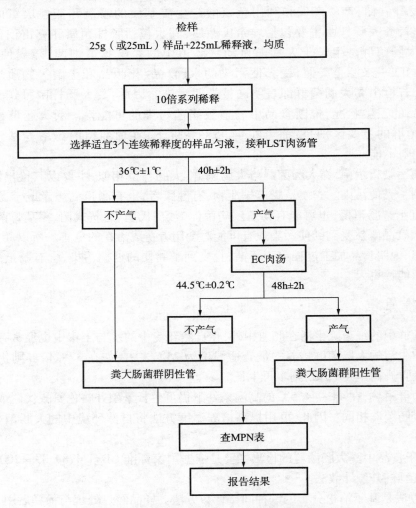

图 6 – 6　粪大肠菌群 MPN 计数法的检测程序

2. 操作步骤

（1）检样稀释

①固体和半固体样品。以无菌操作取 25g 样品，置盛有 225mL 磷酸盐缓冲液或生理盐水的无菌均质杯内，8 000 ~ 10 000r/min 匀质 1 ~ 2min，制成 1∶10 样品匀液，或置盛有 225mL 磷酸盐缓冲液或生理盐水的无菌匀质袋中，用拍击器拍打 1 ~ 2min 制成 1∶10 的样品匀液。

②液体样品。以无菌吸管吸取样品 25mL 置于盛有 225mL 磷酸盐缓冲液或生理盐水的无菌锥形瓶（瓶内预置适当数量的玻璃珠）中，以 30cm 幅度、于 7s 内摇振 25 次（或以机械振荡器

摇振），制成 1∶10 的样品匀液。

③样品匀液的 pH 应在 6.5 ~ 7.5 之间，必要时分别使用 1mol/L 的氢氧化钠或 1mol/L 的盐酸予以调节。

④用 1mL 无菌吸管或微量移液器吸收 1∶10 样品匀液 1mL，沿管壁徐徐注入盛有 9mL 磷酸盐缓冲液或生理盐水的无菌试管中（注意吸管或吸头尖端不要触及稀释液面），振摇试管或换用 1 支 1mL 无菌吸管或吸头反复吹打 3 ~ 5 次，或采用振荡器使其混合均匀，制成 1∶100 的样品匀液。

⑤根据对样品污染情况的估计，按上述操作，一次制成 10 倍递增系列样品匀液。每递增稀释 1 次，换用 1 支 1mL 无菌吸管或吸头。从制备样品匀液至样品接种完毕，全过程不得超过 15min。

（2）接种月桂基磺酸盐蛋白胨（LST）肉汤培养基

每个样品选择 3 个适宜的连续稀释度的样品匀液（液体样品可选择原液）。每个稀释度接种 3 管月桂基磺酸盐胨蛋白胨（LST）肉汤，每管倒接种 1mL（如接种量超过 1mL，则用双料 LST 肉汤）。36℃ ±1℃ 培养 24h ±2h，观察小倒管内是否有气泡产生或轻摇试管时是否有密集连续的细小气泡从管底逸出，如未产气则继续培养至 48h ±2h。记录在 24 ~ 48h 内产气的 LST 肉汤管数。未产气者为粪大肠菌群阴性；对产气者则进行复发酵试验。

（3）接种 EC 肉汤培养基

用直径为 3mm 的接种环分别从所有培养 48h ±2h 内发酵产生的 LST 肉汤管中取培养物 1 环，移种与以提前预温至 45℃ 的 EC 肉汤管中，放入带盖的 44.5℃ ±0.2℃ 水浴箱内。水浴的水面应高于肉汤培养基液面，培养 24h ±2h，检查小倒管内是否有气泡产生，如为产气则继续培养至 48h ±2h。记录 EC 肉汤管产气的 EC 肉汤管数。产气管为粪大肠菌群阳性，不产气为粪大肠菌群阴性。

注意：证实试管中发酵管的产气量指的是培养基在水浴中培养 24h 左右的产气量，不要低于 44.5℃ ±0.2℃ 培养。

（4）报告结果

根据证实为粪大肠菌群的阳性管数，查粪大肠菌群最可能数（MPN）检索表，报告每克（或毫升）分大肠菌群的 MPN 值。

表 6 – 2 1g(mL) 检样中粪大肠菌群最大可能数（MPN）检测表

阳性管数			MPN	95% 可信限		阳性管数			MPN	95% 可信限	
0.1	0.01	0.001		上限	下限	0.1	0.01	0.001		上限	下限
0	0	0	<3.0	—	9.5	2	2	0	21	4.5	42
0	0	1	3.0	0.15	9.6	2	2	1	28	8.7	94
0	1	0	3.0	0.15	11	2	2	2	35	8.7	94
0	1	1	6.1	1.2	18	2	3	0	29	8.7	94
0	2	0	6.2	1.2	18	2	3	1	36	8.7	94
0	3	0	9.4	3.6	38	3	0	0	23	4.6	94
1	0	0	3.6	0.17	18	3	0	1	38	8.7	110

阳性管数			MPN	95%可信限		阳性管数			MPN	95%可信限	
0.1	0.01	0.001		上限	下限	0.1	0.01	0.001		上限	下限
1	0	1	7.2	1.3	18	3	0	2	64	17	180
1	0	2	11	3.6	38	3	1	0	43	9	180
1	1	0	7.4	1.3	20	3	1	1	75	17	200
1	1	1	11	3.6	38	3	1	2	120	37	420
1	2	0	11	3.6	42	3	1	3	160	40	420
1	2	1	15	4.5	42	3	2	0	93	18	420
1	3	0	16	4.5	42	3	2	1	150	37	420
2	0	0	9.2	1.4	38	3	2	2	210	40	430
2	0	1	14	3.6	42	3	2	3	290	90	1 000
2	0	2	20	4.5	42	3	3	0	240	42	1 000
2	1	0	15	3.7	42	3	3	1	460	90	2 000
2	1	1	20	4.5	42	3	3	2	1 100	180	4 100
2	1	2	27	8.7	94	3	3	3	>1 100	420	—

注:1. 本表采用 3 个稀释度[0.1g(mL)、0.01g(mL)和 0.001g(mL)],每个稀释度接种 3 管;

2. 表内所列检样量如改用 1g(mL)、0.1g(mL)和 0.01g(mL)时,表内数字应相应降低 10 倍;如改用 0.01g(mL)、0.001g(mL)和 0.000 1g(mL)时,则表内数字应相应提高 10 倍,其余类推。

(二)多管发酵法

多管发酵法是依据粪大肠菌群能发酵乳糖产酸产气并能使乳糖蛋白胨培养基变黄同时产生气泡的原理进行测定的,以 MPN 来表示试验结果的,适用于地表水、地下水中粪大肠菌群的测定。实际上它是根据统计学理论,估计水体中的大肠杆菌密度和卫生质量的一种方法。如果从理论上考虑,并且进行大量的重复检定,可以发现这种估计有大于实际数字的倾向。不过,只要每一稀释度试管重复数目增加,这种差异便会减少,对于细菌含量的估计值,大部分取决于那些既显示阳性的又显示阴性的稀释度。因此,在实验设计上,水样检验所要求重复的数目,要根据所要求数据的准确度而定。

(三)滤膜法

滤膜是一种微孔性薄膜。将水样注入已灭菌的放有滤膜(孔径 0.45μm)的滤器中,经过抽滤,细菌即被截留在膜上,然后将滤膜贴在 MFC 培养基上,44.5℃下进行培养,计数滤膜上生长的次特性的菌落数,计算出每 1L 水样中含有的粪大肠菌群数。滤膜法具有高度的再现性,可用于检测较大的水样,能比多管发酵更快地获得肯定的结果。此标准适用于一般地表水、地下水及废水中粪大肠菌群的测定。用于检测加氯消毒后的水样时,在滤膜法之前,应先做实验,证实它所得的数据资料与多管发酵试验所得的数据资料具有可比性。

（四）纸片快速法

应用灭菌的滤纸吸收选择性培养基，细菌通过滤纸纤维膨胀而被固定并生长繁殖，粪大肠菌群在发育时伴随产生的琥珀酸脱氢酶将纸片上的红四氮唑（TTC）还原成不可逆的三苯基甲臜，产生红色色素，即粪大肠菌群在纸片培养基上呈红色菌落，菌落周围产生黄圈是粪大肠菌分解乳糖产酸使指示剂变色的结果。

（五）酶底物法

酶底物法采用大肠菌群细胞产生 β – 半乳糖苷酶（β – D – galaetosidase）分解 PG（Orthoni-trophenyl β – D – galactopyranoside）使培养液呈黄色，以及大肠埃希氏菌产生葡萄糖醛酸酶（β – glueuronidase）分解 MUG（4 – methyl – umbelllfery – β – D – glucuronide）使培养液在波长366nm 紫外光下产生荧光的原理，来定量分析水样中粪大肠菌群数。

第四节　食品中大肠杆菌计数

一、大肠杆菌的概念与卫生学意义

大肠杆菌（*Escherichia coli*），学名大肠埃希氏菌，被归为肠杆菌科，属于埃希氏菌属，革兰氏阴性短杆菌，能够在 44.5℃ 发酵乳糖、产酸、产气，IMViC 生化试验为 ＋＋－－ 或 －＋－－。大肠杆菌是 Escherich 在 1885 年发现的，是人和许多动物肠道中最主要且数量最多的一种细菌，在环境卫生和食品卫生学中常用作受粪便污染的重要指标。大肠杆菌在婴儿及初生动物出生后几小时或数天便进入其消化道，最终定居于大肠并大量繁殖，以后便终身存在，成为构成肠道正常菌群的一部分，并具有重要的生理功能，例如，其代谢活动能抑制肠道内分解蛋白质的微生物生长，减少蛋白质分解产物对人体的危害，在肠中对合成维生素 K 和维生素 B 起作用，并能合成有杀菌作用的大肠杆菌素。因此，在相当长的一段时间内，大肠杆菌一直被当做正常肠道菌群的组成部分，被认为是非致病菌。直到 20 世纪中叶，才认识到一些特殊血清型的大肠杆菌对人和动物有致病性，它们能引起食物中毒，尤其对婴儿和幼畜（禽），常引起严重腹泻和败血症，这些大肠杆菌统称为致病性大肠杆菌（*pathogenic E. coli*）。

由于大肠杆菌是人和各种动物肠道中的正常栖居菌，常随粪便从人及动物体排出，散播于自然界，所以一旦检出大肠杆菌，就意味着直接或间接地被粪便污染，而在卫生学上被作为食品及饮用水等的粪源性污染卫生细菌学指标进行检测；除此之外，这些菌类在生物外界存活的时间同一些常见的肠道疾病的病原菌接近，它们的出现可能预示着某些肠道疾病的原菌，诸如志贺氏菌、沙门氏菌等的存在。近来，有些国家在执行 HACCP 管理中，将大肠杆菌检测作为微生物污染状况的监测指标和 HACCP 实施效果的评估指标。

二、检验原理

大肠杆菌广泛存在于人和混血动物的肠道中，能够在 44.5℃ 发酵乳糖产酸产气，IMViC（靛基质、甲基红、VP 试验、柠檬酸盐）生化试验为 ＋＋－－ 或 －＋－－ 的革兰氏阴性杆菌。以此作为粪便污染指标来评价食品的卫生状况，推断食品中肠道致病菌污染的可能性。目前，对

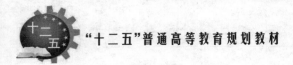

于大肠杆菌的检测主要是依据国家标准 GB 4789.38—2012 中规定的方法,包括大肠杆菌 MPN 计数法、平板计数法。

MPN 法是统计学和微生物学结合的一种定量检测法。待测样品经系列稀释并培养后,根据其未生长的最低稀释度与生长的最高稀释度,应用统计学概率论大肠杆菌在待测样品中的最大可能数。

平板计数法是基于 VBR – MUG 琼脂培养基中的 4 – 甲基伞形酮 – β – D – 葡萄糖苷(MUG)在大肠杆菌的作用下,游离出 4 – 甲基伞形酮,带蓝色荧光。检验时用已知 MUG 阳性菌株(如大肠杆菌 ATCC25922)和产气肠杆菌(如 ATCC 13048)做阳性和阴性对照。

三、检验方法

(一)MPN 计数法(GB 4789.38—2012 中第一法)

1. 检测程序

检验程序如图 6 – 7 所示。

2. 检验步骤

(1)样品稀释

①固体和半固体样品。以无菌操作取 25g 样品,置盛有 225mL 磷酸盐缓冲液的无菌均质杯内,8 000 ~ 10 000r/min 匀质 1 ~ 2min,制成 1:10 样品匀液,或置盛有 225mL 磷酸盐缓冲液的无菌匀质袋中,用拍击器拍打 1 ~ 2min 制成 1:10 的样品匀液。

②液体样品。以无菌吸管吸取样品 25mL 置于盛有 225mL 磷酸盐缓冲液的无菌锥形瓶(瓶内预置适当数量的玻璃珠)中,充分混匀,制成 1:10 的样品匀液。

③样品匀液的 pH 应在 6.5 ~ 7.5 之间,必要时分别使用 1mol/L 的氢氧化钠或 1mol/L 的盐酸调节。

④用 1mL 无菌吸管或微量移液器吸收 1:10 样品匀液 1mL,沿管壁徐徐注入盛有 9mL 磷酸盐缓冲液的无菌试管中(注意吸管或吸头尖端不要触及稀释液面),振摇试管或换用 1 支 1mL 无菌吸管或吸头反复吹打,使其混合均匀,制成 1:100 的样品匀液。

⑤根据对样品污染情况的估计,按上述操作,一次制成 10 倍递增系列样品匀液。每递增稀释 1 次,换用 1 支 1mL 无菌吸管或吸头。从制备样品匀液至样品接种完毕,全过程不得超过 15min。

(2)初发酵试验

每个样品选择 3 个适宜的连续稀释度的样品匀液(液体样品可选择原液)。每个稀释度接种 3 管月桂基磺酸盐胰蛋白胨(LST)肉汤,每管接种 1mL(如接种量超过 1mL,则用双料 LST 肉汤)。36℃ ±1℃ 培养 24h ±2h,观察小倒管内是否有气泡产生,24h ±2h 产气者进行复发酵试验,如未产气则继续培养 48h ±2h。产气者进行复发酵试验。如所有 LST 肉汤管均未产气,即可报告大肠埃希氏菌 MPN 结果。

(3)复发酵试验

用接种环从产气的 LST 肉汤管中分别取培养物 1 环,移种与已提前预温至 45℃ 的 EC 肉汤管中,放入带盖的 44.5℃ ±0.2℃ 水浴箱内。水浴的水面应高于肉汤培养基液面,培养 24h ± 2h,检查小倒管内是否有气泡产生,如未产气则继续培养至 48h ±2h。记录在 24h 和 48h 内产

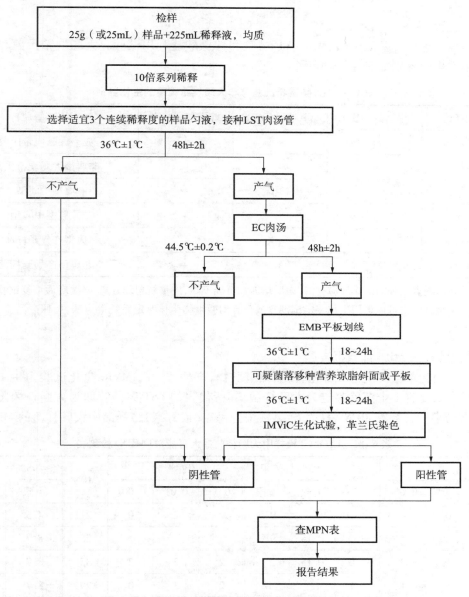

图 6-7 大肠杆菌 MPN 计数法检验程序

气的 EC 肉汤管数。如所有 EC 肉汤管均未产气,即可报告大肠杆菌 MPN 结果;如有产气者,则进行 EMB 平板分离培养。

（4）伊红美蓝平板分离培养

轻轻振摇各产气管,用接种环取培养物划线分别接种于 EMB 平板,36℃ ±1℃ 培养 18 ~ 24h。检验平板上有无具黑色中心有光泽或无光泽的典型菌落。

（5）营养琼脂斜面或平板培养

从每个平板挑 5 个典型菌落,如无典型菌落则挑取可疑菌落。用接种针接触菌落中心部位,移种到营养琼脂斜面或平板上,36℃ ±1℃,培养 18 ~ 24h。取培养物进行革兰氏染色和生化试验。

（6）鉴定

取培养物进行靛基质试验、MR－VP 试验和柠檬酸盐利用试验。大肠埃希氏菌与非大肠埃希氏菌的生化鉴别如表6-3所示。

表6-3　大肠埃希氏菌与非大肠埃希氏菌的生化鉴别

靛基质（I）	甲基红（MR）	VP 试验（VP）	柠檬酸盐（C）	鉴定（型别）
+	+	-	-	典型大肠埃希氏菌
-	+	-	-	非典型大肠埃希氏菌
+	+	-	+	典型中间型
-	+	-	+	非典型中间型
-	-	+	+	典型产气肠杆菌
+	-	+	+	非典型产气肠杆菌

注：1. 如出现表以外的生化反应类型，表明培养物可能不纯，应重新划线分离，必要时做重复试验；

　　2. 生化试验也可以选用生化鉴定试剂盒或全自动微生物生化鉴定系统等方法，按照产品说明书进行操作。

（7）大肠杆菌 MPN 计数报告

大肠杆菌为革兰氏阴性无芽孢杆菌，发酵乳糖，产酸，产气，IMViC 生化试验为 + + - - 或 - + - -。只要有 1 个菌落鉴定为大肠杆菌，其所代表的 LST 肉汤管即为大肠杆菌阳性。依据 LST 肉汤阳性管数查 MPN 表（表6-4），报告每克（或每毫升）样品中大肠杆菌的 MPN 值。

表6-4　1g(mL)检样中大肠杆菌最大可能数（MPN）检测表

阳性管数			MPN	95% 可信限		阳性管数			MPN	95% 可信限	
0.1	0.01	0.001		上限	下限	0.1	0.01	0.001		上限	下限
0	0	0	<3.0	—	9.5	2	2	0	21	4.5	42
0	0	1	3.0	0.15	9.6	2	2	1	28	8.7	94
0	1	0	3.0	0.15	11	2	2	2	35	8.7	94
0	1	1	6.1	1.2	18	2	3	0	29	8.7	94
0	2	0	6.2	1.2	18	2	3	1	36	8.7	94
0	3	0	9.4	3.6	38	3	0	0	23	4.6	94
1	0	0	3.6	0.17	18	3	0	1	38	8.7	110
1	0	1	7.2	1.3	18	3	0	2	64	17	180
1	0	2	11	3.6	38	3	1	0	43	9	180
1	1	0	7.4	1.3	20	3	1	1	75	17	200
1	1	1	11	3.6	38	3	1	2	120	37	420
1	2	0	11	3.6	42	3	1	3	160	40	420

续表

阳性管数			MPN	95%可信限		阳性管数			MPN	95%可信限	
0.1	0.01	0.001		上限	下限	0.1	0.01	0.001		上限	下限
1	2	1	15	4.5	42	3	2	0	93	18	420
1	3	0	16	4.5	42	3	2	1	150	37	420
2	0	0	9.2	1.4	38	3	2	2	210	40	430
2	0	1	14	3.6	42	3	2	3	290	90	1 000
2	0	2	20	4.5	42	3	3	0	240	42	1 000
2	1	0	15	3.7	42	3	3	1	460	90	2 000
2	1	1	20	4.5	42	3	3	2	1 100	180	4 100
2	1	2	27	8.7	94	3	3	3	>1 100	420	–

注:1. 本表采用3个稀释度[0.1g(mL)、0.01g(mL)和0.001g(mL)],每个稀释度接种3管;

　　2. 表内所列检样量如改用1g(mL)、0.1g(mL)和0.01g(mL)时,表内数字应相应降低10倍;如改用
　　　0.01g(mL)、0.001g(mL)、0.000 1g(mL)时,则表内数字应相应提高10倍,其余类推。

(二)大肠埃希氏菌平板计数法(GB 4789.38—2012中第二法)

1. 检验程序

检验程序如图6-8所示。

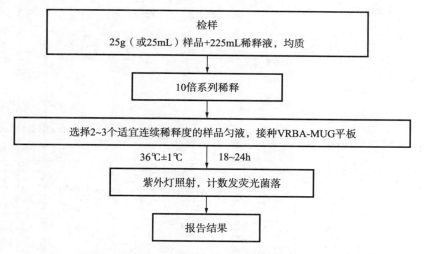

图6-8　大肠埃希氏菌平板计数法检验程序

2. 操作步骤

(1)样品稀释

照第一法进行。

(2)平板计数

①选取2~3个适宜的连续稀释度的样品匀液,每个稀释度接种2个无菌平皿,每皿1mL。

第六章　卫生指标细菌的检验

155

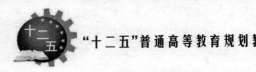

同时取 1mL 稀释液加入无菌平皿做空白对照。

②将 10～15mL 冷至 45℃±0.5℃ 的结晶紫中性红胆盐琼脂(VRBA)倾注于每个平皿中。小心旋转平皿,将培养基与样品匀液充分混匀。待琼脂凝固后,再加 3～4mL VRBA－MUG 覆盖平板表层。凝固后翻转平板,36℃±1℃ 培养 18～24h。

(3)平板菌落数的选择

选择菌落数在 10～100CFU 之间的平板,暗室中 360～366nm 波长紫外灯照射下,计数平板上发浅蓝色荧光的菌落。检验时,用已知 MUG 阳性菌株(如大肠埃希氏菌 ATCC 25922)和产气肠杆菌(如 ATCC 13048)做阳性和阴性对照。

(4)大肠埃希氏菌平板计数的报告

两个平板上发荧光菌落数的平均数乘以稀释倍数,报告每 g(mL)样品中大肠埃希氏菌数,以 CFU/g(mL)表示。若所有稀释度(包括液体样品原液)平板均无菌落生长,则以小于 1 乘以最低稀释倍数报告。

第七章　致病细菌的检验

第一节　沙门氏菌的检验

沙门氏菌与食品安全和人类健康密切相关,关于该菌可以引起人类疾病已经有100多年的历史了,沙门氏菌最早是由美国人Salmon发现的,并以此命名。它是引起食品污染及食物中毒的重要致病菌,是最常见的食源性疾病的病原微生物。

沙门氏菌属(Salmonella)是一群抗原结构、生化性状相似的革兰氏阴性杆菌。种类繁多,迄今已经发现的沙门氏菌有2 600多个血清型。它们寄生于人类和动物肠道内,有的专对人类致病,有的只对动物致病,也有对人和动物都致病,由沙门氏菌引起的疾病统称为沙门氏菌病,人的沙门氏菌病主要有伤寒、副伤寒、食物中毒以及败血症等。感染沙门氏菌的人或带菌者的粪便污染食品,可使人发生食物中毒。据统计,在世界各国的细菌性食物中毒中,沙门氏菌引起的食物中毒常列榜首,我国内陆地区也以沙门氏菌食物中毒为首位。

一、分类与分布

沙门氏菌属于肠杆菌科沙门氏菌属,根据沙门氏菌菌体抗原(O抗原)和鞭毛抗原(H抗原)的不同,将沙门氏菌分成许多不同的血清型。根据沙门氏菌生化特征的不同,又可将该属细菌分为6个亚属(Subgenera),分别为亚属Ⅰ、亚属Ⅱ、亚属Ⅲ、亚属Ⅳ、亚属Ⅴ、亚属Ⅵ。亚属Ⅰ是生化反应典型的沙门氏菌,是常见的沙门氏菌,亚属Ⅲ是过去所称的亚拉桑那菌属,现与沙门氏菌属合并,列为亚属Ⅲ。

沙门氏菌分布很广,广泛存在于自然界中,常可在各种动物,如猪、牛、羊、马等家畜及鸡、鸭、鹅等家禽,飞鸟、鼠类等野生动物的肠道中发现。鸡是沙门氏菌最大的储存储主,鸡群爆发死亡率高达80%,沙门氏菌也存在于肉、蛋、奶及其制品中。

二、生物学特性

沙门氏菌属根据抗原构造分类,至今已发现2 600多种血清型菌株,分为6个亚属。我国至少已检出255个型或变异型,其中已知能引起人类致病的有57个型,主要在A~F群内。不同血清型菌株的致病力和侵染对象均不相同,已知的种型对人或对动物或对二者均有致病性。其中,引起人类食物中毒的主要有鼠伤寒沙门氏菌(S. typhimurium)、猪霍乱沙门氏菌(S. choleraesuis)、肠炎沙门氏菌(S. enteritidis)、纽波特沙门氏菌(S. newport)、都柏林沙门氏菌(S. dublin)、德尔比沙门氏菌(S. derby)、山夫顿堡沙门氏菌(S. senftenberg)、汤普逊沙门氏菌(S. thompson)、鸭沙门氏菌(S. anatum)等,其中前三种引起食物中毒次数最多。

(一)形态与染色特性

沙门氏菌为革兰氏阴性两端钝圆的短杆菌,大小为$(0.4 \sim 0.9)\,\mu m \times (1 \sim 3)\,\mu m$,无荚膜和

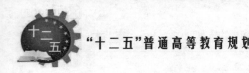

芽孢,除鸡白痢和鸡伤寒沙门氏菌外,均有周鞭毛。多数菌体有纤毛(鸡白痢沙门氏菌、鸡伤寒沙门氏菌、仙台沙门氏菌、甲型副伤寒沙门氏菌除外)。

(二)培养特性

沙门氏菌为需氧或兼性厌氧菌,在10~42℃均生长,最适生长温度为37℃,生长的最适pH为6.8~7.8。对营养要求不高,在普通营养培养基上生长良好,培养18~24h后,形成中等大小、圆形、表面光滑、无色半透明、边缘整齐的菌落。从污水或食品中分离的沙门氏菌也有部分为粗糙型菌落。在肉汤培养基中呈均匀生长。

(三)生化特性

沙门氏菌基本的生化反应特性见表7-1。

表7-1 沙门氏菌基本生化反应特性

生化试验	结果	生化试验	结果
葡萄糖	+	V-P	-
乳糖	-	靛基质	
蔗糖	-	H_2S	+
麦芽糖	+	尿素酶	
甘露醇	+	在KCN中生长	-
山梨醇	+	苯丙氨酸脱羧酶	
卫矛醇	d	丙二酸钠	D
水杨苷	-	赖氨酸脱羧酶	+
甲基红	+	鸟氨酸脱羧酶	+
动力	+	β-半乳糖苷酶	D

注:+,≥90%阳性;-,≤10%阳性;d,血清变型不同菌株有不同生化反应;D,菌属或亚属中不同菌株有不同生化反应。

(四)抗原构造与分型

1. 菌体抗原(O抗原)

O抗原存在于细胞壁最外层,其化学成分主要是蛋白质、多糖、类脂复合物。多糖部分决定O抗原的特异性,100℃,2.5h都不能被破坏,也不能被酒精、酸、0.1%石炭酸破坏。O抗原有许多不同的组成成分,用阿拉伯数字1,2,3,4……表示。每种菌常含有几种O抗原,有的是一种菌所特有的抗原,有些是几种菌所共有的。将具有相同O抗原的沙门氏菌归属于同一组(群),这样可将沙门氏菌分为A,B,C,D,E,F等42组(群),用大写字母表示A,B,C……Z,Z以后的用O下脚加阿拉伯数字表示,如O51~O63、O65~O67,引起人类疾病的沙门氏菌主要是在A,B,C,D,E,F群中,且95%的沙门氏菌也在这6个群中。

2. H抗原

H抗原存在于鞭毛上,化学成分为蛋白质,其特异性主要由蛋白质多肽链上氨基酸的排列顺序和空间构型决定。H 抗原不耐热,60℃,15min 或乙醇处理后即被破坏。沙门氏菌的 H 抗原有两种,分别为第一相、第二相,第一相中的不同 H 抗原用小写英文字母表示 a,b,c……z,z 以后用 z_1,z_2……,第二相中不同的 H 抗原用阿拉伯数字表示 1,2,3……。绝大多数沙门氏菌有两相 H 抗原,少数沙门氏菌只有一相,具有两相 H 抗原的沙门氏菌称双相菌,只有一相 H 抗原的沙门氏菌称单相菌,每组(群)沙门氏菌根据 H 抗原不同分成不同的血清型。

3. Vi 抗原

只有极少数沙门氏菌含有 Vi 抗原,如伤寒沙门氏菌、丙型副伤寒沙门氏菌、都柏林沙门氏菌,化学成分是多糖,位于菌体表面。Vi 抗原可以阻止 O 抗原与 O 抗体的凝集反应,Vi 抗原不耐热,60℃,30min 或 100℃,5min 即可破坏,Vi 抗原破坏后,O 抗原仍可与 O 抗体发生凝集反应。

4. 变异性

(1)S－R 变异

沙门氏菌在人工培养基上经过多次传代,菌落由光滑型变为粗糙型,O 抗原也随之消失。

(2)位相变异

沙门氏菌第一相 H 抗原和第二相 H 抗原发生分离,第一相 H 抗原可以在第二相发生,第二相 H 抗原也可以在第一相发生的现象叫位相变异。通常在一个培养物中两相并存;但也可遇到只有其中一个相抗原的培养物。在鉴定抗原时,如培养物仅有单相时,特别是只具第二相抗原的菌株,需反复分离和诱导出第一相方可做出鉴定。

(3)V－W 变异

V－W 变异指失去 Vi 抗原的变异。初次自伤寒患者分离的具有 Vi 抗原的菌株称 V 型菌株。在人工培养基上多次移种后,逐渐失去 Vi 抗原而变成 W 型菌株。W 型菌株能与抗 O 血清发生凝集。

(五)抵抗力

沙门氏菌对热抵抗力不强,60℃下 10～15min 即可杀死,100℃立即死亡。但沙门氏菌在外界的生活力较强,在普通水中虽不易繁殖,但可生存 2～3 周。在粪便中可存活 1～2 个月。在牛乳和肉类食品中,存活数月,在食盐含量为 10%～15% 的腌肉中可存活 2～3 个月。烹调大块鱼、肉类食品时,如果食品内部达不到沙门氏菌的致死温度,其中的沙门氏菌仍能存活,食用后可导致食物中毒。冷冻对于沙门氏菌无杀灭作用,即使在 －25℃低温环境中仍可存活 10 个月左右。

三、流行病学特性

被沙门氏菌污染的食品在 20～37℃下放置较久,细菌大量繁殖,如果加热杀菌不彻底,或者已加热杀菌彻底的熟食品再次被沙门氏菌污染,且贮存不当而使其大量繁殖,在食前又未加热或加热杀菌不彻底,极易引起食物中毒。引起食物中毒的食品主要是动物性食品,尤其是肉类(如病死畜禽肉、酱或卤肉、腌制肉、熟内脏等),其次是鱼类、乳类、蛋类及其制品。豆制品和糕点引起沙门氏菌食物中毒较少发生。由于沙门氏菌属不分解蛋白质,不产生靛基质,污染食物后无感官性状的变化,所以其感染易被忽视而引起食物中毒。

一般来说,食入致病力强的沙门氏菌 2×10^5 CFU/g 即可发病,致病力弱的沙门氏菌

10^8 CFU/g也可发病。当沙门氏菌随食物进入消化道后,可再小肠和结肠内继续繁殖,附于肠黏膜或侵入黏膜及黏膜下层,在其内毒素和肠毒素的参与下,引起肠黏膜的充血、水肿、组织炎症,经淋巴系统进入血液,出现菌血症,引起全身感染。由于中毒是摄食一定量活菌及其在人体内生长繁殖所引起,故该菌引起的食物中毒属感染型。

中毒表现为潜伏期一般 12~36h,长者达 48~72h,中毒初期表现为头痛、恶心、食欲不振。以后出现呕吐、腹泻、体温升高,并有水样便,有时带脓血黏液,重者出现寒战、抽搐和昏迷等。病程一般 3~7d,一般愈后良好,病死率常常低于 1%。

四、检验原理

(一)前增菌

食品中沙门氏菌含量较少,且在食品加工过程中因受到损伤而处于濒死状态。因此为了分离食品中沙门氏菌,首先用无选择性的缓冲蛋白胨水进行前增菌,使处于濒死状态的沙门氏菌恢复活力。

(二)选择性增菌

选择性增菌使沙门氏菌得以增殖,而大多数的其他细菌受到抑制。国标中选择性培养基有亚硒酸盐胱氨酸(SC)增菌液和四硫磺酸钠煌绿(TTB)增菌液,SC 较适合于伤寒和副伤寒沙门氏菌增菌,TTB 较适合于其他沙门氏菌增菌。SC 适宜的增菌温度为 36℃,TTB 适宜的增菌温度是 42℃。由于没有任何一种增菌培养基可以适合所有的沙门氏菌增菌,所以,为了提高检出率,同时使用两种增菌培养基进行增菌。

(三)选择性平板分离沙门氏菌

一般选择性培养基中有乳糖指示系统和硫化氢指示系统,分解乳糖的细菌由于产酸使酸碱指示剂变色,菌落可呈现颜色特征。产硫化氢的细菌,由于其产生的硫化氢与铁盐反应,形成硫化亚铁而使菌落呈黑色。但亚硫酸铋(BS)琼脂平板,无乳糖指示系统,有硫化氢指示系统。沙门氏菌可还原亚硫酸铋为硫化铋,产物为黑色或褐色,亚属Ⅲ有金属光泽。BS 平板为强选择性,强烈抑制大肠杆菌类细菌,略抑制沙门氏菌,需延长培养时间,因此国标规定培养 40~48h,XLD 或 HE 平板相对 BS 来说选择性较弱,这样在 BS 平板上不能生长的沙门氏菌可以在 XLD 或 HE 平板上生长,因此国标规定要同时用两种选择性平板分离沙门氏菌,这样可以提高检出率。根据选择性平板上的菌落特征可判断是否分解乳糖和产硫化氢,从而分辨沙门氏菌可疑菌落。

(四)生化试验鉴定到属

首先进行初步生化试验(可减少工作量),在选择性平板上挑取沙门氏菌可疑菌落,接种三糖铁和赖氨酸脱羧酶试验培养基。三糖铁斜面产酸(分解乳糖),底层产酸,同时赖氨酸脱羧酶试验阴性,或三糖铁斜面产碱,底层产碱(不分解葡萄糖、乳糖、蔗糖),可排除是沙门氏菌的可能,其他结果均为可疑沙门氏菌。初步判断结果后,可进行进一步生化试验鉴定到属。首先进行靛基质、尿素、氰化钾(KCN)试验,综合硫化氢(H_2S)、靛基质、尿素、氰化钾(KCN)、赖氨酸脱羧酶试验结果鉴别沙门氏菌,必要时,补做其他生化试验。

（五）血清学分型鉴定

一般来说是先用多价 O 血清确定 O 群范围,之后 O 因子血清确定其所属 O 群,再用 H 因子血清检查其第一相和第二相的 H 抗原以确定菌型,必要时还要用 Vi 血清检查。由于沙门氏菌有 2600 多个型别,它们 O 抗原和 H 抗原的种类繁多,抗原变异现象又十分复杂,做一个确切的菌型鉴定是十分困难的。但是根据菌型调查的结果,95% 以上的沙门氏菌都属于 A~F 6 个 O 群之内,常见的菌型不过 20 个左右,因此,在分型鉴定时,首先选用 A~F 多价 O 血清检查。

五、检验方法

（一）主要设备

冰箱、恒温培养箱、均质器、振荡器、电子天平、无菌锥形瓶、无菌吸管或微量移液器或吸头、无菌培养皿、无菌试管、无菌毛细管、pH 计或 pH 比色管或精密 pH 试纸、全自动微生物生化鉴定系统。

（二）培养基及试剂

缓冲蛋白胨水（BPW）、四硫磺酸钠煌绿（TTB）增菌液、亚硒酸盐胱氨酸（SC）增菌液、亚硫酸铋（BS）琼脂、HE 琼脂、木糖赖氨酸脱氧胆碱（XLD）琼脂、沙门氏菌属显色培养基、三糖铁（TSI）琼脂、蛋白胨水、靛基质试剂、尿素琼脂（pH7.2）、氰化钾（KCN）培养基、赖氨酸脱羧酶试验培养基、糖发酵管、邻硝基酚 β-D 半乳糖苷（ONPG）培养基、半固体琼脂、丙二酸钠培养基、沙门氏菌 O 和 H 诊断血清、生化鉴定试剂盒。

（三）检验程序

沙门氏菌检验程序见图 7-1。

（四）操作步骤

1. 前增菌

称取 25g（mL）样品放入盛有 225mL BPW 的无菌均质杯中,以 8 000~10 000r/min 均质 1~2min,或置于盛有 225mL BPW 的无菌均质袋中,用拍击式均质器拍打 1~2min。若样品为液态,不需要均质,振荡混匀。如需测定 pH,用 1mol/mL 无菌 NaOH 或 HCl 调 pH 至 6.8±0.2。无菌操作将样品转至 500mL 锥形瓶中,如使用均质袋,可直接进行培养,于 36℃±1℃培养 8~18h。

如为冷冻产品,应在 45℃以下不超过 15min,或 2~5℃不超过 18h 解冻。

2. 增菌

轻轻摇动培养过的样品混合物,移取 1mL,转种于 10mL TTB 内,于 42℃±1℃培养 18~24h。同时,另取 1mL,转种于 10mL SC 内,于 36℃±1℃培养 18~24h。

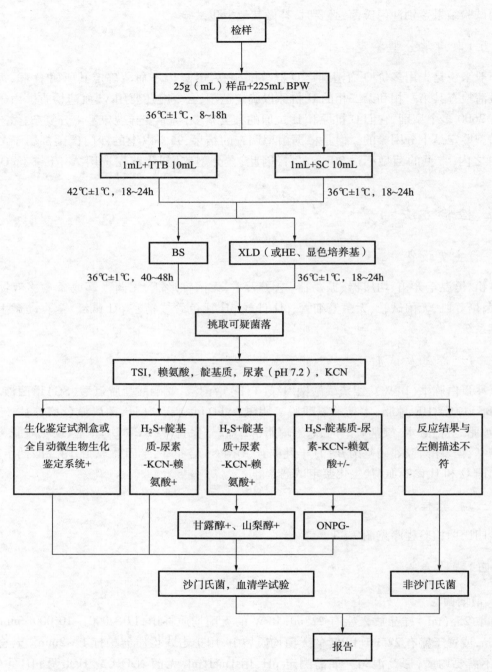

图7-1 沙门氏菌检验程序

3. 分离

分别用接种环取增菌液1环,划线接种于一个 BS 琼脂平板和一个 XLD 琼脂平板(或 HE 琼脂平板或沙门氏菌属显色培养基平板)。于36℃±1℃分别培养18~24h(XLD 琼脂平板、HE 琼脂平板、沙门氏菌属显色培养基平板)或40~48h(BS 琼脂平板),观察各个平板上生长的菌落,各个平板上的菌落特征见表7-2。

表7-2 沙门氏菌属在不同选择性琼脂平板上的菌落特征

选择性琼脂平板	沙门氏菌
BS 琼脂	菌落为黑色有金属光泽、棕褐色或灰色,菌落周围培养基可呈黑色或棕色;有些菌株形成灰绿色的菌落,周围培养基不变
HE 琼脂	蓝绿色或蓝色,多数菌落中心黑色或几乎全黑色;有些菌株为黄色,中心黑色或几乎全黑色
XLD 琼脂	菌落呈粉红色,带或不带黑色中心,有些菌株可呈现大的带光泽的黑色中心,或呈现全部黑色的菌落;有些菌株为黄色菌落,带或不带黑色中心
沙门氏菌属显色培养基	按照显色培养基的说明进行判定

4. 生化试验

自选择性琼脂平板上分别挑取 2 个以上典型或可疑菌落,接种三糖铁琼脂,先在斜面划线,再于底层穿刺;接种针不要灭菌,直接接种赖氨酸脱羧酶试验培养基和营养琼脂平板,于 36℃ ±1℃ 培养 18 ~ 24h,必要时可延长至 48h。在三糖铁琼脂和赖氨酸脱羧酶试验培养基内,沙门氏菌属的反应结果见表 7 - 3。

表7-3 沙门氏菌属在三糖铁琼脂和赖氨酸脱羧酶试验培养基内的反应结果

三糖铁琼脂				赖氨酸脱羧酶试验培养基	初步判断
斜面	底层	产气	硫化氢		
K	A	+(-)	+(-)	+	可疑沙门氏菌属
K	A	+(-)	+(-)	-	可疑沙门氏菌属
A	A	+(-)	+(-)	+	可疑沙门氏菌属
A	A	+/-	+/-	-	非沙门氏菌
K	K	+/-	+/-	+/-	非沙门氏菌

注:K:产碱,A:产酸;+:阳性,-:阴性;+(-):多数阳性,少数阴性;+/-:阳性或阴性。

接种三糖铁琼脂和赖氨酸脱羧酶试验培养基的同时,可直接接种蛋白胨水(供做靛基质试验)、尿素琼脂(pH7.2)、氰化钾(KCN)培养基,也可在初步判断结果后从营养琼脂平板上挑取可疑菌落接种。于 36℃ ±1℃ 培养 18 ~ 24h,必要时可延长至 48h,按表 7 - 4 判定结果。将已挑菌落的平板储存于 2 ~ 5℃ 或室温至少保留 24h,以备必要时复查。

表7-4 沙门氏菌属生化反应初步鉴别表

反应序号	硫化氢(H₂S)	靛基质	pH7.2 尿素	氰化钾(KCN)	赖氨酸脱羧酶
A1	+	-	-	-	+
A2	+	+	-	-	+
A3	-	-	-	-	+/-

注:+ 阳性;- 阴性;+/- 阳性或阴性。

(1)反应序号 A1:典型反应判定为沙门氏菌属。如尿素、KCN 和赖氨酸脱羧酶 3 项中有 1

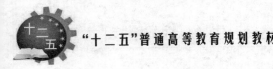

项异常,按表7-5可判定为沙门氏菌。如有2项异常为非沙门氏菌。

表7-5　沙门氏菌属生化反应初步鉴别表

pH7.2尿素	氰化钾(KCN)	赖氨酸脱羧酶	判定结果
–	–	–	甲型副伤寒沙门氏菌(要求血清学鉴定结果)
–	+	+	沙门氏菌Ⅳ或Ⅴ(要求符合本群生化特性)
+	–	+	沙门氏菌个别变体(要求血清学鉴定结果)

注:+表示阳性;–表示阴性。

(2)反应序号A2:补做甘露醇和山梨醇试验,沙门氏菌靛基质阳性变体两项试验结果均为阳性,但需要结合血清学鉴定结果进行判定。

(3)反应序号A3:补做邻硝基酚β-D-吡喃半乳糖苷(ONPG)。ONPG阴性为沙门氏菌,同时赖氨酸脱羧酶阳性,甲型副伤寒沙门氏菌为赖氨酸脱羧酶阴性。

(4)必要时按表7-6进行沙门氏菌生化群的鉴别。

表7-6　沙门氏菌属各生化群的鉴别

项目	Ⅰ	Ⅱ	Ⅲ	Ⅳ	Ⅴ	Ⅵ
卫矛醇	+	+	–	–	+	–
山梨醇	+	+	+	+	+	–
水杨苷	–	–	–	+	–	–
ONPG	–	–	+	–	+	–
丙二酸盐	–	+	+	–	–	–
KCN	–	–	–	+	+	–

注:+表示阳性;–表示阴性。

如选择生化鉴定试剂盒或全自动微生物生化鉴定系统可根据三糖铁和赖氨酸脱羧酶试验的初步判断结果,从营养琼脂平板上挑取可疑菌落,用生理盐水制备成浊度适当的菌悬液,使用生化鉴定试剂盒或全自动微生物生化鉴定系统进行鉴定。

5. 血清学鉴定

(1)抗原的准备

一般采用1.2%~1.5%琼脂培养物作为玻片凝集试验用的抗原。O血清不凝集时,将菌株接种在琼脂量较高的(如2%~3%)培养基上再检查;如果是由于Vi抗原的存在而阻止了O凝集反应时,可挑取菌苔于1mL生理盐水中做成浓菌液,于酒精灯火焰上煮沸后再检查。H抗原发育不良时,将菌株接种在0.55%~0.65%半固体琼脂平板的中央,待菌落蔓延生长时,在其边缘部分取菌检查;或将菌株通过装有0.3%~0.4%半固体琼脂的小玻管1~2次,自远端取菌培养后再检查。

(2)多价菌体抗原(O)鉴定

在玻片上划出2个约1cm×2cm的区域,挑取1环待测菌,各放1/2环于玻片上的每一区域上部,在其中一个区域下部加1滴多价菌体(O)抗血清,在另一区域下部加入1滴生理盐水,作为对照。再用无菌的接种环或针分别将两个区域内的菌落研成乳状液。将玻片倾斜摇动混合1min,并对着黑暗背景进行观察,任何程度的凝集现象皆为阳性反应。

（3）多价鞭毛抗原（H）鉴定

同多价菌体抗原（O）鉴定。

（4）血清学分型（选做项目）

①O抗原的鉴定

用A～F多价O血清做玻片凝集试验,同时用生理盐水做对照。在生理盐水中自凝者为粗糙型菌株,不能分型。

被A～F多价O血清凝集者,依次用O4;O3、O10;O7;O8;O9;O2和O11因子血清做凝集试验。根据试验结果,判定O群。被O3、O10血清凝集的菌株,再用O10、O15、O34、O19单因子血清做凝集试验,判定E1、E2、E3、E4各亚群,每一个O抗原成分的最后确定均应根据O单因子血清的检查结果,没有O单因子血清的要用两个O复合因子血清进行核对。

不被A～F多价O血清凝集者,先用9种多价O血清检查,如有其中一种血清凝集,则用这种血清所包括的O群血清逐一检查,以确定O群。每种多价O血清所包括的O因子如下:

O多价1　A,B,C,D,E,F群(并包括6,14群)

O多价2　13,16,17,18,21群

O多价3　28,30,35,38,39群

O多价4　40,41,42,43群

O多价5　44,45,47,48群

O多价6　50,51,52,53群

O多价7　55,56,57,58群

O多价8　59,60,61,62群

O多价9　63,65,66,67群

②H抗原的鉴定

属于A～F各O群的常见菌型,依次用表7-7所述H因子血清检查第1相和第2相的H抗原。

表7-7　A～F群常见菌型H抗原表

O群	第1相	第2相
A	a	无
B	g,f,s	无
B	i,b,d	2
C1	k,v,r,c	5,z15
C2	b,d,r	2,5
D（不产气的）	d	无
D（产气的）	g,m,p,q	无
E1	h,v	6,w,x
E4	g,s,t	无
E4	i	

不常见的菌型,先用8种多价H血清检查,如有其中一种或两种血清凝集,则再用这一种或两种血清所包括的各种H因子血清逐一检查,以确定第1相和第2相的H抗原。8种多价H血清所包括的H因子如下:

H多价1　a,b,c,d,i

H多价2　eh,enx,enz$_{15}$,fg,gms,gpu,gp,gq,mt,gz$_{51}$

H多价3　k,r,y,z,z$_{10}$,lv,lw,lz$_{13}$,lz$_{28}$,lz$_{40}$

H多价4　1,2;1,5;1,6;1,7;z$_6$

H多价5　z$_4$z$_{23}$,z$_4$z$_{24}$,z$_4$z$_{32}$,z$_{29}$,z$_{35}$,z$_{36}$,z$_{38}$

H多价6　z$_{39}$,z$_{41}$,z$_{42}$,z$_{44}$

H多价7　z$_{52}$,z$_{53}$,z$_{54}$,z$_{55}$

H多价8　z$_{56}$,z$_{57}$,z$_{60}$,z$_{61}$,z$_{62}$

每一个H抗原成分的最后确定均应根据H单因子血清的检查结果,没有H单因子血清的要用两个H复合因子血清进行核对。

检出第1相H抗原而未检出第2相H抗原的或检出第2相H抗原而未检出第1相H抗原的,可在琼脂斜面上移种1～2代后再检查。如仍只检出一个相的H抗原,要用位相变异的方法检查其另一个相。单相菌不必做位相变异检查。

位相变异试验方法如下:

A. 小玻管法:将半固体管(每管约1～2mL)在酒精灯上溶化并冷至50℃,取已知相的H因子血清0.05～0.1mL,加入于溶化的半固体内,混匀后,用毛细吸管吸取分装于供位相变异试验的小玻管内,待凝固后,用接种针挑取待检菌,接种于一端。将小玻管平放在平皿内,并在其旁放一团湿棉花,以防琼脂中水分蒸发而干缩,每天检查结果,待另一相细菌解离后,可以从另一端挑取细菌进行检查。培养基内血清的浓度应有适当的比例,过高时细菌不能生长,过低时同一相细菌的动力不能抑制。一般按原血清1:200～1:800的量加入。

B. 小倒管法:将两端开口的小玻管(下端开口要留一个缺口,不要平齐)放在半固体管内,小玻管的上端应高出于培养基的表面,灭菌后备用。临用时在酒精灯上加热溶化,冷至50℃,挑取因子血清1环,加入小套管中的半固体内,略加搅动,使其混匀,待凝固后,将待检菌株接种于小套管中的半固体表层内,每天检查结果,待另一相细菌解离后,可从套管外的半固体表面取菌检查,或转种1%软琼脂斜面,于37℃培养后再做凝集试验。

C. 简易平板法:将0.35%～0.4%半固体琼脂平板烘干表面水分,挑取因子血清1环,滴在半固体平板表面,放置片刻,待血清吸收到琼脂内,在血清部位的中央点种待检菌株,培养后,在形成蔓延生长的菌苔边缘取菌检查。

③Vi抗原的鉴定

用Vi因子血清检查。已知具有Vi抗原的菌型有:伤寒沙门氏菌、丙型副伤寒沙门氏菌、都柏林沙门氏菌。

④菌型的判定

根据血清学分型鉴定的结果,按照表7－8或有关沙门氏菌属抗原表判定菌型。

6. 结果与报告

综合以上生化试验和血清学鉴定的结果,报告25g(mL)样品中检出或未检出沙门氏菌。

表7-8　常见沙门氏菌抗原构造

菌名	拉丁菌名	O抗原	H抗原	
			第1相	第2相
A群				
甲型副伤寒沙门氏菌	*S. paratyphi A*	1,2,12	a	[1,5]
B群				
基桑加尼沙门氏菌	*S. kisangani*	1,4,[5],12	a	1,2
阿雷查瓦莱塔沙门氏菌	*S. arechavaleta*	4,[5],12	a	1,7
马流产沙门氏菌	*S. abortusequi*	4,12	—	e,n,x
乙型副伤寒沙门氏菌	*S. paratyphi B*	1,4,[5],12	b	1,2
利密特沙门氏菌	*S. limete*	1,4,12,[27]	b	1,5
阿邦尼沙门氏菌	*S. abony*	1,4,[5],12,27	b	e,n,x
维也纳沙门氏菌	*S. wien*	1,4,12,[27]	b	l,w
伯里沙门氏菌	*S. bury*	4,12,[27]	c	z6
斯坦利沙门氏菌	*S. stanley*	1,4,[5],12,[27]	d	1,2
圣保罗沙门氏菌	*S. saintpaul*	1,4,[5],12	e,h	1,2
里定沙门氏菌	*S. reading*	1,4,[5],12	e,h	1,5
彻斯特沙门氏菌	*S. chester*	1,4,[5],12	e,h	e,n,x
德尔卑沙门氏菌	*S. derby*	1,4,[5],12	f,g	[1,2]
阿贡纳沙门氏菌	*S. agona*	1,4,[5],12	f,g,s	[1,2]
埃森沙门氏菌	*S. essen*	4,12	g,m	—
加利福尼亚沙门氏菌	*S. california*	4,12	g,m,t	[z67]
金斯敦沙门氏菌	*S. kingston*	1,4,[5],12,[27]	g,s,t	[1,2]
布达佩斯沙门氏菌	*S. budapest*	1,4,12,[27]	g,t	—
鼠伤寒沙门氏菌	*S. typhimurium*	1,4,[5],12	i	1,2
拉古什沙门氏菌	*S. Lagos*	1,4,[5],12	i	1,5
布雷登尼沙门氏菌	*S. bredeney*	1,4,12,[27]	l,v	1,7
基尔瓦沙门氏菌Ⅱ	*S. kilwa* Ⅱ	4,12	l,w	1,7
海德尔堡沙门氏菌	*S. heidelberg*	1,4,[15],12	r	1,2
印地安纳沙门氏菌	*S. indiana*	1,4,12	z	1,7
斯坦利维尔沙门氏菌	*S. stanleyville*	1,4,[5],12,[27]	z4,z23	[1,2]
伊图里沙门氏菌	*S. ituri*	1,4,12	z10	1,5

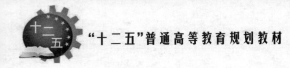
续表

菌名	拉丁菌名	O 抗原	H 抗原	
			第 1 相	第 2 相
C1 群				
奥斯陆沙门氏菌	*S. oslo*	6,7,<u>14</u>	a	e,n,x
爱丁保沙门氏菌	*S. edinburg*	6,7,<u>14</u>	b	1,5
布隆方丹沙门氏菌Ⅱ	*S. bloemfontein* Ⅱ	6,7	b	[e,n,x],z42
丙型副伤寒沙门氏菌	*S. paratyphi C*	6,7,[Vi]	c	1,5
猪霍乱沙门氏菌	*S. choleraesuis*	6,7	c	1,5
猪伤寒沙门氏菌	*S. typhisuis*	6,7	c	1,5
罗米他沙门氏菌	*S. lomita*	6,7	e,h	1,5
布伦登卢普沙门氏菌	*S. braenderup*	6,7,<u>14</u>	e,h	e,n,z15
里森沙门氏菌	*S. rissen*	6,7,<u>14</u>	f,g	—
蒙得维的亚沙门氏菌	*S. montevideo*	6,7,<u>14</u>	g,m,[p],s	[1,2,7]
里吉尔沙门氏菌	*S. riggil*	6,7	g,[t]	—
奥雷宁堡沙门氏菌	*S. oranieburg*	6,7,<u>14</u>	m,t	[2,5,7]
奥里塔蔓林沙门氏菌	*S. oritamerin*	6,7	i	1,5
汤卜逊沙门氏菌	*S. thompson*	6,7,<u>14</u>	k	1,5
康科德沙门氏菌	*S. concord*	6,7	l,v	1,2
伊鲁木沙门氏菌	*S. irumu*	6,7	l,v	1,5
姆卡巴沙门氏菌	*S. mkamba*	6,7	l,v	1,6
波恩沙门氏菌	*S. bonn*	6,7	l,v	e,n,x
波茨坦沙门氏菌	*S. potsdam*	6,7,<u>14</u>	l,v	e,n,z15
格但斯克沙门氏菌	*S. gdansk*	6,7,<u>14</u>	l,v	z6
维尔肖沙门氏菌	*S. virchow*	6,7,<u>14</u>	r	1,2
婴儿沙门氏菌	*S. infantis*	6,7,<u>14</u>	r	1,5
巴布亚沙门氏菌	*S. papuana*	6,7	r	e,n,z15
巴累利沙门氏菌	*S. bareilly*	6,7,<u>14</u>	y	1,5
哈特福德沙门氏菌	*S. hartford*	6,7	y	e,n,x
三河岛沙门氏菌	*S. mikawasima*	6,7,<u>14</u>	y	e,n,z15
姆班达卡沙门氏菌	*S. mbandaka*	6,7,<u>14</u>	z10	e,n,z15
田纳西沙门氏菌	*S. tennessee*	6,7,<u>14</u>	z29	[1,2,7]
布伦登卢普沙门氏菌	*S. braenderup*	6,7,<u>14</u>	e,h	e,n,z15
耶路撒冷沙门氏菌	*S. jerusalem*	6,7,<u>14</u>	z10	l,w

续表

菌名	拉丁菌名	O 抗原	H 抗原	
			第 1 相	第 2 相
C2 群				
习志野沙门氏菌	*S. narashino*	6.8	a	e,n,x
名古屋沙门氏菌	*S. nagoya*	6,8	b	1,5
加瓦尼沙门氏菌	*S. gatuni*	6,8	b	e,n,x
慕尼黑沙门氏菌	*S. muenchen*	6,8	d	1,2
蔓哈顿沙门氏菌	*S. manhattan*	6,8	d	1,5
纽波特沙门氏菌	*S. newport*	6,8,<u>20</u>	e,h	1,2
科特布斯沙门氏菌	*S. kottbus*	6,8	e,h	1,5
茨昂威沙门氏菌	*S. tshiongwe*	6,8	e,h	e,n,z15
林登堡沙门氏菌	*S. lindenburg*	6,8	i	1,2
塔科拉迪沙门氏菌	*S. takoradi*	6,8	i	1,5
波那雷恩沙门氏菌	*S. bonariensis*	6,8	i	e,n,x
利齐菲尔德沙门氏菌	*S. litchfield*	6,8	l,v	1,2
病牛沙门氏菌	*S. bovismorbificans*	6,8,<u>20</u>	r,[i]	1,5
查理沙门氏菌	*S. chailey*	6,8	z4,z23	e,n,z15
C3 群				
巴尔多沙门氏菌	*S. bardo*	8	e,h	1,2
依麦克沙门氏菌	*S. emek*	8,<u>20</u>	g,m,s	—
肯塔基沙门氏菌	*S. kentucky*	8,<u>20</u>	i	z6
D 群				
仙台沙门氏菌	*S. sendai*	<u>1</u>,9,12	a	1,5
伤寒沙门氏菌	*S. typhi*	9,12,[Vi]	d	—
塔西沙门氏菌	*S. tarshyne*	9,12	d	1,6
伊斯特本沙门氏菌	*S. eastbourne*	<u>1</u>,9,12	e,h	1,5
以色列沙门氏菌	*S. israel*	9,12	e,h	e,n,z15
肠炎沙门氏菌	*S. enteritidis*	<u>1</u>,9,12	g,m	[1,7]
布利丹沙门氏菌	*S. blegdam*	9,12	g,m,q	—
沙门氏菌 Ⅱ	*Salmonella* Ⅱ	<u>1</u>,9,12	g,m,[s],t	[1,5,7]
都柏林沙门氏菌	*S. dublin*	<u>1</u>,9,12,[Vi]	g,p	—
芙蓉沙门氏菌	*S. seremban*	9,12	i	1,5
巴拿马沙门氏菌	*S. panama*	<u>1</u>,9,12	l,v	1,5

第七章 致病细菌的检验

169

续表

菌名	拉丁菌名	O 抗原	H 抗原	
			第 1 相	第 2 相
戈丁根沙门氏菌	*S. goettingen*	9,12	l,v	e,n,z15
爪哇安纳沙门氏菌	*S. javiana*	1,9,12	L,z28	1,5
鸡－雏沙门氏菌	*S. gallinarum – pullorum*	1,9,12	—	—
E1 群				
奥凯福科沙门氏菌	*S. okefoko*	3,10	c	z6
瓦伊勒沙门氏菌	*S. vejle*	3,{10},{15}	e,h	1,2
明斯特沙门氏菌	*S. muenster*	3,{10}{15}{15,34}	e,h	1,5
鸭沙门氏菌	*S. anatum*	3,{10}{15}{15,34}	e,h	1,6
纽兰沙门氏菌	*S. newlands*	3,{10},{15,34}	e,h	e,n,x
火鸡沙门氏菌	*S. meleagridis*	3,{10}{15}{15,34}	e,h	l,w
雷根特沙门氏菌	*S. regent*	3,10	f,g,[s]	[1,6]
西翰普顿沙门氏菌	*S. westhampton*	3,{10}{15}{15,34}	g,s,t	—
阿姆德尔尼斯沙门氏菌	*S. amounderness*	3,10	i	1,5
新罗歇尔沙门氏菌	*S. new – rochelle*	3,10	k	l,w
恩昌加沙门氏菌	*S. nchanga*	3,{10}{15}	l,v	1,2
新斯托夫沙门氏菌	*S. sinstorf*	3,10	l,v	1,5
伦敦沙门氏菌	*S. london*	3,{10}{15}	l,v	1,6
吉韦沙门氏菌	*S. give*	3,{10}{15}{15,34}	l,v	1,7
鲁齐齐沙门氏菌	*S. ruzizi*	3,10	l,v	e,n,z15
乌干达沙门氏菌	*S. uganda*	3,{10}{15}	l,z13	1,5
乌盖利沙门氏菌	*S. ughelli*	3,10	r	1,5
韦太夫雷登沙门氏菌	*S. weltevreden*	3,{10}{15}	r	z6
克勒肯威尔沙门氏菌	*S. clerkenwell*	3,10	z	l,w
列克星敦沙门氏菌	*S. lexington*	3,{10}{15}{15,34}	z10	1,5
E4 群				
萨奥沙门氏菌	*S. sao*	1,3,19	e,h	e,n,z15
卡拉巴尔沙门氏菌	*S. calabar*	1,3,19	e,h	l,w
山夫登堡沙门氏菌	*S. senftenberg*	1,3,19	g,[s],t	—
斯特拉特福沙门氏菌	*S. stratford*	1,3,19	i	1,2
塔克松尼沙门氏菌	*S. taksony*	1,3,19	i	z6
索恩保沙门氏菌	*S. schoeneberg*	1,3,19	z	e,n,z15

菌名	拉丁菌名	O抗原	H抗原	
			第1相	第2相
F群				
昌丹斯沙门氏菌	S. chandans	11	d	[e,n,x]
阿柏丁沙门氏菌	S. aberdeen	11	i	1,2
布里赫姆沙门氏菌	S. brijbhumi	11	i	1,5
威尼斯沙门氏菌	S. veneziana	11	i	e,n,x
阿巴特图巴沙门氏菌	S. abaetetuba	11	k	1,5
鲁比斯劳沙门氏菌	S. rubislaw	11	r	e,n,x
其他群				
浦那沙门氏菌	S. poona	1,13,22	z	1,6
里特沙门氏菌	S. ried	1,13,22	z4,z23	[e,n,z15]
密西西比沙门氏菌	S. mississippi	1,13,23	b	1,5
古巴沙门氏菌	S. cubana	1,13,23	z29	—
苏拉特沙门氏菌	S. surat	[1],6,14,[25]	r,[i]	e,n,z15
松兹瓦尔沙门氏菌	S. sundsvall	[1],6,14,[25]	z	e,n,x
非丁伏斯沙门氏菌	S. hvittingfoss	16	b	e,n,x
威斯敦沙门氏菌	S. weston	16	e,h	z6
上海沙门氏菌	S. shanghai	16	l,v	1,6
自贡沙门氏菌	S. zigong	16	l,w	1,5
巴圭达沙门氏菌	S. baguida	21	z4,z23	—
迪尤波尔沙门氏菌	S. dieuoppeul	28	i	1,7
卢肯瓦尔德沙门氏菌	S. luckenwalde	28	z10	e,n,z15
拉马特根沙门氏菌	S. ramatgan	30	k	1,5
阿德莱沙门氏菌	S. adelaide	35	f,g	—
旺兹沃思沙门氏菌	S. wandsworth	39	b	1,2
雷俄格伦德沙门氏菌	S. riogrande	40	b	1,5
莱瑟沙门氏菌	S. lethe II	41	g,t	—
达莱姆沙门氏菌	S. dahlem	48	k	e,n,z15
沙门氏菌Ⅲb	Salmonella Ⅲb	61	l,v	1,5,7

注:"－"是指洁源状态下O因子可以并存;"‖"是指O因子不相容,只能有一种;"[ ]"是指O或H因子有存在或不存在的可能性。

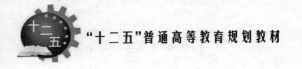
六、其他检验方法

(一)实时荧光 PCR 检测沙门氏菌

聚合酶链式反应(polymerase chain reaction,PCR)与分子克隆(molecular cloning)、DNA 测序(DNA sequencing)是分子生物学的三大主流技术。它是当前最先进、最敏感的检测技术,具有简便、快速、敏感性高和特异性强的优点,已广泛应用于微生物检测、遗传病诊断等诸多领域。因此,国内外学者对 PCR 技术检测沙门氏菌做了大量的探索研究,并对传统的 PCR 技术进行改进,使其不断完善。

1992 年,Rahn 等设计出一对引物,用 PCR 检测沙门氏菌,检出率为 97%,但许多肠道杆菌能同时扩增出来,特异性较差。此后,国内外的许多学者进行了利用 PCR 技术检测沙门氏菌的研究,现 PCR 方法已趋于成熟,并广泛用于沙门氏菌检验。

下面以《进出口乳及乳制品中沙门氏菌快速检测方法　实时荧光 PCR 法》(SN/T 2415—2010)为例加以介绍。

1. 试剂和材料

(1)检测用引物(对)序列

5′ – GCGTTCTGAACCTTTGGTAATAA – 3′

5′ – CGTTCGGGCAATTCATTA – 3′

引物(对)10μmol/L。

(2)探针

5′ – FAM – TGGCGGTGGGTTTTGTTGTCTTCT – TAMRA – 3′　10μmol/L。

(3)其他

Taq DNA 聚合酶;脱氧核苷酸三磷酸(dNTP);核酸裂解液:十六烷基三甲基溴化铵,Tris – 盐酸(pH8.0),氯化钠,乙二胺四乙酸(EDTA)(pH8.0);10 × PCR 缓冲液:Tris – 盐酸(pH8.3),氯化钾,氯化镁。

2. 仪器和设备

实时荧光 PCR 仪;离心机;微量移液器;恒温培养箱;恒温水浴箱;冰箱;高压灭菌器;核酸蛋白分析仪或紫外分光光度计;pH 计;天平。

3. 检验程序

检测程序见图 7 – 2。

4. 步骤

(1)取样和增菌

取样前消毒样品包装的开启处和取样工具,无菌称取样品 25g 加入装有 225mL 预热到 45℃ 的灭菌水的三角瓶中,使样品充分混匀,36℃ ±1℃ 培养 18~22h。分别移取培养 18~22h 的悬液各 10mL 加入 90mL 缓冲蛋白胨水中,36℃ ±1℃ 培养 18~22h。

(2)模板 DNA 准备

每瓶培养的缓冲蛋白胨水分别取 1mL 加到 1.5mL 离心管中。13 000~16 000g 离心 2min,去上清液。加入 600μL 核酸裂解液,重新悬浮起来。100℃ 水浴 5min 后。冷却至室温。13 000~16 000g 离心 3min,将上清液移至干净的 1.5mL 离心管中。加入 0.8 倍体积的异丙

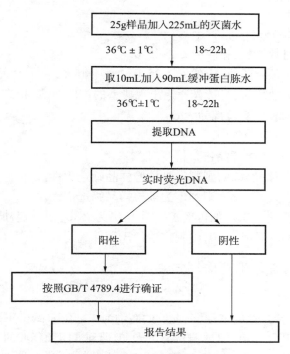

图7-2 荧光PCR检验方法程序

醇,放入冰箱静置1h或过夜。13 000~16 000*g*离心2min,去上清液,吸干。70%乙醇轻柔倒置几次洗涤,13 000~16 000*g*离心2min,小心去上清液。吸干,风干10~15min。100μL双蒸水4℃保存(如不能及时检验,放置-20℃保存)。也可以使用经过评估的等效的细菌核酸提取试剂盒。

(3)DNA浓度和纯度的测定

取适量DNA溶液原液加双蒸水稀释一定倍数后,使用核酸蛋白分析仪或紫外分光光度计测260nm和280nm处的吸收值。DNA的浓度按照公式(7-1)计算。

$$c = A_{260} \times N \times 50 \tag{7-1}$$

式中 c——DNA浓度,单位为微克每毫升(μg/mL);

A_{260}——260nm处的吸光值;

N——核酸稀释倍数。

当浓度为10~100μg/mL,A_{260}/A_{280}比值在1.7~1.9之间时,适宜于实时荧光PCR扩增。

(4)实时荧光PCR检测

反应体系总体积为25μL,其中含:10×PCR缓冲液2.5μL,引物对(10μmol/L)各1μL,dNTP(10μmol/L)1μL,TaqDNA聚合酶(5U/μL)0.5μL,探针1μL,水16μL,模板DNA2μL(浓度约10~100μg/mL)。反应步骤一:94℃预变性1min。反应步骤二:94℃变性5s,60℃退火延伸20s,30个循环。检验过程中分别设阳性对照、阴性对照、空白对照。以沙门氏菌纯培养物提取的DNA为阳性对照,以大肠杆菌或其他非沙门氏菌属肠杆菌纯培养物提取的DNA为阴性对照,以灭菌水为空白对照。样品设3个重复,对照设2个重复,以C_t平均值作为最终结果。

5. 结果判断及报告

（1）PCR 体系有效性判定

空白对照：无荧光对数增长，相应的 $C_t > 25.0$。

阴性对照：无荧光对数增长，相应的 $C_t > 25.0$。

阳性对照：有荧光对数增长，且荧光通道出现典型的扩增曲线，相应的 $C_t < 25.0$。

以上三条有一条不满足，实验视为无效。

（2）检测结果判定

在符合（1）的情况下，被检样品进行检测时：

如有荧光对数增长，且 $C_t \leq 25$，则判定为被检样品筛选阳性。

如无荧光对数增长，且 $C_t = 30$，则判定为被检样品筛选阴性。

如 $25 < C_t < 30$，则重复一次。如再次扩增后 C_t 仍为 < 30，则判定沙门氏菌筛选阳性；如再次扩增后无荧光对数增长，且 $C_t = 30$，则判定沙门氏菌筛选阴性。

（二）沙门氏菌辛酯酶荧光检验方法

1. 原理

沙门菌能产生一种特异性的辛酯酶，此酶的底物为 4 - 甲基伞形酮辛酸酯（4 - methylumbel-liferyl - caprylate，MUCAP）。MUCAP 本身没有荧光，但遇到沙门菌释放的辛酯酶时可发生水解反应，释放出 4 - 甲基伞形酮，后者在波长 365nm 的紫外光照射下，数分钟内即可发出蓝色荧光。

2. 设备与材料

紫外光灯、放大镜、毛细滴管。

3. 培养基及试剂

SS 琼脂培养基（含 1% 蔗糖）、HE 琼脂培养基、MUCAP 试剂、氧化酶试纸。

4. 操作步骤

（1）增菌

称取 25g（mL）样品放入盛有 225mL BPW 的无菌均质杯中，以 8 000 ～ 10 000r/min 均质 1 ～2min，或置于盛有 225mL BPW 的无菌均质袋中，用拍击式均质器拍打 1 ～2min。若样品为液态，不需要均质，振荡混匀。如需测定 pH，用 1mol/mL 无菌 NaOH 或 HCl 调 pH 至 6.8 ±0.2。无菌操作将样品转至 500mL 锥形瓶中，如使用均质袋，可直接进行培养，于 36℃ ±1℃ 培养 8 ～18h。如为冷冻产品，应在 45℃ 以下不超过 15min，或 2 ～5℃ 不超过 18h 解冻。

（2）分离培养

将增菌培养液摇匀，挑取一接种环，划线接种于 SS 和 HE 琼脂培养基各一个，于 36℃ ±1℃ 培养 24h ±2h。

（3）观察

观察各琼脂平板上有无可疑沙门氏菌菌落。如无可疑菌落，应再继续培养 24h ±2h。沙门氏菌的菌落特征如下：

SS 琼脂：圆形，边缘整齐；淡黄色，半透明，有或无黑色中心；周围培养基透明淡黄色。

HE 琼脂：圆形，边缘整齐；蓝绿色至蓝色，有或无黑色中心；周围培养基透明墨绿色。

（4）测定

①从培养的分离培养基上选可疑沙门氏菌菌落（尽量选较大、分离较好的单个菌落），用玻

璃笔做好标记并编号。

②用毛细滴管吸取 MUCAP 试剂,加一滴于编号的菌落上。待一个平板的被检菌落全部滴加试剂后,将平板拿至 366nm 紫外光灯下检视。发蓝色荧光的为 MUCAP 试验阳性,将阳性菌落号记录下来。

③用接种环挑取荧光反应阳性菌落,涂于氧化酶试纸上,观察涂菌点是否变蓝色。于10min 内变蓝色为氧化酶试验阳性;不变色为阴性。

(5)结果的报告

①MUCAP 试验阴性的样品,报告为"未检出沙门氏菌"。

②MUCAP 试验阳性氧化酶试验阴性的样品,继续进行生化和血清学试验,并根据试验结果报告。

(三)沙门氏菌的测试片快速检测方法

1. 原理

沙门菌能产生一种特异性的辛酯酶,将选择性培养基中加入专一性的辛酯酶显色剂,并将其加载在纸片上,通过培养,如果样品中含有沙门氏菌,即可在纸片上呈紫红色的菌落。

2. 使用方法

(1)样品处理

无菌称取待测样品 25g(或 25mL)放入含有 225mL 无菌生理盐水的采样瓶或均质杯内,经充分振摇或置均质器中做成 1:10 的样品匀液。

(2)接种

将测试片置于平坦实验台面,揭开上层膜,用无菌吸管吸取 1mL 样品匀液慢慢均匀地滴加到纸片上,然后再将上层膜缓慢盖下,静置 5min 使培养基凝固,最后用手轻轻地压一下。每个样品接种两片。

(3)培养

将测试片叠在一起放回原自封袋中,堆叠片数不超过 12 片,透明面朝上水平置于恒温培养箱内。培养温度为 36℃ ±1℃,培养 15~24h。

(4)结果观察

对测试片进行观察,呈紫红色的菌落为沙门氏菌;呈蓝色的菌落为其他大肠菌,葡萄球菌不生长。

第二节 志贺氏菌的检验

志贺氏菌(*Shigella*),也称志贺菌或者痢疾杆菌,是一类革兰氏阴性、不运动、无芽孢的杆状细菌,是细菌性痢疾的病原菌。临床上能引起痢疾症状的病原生物很多,有志贺氏菌、沙门氏菌、变形杆菌、大肠杆菌等,还有阿米巴原虫、鞭毛虫、以及病毒等均可引起人类痢疾,其中以志贺氏菌引起的细菌性痢疾最为常见。人类对痢疾杆菌有很高的易感性,营养不良的幼儿、老人及免疫缺陷者更为易感,在幼儿可引起急性中毒性菌痢,死亡率甚高。四种志贺氏菌均可引起菌痢,但是疾病的严重性、死亡率及流行情况各不相同,其中以痢疾志贺氏菌引起的菌痢症状最重。我国以福氏和宋氏志贺氏菌引起的菌痢最为多见。

一、分类与分布

志贺氏菌属于肠杆菌科志贺氏菌属,志贺氏菌分为4个群,A群为痢疾志贺氏菌、B群为福氏志贺氏菌、C群为鲍氏志贺氏菌、D群为宋内氏志贺氏菌。据其O抗原结构的不同,各群志贺氏菌又可分为型及亚型。

在志贺氏菌流行的季节,被单、床铺、玩具、桌椅、门把手、患者手指中均发现有志贺氏菌,引起志贺氏菌食物中毒的相关食品有凉拌菜、色拉(土豆、金枪鱼、虾、通心粉、鸡)、生的蔬菜、奶和奶制品、禽肉、水果、面包制品、汉堡包、有鳍鱼类等。

二、生物学特性

(一)形态与染色特性

为革兰氏阴性无芽孢杆菌,大小为$(0.5 \sim 0.7)\mu m \times (2.0 \sim 3.0)\mu m$。兼性厌氧,不形成芽孢,无荚膜,无动力。

(二)培养特性

志贺氏菌为兼性厌氧菌,对营养要求不高,最适生长温度为37℃。在营养琼脂平板上一般菌落呈圆形,光滑,无色半透明,边缘整齐,直径为2mm左右。宋内氏志贺氏菌常呈光滑型和粗糙型两种菌落,且菌落较大,较不透明。在液体培养基上浑浊生长,不形成菌膜和沉淀。

(三)生化特性

志贺氏菌不发酵乳糖和蔗糖(宋内氏志贺氏菌个别菌株迟缓发酵乳糖,3~4d),发酵葡萄糖产酸不产气(福氏志贺氏菌6型可少量产气),不产硫化氢,不产尿素酶,有氰化钾时不能生长,不能以柠檬酸盐为唯一碳源,赖氨酸脱羧酶阴性,甲基红试验阳性,VP反应阴性。志贺氏菌属4个群的生化特性见表7-9。

表7-9 志贺氏菌属4个群的生化特性

生化群	5%乳糖	甘露醇	棉子糖	甘油	靛基质
A群:痢疾志贺氏菌	-	-	-	(+)	- / +
B群:福氏志贺氏菌	-	+	+	-	(+)
C群:鲍氏志贺氏菌	-	+	-	(+)	- / +
D群:宋内氏志贺氏菌	+/(+)	+	+	d	-

注:+,阳性;-,阴性;-/+,多数阴性,少数阳性;(+),迟缓阳性;d,有不同生化型。

不发酵甘露醇的A群,即痢疾志贺氏菌1~12个血清型;发酵甘露醇的3个群,B群即福氏志贺氏菌1~6个血清型,C群即鲍氏志贺氏菌1~18个血清型,以及D群即宋内氏志贺氏菌。

其代谢特点是一般只能利用葡萄糖和甘露糖。少数菌株利用棉子糖等其他糖。一般认为,碳源被分解时产酸对志贺氏菌的生长造成毒害。试验表明,高浓度的氨基酸对志贺氏菌的生长尤为重要。志贺氏菌耐酸至 pH2,这可能与志贺氏菌流行关系非常密切。志贺氏菌在 60℃,15min 即被杀死。

(四)抗原构造与分型

志贺氏菌属细菌的抗原结构有菌体抗原(O)及表面抗原(K)组成。

1. 菌体抗原(O 抗原)

菌体抗原成分为脂多糖,分为型抗原和群抗原两种。各群志贺氏菌的每型菌一般都有一个特异的型抗原,每群志贺氏菌中的不同型抗原用罗马数字表示:Ⅰ,Ⅱ,Ⅲ……;每群志贺氏菌根据型抗原不同分成不同的菌型,用阿拉伯数字表示,如痢疾志贺氏菌 1 型。B 群志贺氏菌除型抗原外,还有群抗原,用阿拉伯数字表示,1,2……,特异性较低,常在数种近似的菌内出现。B 群志贺氏菌根据型抗原的不同分成不同的菌型,每型菌又根据群抗原的不同分成不同的亚型,用 a,b,c……来表示,如 2a 亚型、2b 亚型。

A 群有 12 个血清型,B 群有 6 个血清型及 13 个亚型,C 群有 18 个血清型,D 群只有 1 个血清型,但有Ⅰ、Ⅱ相之分。见表 7 - 10。

表 7 - 10　志贺菌属的分类

志贺菌属	群型	亚型	甘露醇	鸟氨酸脱羧酶
痢疾志贺菌	A1 ~ 12		-	-
福氏志贺菌	B1 ~ 6	1a,1b,2a,2b,3a,3b,3c,4a,4b,5a,5b,x,y	+	-
鲍氏志贺菌	C1 ~ 18		+	-
宋内志贺菌	D1		+	+

2. 表面抗原(K 抗原)

在新分离的某些菌株菌体表面含有此种抗原,不耐热,100℃ 1h 即被破坏。此抗原可阻止 O 抗原和 O 抗体的凝集。加热破坏 K 抗原后,O 抗原和 O 抗体仍可凝集。

三、流行病学特性

志贺氏菌是引起痢疾的致病菌之一。健康人群带菌率在 1% 以下,与患者密切接触时带菌率为 5% ~7%。由志贺氏菌引起的痢疾也称菌痢,细菌性痢疾多发于夏秋,一旦食物和水源被志贺氏菌污染,可引起腹泻病的爆发。一般认为,志贺氏菌传染源是病人和带菌者(包括恢复期带菌者、慢性带菌者和健康带菌者),无动物宿主。主要通过粪便传播。经常以手指和苍蝇为媒介,由病人粪便带到水和食物,志贺氏菌随饮食进入肠道。水也被认为是重要的感染环节。

志贺氏菌在拥挤和不卫生条件下能迅速传播,经常发现于人员大量集中的地方,如餐厅、食堂。食源性志贺氏菌流行的最主要原因是从事食品加工行业人员患菌痢或带菌者污染食品,食品接触人员个人卫生差,存放已污染的食品温度不适当等。

人类对志贺氏菌有较高的敏感性,一般只要 10 个菌体以上就能使人致病,儿童特别易引起侵袭性和感染性痢疾。主要致病因素是内毒素。还能产生外毒素——志贺毒素。人体感染部位为大肠,少数为回肠末端。志贺氏菌感染有急性和慢性两种,病程在 2~3 个月以上的为慢性。急性细菌性痢疾常有发热、腹痛、里急后重、大便数频、带黏液或血液等。在临床上以 A 群Ⅰ型志贺氏痢疾杆菌的全身症状与消化道症状最为严重,多以脓血便为主;鲍氏(C 群)与 A 群中的史密斯氏菌的症状相应较轻;B 群福氏菌的消化道症状比较突出,也以脓血便多见,易形成慢性菌痢;宋内氏 D 群痢疾杆菌的症状轻重居中,大便性状以黏性便为主,脓血便较少见。

四、检验原理

(一)选择性增菌

使用志贺氏菌增菌肉汤-新生霉素进行增菌,可排除革兰氏阳性菌和部分革兰氏阴性肠杆菌的干扰。由于志贺氏菌可以在 41.5℃生长,因而厌氧环境 41.5℃培养,可排除需氧菌和大部分不耐热的厌氧菌与兼性厌氧菌的干扰。减少杂菌背景的同时,也降低了杂菌在增菌过程中对于数量很少的志贺氏菌的竞争抑制作用,可有效地提高志贺氏菌的数量,有助于进一步分离与鉴定。

(二)选择性平板分离

在 XLD 琼脂平板和麦康凯琼脂平板或志贺氏菌显色培养基平板上划线分离志贺氏菌。同时采用两种培养基分离沙门氏菌,可提高检出率。

志贺氏菌不发酵乳糖,不产酸,酸碱指示剂不发生颜色变化,菌落也没有颜色变化。因此,挑取平板上无色透明或粉红色、浅粉红色(志贺氏菌显色培养基,按照显色培养基的说明进行判定)可疑菌落进行初步生理生化试验。

(三)生化试验和血清学分型试验

首先进行初步生化试验,挑取平板上的可疑菌落进行三糖铁试验和动力试验,对于乳糖、蔗糖不发酵,葡萄糖产酸不产气(福氏志贺氏菌 6 型可产生少量气体),不产硫化氢、半固体管中无动力的菌株,可做进一步生化试验、附加试验和血清学分型。由于某些不活泼的大肠埃希氏菌的部分生化特征与志贺氏菌相似,并能与某种志贺氏菌分型血清发生凝集,因此前面生化实验符合志贺氏菌属生化特性的培养物还需进行附加试验,目的是区分志贺氏菌属和不活泼大肠埃希氏菌。综合生化和血清学的试验结果判定菌型。

五、检验方法

(一)设备和材料

冰箱、恒温培养箱、显微镜、均质器或灭菌乳钵、架盘药物天平、灭菌广口瓶、灭菌锥形瓶、灭菌培养皿、硝酸纤维素滤膜(150mm × 50mm,ϕ0.45μm)。临用时切成两张,每张 70mm × 50mm,用铅笔画格,每格 6mm ×6mm,每行 10 格,分 6 行。灭菌备用。

(二)培养基及试剂

志贺氏菌增菌肉汤 - 新生霉素、麦康凯(MAC)琼脂、木糖赖氨酸脱氧胆酸盐(XLD)琼脂、志贺氏菌显色培养基、三糖铁(TSI)琼脂、营养琼脂斜面、半固体琼脂、葡萄糖铵培养基、尿素琼脂、β-半乳糖苷酶培养基、氨基酸脱羧酶试验培养基、糖发酵管、西蒙氏柠檬酸盐培养基、黏液酸盐培养基、蛋白胨水、靛基质试剂、志贺氏菌属诊断血清、生化鉴定试剂盒。

（三）检验程序

志贺氏菌检验程序见图7-3。

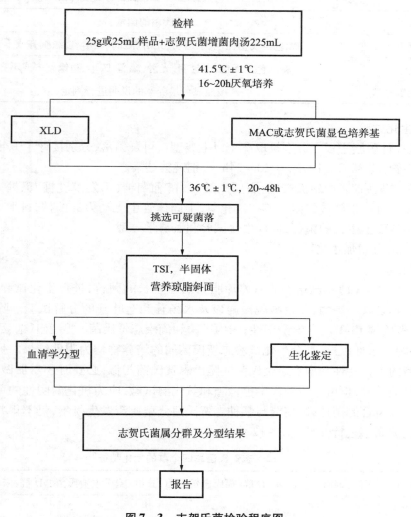

图7-3　志贺氏菌检验程序图

（四）操作步骤

1. 增菌

以无菌操作取检样25g(mL)，加入装有灭菌225mL志贺氏菌增菌肉汤的均质杯，用旋转刀片式均质器以8 000～10 000r/min均质；或加入装有225mL志贺氏菌增菌肉汤的均质袋中，用拍击式均质器连续均质1～2min，液体样品振荡混匀即可。于41.5℃±1℃，厌氧培养16～20h。

2. 分离

取增菌后的志贺氏增菌液分别划线接种于 XLD 琼脂平板和 MAC 琼脂平板或志贺氏菌显色培养基平板上,于 36℃ ±1℃ 培养 20～24h,观察各个平板上生长的菌落形态。宋内氏志贺氏菌的单个菌落直径大于其他志贺氏菌。若出现的菌落不典型或菌落较小不易观察,则继续培养至 48h 再进行观察。志贺氏菌在不同选择性琼脂平板上的菌落特征见表 7 - 11。

表 7 - 11 志贺氏菌在不同选择性琼脂平板上的菌落特征

选择性琼脂平板	志贺氏菌的菌落特征
MAC 琼脂	无色至浅粉红色,半透明、光滑、湿润、圆形、边缘整齐或不齐
XLD 琼脂	粉红色至无色,半透明、光滑、湿润、圆形、边缘整齐或不齐
志贺氏菌显色培养基	按照显色培养基的说明进行判定

3. 初步生化试验

(1)自选择性琼脂平板上分别挑取 2 个以上典型或可疑菌落,分别接种 TSI、半固体和营养琼脂斜面各一管,置 36℃ ±1℃ 培养 20～24h,分别观察结果。

(2)凡是三糖铁琼脂中斜面产碱、底层产酸(发酵葡萄糖,不发酵乳糖,蔗糖)、不产气(福氏志贺氏菌 6 型可产生少量气体)、不产硫化氢、半固体管中无动力的菌株,挑取其(1)中已培养的营养琼脂斜面上生长的菌苔,进行生化试验和血清学分型。

4. 生化试验及附加生化试验

(1)生化试验

用初步生化试验(1)中已培养的营养琼脂斜面上生长的菌苔,进行生化试验,即 β - 半乳糖苷酶、尿素、赖氨酸脱羧酶、鸟氨酸脱羧酶以及水杨苷和七叶苷的分解试验。除宋内氏志贺氏菌、鲍氏志贺氏菌 13 型的鸟氨酸阳性;宋内氏菌和痢疾志贺氏菌 1 型、鲍氏志贺氏菌 13 型的 β - 半乳糖苷酶为阳性以外,其余生化试验志贺氏菌属的培养物均为阴性结果。另外由于福氏志贺氏菌 6 型的生化特性和痢疾志贺氏菌或鲍氏志贺氏菌相似,必要时还需加做靛基质、甘露醇、棉子糖、甘油试验,也可做革兰氏染色检查和氧化酶试验,应为氧化酶阴性的革兰氏阴性杆菌。生化反应不符合的菌株,即使能与某种志贺氏菌分型血清发生凝集,仍不得判定为志贺氏菌属。志贺氏菌属生化特性见表 7 - 12。

表 7 - 12 志贺氏菌属四个群的生化特征

生化反应	A 群:痢疾志贺氏菌	B 群:福氏志贺氏菌	C 群:鲍氏志贺氏菌	D 群:宋内氏志贺氏菌
β - 半乳糖苷酶	-[a]	-	-[a]	+
尿素	-	-	-	-
赖氨酸脱羧酶	-	-	-	-
鸟氨酸脱羧酶	-	-	-[b]	+
水杨苷	-	-	-	-
七叶苷	-	-	-	-
靛基质	-/+	(+)	-/+	-

生化反应	A 群:痢疾志贺氏菌	B 群:福氏志贺氏菌	C 群:鲍氏志贺氏菌	D 群:宋内氏志贺氏菌
甘露醇	-	+[c]	+	+
棉子糖	-	+	-	+
甘油	(+)	-	(+)	d

注: + 表示阳性; - 表示阴性; -/ + 表示多数阴性; +/ - 表示多数阳性;(+)表示迟缓阳性;d 表示有不同生化型。

[a] 痢疾志贺 1 型和鲍氏 13 型为阳性。

[b] 鲍氏 13 型为鸟氨酸阳性。

[c] 福氏 4 型和 6 型常见甘露醇阴性变种。

（2）附加生化实验

由于某些不活泼的大肠埃希氏菌（*anaerogenic E. coli*）、A – D（alkalescens – D isparbiotypes 碱性 – 异型）菌的部分生化特征与志贺氏菌相似,并能与某种志贺氏菌分型血清发生凝集;因此前面生化实验符合志贺氏菌属生化特性的培养物还需另加葡萄糖胺、西蒙氏柠檬酸盐、黏液酸盐试验（36℃培养 24 ~48h）。志贺氏菌属和不活泼大肠埃希氏菌、A – D 菌的生化特性区别见表 7 – 13。

表 7 – 13　志贺氏菌属和不活泼大肠埃希氏菌、A – D 菌的生化特性区别

生化反应	A 群:痢疾志贺氏菌	B 群:福氏志贺氏菌	C 群:鲍氏志贺氏菌	D 群:宋内氏志贺氏菌	大肠埃希氏菌	A – D 菌
葡萄糖胺	-	-	-	-	+	+
西蒙氏柠檬酸盐	-	-	-	-	d	d
黏液酸盐	-	-	-	d	+	d

注:1. + 表示阳性; - 表示阴性;d 表示有不同生化型。

　　2. 在葡糖糖铵、西蒙氏柠檬酸盐、黏液酸盐试验三项反应中志贺氏菌一般为阴性,而不活泼的大肠埃希氏菌、A – D（碱性 – 异型）菌至少有一项反应为阳性。

（3）如选择生化鉴定试剂盒或全自动微生物生化鉴定系统,可根据初步生化试验（2）的初步判断结果,用初步生化试验(3)中已培养的营养琼脂斜面上生长的菌苔,使用生化鉴定试剂盒或全自动微生物生化鉴定系统进行鉴定。

5. 血清学鉴定

（1）抗原的准备

志贺氏菌属没有动力,所以没有鞭毛抗原。志贺氏菌属主要有菌体（O）抗原。菌体 O 抗原又可分为型和群的特异性抗原。

一般采用 1.2% ~1.5% 琼脂培养物作为玻片凝集试验用的抗原。

注 1:一些志贺氏菌如果因为 K 抗原的存在而不出现凝集反应时,可挑取菌苔于 1mL 生理盐水做成浓菌液,100℃煮沸 15 ~60min 去除 K 抗原后再检查。

注 2:D 群志贺氏菌既可能是光滑型菌株也可能是粗糙型菌株,与其他志贺氏菌群抗原不存在交叉反应。与肠杆菌科不同,宋内氏志贺氏菌粗糙型菌株不一定会自凝。宋内氏志贺氏

菌没有 K 抗原。

（2）凝集反应

在玻片上划出 2 个约 1cm×2cm 的区域，挑取一环待测菌，各放 1/2 环于玻片上的每一区域上部，在其中一个区域下部加 1 滴抗血清，在另一区域下部加入 1 滴生理盐水，作为对照。再用无菌的接种环或针分别将两个区域内的菌落研成乳状液。将玻片倾斜摇动混合 1min，并对着黑色背景进行观察，如果抗血清中出现凝结成块的颗粒，而且生理盐水中没有发生自凝现象，那么凝集反应为阳性。如果生理盐水中出现凝集，视作为自凝。这时，应挑取同一培养基上的其他菌落继续进行试验。如果待测菌的生化特征符合志贺氏菌属生化特征，而其血清学试验为阴性的话，则按注 1 进行试验。

（3）血清学分型（选做项目）

先用四种志贺氏菌多价血清检查，如果呈现凝集，则再用相应各群多价血清分别试验。先用 B 群福氏志贺氏菌多价血清进行实验，如呈现凝集，再用其群和型因子血清分别检查。如果 B 群多价血清不凝集，则用 D 群宋内氏志贺氏菌血清进行实验，如呈现凝集，则用其Ⅰ相和Ⅱ相血清检查；如果 B、D 群多价血清都不凝集，则用 A 群痢疾志贺氏菌多价血清及 1～12 各型因子血清检查，如果上述三种多价血清都不凝集，可用 C 群鲍氏志贺氏菌多价检查，并进一步用 1～18 各型因子血清检查。福氏志贺氏菌各型和亚型的型抗原和群抗原鉴别见表 7－14。

表 7－14　福氏志贺氏菌各型和亚型的型抗原和群抗原的鉴别表

型和亚型	型抗原	群抗原	在群因子血清中的凝集		
			3,4	6	7,8
1a	Ⅰ	4	+	－	－
1b	Ⅰ	(4),6	(+)	+	－
2a	Ⅱ	3,4	+	－	－
2b	Ⅱ	7,8	－	－	+
3a	Ⅲ	(3,4),6,7,8	(+)	+	+
3b	Ⅲ	(3,4),6	(+)	+	－
4a	Ⅳ	3,4	+	－	－
4b	Ⅳ	6	－	+	－
4c	Ⅳ	7,8	－	－	+
5a	Ⅴ	3,4	(+)	－	－
5b	Ⅴ	7,8	－	－	+
6	Ⅵ	4	+	－	－
X	—	7,8	－	－	+
Y	—	3,4	+	－	－

注：+凝集；－不凝集；( )表示有或无。

6. 结果报告

综合以上生化试验和血清学鉴定的结果，报告 25g(mL)样品中检出或未检出志贺氏菌。

六、其他检验方法

志贺氏菌检测其他方法较多,下面以《出口食品中致病菌环介导恒温扩增(LAMP)检测方法 第3部分:志贺氏菌》(SN/T 2754.3—2011)介绍志贺氏菌的检验。

(一)检测原理

根据志贺氏菌属 *ipaH* 基因序列设计的两对特殊的内、外引物,特异性识别靶序列上的六个独立区域,利用 Bst 酶启动循环链置换反应,在 *ipaH* 基因序列启动互补链合成,在同一链上互补序列周而复始形成有很多环的花椰菜结构的茎 – 环 DNA 混合物;从 dNTP 析出的焦磷酸根离子与反应溶液中的 Mg^{2+} 结合,产生副产物(焦磷酸镁)形成乳白色沉淀,加入显色液,即可通过颜色变化观察判定结果。

(二)试剂和材料

1. 引物

根据志贺氏菌属 *ipaH* 基因序列设计一套特异性引物,包括外引物1,外引物2和内引物1,内引物2。

外引物扩增片段长度:193bp。

外引物(F3,5′ – 3′):GTTCCTTGACCGCCTTTCC

外引物2(B3,5′ – 3′):TTTCCAGCCATGCAGCGACCGATACCGTCTCTGCACGC

内引物1(FIP,5′ – 3′):CTCTGCGGAGCTTCGACAGCTCCTCACAGCTCTCAGTGG

2. 其他试剂

Bst DNA 聚合酶;dNTP:dATP、dTTP、dCTP、dGTP;DNA 提取试剂:细菌基因组 DNA 提取试剂盒;TE 缓冲液:10mmol/L Tris – HCl(pH8.0)、1mmol/L EDTA(pH8.0);ThermoPol 缓冲液:200mmol/L Tris – HCl、100mmol/L 氯化钾、20mmol/L 氯化镁、100mmol/L 硫酸铵、1% Triton X – 100(pH8.8);硫酸镁:10mmol/L;甜菜碱:5mol/L;显色液:SYBR Green I 荧光染料,1 000 ×。

3. 阳性对照

志贺氏菌标准菌株,或含有目的片段的 DNA 亦可。

4. 材料

1.5mL 塑料离心管。

(三)仪器和设备

移液器、高速台式离心机、水浴锅或加热模块、计时器。

(四)检测程序

食品中志贺氏菌 LAMP 检测程序见图 7 – 4。

(五)操作步骤

1. 样品制备及增菌培养

参照国标法进行样品制备和增菌。

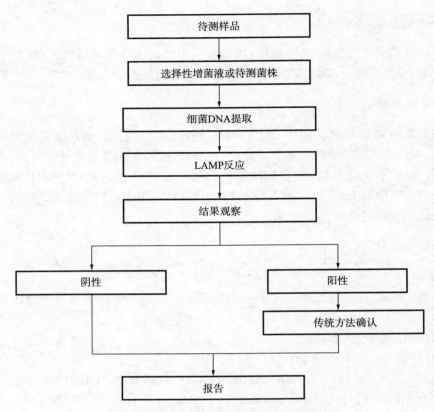

图 7 – 4 志贺氏菌 LAMP 检测程序

2. 模板 DNA 提取

（1）增菌液模板 DNA 的制备

对于获得的增菌液，采用如下方法制备模板 DNA：

①直接取该增菌液 1mL 加入到 1.5mL 无菌离心管中，7 000g 离心 2min，尽量吸弃上清液。

②加入 50μL TE，混匀后沸水浴 10min，置冰上 10min。

③7 000g 离心 2min，上清液即为模板 DNA；取上清液置 –20℃可保存 6 个月备用。

（2）可疑菌液模板 DNA 的制备

对于分离到的可疑菌落，可直接挑取可疑菌落，再按照上述步骤制备模板 DNA 以待检测。

3. 环介导恒温核酸扩增

（1）反应体系

志贺氏菌 LAMP 反应体系见表 7 – 15。

表 7 – 15 志贺氏菌 LAMP 反应体系

组分	工作浓度	加样量/μL	反应体系终浓度
ThermoPol 缓冲液	10 ×	5.0	1 ×
外侧上游引物（F3）	20μmol/L	0.5	0.2μmol/L
外侧下游引物（B3）	20μmol/L	0.5	0.2μmol/L

组分	工作浓度	加样量/μL	反应体系终浓度
内侧上游引物（FIP）	20μmol/L	4.0	1.6μmol/L
内侧下游引物（BIP）	20μmol/L	4.0	1.6μmol/L
dNTPs	10μmol/L	9.0	1.8μmol/L
硫酸镁	10μmol/L	1.0	0.2μmol/L
甜菜碱	5μmol/L	10.0	1μmol/L
Bst DNA 聚合酶	8μmol/L	1.0	0.16μmol/L
DNA 模板	—	2.0	—
去离子水	—	13.0	—

（2）反应过程

①配制反应体系。

②63℃扩增60min。

（3）空白对照、阴性对照、阳性对照设置

每次反应应设置阴性对照、空白对照和阳性对照。

空白对照设为以水替代 DNA 模板。

阴性对照以 TE 缓冲液代替模板 DNA。

阳性对照制备：将志贺氏菌标准菌株接种于营养肉汤中36℃±1℃培养过夜，用无菌生理盐水稀释至 $10^6 \sim 10^8$ CFU/mL，按上述步骤提取模板 DNA 作为 LAMP 反应的模板。

4. 结果观察

在上述反应管中加入 1μL 显色液，轻轻混匀并在黑色背景下观察。

5. 结果判定和报告

在空白对照和阴性对照反应管液体为橙色，阳性对照反应管液体呈绿色的条件下：

（1）待检样品反应管液体呈绿色，该样品结果为志贺氏菌初筛阳性，对样品的增菌液或可疑纯菌落进一步按 GB 4789.5—2012 中操作步骤进行确认后报告结果。

（2）待检样品反应管液体呈橙色则可报告志贺氏菌检验结果为阴性。

若与上述条件不符，则本次检测结果无效，应更换实际按本方法重新检测。

第三节 致泻性大肠埃希氏菌的检验

肠埃希氏菌（*Escherichia coli*）通常称为大肠杆菌，是 Escherich 在 1885 年发现的，在相当长的一段时间内，一直被当作正常肠道菌群的组成部分，认为是非致病菌。直到 20 世纪中叶，才认识到一些特殊血清型的大肠杆菌对人和动物有病原性，尤其对婴儿和幼畜（禽），常引起严重腹泻和败血症，一般把能够导致机体发病的肠埃希氏菌统称为致泻性大肠埃希氏菌。致泻性大肠埃希氏菌是条件性致病菌，是指能使人、动物（如婴儿和幼龄动物）感染及人食物中毒的一群大肠杆菌。致泻性大肠杆菌与非致病性大肠杆菌在形态、培养特性及生化特性上是不能区别的,只有用血清学方法按抗原性质来区分。主要分为肠外感染和肠内感染。肠外感染多为机会感染,主要引起尿路感染、新生儿脑膜炎、败血症及其他部位的感染。肠内感染由致病大肠埃希菌引起,主要表现为腹泻。致泻性大肠埃希氏菌的致病性是一个很复杂的问题,并非由某一方面的因素所决定。

一、分类与分布

生物学分类属于肠杆菌科,埃希氏菌属,致泻性大肠埃希氏菌属主要分为五大类:产肠毒素大肠埃希氏菌(*Enterotoxingenic E. coli*,ETEC)、肠道侵袭性大肠埃希氏菌(*Enteroinvasive E. coli*,EIEC)、肠道致病性大肠埃希氏菌(*Enteropathogenic E. coli*,EPEC)、肠道出血性大肠埃希氏菌(*Enteroheamorrhagic E. coli*,EHEC)O157∶H7、肠粘附性大肠埃希氏菌(*Enteroaggregative E. coli*,EAEC)。其分类及特征见表 7 – 16。

表 7 – 16　致泻性大肠埃希菌种类

菌株	侵袭部位	疾病与症状	致病机制
ETEC	小肠	旅行者腹泻、婴幼儿腹泻、水样便、腹痛等	不耐热肠毒素(LT)、耐热肠毒素(ST)
EPEC	小肠	婴幼儿腹泻、水样便发热、呕吐	病菌黏附、破坏细胞
EIEC	结肠	志贺样腹泻,脓血便	黏附、内毒素破坏细胞
EHEC	结肠	出血性结肠炎等	志贺样毒素(VERO 毒素)
EAEC	小肠	婴儿腹泻、水样便、脱水	黏附、毒素

自然界分布广泛,在土壤、水等环境中均可检出。大肠埃希氏菌是人类和动物肠道正常菌群的主要成员,每克粪便中约含 10^9 个大肠埃希氏菌。随粪便排出后,广泛分布于自然界。

二、生物学特性

(一)形态与染色特性

菌体两端钝圆,中等大小,杆状(有时呈卵圆形);(1～3)μm×0.6μm;周生鞭毛,能运动;不产生荚膜,无芽孢;革兰氏染色阴性。

(二)培养特性

需氧及兼性厌氧菌。对营养要求不高,在普通琼脂培养基上生长良好,在 15～45℃ 范围内均可生长,最适生长温度 37℃,最适 pH 为 7.2～7.4。

在普通琼脂平板上可形成圆形、凸起、光滑、湿润、半透明、边缘整齐、中等大小的菌落。与沙门氏菌菌落较相似,但是,大肠杆菌菌落对光(45°角折射)观察可见荧光。在 SS 琼脂上多不生长,少数生长的细菌,也因发酵乳糖产酸而形成红色菌落。伊红美兰(EMB)琼脂培养形成深紫色菌落,有的有金属光泽。麦康凯琼脂培养菌落呈红色。

在普通肉汤中培养 18～24h 均匀浑浊,而后底部出现黏性沉淀物,并伴有臭味,能形成菌膜。

（三）生化特性

可发酵多种碳水化合物产酸产气,多数菌株发酵乳糖,不典型菌株不发酵或迟缓发酵乳糖。对蔗糖、卫矛醇、水杨苷发酵结果不一致。大多数菌株对赖氨酸、精氨酸和鸟氨酸有脱羧基作用。不产生 H_2S,不液化明胶,不分解尿素。不能在氰化钾培养基上生长,靛基质试验阳性,V－P 试验阴性,不利用枸橼酸盐。此为典型的大肠埃希氏菌特性。

此外,可利用 IMViC 试验(I:吲哚或靛基质试验;M:甲基红试验;Vi:V－P 试验;C:枸橼酸盐利用试验)进行鉴定。典型大肠杆菌 IMViC 试验为 ＋、＋、－、－。如 IMViC 试验为 ＋、＋、－、－,且乳糖发酵,表明被检物已有粪便污染,有发生肠道传染病的危险,这是卫生细菌中常用的检测指标。表 7－17 为大肠杆菌的主要生化特性。

表 7－17   大肠杆菌的主要生化特性

检测指标	结果	检测指标	结果	检测指标	结果	检测指标	结果
硫化氢	－	卫矛醇	d	水杨苷	d	赖氨酸脱羧酶	＋/－
尿素酶	－	KCN	－	七叶苷	d	鸟氨酸脱羧酶	＋/－
靛基质	＋	阿拉伯糖	＋	动力	＋/－	精氨酸双水解酶	（＋）/－
MR 试验	＋	葡萄糖	＋	山梨醇	＋	苯丙氨酸脱氨酶	－
V－P 试验	－	乳糖	＋ 或 ×	丙二酸盐	－	西蒙氏枸橼酸盐利用	－

注:＋阳性;－阴性;d 有不同的生化型;＋/－多数阳性,少数阴性;（＋）/－多数迟缓阳性,少数阴性;×迟缓不规则阳性或阴性。

（四）抗原构造与分型

大肠埃希氏菌的抗原构造主要由菌体抗原(O)、鞭毛抗原(H)和荚膜抗原(K)三部分组成。

O 抗原,每一血清型只含有一种 O 抗原。本菌已发现有 170 种 O 抗原,分别以阿拉伯数字表示;H 抗原,一种大肠埃希氏菌只有一种 H 抗原,无鞭毛则无 H 抗原。H 抗原共有 64 种;K 抗原,称包膜抗原,共有 103 种。

新分离的大肠埃希氏菌70%具有 K 抗原。根据耐热性可把 K 抗原分为 A,B,L 三类,B 抗原与 L 抗原均可在煮沸后被破坏,A 抗原耐热性强,可耐受煮沸 1h 而不被破坏。致泻性大肠埃希氏菌的抗原主要为 B 抗原,少数为 L 抗原。

根据 O 抗原可将大肠埃希氏菌分成若干血清群,再根据 K 抗原和 H 抗原进一步分为若干个血清型或亚型。根据大肠埃希氏菌抗原的鉴定结果,写出其抗原式,如 O111:K58(B)H12。一般认为 H 抗原与致病性无关,因此一般不需要进行 H 抗原的鉴定。

（五）毒素特性

有些大肠埃希氏菌产生肠毒素,分为两种。一种为不耐热肠毒素(heat－labile enterotoxin,LT),其化学成分为蛋白质,相对分子质量较大,具有免疫原性,60℃30min 破坏。可引起肠道分泌增加,出现腹泻。另外一种为耐热肠毒素(heat – stable enterotoxin,ST),其相对分子质量较小,无抗原性。100℃30min 仍有活性。可引起肠分泌增加。

(六)抵抗力

抵抗力中等,各菌型之间存在差异。此菌对青霉素有中等抵抗力,对一般消毒剂都比较敏感。对氯尤为敏感,水中游离氯达到 0.2mg/L 时,即可杀死此菌。该菌对热的抵抗力较其他肠道杆菌强,55℃经 60min 或 60℃加热 15min 仍有部分细菌存活。此菌在自然界的土壤中、水中及粪便中可存活数周至数月以上,在温度较低的粪便中存活更久。但 O157：H7大肠杆菌的致病能力和对胃酸的抵抗力均较强,对细胞的破坏性大。因此,很多国家将 O157：H7大肠杆菌引起的感染性腹泻归为食源性疾病。胆盐、煌绿等对大肠杆菌有抑制作用。对磺胺类、链霉素、氯霉素等敏感,但易耐药,是由带有 R 因子的质粒转移而获得的。

三、流行病学特性

肠出血性大肠杆菌感染是一种人畜共患病。凡是体内有肠出血性大肠杆菌感染的病人、带菌者和家畜、家禽等都可传播本病。动物作为传染源的作用尤其重要,较常见的可传播本病的动物有牛、鸡、羊、狗、猪等,也有从鹅、马、鹿、白鸽的粪便中分离出 O157：H7大肠杆菌的报道。其中以牛的带菌率最高,可达 16%,而且牛一旦感染这种细菌,排菌时间至少为一年。患病或带菌动物往往是动物来源食品污染的根源。如牛肉、奶制品的污染大多来自带菌牛。带菌鸡所产的鸡蛋、鸡肉制品也可造成传播。带菌动物在其活动范围内也可通过排泄的粪便污染当地的食物、草场、水源或其他水体及场所,造成交叉污染和感染,危害极大。致泻性大肠埃希氏菌主要通过食物、水、密切接触传播。以食物传播为主,密切接触传播其次,水传播最少。食源性上可通过饮用受污染的水或进食未熟透的食物(特别是牛肉、汉堡扒及烤牛肉)而感染,饮用或进食未经消毒的奶类、蔬菜、果汁及乳酪而染病的个案也有发现。若个人卫生欠佳,也可能会通过人源传播,或经进食受粪便污染的食物而感染。

O157：H7大肠杆菌主要是通过污染食物而引起人的感染,在世界各地报告的暴发中,约有70%以上与进食可疑食物有关。动物来源的食物,如牛肉、鸡肉、牛奶、奶制品等是 O157：H7大肠杆菌经食物传播的主要因素,尤其是在动物屠宰过程中这些食物更易受到寄生在动物肠道中的细菌污染。另外蔬菜、水果等被 O157：H7大肠杆菌污染也可造成大肠杆菌感染暴发。

大肠杆菌引起的食物中毒是感染型和毒素型的综合作用。主要症状为急性肠胃炎,潜伏期为 12～24h,临床出现呕吐、腹泻、发热(一般不超过39℃)、头痛、腹痛等,病程一般为 1～3d。

出血性大肠杆菌 O157：H7感染症的潜伏期为 2～7d(平均4d),患者大多数急性起病,常突然发生剧烈腹痛和非血性腹泻,数天后出现血性腹泻,低热或不发热。病程一般为 2～9d。感染严重者一周后可发生溶血性尿毒综合征,并可出现窦性心动过缓、惊厥和血小板减少性紫癜等并发症。

四、检验原理

(一)前增菌

一般样品经过营养肉汤前增菌,使致泻大肠埃希氏菌恢复活力。

（二）选择性增菌

用肠道菌增菌肉汤进行选择性增菌,使致泻大肠埃希氏菌得以增殖,而大多数其他细菌受到抑制。

（三）选择性平板分离

在麦康凯或 EMB 平板上划线分离,因为多数菌株发酵乳糖,不典型菌株不发酵或迟缓发酵乳糖,所以平板上乳糖发酵或不发酵的菌落皆为可疑菌落。

（四）生化试验、血清学试验、肠毒素试验鉴定

挑取多个可疑菌落进行生理生化试验,即 TSI、靛基质、pH7.2 尿素、KCN、赖氨酸、动力试验,大肠埃希氏菌鉴别性生化反应应为 TSI 底层 + 、H_2S − 、KCN − 、尿素 − ,否则为非大肠埃希氏菌。挑取经生化实验证实为大肠埃希氏菌的琼脂培养物进行血清学试验,产肠毒素大肠埃希氏菌还需要做肠毒素试验,综合以上生化试验、血清学试验、肠毒素试验做出鉴定。

五、检验方法

食品卫生微生物学检验国标(GB/T 4789.6—2003)规定了食品中致泻大肠埃希氏菌的检验方法,适用于食品和食物中毒样品中致泻大肠埃希氏菌的检验。

（一）设备和材料

冰箱、恒温培养箱、50℃恒温水浴锅、显微镜、离心机、酶标仪、均质器或灭菌乳钵、架盘药物天平、细菌浓度比浊管、灭菌广口瓶、灭菌锥形瓶、灭菌吸管、直径 90mm 灭菌培养皿、灭菌试管、注射器(0.25mL,连接内径为 1mm 塑料小管一段)、1~4d 龄小白鼠、硝酸纤维素滤膜(150mm×50mm,ϕ0.45μm)、灭菌的刀子、剪子、镊子等。

（二）培养基和试剂

乳糖胆盐发酵管、营养肉汤、肠道菌增菌肉汤、麦康凯琼脂、伊红美兰琼脂(EMB、三糖铁琼脂(TSI)、克氏双糖铁琼脂(KI)、糖发酵管(乳糖、鼠李糖、木糖和甘露醇)、氨基酸脱羧酶试验培养基、尿素琼脂(pH7.2)、氰化钾(KCN)、蛋白胨水、靛基质试剂、半固体琼脂、Honda 氏产毒肉汤、Elek 氏培养基、氧化酶试剂、革兰氏染色液。

其他试剂:致泻性大肠埃希氏菌诊断血清、侵袭性大肠埃希氏菌诊断血清、产肠毒素大肠埃希氏菌诊断血清、出血性大肠埃希式诊断血清、产肠毒素大肠埃希式菌 LT 和 ST 酶标诊断试剂盒、产肠毒素大肠埃希式菌 LT 和 ST 大肠埃希式菌标准菌株、抗 LT 抗毒素、多黏菌素 B 纸片(300IU,ϕ16mm)、0.1% 硫柳汞溶液、2% 伊文思蓝溶液。

（三）检验程序

致泻大肠埃希氏菌检验程序见图 7-5。

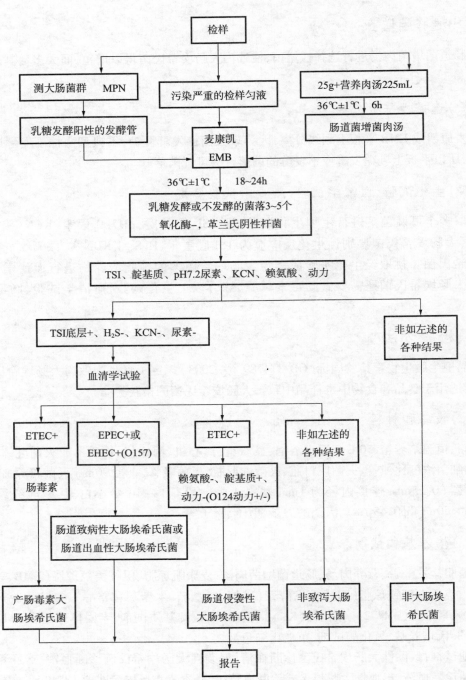

图7-5 致泻大肠埃希氏菌检验程序

（四）操作步骤

1. 增菌

样品采集后应尽快检验。除了易腐蚀食品在检验之前预冷藏外，一般不冷藏。以无菌操作取检样 25g(mL),加在 225mL 营养肉汤中,以均质器打碎 1min 或用乳钵加灭菌砂磨碎。取出适量,接种乳糖胆盐培养基,以测定大肠菌群 MPN,其余的移入 500mL 广口瓶内,于 36℃ ± 1℃培养 6h。调取 1 环,接种于 1 管 30mL 肠道菌增菌肉汤内,于 42℃培养 18h。

2. 分离

将乳糖发酵阳性的乳糖胆盐发酵管和增菌液分别划线接种麦康凯或伊红美兰琼脂平板;污染严重的检样,可将检样均液直接划线接种麦康凯或伊红美蓝平板,于 36℃ ±1℃培养 18 ~ 24h,观察菌落。不但要注意乳糖发酵的菌落,同时也要注意乳糖不发酵和延缓发酵的菌落。

3. 生化试验

自鉴别平板上直接挑取数个菌落分别接种三糖铁琼脂(TSI)或克氏双糖铁琼脂(KI)。同时将这些培养物分别接种蛋白胨水、半固体、pH7.2 尿素琼脂、KCN 肉汤和赖氨酸脱羧酶试验培养基。以上培养物均在 36℃培养过夜。TSI 斜面产酸或不产酸,底层产酸,H_2S、KCN、尿素有任一项为阳性的培养物,均非大肠埃希氏菌。必要时作氧化酶试验和革兰氏染色。

4. 血清学试验

(1)假定试验

挑取经生化实验证实为大肠埃希氏菌琼脂的培养物,用致病性大肠埃希氏菌、侵袭性大肠埃希氏菌和产肠毒素大肠埃希氏菌多价 O 血清和出血性大肠埃希氏菌 O157 血清做玻片凝集试验。与某一种多价 O 血清凝集时,再与该多价血清所包含的单价 O 血清做试验。致泻大肠埃希氏菌所包括的 O 抗原群见表 7 - 18。如与某一单价 O 血清呈现强凝集反应,即为假定试验阳性。

表 7 -18　致泻大肠埃希氏菌所包括的 O 抗原群

大肠埃希氏菌的种类	所包括的 O 抗原群
EPEC	O26 O55 O86 O111ab O114 O119 O125ac O127 O128ab O142 O158
EHEC	O157
EIEC	O28ac O29 O112ac O115 O124 O135 O136 O143 O144 O152 O164 O167
ETEC	O6 O11 O15 O20 O25 O27 O63 O78 O85 O114 O115 O126 O128ac O148 O149 O159 O166 O167

(2)证实试验

制备 O 抗原悬液,稀释至与 Mac Farland 3 号比浊管相当的浓度。原效价为(1:60) ~ (1:32)的 O 血清,用 0.5% 盐水稀释至 1:40。稀释血清与抗原悬液在 100mm ×75mm 试管内等量混合,做单试管凝集试验。混匀后放于 50℃水浴锅内,经 16h 后观察结果。如出现凝集,可证实为该 O 抗原。

5. 肠毒素试验

(1)酶联免疫吸附试验检测 LT 和 ST。

1)产毒培养:将试验菌株和阳性及阴性对照菌株分别接种于 0.6mLCAYE 培养基内,37℃振荡培养过夜。加入 20 000IU/mL 的多黏菌素 B0.05mL,于 37℃1h,离心 4 000r/min 15min,分离上清液,加入 0.1% 硫柳汞 0.05mL,于 4℃保存待用。

2）LT 检测方法（双抗体夹心法）

A. 包被

先在产肠毒素大肠艾希氏菌 LT 和 ST 酶标诊断试剂盒中取出包被用 LT 抗体管，加入包被液 0.5mL，混合后全部吸出于 3.6mL 包被液中混匀，以每孔 100μL 量加入到 40 孔聚苯乙烯硬反应板中，第一孔留孔作对照，于 4℃冰箱盒中过夜。

B. 洗板

将板中溶液甩去，用洗涤液Ⅰ洗三次，甩尽液体，翻转反应板，在吸水纸上拍打，去尽孔中残留液体。

C. 封闭

每孔加 100μL 封闭液，于 37℃水浴中 1h。

D. 洗板

用洗涤液Ⅱ洗三次，操作同上。

E. 加样板

每孔分别加各种实验菌株产毒培养液 100μL，37℃水浴中 1h。

F. 洗板

用洗涤液Ⅱ洗三次，操作同上。

G. 加酶标抗体

先在酶标 LT 抗体管中加 0.5mL 稀释液，混匀后全部吸出于 3.6mL 稀释液中混匀，每孔加 100μL，37℃水浴中 1h。

H. 洗板

用洗涤液Ⅱ洗三次，操作同上。

I. 酶底物反应

每孔（包括第一孔）各加基质液 100μL，室温下避光作用 5～10min，加入终止液 50μL。

J. 结果判断

以酶标仪在波长 492nm 下测定吸光度 OD 值，待测标本 OD 值大于阴性对照 3 倍以上为阳性，目测颜色为黄桔色或明显高于阴性对照为阳性。

3）ST 检测方法（抗原竞争法）

A. 包被

先在包被用 ST 抗原管中加 0.5mL 包被液，混匀后全部吸出于 1.6mL 包被液中混匀，以每孔 50μL 加入于 40 孔聚苯乙烯软反应板中。加液后轻轻敲板，使液体布满孔底。第一孔留空作对照，置 4℃冰箱湿盒中过夜。

B. 洗板

用洗涤液Ⅰ洗三次，操作同上。

C. 封闭

每孔加 100μL 封闭液，于 37℃水浴中 1h。

D. 洗板

用洗涤液Ⅱ洗三次，操作同上。

E. 加样本及 ST 单克隆抗体

每孔分别加各试验菌株产毒培养液 50μL，稀释的 ST 单克隆抗体 50μL（先在 ST 单克隆抗体管中加 0.5mL 稀释液,混均后全部吸出于 1.6mL 稀释液中,混匀备用),37℃水中 1h。

F. 洗板

用洗涤液Ⅱ洗三次,操作同上。

G. 加酶标记兔抗鼠 Ig 复合物

先在酶标记兔抗鼠 Ig 复合物管中加 0.5mL 稀释液,混匀后全部吸出于 3.6mL 稀释液中混匀,每孔加 100μL,37℃水浴 1h。

H. 洗板

用洗涤液Ⅱ洗三次,操作同上。

I. 酶底物反应

每孔(包括第一孔)各加基质液 100μL,室温下避光作用 5~10min,加入终止液 50μL。

J. 结果判定

以酶标仪在波长 492nm 下测定吸光度(OD)值,计算见式(7-2):

$$吸光度 = \frac{阴性对照\ OD\ 值 - 待测样本\ OD\ 值}{阴性对照\ OD\ 值} \times 100\% \qquad (7-2)$$

(2)双向琼脂扩散试验检测 LT

将被检菌株按五点环形接种于 Elek 氏培养基上。以同样操作,共做两份,于 36℃培养 48h。在每株菌的菌苔上多黏菌素 B 纸片,于 36℃经 5~6h,使肠毒素渗入琼脂中,在五点环形菌苔各 5mm 处的中央,挖一个直径 4mm 的圆孔,并用一滴琼脂垫底。在平板的中央孔内滴加 LT 抗毒素 30μL,用已知 LT 和不产毒菌株作对照,于 36℃经 15~20h 观察结果。在菌斑和抗毒素孔之间出现白色沉淀带者为阳性,无沉淀者为阴性。

(3)乳鼠灌胃试验检测 ST

将被检菌株接种于 Honda 氏产毒肉汤内,于 36℃培养 24h,以 3 000r/min 离心 30min,取上清液经薄膜滤器过滤,加热 60℃ 30min,每 1mL 滤液内加入 2% 伊文思蓝溶液 0.02mL。将此滤液用塑料小管注入 1~4d 龄的乳鼠胃内 0.1mL,同时接种 3~4 只,禁食 3~4h 后用三氯甲烷麻醉,取出全部肠管,称量肠管(包括积液)重量及剩余体重。肠管重量与剩余体重之比大于 0.09 为阳性,0.07~0.09 为可疑。

(五)结果报告

综合以上生化试验、血清学实验、肠毒素试验作出报告。

六、其他检验方法

致泻性大肠埃希菌种类很多,其微生物学诊断技术长期滞后,常规应用的细菌培养和鉴定手段难以鉴别多种致泻性大肠埃希菌,故国内大多数腹泻患者的病原尚不能明确,尤其是儿童腹泻的病原。

除了常规的国标检测方法,近期国内外的快速检验进展主要集中在分子生物学技术方面,尤其是多重 PCR 和基因芯片技术的迅速进展,可同时自粪便中检出多种可能存在的致腹泻性大肠埃希菌,但难以常规应用。因而,大肠埃希菌性腹泻患者临床表现、粪便性状有重要的提示作用;简便、快速的检验手段可用于初步诊断,而确诊则须依靠分子生物学和基因诊断技术。

(1)EPEC 的快速检验。此菌在弱选择培养基上培养后,直接以成套诊断血清作血清学分型鉴定,但由于 EPEC 的血清型众多,且与其他致腹泻性大肠埃希菌有较多交叉,常难以确定。此菌作用于细胞,使细胞 α-肌球蛋白收缩变粗,用免疫荧光法检查,即荧光肌球蛋白收缩(FAS)实验。培养的 Hep-2 细胞,与培养 2~6h 离心取得的上清液作用后,用荧光标记的 α-肌球蛋白单克隆抗体染色,在荧光显微镜下观察到丝状的肌球蛋白为阳性。此法较血清型鉴定简单且可靠,但仍不如基因型鉴定准确。

(2)ETEC 的快速检验。此菌所产生的不耐热毒素 LT 和耐热毒素 ST 已有多种快速免疫检查手段。用 ST 的单克隆和多克隆抗体,应用 ELISA 或金标记技术,能快速检出 ST,可替代传统的乳鼠肠袢肿胀试验;用的单克隆和多克隆抗体,应用免疫学方法检查,目前已有多种商品试剂,如 Biken 试验、ELISA 技术、反向 Latex 凝集试验、葡萄球菌副凝试验等。

(3)STEC 的快速检验。利用大多数 STEC 具有不发酵山梨醇的特点,常规应用山梨醇麦康培养基做筛查培养,有多种选择性培养基,可抑制 STEC 以外的菌株生长,以提高分离率。分离后,取不发酵山梨醇的白色菌落,做血清型的快速鉴定。O157 抗体 Latex 粒子凝集试验,可对 O157 型 STEC 作出快速诊断。现发现有可迅速发酵山梨醇的 STEC,且 STEC 的菌型日渐增多,均可引起出血性结肠炎及 HUS 样症状,故此种快速检验法有其局限性。

STEC 的 β-葡萄糖醛酸酶为阴性,采用快速的荧光或色原底物法检查 β-葡萄糖醛酸酶,如用生长的菌落与色原或荧光底物直接做陕速试验,可在 20min 内观察结果;如用含底物的培养基进行试验,须次日观察结果,但此酶的检测不能最终确定,仍须进一步鉴定血清型或检查细菌毒素。

用单克隆抗体包被的免疫磁珠,自粪便悬液中吸附、富集 STEC,经洗涤后,用于培养或标记免疫分析信号(化学发光分析等),快速检 STEC;检查 ST 的金标记快速检测卡,如德国 Merck Kga 公司研制的免疫层析卡,能同时检测 ST1、ST2,可直接用粪便悬液或细菌培养物,完成检测仅需 10min。

(4)EIEC 的快速检验。此菌的生化特征为无动力,不发酵乳糖,赖氨酸脱羧酶阴性,快速的生化检查法较容易与相关菌鉴别,但表型特征常不稳定,用经典的豚鼠角膜侵袭试验较为可靠。

(5)EAEC 快速检验。本菌能在肉汤培养基中生长,在液面表层形成厚的菌膜,可作为本菌的筛查方法,进一步确定须做基因检查。最近,Mohamed 等研究发现 EAEC 毒力基因与生物膜的形成能力有关。用生物膜检查技术来鉴别 EAEC,结果生物膜形成与此菌的 *aggR*、*setlA*、*aatA* 等基因有一定关系,尤其与 *aggR* 基因关系密切。微孔板黏附的结晶紫染色法,检查生物膜可快速鉴别 EAEC。

此外,DAEC 的鉴别主要依靠此细菌对培养细胞的促脱落作用,尚无可常规应用的检查方法。Hep-2 细胞黏附试验的黏附特征有助于上述菌株的鉴别。以适当浓度的细菌培养物,作用于组织培养的 Hep-2 细胞后,涂片染色观察细菌对细胞的黏附类型。EIEC 呈典型的侵入型,可进入细胞内损伤细胞;EPEC 呈聚集型黏附;EAEC 呈典型的垒砖样聚集型黏附。ETEC、STEC、ESIEC 和 DAEC 因产生毒素,故同时有黏附和细胞损伤的作用,此试验虽有助于鉴别,但对一些细菌的鉴定缺乏特异性特征。

(6)多重 PCR 同时扩增 STEC 的多种致病基因。STEC 有编码志贺毒素的 *stx*1、*stx*2 基因,位于毒力岛上的 *eae* 基因(intimin,紧密素基因及变异体),编码溶血素的 *ehxA* 基因和 *saa*(STEC autoagglutining adhesin,STEC 自凝黏附)基因,此基因位于大质粒上,编码一种外膜蛋白的自凝基因。多重 PCR 可同时扩增出此类基因,可作为快速诊断方法。

（7）多重 PCR 快速鉴别致腹泻性大肠杆菌。有研究者用 6 对引物,同时扩增具特征性的 EPEC *eae* 基因,STEC *stx*1、*stx*2 基因,ETEC *est*1、*est*2 和 *elt* 基因,EIEC 侵袭性 *ipaH* 基因,EAEC *aggR* 基因,扩增出不同碱基对的产物,经琼脂糖电泳后,溴乙啶染色,紫外线灯下观察进行鉴别,此法经标准和临床菌株验证,与单一 PCR 扩增结果完全一致。非致腹泻性大肠杆菌的结果均为阴性,表明多重 PCR 可同时检出上述的任何一种或多种。

（8）基因芯片快速检出致腹泻性大肠杆菌。基因芯片技术飞速发展,其高通量检测的特点,非常适合同时检出致腹泻性大肠杆菌和其他致腹泻菌的多种毒力基因。这些基因包括: ①毒素基因有 *st*、*It*、猪 *st*（*spap*）,志贺毒素基因（*stx*1、*stx*2、*stxA*1、*stxA*2、*stxB*1、*stxB*2）,溶血素基因（*hly*、*enx*）、EAST 基因、*espA*、*espB*、*espC*,细胞致死膨胀基因 *cdt*（*cdt*1、*cdt*2、*cdt*3）,细胞毒坏死基因 *cnf*、*cva*、*Leo*；②粘附因子基因,有 *cfa* 等 28 种；③分泌系统基因,如 *etp* 等；④荚膜抗原基因,如 *kfiB*、*kps*、*neu* 等；⑤菌体抗原基因,如 *fieO*4、*rfbO*9 等；⑥鞭毛抗原基因,如 *fliC* 等；⑦侵袭素基因（*invasin*）；⑧气菌素基因（*aerobactin*）；另外,还有丝氨酸蛋白酶基因（*espP*）、触酶基因（*katP*）、外膜蛋白基因（*omp*）、RTX 家族外层蛋白基因 *rtx*、*paa* 以及大肠杆菌和耶尔森菌的毒力岛基因等。采用基因芯片,经标准和临床菌株验证,结果准确,能同时检出可能存在的多种病原体,可用于基因分型的流行病学分析。

第四节　小肠结肠炎耶尔森氏菌的检验

小肠结肠炎耶尔森氏菌（*Yersinia enterocolitica*）是一种新近发现的可以引起人类肠道感染的病原菌。该菌广泛存在于自然界中,健康的猪被认为是耶尔森氏菌的宿主,主要寄生在咽喉部位。它不但能引起家畜及其他动物发生急性肠炎或急性胃肠炎感染,也可以通过食品等途径传染给人,导致人的食物中毒,对人类造成很大的威胁。因本菌曾引起数次肠道传染病暴发流行而受到广泛重视。在 1939 年,学者们就已确认耶尔森氏菌是人类致病菌,但直到 20 世纪 70 年代中期,人们才认识到它是食源性疾病的病原,由该菌引起的胃肠道感染称之为耶尔森氏菌肠炎。20 世纪 80 年代以来,耶氏菌感染病例数逐年升高。据世界卫生组织报道,世界各大洲均发现有该病发生,而且是欧洲有些国家腹泻的主要病种,甚至在不少地区,耶尔森氏菌引起的严重腹泻比痢疾还多,病情严重能导致死亡。该病在北欧的一些国家中,发生率仅次于沙门菌感染。国内耶尔森氏菌流行形式多为散发,也有暴发流行的报道。目前,耶尔森氏菌已被认为是在未来 20 年中感染率将增加的食源性病原菌之一,许多国家已把耶尔森氏菌作为常规的进出口食品检验项目。

关于小肠结肠炎耶尔森氏菌致病机理,至今尚不完全清楚,可能与外膜蛋白、肠毒素、毒性质粒、超抗原、铁摄取系统等有关。

一、分类与分布

（一）分类

小肠结肠炎耶尔森氏菌（*Y. enterocolitica*）属于肠杆菌科,耶尔森氏菌属（*Yersinia*）。耶尔森氏菌属包括鼠疫耶尔森菌（*Y. pestis*）（简称鼠疫杆菌）、假结核耶尔森菌（*Y. pseudo – tuberculosis*）、小肠结肠炎耶尔森菌（*Y. enterocolitica*）、中间耶尔森菌（*Y. intermedia*）、弗氏耶尔森菌

（*Y. frederiksenii*）、克氏耶尔森菌（*Y. kristensenii*），以及鲁氏耶尔森菌（*Y. ruckeri*）7 个种，小肠结肠炎耶尔森氏菌是引起人类小肠结肠炎的病原菌。

（二）分布

该菌广泛存在于自然界中，主要分布于人和动物的肠道中。从猪、牛、羊、马、狗、猴、猫、骆驼等许多哺乳动物，鸡、鸭、鹅、鸽等多种禽类，鱼、虾等水生动物，蛙、蜗牛等冷血动物及昆虫体内均曾分离到本菌，由于这些动物带菌往往通过食品的加工过程造成食品的污染。从健康人或患者粪便中也可分离到本菌，健康的猪被认为是耶尔森氏菌的宿主，主要寄生在咽喉部位。

二、生物学特性

（一）形态与染色特性

革兰氏阴性小杆菌，大小为(0.8 ~ 3.0) μm × 0.8 μm，有毒菌株多呈球杆状，无毒株多呈杆状。普通碱性染料易于着色，偶有双极浓染。多为单个散在，有时排列为短链状或成堆，不形成芽孢和荚膜。有 2 ~ 15 根周生鞭毛，但不稳定，于 26℃ 培养物中可见周生鞭毛，30℃ 以上易消失。

（二）培养特性

该菌需氧兼性厌氧，耐低温，在 0 ~ 40℃ 均能生长，适宜生长温度为 20 ~ 30℃，只有 20 ~ 28℃ 时，才能表现其特性。25℃ 培养时，有鞭毛，有动力，在 37℃ 培养时，无动力。能在 pH4.0 ~ 10.0 范围内生长，最适生长 pH 为 7.2 ~ 7.4。

对营养要求不高，在普通营养琼脂上生长良好，能在麦康凯琼脂上生长，但较其他肠道杆菌生长缓慢。初次培养菌落为光滑型，通过传代接种后菌落可能呈粗糙型。

在液体培养基中生长呈浑浊或透明，表面有白色膜，管底有沉淀。

（三）生化特性

该菌的生化反应较为复杂，绝大多数菌株不能发酵乳糖、鼠李糖、水杨苷、阿拉伯糖、七叶苷；能分解葡萄糖、蔗糖、产酸不产气，硫化氢阴性，尿素酶阳性，吲哚阴性或阳性，V – P 试验 25℃ 阳性，34℃ 阴性，能还原硝酸盐为亚硝酸盐，赖氨酸脱羧酶和苯丙氨酸脱氨酶阴性，鸟氨酸脱羧酶阳性。

（四）抗原构造与分型

已知有 34 个以上的 O 抗原、20 个 H 抗原和 1 个 K 抗原，根据菌体 O 抗原可以分为 80 多种血清型，大多数为非致病性的，仅有少数血清型对人畜致病。我国主要有 O3，O5，O8，O9。

（五）抵抗力

该菌对热敏感，60℃ 30min 或 65℃ 1min 即可杀死，本菌具有嗜冷性质，在水中和低温下(4℃)能生长，为肠道中能在 4℃ 生长繁殖的少数细菌之一。4℃ 可存活 18 个月，–20 ~ –10℃ 冷藏肉在保存过程中，菌数明显减少。对稀碱较其他革兰氏阴性杆菌有较高的抗力，0.5% KOH 溶液中能存活 10 ~ 15min，故可用 0.25% ~ 0.5% KOH 处理样品以提高其检出率。

（六）毒素特性

本菌产生的毒素主要为耐热肠毒素,耐热性非常强,在 121℃ 30min 条件下也不被破坏。低温条件下,能在 4℃ 条件下保存 7 个月。此外,该毒素环境抗性较强,对酸碱稳定,pH1 ~ 11 不失活。因此,食品中一旦有肠毒素存在,其在食品加工和贮藏过程中相当稳定,且不受胃酸的影响,肠毒素是引起腹泻的主要因素,当食入含有一定量的肠毒素的食品可引起发病。肠毒素产生迅速,在 25℃ 下培养 12h,培养基上清液中即有肠毒素产生,24 ~ 48h 达高峰。

三、流行病学特性

通过污染食品和水,经粪 - 口途径感染或因接触染疫动物而感染。主要食品为猪肉、牛肉、家禽肉类、牛奶和豆腐等。食品和水源污染往往是暴发胃肠型耶尔森菌病的重要原因,动物中的猪、牛、狗、啮齿类动物和苍蝇都可携带致病性小肠结肠炎耶尔森菌,在疾病传播过程起着重要作用。

该菌引起的感染多发生于冬春季节,临床表现以急性胃肠炎、小肠结肠炎和败血症等类型为主。潜伏期 4 ~ 10d,急起发热、腹痛和腹泻,水样稀便,可带黏液,偶见脓血。少数有呕吐。病程一般数天,可长达 1 ~ 2 周。人群普遍易感,15 岁以下儿童多发。可散发或暴发流行,多为散发,多累及婴儿及儿童,不同年龄患者的症状有所不同,5 岁以下患儿以腹泻为多见。

四、检验原理

（一）增菌

小肠结肠炎耶尔森氏菌最适生长温度为 26℃,适宜的增菌液为改良磷酸盐缓冲液,对稀碱较其他革兰氏阴性杆菌有较高的抗力。因此,样品首先用改良磷酸盐缓冲液在 26℃ 增菌,取增菌液用稀碱处理,可提高其检出率。

（二）选择性平板分离

将碱处理的增菌液接种于 CIN - 1、改良 Y 培养基,小肠结肠炎耶尔森氏菌由于发酵甘露醇产酸,使 CIN - 1 培养基中的中性红变色,而使菌落呈红色牛眼状。在改良 Y 琼脂平板上菌落为无色透明、不黏稠。

（三）生化试验和血清学分型试验

首先进行初步生化试验,挑取多个可疑菌落接种于改良克氏双糖培养基中,因为小肠结肠炎耶尔森氏菌能够分解葡萄糖、山梨醇,产酸不产气,所以其在此培养基中的反应结果为斜面和底部皆变黄不产气。若出现此结果,进行尿素酶、动力试验和染色镜检。若为尿素酶阳性、有动力、革兰氏阴性球杆菌,则做进一步的生化鉴定及血清型鉴定。

五、检验方法

食品卫生微生物学检验中小肠结肠炎耶尔森氏菌检验标准方法见国标 GB/T 4789.8—2008。该标准规定了食品中小肠结肠炎耶尔森氏菌的检验方法,适用于食品和食源性疾病样品中小肠结肠炎耶尔森氏菌的检验。

（一）主要设备

除微生物实验室常规无菌及培养设备外,其他主要设备和材料包括2~5℃的冰箱、26℃±1℃和36℃±1℃的恒温培养箱、显微镜、均质器或灭菌乳钵、感量0.1g的电子天平、16mm×160mm和15mm×100mm的灭菌试管、1mL(具0.01mL刻度)和10mL(具0.1mL刻度)的灭菌吸管、200mL和500mL的灭菌锥形瓶、直径90mm的灭菌培养皿、全自动细菌生化鉴定仪(如VITEK)。

（二）主要培养基

改良磷酸盐缓冲液、CIN-1培养基、改良Y培养基、改良克氏双糖培养基、糖发酵管、鸟氨酸脱羧酶试验培养基、半固体琼脂、缓冲葡萄糖蛋白胨水[甲基红(MR)和V-P试验用]、碱处理液、尿素培养基、API 20E生化鉴定试剂盒或VITEK GNI$^+$生化鉴定卡。

（三）检验程序

小肠结肠炎耶尔森氏菌检验程序见图7-6。

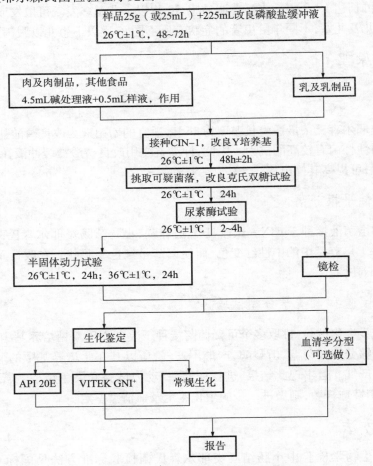

图7-6 小肠结肠炎耶尔森氏菌检验程序

（四）操作步骤

1. 增菌

以无菌操作称取 25g（或 25mL）样品放入含有 225mL 改良磷酸盐缓冲液的无菌均质杯或均质袋中，以 8 000r/min 均质 1min 或拍击式均质器均质 1min。液体样品或粉末状样品，应振荡混匀。于 26℃ ±1℃ 增菌 48～72h。

2. 碱处理

除乳及其制品外，其他食品的增菌液 0.5mL 与碱处理液 4.5mL 充分混合 15s。

3. 分离

将乳及其制品增菌液或经过碱处理的其他食品增菌液分别接种 CIN－1 琼脂平板和改良 Y 琼脂平板，于 26℃ ±1℃ 培养 48h ±2h，典型菌落在 CIN－1 琼脂平板上为红色牛眼状菌落，在改良 Y 琼脂平板上为无色透明、不黏稠的菌落。

4. 改良克氏双糖试验

分别挑取上述可疑菌落 3～5 个，接种改良克氏双糖斜面，于 26℃ ±1℃ 培养 24h，将斜面和底部皆变黄不产气者做进一步的生化鉴定。

5. 尿素酶试验和动力观察

将改良克氏双糖上的可疑培养物接种到尿素培养基上，注意接种量要大，挑取一接种环，振摇几秒钟，于 26℃ ±1℃ 培养 2～4h，然后将阳性者接种两管半固体，分别于 26℃ ±1℃ 和 36℃ ±1℃ 恒温培养箱中培养 24h。将 26℃ 有动力的可疑菌落接种营养琼脂平板，进行革兰氏染色和生化试验。

6. 革兰氏染色镜检

小肠结肠炎耶尔森氏菌呈革兰氏阴性球杆菌，有时呈椭圆或杆状，大小为 (0.8～0.3μm) ×0.8μm。

7. 生化鉴定

（1）常规生化鉴定

从营养琼脂平板上挑取单个菌落做生化试验，所有的生化反应皆在 26℃ ±1℃ 培养。小肠结肠炎耶尔森氏菌的主要生化特性以及与其他菌的区别见表 7－19。

表 7－19　小肠结肠炎耶尔森氏菌与其他相似菌生化性状鉴别表

项目	小肠结肠炎耶尔森氏菌	中间型耶尔森氏菌	氟氏耶尔森氏菌	克氏耶尔森氏菌	假结核耶尔森氏菌	鼠疫耶尔森氏菌
动力（26℃）	+	+	+	+	+	－
尿素酶	+	+	+	+	+	－
V－P 试验（26℃）	+	+	+	－	－	－
鸟氨酸脱羧酶	+	+	+	－	－	－
蔗糖	d	+	+	－	－	－
棉子糖	－	+	－	－	－	d
山梨醇	+	+	+	－	－	－

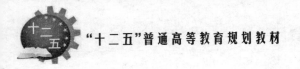
项目	小肠结肠炎耶尔森氏菌	中间型耶尔森氏菌	氟氏耶尔森氏菌	克氏耶尔森氏菌	假结核耶尔森氏菌	鼠疫耶尔森氏菌
甘露醇	+	+	+	+	+	+
鼠李糖	−	+	+	−	−	+

注:+阳性;−阴性;d有不同生化型。

(2)生化鉴定系统

可选择使用两种生化鉴定系统(API 20E 或 VITEK GNI⁺)中任一种,代替常规的生化鉴定。

API20E:从营养琼脂平板上挑取单个菌落,按照 API 20E 操作手册进行并判读结果。

VITEK 全自动细菌生化分析仪:从营养琼脂平板上挑取单个菌落,按照 VITEK GNI⁺ 操作手册进行并判定结果。

8. 血清型鉴定

除进行生化鉴定外,可选择做血清型鉴定。具体操作方法按 GB/T 4789.4 中沙门氏菌 O 因子血清分型。

(五)结果报告

综合以上生化特性报告结果,报告 25g(或 25mL)样品中检出或未检出小肠结肠炎耶尔森氏菌。

六、其他检验方法

小肠结肠炎耶尔森菌检测方法除了目前国标规定的方法外,还有免疫学方法、普通 PCR 法、Real－time PCR 法等。

传统的分离培养和生化鉴定还是小肠结肠炎耶尔森氏菌诊断的"金标准",其具有操作简便,检测条件要求简单,对检测人员技术要求低等优点,但是存在敏感性不高,耗时耗力等缺陷,比较适宜于普通基层单位检测要求,但不适宜于现场快速检测。以 PCR 法为基础的分子生物学技术具有快速、准确、灵敏等优点,但存在实验设备昂贵,检测费用较高,对检测人员技术要求较高等缺点。

(一)免疫学方法

以酶联免疫吸附法(ELISA)为代表的免疫学方法,检测小肠结肠炎耶尔森菌灵敏度达 $10^4 \sim 10^6$ CFU/mL。目前市场上已有商品化的检测试剂盒。

(二)核酸检测方法

近年来,核酸扩增技术如 PCR(polymerase chain reaction)、实时荧光定量 PCR(Real－time PCR)等被广泛用于病原生物的检测。以 PCR 为基础的这些核酸扩增方法不仅具有高度的敏感性和良好的特异性,而且极大地提高了检测的效率,节省了时间。目前,已有商品化的 PCR 和荧光定量 PCR 检测阪崎肠杆菌的试剂盒上市。

此外,近年来新出现发展起来环介导等温扩增(loop-mediated isothermal amplification, LAMP)技术是一种敏感、特异、方便快捷的链置换核酸扩增技术,可作为病原体所致的感染性疾病早期检测和鉴定的一种简单而快速的诊断工具。整个过程非常简单而且迅速,仅需在一个反应管内加入所有反应试剂,利用针对目标基因设计的特异性 LAMP 引物,在恒温的条件下即可完成。其优势在于等温扩增,整个反应过程简单,而扩增效率更高,还能保证反应的高灵敏度和特异度,通过肉眼观察或者琼脂糖凝胶电泳即可判定反应结果,尤其适合于病原体的现场快速检测、战时野外环境下及基层单位普及应用。有学者成功应用 LAMP 技术构建了检测食品中的小肠结肠炎耶尔森菌的方法,获得了较好的灵敏度和特异度。

但总体来讲,普通 PCR 法、Real-time PCR 法和 LAMP 法检测小肠结肠炎耶尔森菌的诊断效能较高,可是各项研究的异质性大,测量指标敏感度、特异度等的变化范围也较大,尚不能取代传统的培养方法单独用于检测小肠结肠炎耶尔森菌,但可以结合传统的培养方法进行检测。

第五节　空肠弯曲菌的检验

空肠弯曲菌(Campylobacter jejuni)是一种人兽共同感染的病原菌,自 1931 年首次发现并命名为空肠弧菌(Vibrio jejuni),1964 年又称其为肝炎弧菌(Vibrio hepaticus),1973 年再将其命名为空肠弯曲菌(Campylobacter jejuni)。全球范围内空肠弯曲菌感染是急性胃肠炎最常见的病因之一。在发展中国家,空肠弯曲菌是儿童因腹泻死亡的重要病原,也是发展中国家旅行者腹泻的最常见原因。美国和其他工业化国家,空肠弯曲菌感染引起的腹泻超过沙门氏菌、志贺氏菌或者埃希大肠杆菌 O157:H7 引起的腹泻的 2~7 倍。

一、分类与分布

空肠弯曲菌属于螺菌科,弯曲菌属。该属包括空肠弯曲菌、胎儿弯曲菌、大肠弯曲菌、海鸥弯曲菌、简明弯曲菌、痰液弯曲菌等,其中空肠弯曲菌包括空肠亚种和多氏亚种,胎儿弯曲菌包括胎儿亚种和性病亚种。对人类致病的主要是空肠弯曲菌和胎儿弯曲菌胎儿亚种。前者是人类腹泻最常见的病原菌之一,后者在免疫功能低下时可引起败血症、脑膜炎等。

弯曲菌属广泛散布在各种动物体内,是多种动物如牛、羊、狗及禽类的正常寄居菌,在它们的生殖道或肠道有大量弯曲菌,其中以家禽、野禽和家畜带菌最多,其次在啮齿类动物也分离出弯曲菌,可通过分娩或排泄物污染食物和饮水。

二、生物学特性

(一)形态与染色

该菌为革兰氏阴性无芽孢杆菌,形态细长,呈弧形、S 形及海鸥展翅状。菌体轻度弯曲似逗点状,长 $1.5 \sim 5 \mu m$,宽 $0.2 \sim 0.8 \mu m$。菌体一端或两端有鞭毛,一端单鞭毛多见于胎儿亚种,两端单鞭毛多见于空肠弯曲菌,运动活泼,在暗视野镜下观察似飞蝇。

(二)培养特性

本菌在普通培养基上难以生长,微需氧菌,初次分离时需在含 $5\% O_2$、$85\% N_2$、$10\% CO_2$ 气

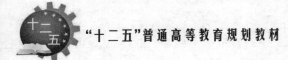

体环境中生长,传代培养时能在 10% CO_2 环境中生长,最适温度为 37~42℃,在正常大气或无氧环境中均不能生长。在凝固血清和血琼脂培养基上培养 36h 可见无色半透明毛玻璃样小菌落,单个菌落呈中心凸起,周边不规则,无溶血现象。

(三)生化特性

空肠弯曲菌生化反应不活泼,不发酵糖类,不分解尿素,靛基质阴性。可还原硝酸盐,氧化酶和过氧化氢酶为阳性。能产生微量或不产生硫化氢,甲基红和 V-P 试验阴性,枸橼酸盐培养基中不生长,在弯曲菌中唯一马尿酸呈阳性反应。

(四)抗原构造与分型

空肠弯曲菌抗原构造与肠道杆菌一样具有 O、H 和 K 抗原。根据 O 抗原,可把空肠弯曲菌分成 45 个以上血清型,第 11,12 和 18 血清型最为常见。

(五)抵抗力

抵抗力较弱,56℃5min 即被杀死。干燥环境中仅能存活 3h。易被干燥、直射日光及弱消毒剂所杀灭,对红霉素、新霉素、庆大霉素、四环素、氯霉素、卡那霉素等抗生素敏感。

空肠弯曲菌在外环境下的存活力取决于温度,4℃ 时在水、粪便、尿、牛奶中可存活几周,25℃ 时只能存活几天或更短的时间。

三、流行病学特性

空肠弯曲杆菌的感染范围广,是一种人畜共同感染的病原菌。人普遍易感,发展中国家 5 岁以下的儿童发病率最高,尤其 1 岁以内者,发病率随年龄升高而下降。可经食物、饮水、接触等途径传播,主要通过动物传播,市售家禽家畜的肉、奶、蛋类多被弯曲菌污染,如进食未加工或加工不适当,吃凉拌菜、生蛤、调味品、汉堡包等,均可引起传染。

致病因素主要与肠毒素、细胞毒素、内毒素和黏附、定植能力有关。潜伏期一般为 3~5d,对人的致病部位是空肠、回肠及结肠。主要症状为腹泻和腹痛,有时发热,偶有呕吐和脱水。细菌有时可通过肠黏膜入血流引起败血症和其他脏器感染,如脑膜炎、关节炎、肾盂肾炎等。孕妇感染本菌可导致流产、早产,而且可使新生儿受染。

四、检验原理

(一)样品处理

不同的样品,采用不同的方法进行处理,可提高空肠弯曲菌的检出率。

(二)增菌

空肠弯曲菌采用 Bolton 肉汤先进行预增菌,再进行增菌,以提高检出率。因空肠弯曲菌是微需氧菌,最适生长温度为 42℃,所以,需在微需氧条件下进行增菌,且增菌温度为 42℃。

(三)选择性平板分离

在微需氧条件下,采用 Skirrow 与 mCCD 琼脂平板在 42℃分离空肠弯曲菌,另外,可同时选择使用 CFA 显色平板。

（四）鉴定

弯曲菌属鉴定：挑取可疑菌落接种到哥伦比亚琼脂上培养，进行形态观察、动力观察、氧化酶实验、微需氧条件下 25℃±1℃ 生长试验和有氧条件下 42℃±1℃ 生长实验，根据实验结果将其鉴定到弯曲菌属。

空肠弯曲菌鉴定：挑取符合弯曲菌属特征的可疑菌株进行过氧化氢酶试验、马尿酸盐水解试验、吲哚乙酸酯水解试验，必要时，做药物敏感试验，根据试验结果鉴定是否为空肠弯曲菌。

五、检验方法

（一）常规培养法

参照食品中空肠弯曲菌国家标准检验方法（GB/T 4789.9—2008）。

1. 设备和材料

冰箱、恒温培养箱、恒温振荡培养箱、水浴装置、微需氧培养装置、均质器、电子天平、过滤装置及滤膜、显微镜、离心机、全自动微生物鉴定系统（VITEK 2）、全自动酶联荧光免疫分析仪（VIDAS 或 mini VIDAS）。

2. 培养基和试剂

Bolton 肉汤、改良 CCD（mCCD）琼脂、哥伦比亚琼脂、布氏肉汤、氧化酶试剂、马尿酸钠水解试剂、Mueller Hinton 琼脂、吲哚乙酸酯纸片、Skirrow 琼脂、0.1% 蛋白胨水、CFA 显色平板、碳酸氢钠（NaHCO$_3$）溶液、3% 过氧化氢溶液、API Campy 生化鉴定试剂盒、VITEK 2 NH 生化鉴定卡。

3. 检验程序

空肠弯曲菌检验程序见图 7-7。

4. 操作步骤

（1）样品处理

1）一般样品

取 25g（或 25mL）样品（水果、蔬菜、水产品为 50g）加入盛有 100mL Bolton 肉汤的有滤网的均质袋中（无滤网的均质袋可使用无菌纱布过滤），用拍击式均质器均质 1~2min；或加入盛有 100mL Bolton 肉汤的均质杯中，以 8 000~10 000r/min 均质 1~2min，经滤网或无菌纱布过滤。将滤液进行培养。

2）鲜乳、冰淇淋、奶酪等

取 50g 样品加入盛有 50mL 0.1% 蛋白胨水的有滤网均质袋中，必要时调整 pH 至 7.2±0.2，用拍击式均质器均质 15~30s，将滤液以 20 000g 离心 30min 后弃去上清，用 10mL Bolton 肉汤悬浮沉淀（尽量避免带入油层），再转移至 90mL 不含抗生素的 Bolton 肉汤进行培养。

3）贝类

取至少 12 个带壳样品，除去外壳后将所有内容物放到均质袋中，用拍击式均质器均质 1~2min，取 25g 样品于 225mL Bohon 肉汤中（1:10 稀释），再转移 25~225mL Bolton 肉汤中（1:100 稀释），将 1:10 和 1:100 稀释的 Bolton 肉汤同时进行培养。

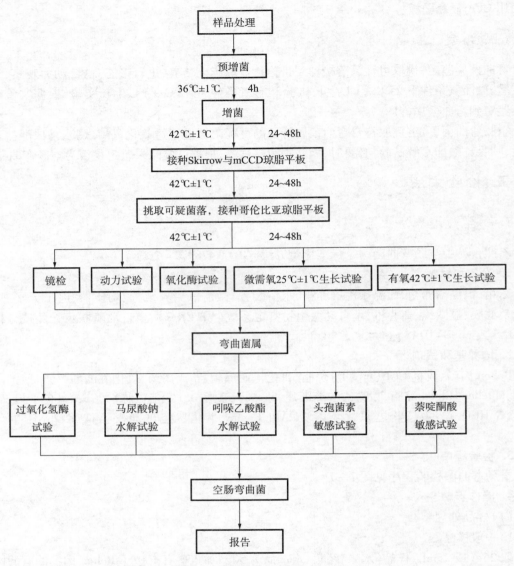

图7-7 空肠弯曲菌检验程序

4)蛋黄液或蛋浆

取25g(或25mL)样品于125mL Bohon 肉汤中并搅匀(1:6稀释),再转移25~100mL Bolton 肉汤中并搅匀(1:30稀释),同时将1:6和1:30稀释的 Bolton 肉汤进行培养。

5)整禽等样品

用200mL 0.1%的蛋白胨水充分冲洗样品的内外部,并振荡2~3min,经无菌纱布过滤至250mL 离心管中,16 000g 离心15min 后弃去上清,用10mL 0.1% 蛋白胨水悬浮沉淀,吸取3~100mL Bohon 肉汤中进行培养。

6)需表面涂拭检测的样品

无菌棉签涂布样品表面(面积为50~100cm²),将棉签头剪落到100mL Bolton 肉汤中进行培养。

204

7）水样

将 4L 的水（对于氯处理的水，在过滤前每升水中加入 5mL 1mol/L 硫代硫酸钠溶液）经 0.45μm 滤膜过滤，将滤膜浸没在 100mL Bohon 肉汤中进行培养。

（2）预增菌与增菌

在微需氧条件下，以 100r/min 的振荡速度，36℃±1℃ 培养 4h。必要时测定增菌液的 pH 并调整至 7.2±0.2。42℃±1℃ 继续培养 48h。

（3）分离

将 24h 增菌液、48h 增菌液以及相应的 1∶50 稀释液分别划线接种于 Skirrow 与 mCCD 琼脂平板上，微需氧条件下 42℃±1℃ 培养 24~48h。另外，可同时选择使用 CFA 显色平板。

观察 24h 培养与 48h 培养的琼脂平板上的菌落形态。mCCD 琼脂平板上的可疑菌落通常有光泽、潮湿、扁平，呈扩散生长的倾向，直径为 1~2mm。Skirrow 琼脂平板上的可疑菌落为灰色、扁平、湿润有光泽，呈沿接种线向外扩散的倾向；有些可疑菌落常呈分散凸起的单个菌落，直径为 1~2mm，边缘整齐、发亮。CFA 显色平板上的可疑菌落为红色、突起、湿润，菌落直径为 2~3mm，边缘有一圈红色的透明环，中间有一个圆形的、不透明、颜色较深的红色小点的菌落。

（4）鉴定

1）弯曲菌属的鉴定

挑取 5 个或更多的可疑菌落接种到哥伦比亚琼脂平板上，微需氧条件下 42℃±1℃ 培养 24~48h，按照①~⑤进行鉴定，结果符合表 7-20 的可疑菌落确定为弯曲菌属。

表 7-20　弯曲菌属的鉴定

项目	弯曲菌属特性
形态观察	革兰氏阴性，菌体弯曲如小逗点状，两菌体的末端相接时呈 S 形、螺旋状或海鸥展翅状[a]
动力观察	呈现螺旋状运动[b]
氧化酶试验	阳性
微需氧条件下 25℃±1℃ 生长试验	不生长
有氧条件下 42℃±1℃ 生长试验	不生长

注：[a] 有些菌株的形态不典型。[b] 有些菌株的运动不明显。

①形态观察

挑取可疑菌落进行革兰氏染色，镜检。

②动力观察

挑取可疑菌落用 1mL 布氏肉汤悬浮，用相差显微镜观察运动状态。

③氧化酶试验

用铂/铱接种环或玻璃棒挑取可疑菌落至氧化酶试剂润湿的滤纸上，如果在 10s 内出现紫红色、紫罗兰或深蓝色为阳性。

④微需氧条件下 25℃±1℃ 生长试验

挑取可疑菌落，接种到哥伦比亚琼脂平板上，微需氧条件下 25℃±1℃ 培养 44h±4h，观察细菌生长情况。

⑤有氧条件下42℃±1℃生长试验

挑取可疑菌落,接种到哥伦比亚琼脂平板上,有氧条件下42℃±1℃培养44h±4h,观察细菌生长情况。

2)空肠弯曲菌的鉴定

①过氧化氢酶试验

挑取菌落,加到干净玻片上的3%过氧化氢溶液中,如果在30s内出现气泡则判定结果为阳性。

②马尿酸钠水解试验

挑取菌落,加到盛有0.4mL 1%马尿酸钠的试管中制成菌悬液。混合均匀后在36℃±1℃水浴放置2h或36℃±1℃培养箱中放置4h。沿着试管壁缓缓加入0.2mL茚三酮溶液,不要振荡,在36℃±1℃的水浴或培养箱中放置10min后判读结果。若出现深紫色则为阳性;若出现淡紫色或没有颜色变化则为阴性。

③吲哚乙酸酯水解试验

挑取菌落至吲哚乙酸酯纸片上,再滴加一滴灭菌水。如果吲哚乙酸酯水解,则在5～10min内出现深蓝色;若无颜色变化则没有发生水解。

④药物敏感性试验(可选择)

挑取菌落,在布氏肉汤中制备成浓度为0.5McFarland的菌悬液,再用布氏肉汤制备1:10的稀释液,在5%Mueller Hinton琼脂平板上进行涂布,静置5min后去除多余液体,将平板在36℃±1℃培养箱中放置10min进行干燥。将头孢霉素(30μg)和萘啶酮酸(30μg)药敏纸片放在琼脂表面。将平板在微需氧条件下36℃±1℃培养22h±2h。如果细菌紧贴着纸片生长则为有抗性;如果纸片周围出现不同程度的细菌抑制生长则为敏感。空肠弯曲菌的鉴定结果见表7-21。

表7-21 空肠弯曲菌的鉴定

特征	空肠弯曲菌 (*C. jejuni*)	结肠弯曲菌 (*C. coli*)	海鸥弯曲菌 (*C. lari*)	乌普萨拉弯曲菌 (*C. upsa liensis*)
过氧化氢酶试验	+	+	+	- 或微弱
马尿酸盐水解试验	+	-	-	-
吲哚乙酸酯水解试验	+	+	-	+
头孢菌素敏感试验	R	R	R	S
萘啶酮酸敏感试验	S[a]	S[a]	R/S[b]	S

注:+阳性;-阴性;S敏感;R抗性。

[a]空肠弯曲菌和结肠弯曲菌对萘啶酮酸的耐药性呈现出增长趋势。[b]海鸥弯曲菌的不同菌株,分别表现为敏感或抗性。

⑤对于确定为弯曲菌属的菌落,可使用API Campy生化鉴定试剂盒或VITEK 2NH生化鉴定卡来替代①～④的鉴定,具体操作按照产品说明书进行。

（5）结果报告

综合以上试验结果,报告检样单位中检出空肠弯曲菌或未检出空肠弯曲菌。

（二）全自动酶联荧光免疫分析仪筛选法

1. 原理

弯曲菌的酶联荧光免疫筛选法是在全自动酶联荧光免疫分析仪上进行的双抗体夹心酶联荧光免疫检验方法。固相容器(SPR)用抗弯曲菌抗体包被,各种试剂均封闭在试剂条内。煮沸过的增菌肉汤加入试条孔,在特定时间内样本在SPR内外反复循环,使得弯曲菌抗原与包被在SPR内部的弯曲菌抗体结合,洗涤去除未结合的其他成分。接着标记有碱性磷酸酶的抗体与固定在SPR壁上的弯曲菌抗原相结合,洗去未结合的抗体标记物。结合在SPR壁上的碱性磷酸酶将催化底物磷酸4-甲基伞型物转变成具有荧光的4-甲基伞形酮,以450nm波长处检测荧光强度,由仪器分析后得出检验结果。

2. 仪器

mini VIDAS 或 VIDAS。

3. 试剂

弯曲菌试剂条(VIDAS CAM)、校正液、纯化灭活的弯曲菌抗原标准溶液、阳性对照、阴性对照、MLE卡。

4. 操作步骤

（1）增菌液处理

取1mL24h培养的Bolton增菌液加入试管中,100℃水浴15min。剩余增菌液继续培养至48h。

（2）仪器操作

1）输入MLE卡信息

每个试剂盒在使用之前,首先要用试剂盒中的MLE卡向仪器输入试剂规格(或曲线数据)。每盒试剂只需输入一次。

2）校正

在输入MLE卡信息后,使用试剂盒内的校正液进行校正,校正应做双份测试。以后每14d进行一次校正。

3）检测

取出试剂条,待恢复至室温后进行样本编号。建立工作表格,输入样本编号。分别吸取500μL阴性、阳性对照和样本(冷却至室温)加入到试剂条样本孔中央。依照屏幕提示,将VIDASCAM试剂条放入仪器的相应位置。所有分析过程由仪器自动完成。

4）结果报告

①检测值(X)是样品的相对荧光值(RFV_1)与标准溶液的相对荧光值(RFV_2)的比值,见式(7-3)。

$$X = RFV_1/RFV_2 \tag{7-3}$$

若检测值<0.10,则检测结果为阴性;若检测值≥0.10,则检测结果为阳性。

②检测结果阴性,可直接报告检验单位中未检出空肠弯曲菌。检测结果阳性的样品,应按照(一)4.(3)~(4)对剩余增菌液进行确认并报告。

六、其他检验方法

目前,利用分子生物学技术检测空肠弯曲菌的方法有 PCR 法(多重 PCR、套式 PCR 和荧光定量 PCR 等)、LAMP 法。

第六节　阪崎肠杆菌的检验

阪崎肠杆菌(*Cronobacter gen. nov*, *Enterobacter sakazakii*)是人和动物肠道内寄生的一种周生鞭毛、无芽孢的革兰氏阴性菌,以日本学者阪崎利一的姓氏命名为 *Enterobacter sakazakii*。阪崎肠杆菌是肠道正常菌群中的一种,属条件致病菌,一直未被临床引起重视,直到 1961 年,英国的 Urmenyi 和 Franklin 两位医生首次报告了由该菌引起的两例脑膜炎病例,随后,丹麦、美国、希腊、荷兰、冰岛、比利时等国家相继报道了新生儿阪崎肠杆菌感染事件,阪崎肠杆菌开始受到广泛重视。阪崎肠杆菌能引起严重的新生儿脑膜炎、菌血症和坏死性小肠结肠炎,并可能遗留严重的神经系统后遗症,甚至导致死亡和发育障碍,死亡率达 20% ~ 50%。国外报道最多的是阪崎肠杆菌污染了婴儿配方奶粉,引起婴幼儿感染。也有成年人感染的少数病例。

一、分类与分布

起初,阪崎肠杆菌被认为是肠杆菌科、肠杆菌属(*Enterobacter*)中阴沟肠杆菌的生物变型菌,并被命名为"黄色阴沟肠杆菌(*yellow - pigmented Enterobacter cloacae*)"。1980 年,Farmer 等通过不同菌株之间的 DNA 杂交实验,发现阪崎肠杆菌菌株之间的 DNA 一致性高达 83% ~ 89%,而与阴沟杆菌菌株一致性只有 31% ~ 49%,G + C 含量为 57%,结合生化、血清、药敏等特性,将其正式分类为一个新种,更名为阪崎肠杆菌(*Enterobacter sakazakii*)。

2007 年,Iversen 等对 210 株阪崎肠杆菌进行了多相分析方法测定:包括全长 16S rRNA 基因序列分析、荧光标记 - 扩增性片段长度多态性指纹图谱、核糖体分型以及 DNA 杂交。实验结果显示,原来作为阪崎肠杆菌这一菌种的很多分离株和标准菌株不是同一个种,因此 Iversen 等建议另外建立一个囊括了原来所有阪崎肠杆菌的新属 *Cronobacter gen. nov*。这个新属包括 5 个种,分别是:*Cronobacter sakazakii*、*C. turicensis*、*C. malonaticus*、*C. muytjensii* 和 *C. dublinensis*。

阪崎肠杆菌是普遍存在的,主要生活在环境和食品中。它最早是从奶粉加工设施、家庭真空吸尘器中分离出来。有可能存在于植物原料中,可以从干草和香料中分离出来;而且,奶粉、奶酪制品、婴儿食品、牛肉松香肠和蔬菜中也分离出了阪崎肠杆菌;甚至是地表水、肥料、污泥、腐朽的木材、谷物、鸟的粪便、家畜、牛或者是牛奶中均可检测出阪崎肠杆菌。在许多临床环境中,如脑脊液、骨髓、唾液、尿液、发炎的阑尾、肠道和呼吸道、眼睛、耳朵、伤口和粪便也都可分离出阪崎肠杆菌。

二、生物学特性

(一)形态染色

属于革兰阴性粗短杆菌,细胞大小为(0.6 ~ 1.1)μm × (1.2 ~ 3.0)μm,有周身菌毛,无芽孢,有运动能力。

（二）培养特性

阪崎肠杆菌兼性厌氧,具有耐热及耐寒性,在外界环境中比其他肠道杆菌生存率强,适宜培养温度 25～36℃,在 6～45℃下也能生长,甚至某些菌株可在 47℃下生长。对营养的要求不高,能在普通营养琼脂培养基上生长。在麦康凯(MAC)琼脂、伊红美兰(EMB)琼脂、脱氧胆酸琼脂等多种培养基上均能生长繁殖。

阪崎肠杆菌在不同培养基培养时,能表现出不同的菌落特点。

在麦康凯(MAC)琼脂上为大小 2～3mm 的扁平淡黄色菌落;在胰蛋白胨琼脂(TSA)及脑心浸液琼脂(BHI)上生长为黄色菌落,菌落形态有 2 种:一种为典型的光滑型菌落,极易被接种环移动;另一种为干燥或黏液样,周边呈放射状,不易被接种环移动,似橡胶状有弹性,经传代后可转化为有光泽的菌落。

在伊红美兰琼脂(EMB)平板上形态大小 3～4mm、隆起、淡粉色的黏液状菌落,而且随传代次数增多黏液状更加明显,传第三代时变成黏液状的蔓延菌落。

在结晶紫中性红胆盐葡萄糖琼脂(VRBG)能产生大小 2～3mm 的紫红色菌落,凸起,边缘整齐。

在 TSA 上加 5 - 溴 - 4 - 氯 - 吲哚 - α - D - 吡喃葡萄苷(Xα - GLC)仅阪崎肠杆菌能产生蓝绿色菌落,现已作为阪崎肠杆菌快速培养的选择性培养基。

在 4 - 甲基 - 伞形酮 - α - D - 葡萄糖苷(NA + α - MUG)培养基上能产生荧光菌落。这些特征被广泛用于阪崎肠杆菌的选择培养和鉴定。

（三）生化反应

阪崎肠杆菌的生化反应特性见表 7 - 22。

表 7 - 22 阪崎肠杆菌生化反应

生化试验	特征
甲基红	-
V - P	+
动力	+
明胶液化(22℃)	-
丙二酸盐利用	(-)
赖氨酸脱羧酶	-
尿素酶	-
精氨酸双水解酶	+
鸟氨酸脱羧酶	+
KCN 生长	+

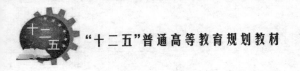

续表

生化试验		特征
发酵	蔗糖	+
	D - 阿东醇	-
	丙三醇	(-)
	蜜二糖	+
	L - 鼠李糖	+
	肌醇	(+)
	卫矛醇	-
	和糖醇	-
	棉籽糖	+
	D - 山梨醇	-
	α - 甲基 - 葡糖苷	+
	D - 阿拉伯糖醇	-
黄色素(25℃)		+

注: + :90% ~ 100% 阳性;(+):76% ~ 89% 阳性;(-):75% ~ 89% 阴性; - :90% ~ 100% 阴性。

阪崎肠杆菌还具有多种酶的活性,其生化代谢特征还包括:吐温 80 酯酶阳性、卵磷脂酶阴性、磷酰胺酶阴性、氧化酶阴性、过氧化氢酶阳性、不发酵山梨醇和黏酸盐等。

产生黄色素是阪崎肠杆菌的重要特征之一,FDA 方法和 ISO - IDF 方法都将其作为阪崎肠杆菌鉴定的依据之一。阪崎肠杆菌总是表现 α - 葡萄糖苷酶阳性,因而 α - 葡萄糖苷酶阳性被认为是快速检测阪崎肠杆菌的可靠方法。

(四)抵抗力

阪崎肠杆菌比其他肠杆菌耐高温,60℃ 能存活 2.5min,并且在 72℃ 仍能存活。有研究发现,婴儿配方奶粉中阪崎肠杆菌的污染与该菌的高度耐热性有关。然而,阪崎肠杆菌并非具有特殊的耐热性,不足以使该菌经标准的巴斯德消毒后幸存,所以产品的污染很可能发生在干燥和灌装阶段。与大肠埃希菌、沙门菌和其他肠杆菌相比,阪崎肠杆菌对干燥和渗透压具有更高的耐受力,其原因在于阪崎肠杆菌细胞内含有大量的海藻糖酶,累积有大量的海藻糖,使得阪崎肠杆菌比沙门菌更耐受干燥和渗透压。阪崎肠杆菌这些特性使其在奶粉生产时不易被杀灭,贮存时易生存下来。

阪崎肠杆菌能在 pH0.9 ~ 2 下存活(胃部的酸性环境),这可能与阪崎肠杆菌周身菌毛结构有关,该菌毛结构易使细菌形成共生集合体,也易黏附在各种物体表面形成一层生物保护膜,对清洁剂和杀菌剂具有较强的抵抗力。

三、流行病学特性

对阪崎肠杆菌进行危险性评估发现,25℃ 放置 6h,该菌的相对危险性可增加 30 倍;25℃ 放置10h可增加30 000倍。因此,即使婴儿配方粉中只有极微量的阪崎肠杆菌污染,在配方粉食用前的冲调期和储藏期该菌也可能会大量繁殖。2004年2月,联合国粮农组织/世界卫生组织(FAO/WHO)在日内瓦召开的婴儿配方粉中阪崎肠杆菌专家研讨会上提出婴儿配方粉中微量的阪崎肠杆菌(<3CFU/100g)污染也能导致感染的发生。所以,对奶粉和婴儿配方粉的加工制作过程、家庭/医院的灭菌过程以及婴儿配方粉的储存和食用等关键控制点进行严格管理,是减少该类产品潜在危险性的重点。

阪崎肠杆菌属条件致病菌,在一般情况下,不对人体健康产生危害,但对于免疫力低下者和婴幼儿、新生儿,尤其是早产儿、低体重儿可以致病。可引起新生儿小肠结肠炎、新生儿脑膜炎、新生儿菌血症,死亡率为20%~50%。患者发热,新生儿可表现为体温不升、精神萎靡、拒乳、黄疸加重,面色发灰、皮肤发花甚至出现休克。可有呕吐、腹胀、腹泻、黏液血便、肠鸣音减弱甚至消失,严重时可发生肠穿孔和腹膜炎。烦躁、哭声尖直、嗜睡甚至昏迷,可出现凝视、惊厥,查体可有头围增大、颅缝裂开、前囟张力增高、脑膜刺激征阳性。感染来源主要是受阪崎肠杆菌污染的奶粉,人与人之间无传染性。除此之外,也有引起成年人感染的报道,如尿脓血症、肺炎、菌血症、阴道感染。

四、检验原理

(一)增菌

样品首先用缓冲蛋白胨水进行前增菌,再用改良月桂基硫酸盐胰蛋白胨肉汤-万古霉素培养基进行选择性增菌,月桂基硫酸钠和万古霉素可抑制革兰氏阳性细菌的生长。因阪崎肠杆菌比较耐热,故选择性增菌在44℃培养,可抑制其他杂菌。

(二)平板分离及生化鉴定

用显色培养基分离阪崎肠杆菌,由于阪崎肠杆菌产生 α-葡萄糖苷酶,其水解培养基中的底物,产生颜色变化,从而使菌落呈现可识别的特征性颜色。挑取可疑菌落,划线接种于胰蛋白胨大豆琼脂上,因阪崎肠杆菌产生黄色素,故呈黄色菌落。挑取黄色可疑菌落,进行生化鉴定。

五、检验方法

阪崎肠杆菌的国标检测方法参照GB 4789.40—2010《食品安全国家标准 食品微生物学检验阪崎肠杆菌检验》中的检验方法。

(一)设备和材料

恒温培养箱、冰箱、恒温水浴箱、天平、均质器、振荡器、无菌吸管或微量移液器及吸头、无菌锥形瓶、无菌培养皿、pH计或pH比色管或精密pH试纸、全自动微生物生化鉴定系统。

(二)培养基和试剂

缓冲蛋白胨水(buffer peptone water,BPW)、改良月桂基硫酸盐胰蛋白胨肉汤-万古霉素(modified lauryl sulfate tryptose broth-vancomycin medium,mLST-Vm)培养基、阪崎肠杆菌显色

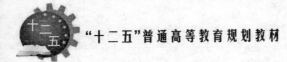
培养基、胰蛋白胨大豆琼脂(trypticase soy agar,TSA)、生化鉴定试剂盒、氧化酶试剂、L－赖氨酸脱羧酶培养基、L－鸟氨酸脱羧酶培养基、L－精氨酸双水解酶培养基、糖类发酵培养基、西蒙氏柠檬酸盐培养基。

（三）检验程序

阪崎肠杆菌检验程序见图7－8。

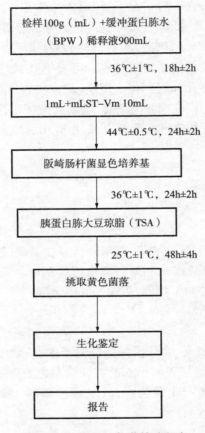

检样100g（mL）+缓冲蛋白胨水
（BPW）稀释液900mL

36℃±1℃，18h±2h

1mL+mLST－Vm 10mL

44℃±0.5℃，24h±2h

阪崎肠杆菌显色培养基

36℃±1℃，24h±2h

胰蛋白胨大豆琼脂（TSA）

25℃±1℃，48h±4h

挑取黄色菌落

生化鉴定

报告

图7－8　阪崎肠杆菌检验程序

（四）操作步骤

1. 前增菌和增菌

取检样100g(mL)加入已预热至44℃装有900mL缓冲蛋白胨水的锥形瓶中,用手缓缓地摇动至充分溶解,36℃±1℃培养18h±2h。移取1mL转种于10mL改良月桂基硫酸盐胰蛋白胨肉汤－万古霉素培养基(mLST－Vm),44℃±0.5℃培养24h±2h。

2. 分离

（1）轻轻混匀mLST－Vm肉汤培养物,各取增菌培养物1环,分别划线接种于两个阪崎肠杆菌显色培养基平板,36℃±1℃培养24h±2h。

（2）挑取1~5个可疑菌落,划线接种于TSA平板。25℃±1℃培养48h±4h。

3. 鉴定

自胰蛋白胨琼脂(TSA)平板上直接挑取黄色可疑菌落,进行生化鉴定。阪崎肠杆菌的主要生化特征见表7-23。可选择生化鉴定试剂盒或全自动微生物生化鉴定系统进行处理。

表7-23 阪崎肠杆菌的主要生化特征

生化试验		特征
黄色素产生		+
氧化酶		-
L-赖氨酸脱羧酶		-
L-鸟氨酸脱羧酶		(+)
L-精氨酸双水解酶		+
柠檬酸水解		(+)
发酵	D-山梨醇	(-)
	L-鼠李糖	+
	D-蔗糖	+
	D-蜜二糖	+
	苦杏仁苷	+

注:+ >99%阳性;- >99%阴性;(+)90%~99%阳性;(-)90%~99%阴性。

4. 结果与报告

综合菌落形态和生化特征,报告每100g(mL)样品中检出或未检出阪崎肠杆菌。

六、其他检验方法

(一)经典方法

所谓经典方法,即是美国食品药物管理局(FDA)推荐的三管法培养分离阪崎肠杆菌的方法。基本步骤如下:

(1)以无菌称取100g,10g,1g婴儿配方奶粉用无菌蒸馏水以1:10稀释,充分溶解后36℃24h孵育。

(2)充分混匀后分别取10mL加入至装有90mL EE肉汤增菌培养36℃24h。

(3)充分混匀后用直接涂布法或直接划线接种法,在VRBG平板中孵育36℃24h。

(4)从每个结晶紫中性红胆盐葡萄糖琼脂(VRBG)平板中挑取5个可疑菌落,分别接种在胰蛋白胨琼脂(TSA)平板25℃48~72h。

(5)在胰蛋白胨琼脂(TSA)平板上挑取黄色、无光泽典型菌落在API20E(梅里埃公司根据酶促反应及代谢产物的检测研制的肠杆菌生化鉴定条)进行鉴定。

该方法自2002年被推荐公布以来,一直是各国沿用的阪崎肠杆菌鉴定检测的方法,缺点是时间太长,需时7d左右,灵敏度不高。

（二）XαGLC 选择性显色培养基法

该法是利用阪崎肠杆菌的 α - 葡萄糖苷酶活性的检测方法,在 TSA 培养基中加入了 5 - 溴 - 4 - 氯 - 3 - 6 - 吲哚基 - α - D 吡喃葡萄糖苷(XαGLC)作为发色基团,组成显色培养基,称为(DFI)琼脂。该法的原理是 α - 葡萄糖苷酶水解 XαGLC,释放糖苷配基 5 - 溴 - 4 - 氯 - 3 - 吲哚,该糖苷配基在氧存在时形成色素溴 - 氯 - 吲哚,使菌落呈现特异性蓝绿色。该改良法已被广泛应用,相对经典方法能缩短时间 2d 左右,且特异性高。

（三）荧光选择性鉴别培养基法

该方法也是利用 α - 葡萄糖苷酶活性的检测方法。在营养琼脂基础上添加 4 - 甲基 - 伞形酮 - α - D - 葡萄糖苷(α - MUG)。阪崎肠杆菌在该培养基上形成黄色菌落,在紫外光照射下发生荧光。该法灵敏度和特异性都比较好,已在多个国家开展使用,均取得稳定可靠的结果。

（四）对硝基酚光电比色法

该方法利用阪崎肠杆菌的 α - 葡萄糖苷酶活性,分解对硝基酚 - α - D - 葡萄糖苷底物,释放黄色的对硝基酚,在 405nm 波长下测定吸光度,根据吸光度的大小,确定样品中阪崎肠杆菌是否存在。方法是常规增菌,在 VRBG 或 TSA 平板上挑取可疑菌落,制备成一定浓度的菌悬液与底物混匀,37℃ 4h 后进行比色测定。

（五）阳离子磁性珠快速捕获法

Mullance 等设计了革兰阴性杆菌捕获系统,能快速富集阪崎肠杆菌。他将普通珠子经过顺磁化后,使其表面带有阳离子(正电荷),能极强地吸附带有阴离子(负电荷)的物质;革兰阴性杆菌表面的脂多糖就是带阴离子(负电荷)的物质,故阳离子磁性珠能捕获含有脂多糖的革兰氏阴性杆菌。Mullance 将该系统设计成自动化,即将婴儿配方奶粉溶解后,通过管道输送至捕获器,反复与磁性珠接触,使阪崎等革兰阴性杆菌被吸附在磁性珠表面,然后在蛋白胨缓冲液中洗脱细菌;整个过程在 6h 内完成。然后将浓缩的菌液划线,接种在选择性显色培养基(DFI)或通过 PCR 分子生物学方法鉴定。使用该方法,最多在 48h 内鉴定出阪崎肠杆菌,比美国 FDA 经典方法缩短 5d 左右,并且灵敏度很高,可检出 1 ~ 5CFU/500g 奶粉。

（六）分子生物学方法

1. PCR 方法

有研究者采用针对 16SrRNA 基因序列的 PCR 方法,对不同来源的阪崎肠杆菌和其他肠杆菌进行了检测分析,结果显示,阪崎肠杆菌全部为阳性,非阪崎肠杆菌则全部阴性,特异性很强,灵敏度可达 10pg。另有学者设计了针对阪崎肠杆菌外膜蛋白 A 基因(*OmpA*)序列的 PCR 方法,所设计的产物能特异性地扩增阪崎肠杆菌的 DNA 片段。*OmpA* 基因是阪崎肠杆菌独有的,其他肠道杆菌无此基因。因此,该 PCR 方法特异性非常高,检测灵敏度在婴儿配方奶粉直接检测可达 10^3CFU/mL,如通过 8h 培养则可达 10CFU/mL,是一种理想的快速检测阪崎肠杆菌的方法。

2. 定量 PCR 方法

利用阪崎肠杆菌部分大分子合成(MMS)操纵子基因序列建立奶粉中阪崎肠杆菌的实时荧光定量 PCR 方法,能检测到 0.6~1g 奶粉中的阪崎肠杆菌,且比传统培养法检测时间从 6~7d 缩短至 2d 内完成,具有很好的特异性。

近年来,随着分子生物学技术的快速发展,已有商品化的 PCR 和荧光定量 PCR 检测阪崎肠杆菌的试剂盒上市。

第七节　变形杆菌的检验

变形杆菌是一类有动力的革兰氏阴性杆菌,包括肠杆菌科的变形杆菌属、摩氏菌属和普罗菲登斯菌属。在自然界分布广泛,在人和动物肠道也经常存在,一般不致病,但在一定条件下可成为条件致病菌。可引起多种感染,还可引起食物中毒。与食物中毒有关的主要是普通变形杆菌、奇异变形杆菌、摩根氏菌、产碱普罗威登斯菌,它们在食品中大量增殖,被人摄食后,在条件适宜时,就有可能引起食物中毒。

一、分类与分布

变形杆菌是肠杆菌科(Enterobacteriaceae)成员,包括 3 个属,即变形杆菌属(Proteus)、摩根菌属(Morganella)和普罗菲登斯菌属(Providencia)。变形杆菌属现有 5 个种,即普通变形杆菌(P. vulgaris)、奇异变形杆菌(P. mirabilis)、产黏变形杆菌(P. myxofaciens)、潘氏变形杆菌(P. Penneri)和豪氏变形杆菌(P. hausen)。摩根菌属只有一个种,即摩氏摩根菌。普罗菲登斯菌属现有 5 个种,即雷氏普罗菲登斯菌、产碱普罗菲登斯菌、海氏普罗菲登斯菌、拉氏普罗菲登斯菌、斯氏普罗菲登斯菌。与食物中毒有关的主要是普通变形杆菌、奇异变形杆菌、摩根氏菌、产碱普罗威登斯菌。一般情况下,以普通变形杆菌和奇异变形杆菌引起的食物中毒居多,尤其是奇异变形杆菌引起的食物中毒占变形杆菌引起的食物中毒的 70%。

变形杆菌是一种食源性条件致病菌,在自然界分布广泛,从土壤、水、垃圾、腐败有机物,到人或动物的肠道内都有分布。人和动物的粪便带菌率很高。健康人变形杆菌带菌率为 1.3%~10.4%;腹泻病人带菌率为 13.3%~52%;动物带菌率为 0.9%~62.7%。变形杆菌的食品染菌率为 3.8%~10.0%,鱼、蟹类及肉类污染率较高,带菌率的高低与食品的新鲜程度、卫生条件和原料等有密切的关系。

二、生物学特性

(一)形态染色

变形杆菌是一类大小、形态不一的细菌,有时球形,有时丝状,呈明显的多形性,周身鞭毛,能运动,无芽孢荚膜,革兰氏阴性。

(二)培养特性

需氧及兼性厌氧,在 10~43℃均可生长,最适生长温度为 20℃。对营养要求不高,在普通营养琼脂上生长良好,在湿润的琼脂平板上常呈扩散生长,但用 3%~4% 的琼脂平板培养,可

215

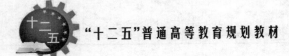

获得孤立菌落。在固体培养基上普通和奇异变形杆菌常扩散生长形成一层厚薄交替波纹状菌苔，即迁徙生长现象。在琼脂平板上形成圆形、扁平、半透明的无色菌落，在 SS 平板上可以形成圆形、扁薄、半透明的菌落。该菌有溶血现象，在肉汤中呈均匀浑浊生长，表面可形成菌膜。

（三）生化特性

变形杆菌类细菌苯丙氨酸脱羧酶为阳性，发酵葡萄糖产酸产气，不分解乳糖，甲基红试验（MR）阳性。除奇异变形杆菌外，都产生靛基质（吲哚），能在 KCN 培养基中生长。普通变形杆菌、奇异变形杆菌、摩根摩根氏菌和产碱普罗威登斯菌如表 7-24 所示。

表 7-24　变形杆菌的生化特征

特性 ＼ 菌种	普通变形杆菌	奇异变形杆菌	摩根摩根氏菌	产碱普罗威登斯菌
吲哚产生	+	−	+	+
V-P	−	d	−	−
西蒙氏柠檬酸盐	d	+	+	−
H_2S 产生	+	+/(+)	−	−
尿素酶	+	+	+	−
鸟氨酸脱羧酶	−	+	+	−
明胶液化（22℃）	+	+	−	−
葡萄糖产气	(+)	+	+	(+)
阿东醇	+	−	−	−
阿拉伯醇	−	−	−	−
丙三醇	d	d	−	(−)
肌醇	−	−	−	−
麦芽糖	−	−	−	−
甘露糖醇	−	−	+	+
甲基葡糖苷	d	−	−	−
鼠李糖	−	−	−	−
乳糖	−	−	−	−
蔗糖	+	(−)	−	(−)
海藻糖	d	+	−	−
木糖	+	+	−	−
DNA 酶	(+)	d	−	−
脂酶	(+)	+	−	−

特性 \ 菌种	普通变形杆菌	奇异变形杆菌	摩根摩根氏菌	产碱普罗威登斯菌
苯丙氨酸脱氨酶	+	+	+	+
分解酪氨酸	+	+	+	+
蔓延生长	+	+	-	-

注:+:90%~100%阳性;(+):76%~89%阳性;(-):75%~89%阴性;-:90%~100%阴性;d:26%~75%阳性。

(四)血清学特性

变形杆菌的抗原结构较复杂,均含热稳定的菌体抗原(O抗原)和热不稳定的鞭毛抗原(H抗原),所以可根据所含O抗原和H抗原来确定它的菌型。普通变形杆菌和奇变形杆菌有49个O抗原,19个H抗原。普通变形杆菌有110个血清型,奇异变形杆菌有340~360个血清型,目前只有这两种有统一分型方法,变形杆菌属其他种尚无统一血清学分型方法。摩根氏变形杆菌具有34个O抗原和25个H抗原,产碱普罗威登斯菌具有46个O抗原。

(五)毒素

有些变形杆菌能产生肠毒素,化学成分为蛋白质和碳水化合物的复合物,具有抗原性,可引起中毒性胃肠炎。

三、流行病学特性

变形杆菌虽是常见的腐生细菌,但容易污染鱼、蟹类及肉类、动物内脏和蛋类等动物性食品以及凉拌菜、剩饭菜和豆制品等,在严重污染的食物中,通过生长繁殖后,可使食物含有大量此菌,食入后容易引起食物中毒。主要是动物性食品,特别是熟肉以及内脏的熟制品。变形杆菌不分解蛋白质,但能分解肽类,所以食品上即使含有大量变形杆菌时,也无任何感观性状的变化,极易引起食物中毒。变形杆菌引起的食物中毒,全年均可发生,大多数发生在5~10月份,以7~9月份为常见多发期。近年来,由变形杆菌引起的食物中毒较为常见。

变形杆菌是引起泌尿系感染的常见致病菌,在食品中大量增殖,被人摄食后,在条件适宜时,可引起食物中毒。根据病原菌的特点,变形杆菌引起的食物中毒可分为三种不同的类型。

1. 侵染型

这种类型是由于摄入大量不产毒的致病活菌,并在小肠内繁殖,引起感染所致。一般潜伏期3~4h,临床表现为骤起腹痛,继而腹泻,重症患者的水样便中伴有黏液和血液,体温一般在38~40℃,病程较短,通常1~3d内可痊愈。

2. 毒素型

有些变形杆菌菌株可产生肠毒素,使食用者发生急性胃肠炎。临床表现为恶心、呕吐、腹泻、头晕、头痛、全身无力、肌肉酸痛等。

3. 过敏型

普通变形杆菌和摩氏变形杆菌的某些菌株具有较强的脱羧活性,当它们在鱼上生长繁殖

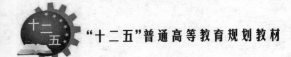

时,可使鱼肉中的组氨酸转变成组胺,人食用这种鱼肉后就会引起过敏性组胺中毒。中毒的潜伏期一般为 30～50min。临床症状主要表现为全身或上身皮肤潮红,引起荨麻疹,有刺痒感,血压下降,心动过速等。病程较短,多数在 12h 内即可恢复。

四、检验原理

(一)前增菌

用无选择性的缓冲蛋白胨水进行前增菌,使变形杆菌恢复活力。

(二)选择性增菌

用选择性培养基 GN 增菌液或 EE 肉汤进行增菌,使变形杆菌得以增殖,而大多数其他细菌受到抑制。

(三)选择性平板分离变形杆菌

在 EMB 琼脂平板和 SS 琼脂或 MAC 琼脂平板上划线分离变形杆菌,因变形杆菌不分解乳糖,不产酸,培养基中的酸碱指示剂不变色,故在上述平板上的菌落特征为无色半透明。

(四)初步生化试验鉴定

挑取可疑菌落进行苯丙氨酸脱氨酶试验和革兰氏染色,变形杆菌应为苯丙氨酸脱氨酶阳性、革兰氏阴性杆菌,否则为非变形杆菌。因为,苯丙氨酸脱氨酶阳性、革兰氏阴性杆菌,是变形杆菌的鉴别特征。

(五)系统生化试验鉴定

对符合变形杆菌特征的可疑菌株,进行系统的生化试验,以鉴定其是否为变形杆菌。

五、检验方法

(一)定性检验

1. 主要设备

冰箱、恒温培养箱、天平、均质器、均质袋、灭菌三角烧瓶、灭菌培养皿、显微镜、灭菌刀、剪子、镊子。

质控菌株:普通变形杆菌 ATCC13315T、奇异变形杆菌 ATCC29906T、摩根氏菌 ATCC25830T、产碱普罗威登斯菌 ATCC9886T 或类似菌株、API20E 肠杆菌和其他革兰氏阴性杆菌鉴定试剂盒或类似产品、VITEK 全自动微生物分析系统或类似设备。

2. 主要培养基

肠杆菌增菌肉汤(EE 肉汤)、革兰氏阴性菌增菌液(GN 增菌液)、沙门氏菌和志贺氏菌琼脂(SS 琼脂)、伊红美兰琼脂(EMB 琼脂)、麦康凯琼脂(MAC 琼脂)。

3. 检验流程

变形杆菌的检测方法参照最新颁布的食品中变形杆菌的检测方法《中华人民共和国出入

境检验检疫行业标准》(《进出口食品中变形杆菌检测方法第 1 部分:定性检测方法》SN/T 2524.1—2010),采用增菌培养和分离鉴定的方法对变形杆菌进行定性检测。操作流程见图 7 - 9。

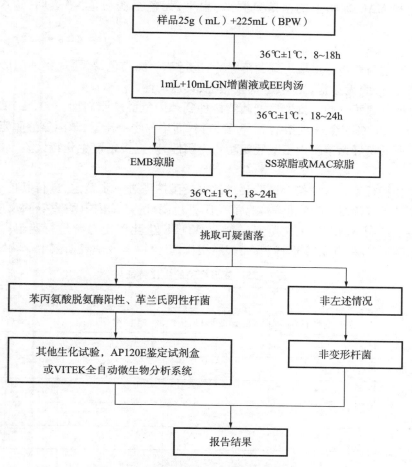

图 7 - 9　变形杆菌定性检测流程图

4. 操作步骤

（1）前增菌

称取 25g(mL)样品,放入盛有 225mL 缓冲蛋白胨水（BPW）的无菌均质杯中,以 8 000 ~ 10 000r/min 均质 1 ~ 2min,或置于盛有 225mL BPW 的无菌均质袋中,用拍击式均质器拍打 1 ~ 2min,若样品为液态,不需要均质,振荡均匀。如需要,测定 pH,用 1mol/L 无菌氢氧化钠或盐酸调 pH 至 6.8 ± 0.2。无菌操作,将样品转至 500mL 锥形瓶中,如使用均质袋,可直接进行培养,于 36℃ ± 1℃培养 8 ~ 18h。如为冷冻样品,应在 45℃以下不超过 15min,或 2 ~ 5℃不超过 18h 解冻。

（2）增菌

轻轻摇动培养过的样品混合物,移取 1mL,转种于 10mL GN 增菌液或 EE 肉汤内,于 36℃ ± 1℃培养 18 ~ 24h。

（3）分离

以接种环取增菌液一环，划线接种于 EMB 琼脂平板和 SS 琼脂平板（或 MAC 琼脂），于 36℃±1℃分别培养 18～24h。变形杆菌在 EMB 琼脂上，菌落呈灰白色或有黑色中心，圆形，光滑；在 SS 琼脂和 MAC 琼脂上的菌落呈圆形，扁平，无色至淡粉色，半透明，边缘整齐，表面光滑。

（4）鉴定

①革兰氏染色与镜检　挑取可疑菌落涂片，进行革兰氏染色，镜检观察细菌形态。变形杆菌为革兰氏阴性杆菌，无芽孢、无荚膜、周生鞭毛、具运动性。

②苯丙氨酸脱氨酶试验　挑取可疑菌落接种到苯丙氨酸琼脂斜面，36℃±1℃培养 6～8h 或 18～24h。滴加 10% 三氯化铁溶液 2～3 滴，自斜面培养物上流下，苯丙氨酸脱氨酶阳性者呈棕黑色。若挑取的可疑菌落苯丙氨酸脱氨酶均为阴性，则直接判定生化特性鉴定结果阴性，报告结果。

③最终生化特征鉴定　对符合试验要求的可疑菌株需进一步鉴定，进行其他生化试验，即若挑取的可疑菌落经涂片、染色和镜检为革兰氏染色阴性，且苯丙氨酸脱氨酶反应呈阳性，应进一步生化鉴定或用 AP120E 生化鉴定试剂盒、VITEK 生化鉴定系统进行鉴定。鉴别结果见表 7–25 普通变形杆菌、奇异变形杆菌、摩根摩根氏菌、产碱普罗威登斯菌生化特征。

表 7–25　变形杆菌的生化特征

特性	菌种			
	普通变形杆菌	奇异变形杆菌	摩根摩根氏菌	产碱普罗威登斯菌
苯丙氨酸脱氨酶	+	+	+	+
鸟氨酸脱羧酶	−	+	+	−
甘露糖醇发酵	−	−	+	+
吲哚产生	+	−	+	+
尿素酶	+	+	+	−
麦芽糖发酵	+	−	−	−
阿东醇发酵	−	−	−	+
肌醇发酵	−	−	−	+
木糖发酵	+	+	−	−
H₂S 产生	+	+/(+)	−	−
西蒙氏柠檬酸盐	d	+	+	+
明胶液化（22℃）	+	+	−	−

注：+ 阳性；− 阴性；+/(+) 大部分菌株阳性，有少数菌株迟缓阳性；d 有不同的反应。

（5）报告结果

最后，生化特性鉴定结果为阳性，则报告每 25g 样品中检出何种变形杆菌；若为阴性，则报告每 25g 样品中未检出变形杆菌。

（二）定量检验

1. 主要设备

见变形杆菌定性检验。

2. 主要培养基

见变形杆菌定性检验。

3. 检验流程

变形杆菌的检测方法参照最新颁布的食品中变形杆菌的检测方法中华人民共和国出入境检验检疫行业标准 SN/T 2524.2—2010《进出口食品中变形杆菌检测方法第 2 部分：MPN 法》，采用增菌培养和分离鉴定的方法对变形杆菌进行定量检测。操作流程见图 7－10。

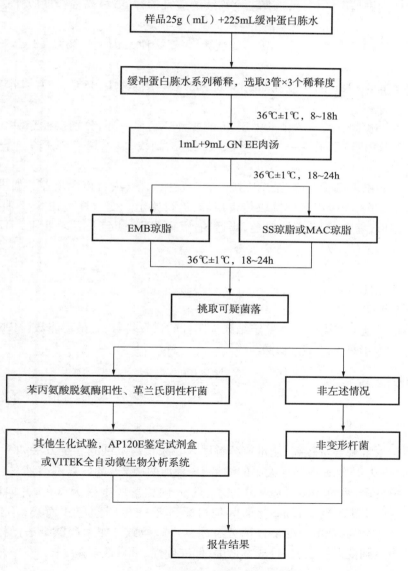

图 7－10　变形杆菌定量检测流程图

4. 操作步骤

（1）样品制备

称取25g(mL)样品，放入无菌均质杯中，加入225mL BPW，以8 000r/min均质1~2min，或放入无菌均质袋中，加入225mL BPW，用拍击式均质器拍打1~2min，制成1:10样品稀释液。

冷冻样品应在45℃以下不超过15min或在2~5℃不超过18h解冻。若不能及时检验，应放于-15℃左右保存；非冷冻而易腐的样品应尽可能及时检验，若不能及时检验，应置于6~10℃冰箱保存，在24h内检验。

（2）前增菌

用灭菌吸管吸取增菌液1mL，注入含有9mL BPW的试管内，振荡试管混匀，并依次制备10倍递增稀释液，每递增稀释一次，换用一支1mL灭菌吸管。

根据对检样污染情况的估计，选择三个连续的适宜稀释度，最高稀释度应能达到获得阴性菌株。

每个稀释度接种三支含有9mL BPW的试管，每管接种1mL。于36℃±1℃培养8~18h。

（3）选择性增菌

分别移取培养8~18h的悬液各1mL加入9mL EE增菌液中，36℃±1℃培养18~24h。

（4）分离

在所有显示生长的试管或增菌液中用3mm接种环沾取一环，分别接种于伊红美兰琼脂及SS琼脂（或麦康凯琼脂）平板各一个，三区法或四区法划线，以得到单个菌落。平板于36℃±1℃培养18~24h。

上述平板上如出现可疑菌落，至少应挑取5个疑似菌落，进行传代培养。如果平板上的目标可疑菌落少于5个，则应该全部挑取传代培养，进行鉴定。变形杆菌在SS琼脂和麦康凯琼脂上的菌落呈圆形，扁平，无色至淡粉色，半透明，表面光滑；伊红美兰琼脂上，菌落呈灰白色，圆形，光滑。

（5）鉴定

见变形杆菌定性检验

（6）报告结果

根据每一稀释度证实生化特性鉴定结果为阳性的试管管数，查最可能数（MPN）表，报告每克（毫升）样品中变形杆菌的最近似数。

六、其他检验方法

（一）尿素酶试纸法

变形杆菌属尿素酶含量较高，能迅速分解尿素。尿素酶试纸的鉴定方法如下：取一条精密pH试纸（pH5.5~9.0）放置在同样大小的滤纸上，滴加两滴2%的尿素水溶液，使试纸湿润，如被检菌落是变形杆菌，局部pH可达9.0左右，1min内菌落周围呈天蓝色，并向四周扩散，约15min后停止，蓝色圈直径≥12mm。而其他可疑菌落变色圈颜色浅而小，不扩散，直径均<5mm，说明蓝色圈扩散是由于变形杆菌分解尿素产碱所致。尿素酶试纸法操作简便、快速，能够在几分钟内鉴别变形杆菌属，且成本低廉，但准确性、可靠性较差。

（二）全自动微生物分析系统检测法

近年来，微生物的检测鉴定技术已逐步由手工检测走向仪器化和电脑化，并力求简便、快速、准确。全自动微生物鉴定分析系统已被许多国家定为细菌最终鉴定设备，并获美国食品药物管理局（FDA）认可。其操作程序见图7-11。

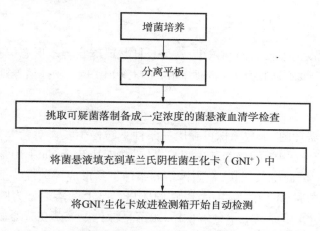

图7-11　全自动微生物分析系统检测变形杆菌流程图

该法继承了前两种方法的优点，有高度的特异性、敏感性和重复性，还具有操作简便、检测速度快的特点，绝大多数细菌的鉴定在2~18h内可得出结果，缩短了肠道致病菌生化鉴定的时间。但仪器价格昂贵、成本高，一般单位难以承受。除此之外，使用全自动微生物分析系统检测细菌虽然能够鉴定到种，但偶尔也会误判或不能鉴定出确切结果，需要作特异血清凝集试验证实。

另外，近年来发展起来的分子生物学方法广泛应用于食源性致病菌的检测，如PCR、荧光定量PCR和环介导等温扩增技术用于检测变形杆菌。

第八节　副溶血性弧菌的检验

副溶血性弧菌（*Vibrio parahaemolyticus*，VP）是一种嗜盐性细菌，广泛分布于盐湖、近岸海水、海底沉积物和鱼类、虾类、贝类等海产品中，是引起我国沿海地区细菌性食物中毒危害的首要食源性致病菌。人多因食用被本菌污染而又未煮熟的海产品而引起中毒。由于物流频率迅速增加，我国内地省份也频繁出现副溶血性弧菌感染事件，严重威胁人们的身体健康并造成巨大的经济损失。由副溶血性弧菌引发的食物中毒已成为近年来世界范围内严重的食源性公共卫生问题之一。

一、分类与分布

副溶血性弧菌属于弧菌科，弧菌属。该属代表性菌株有副溶血性弧菌（*v. parahaemolyticus*）、溶藻弧菌（*v. alginolyicus*）、霍乱弧菌（*v. cholerae*）、拟态弧菌（*v. mimicus*）、河弧菌（*v. fluialis*）、创伤弧菌（*v. vulnificus*）、梅氏弧菌（*v. metschnikouii*）、霍利斯弧菌（*v. hollisae*）。其中副溶血性弧菌、霍乱弧菌、创伤弧菌和溶藻弧菌都可以引起食物中毒。

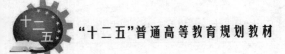

该菌分布极广,主要分布在海水和水产品中,我国华东地区沿岸的海水的副溶血性弧菌检出率为47.5%~66.5%,海产鱼虾的平均带菌率为45.6%~48.7%,而在夏季可达90%以上,秋季为55%,冬春季则约为0%~30%,具有明显的差异性。

二、生物学特性

(一)形态与染色

该菌为革兰阴性无芽孢杆菌,两端浓染,常呈长杆状或球状等多形态(副溶血性弧菌的多形态性与培养基中盐的浓度不适宜有关)。液体培养时有端生单毛,固体培养则常呈周生鞭毛。

(二)培养特性

副溶血性弧菌为需氧菌,少数菌株可在厌氧条件下缓慢生长。对营养要求不高,是一种嗜盐性弧菌,在含NaCl 3%~4%的培养基中生长良好,在无盐及含NaCl 10%的培养基中均不生长。代时为9~12min,因此生长很快,在固体培养条件下易形成扩散性特征菌落。液体培养时会在培养基表面形成菌膜,R型菌发生沉淀;在固体培养基上菌落通常为圆形,稍浑浊不透明,表面光滑湿润。在TCBS培养基上不分解蔗糖,菌落呈绿色。该菌在普通血平板上不溶血或只产生 α - 溶血,但在特定条件下某些菌株在含高盐(7%)的人O型血或兔血及以D - 甘露醇为碳源的我妻氏琼脂(wagatsuma)平板上可产生 β - 溶血,称为神奈川现象(Kanagawa phenomenon,KP)阳性。日本学者检测了3370株副溶血性弧菌,来自病人的菌株中96.5%为KP阳性,而来自海产品及海水的菌株仅1%阳性。副溶血性弧菌的适宜生长温度为30~37℃,适宜pH为7.4~8.5。

(三)生化特性

该菌细胞色素氧化酶阳性,赖氨酸脱羧酶阳性,精氨酸双水解酶阴性,V - P试验阴性,不产生 H_2S,分解葡萄糖产酸不产气,不分解乳糖、蔗糖。

(四)抗原构造与分型

副溶血性弧菌有鞭毛(H)、荚膜多糖(K)、菌体(O)抗原,H抗原为所有菌株共有,无分型意义,故O和K抗原为分型基础。现已知的有O1~O13共13个O群,K1~K71(其中缺少K2、K14、K16、K27、K35)共71个K群,根据O和K抗原的不同可分为65个血清型。O3:K6是一种新发的血清型,因其具有较高的感染能力和蔓延能力,已成为全球大流行的型别。研究表明O3:K6型VP是导致我国某些地区副溶血性弧菌感染的优势株。有报道称在外环境及水产品等检出的菌株以O1、O4、O5群为主,O3:K6检出率并不高,而食物中毒中检出的则以O3:K6株为主。

(五)抵抗力

本菌对酸较敏感,当pH在6以下即不能生长,1%醋酸或50%食醋作用1min即死亡,在1%盐酸中5min死亡。不耐热,加热50℃ 20min;65℃ 5min或80℃ 1min即可被灭活。本菌对常用消毒剂抵抗力很弱,可被低浓度的酚和煤酚皂溶液杀灭。

三、流行病学特性

海水是本菌的污染源,海产品、海盐、带菌者等都有可能成为传播本菌的途径,另外有肠道病史的居民、渔民带菌率偏高,也是传染源之一。引起副溶血性弧菌食物中毒的食物普遍认为是海产品或盐腌渍品,常见者为蟹类、乌贼、海蜇、鱼、黄泥螺等。我国国内海产品带菌率为45%以上,零售海产品中副溶血性弧菌污染较为严重。不同海产品中副溶血性弧菌的阳性率又存在差异,其中贝类、甲壳类中副溶血性弧菌的污染最为突出。其次,盐腌制品、肉类、蔬菜、蛋类等均有受到不同程度的污染,进食肉类或蔬菜而致病者,多因食物容器或砧板污染所引起。另外,据相关研究报道,副溶血性弧菌对淡水产品的污染也不容小视,其带菌率呈地域性分布,但普遍具有较大毒力,其中以淡水鱼、虾、蟹等受污染较严重。

男女老幼均可患病,但以青壮年为多。通常情况下,吞服 10 万个以上活菌即可致病,致病性源于其侵袭性、溶血素和脲酶。一般认为,副溶血性弧菌的主要致病作用是其可产生溶血毒素。副溶血性弧菌食物中毒的发生与摄入量有关。实验证明其感染量为 $10^5 \sim 10^8$ 个活菌。在日本,对生食海产品的该菌限量为 10^4 CFU/100g,故对海产品及其加工进行该菌的定量检验在获得确切的食品卫生学评价上具有重要意义。

该菌引起的食物中毒潜伏期较短,一般在 $1 \sim 26h$ 之间,常在 $6 \sim 10h$,最短可在 $1h$ 内发病,发病的临床表现为上腹部疼痛、恶心、呕吐、发热、腹泻。随后剧烈腹痛持续 $1 \sim 2h$,水样大便。中毒一般病程较短,及时治疗可以在一天内康复,通常不超过一周。病后免疫力不强,可重复感染。本病多发生于夏秋沿海地区,常造成集体发病。近年来内陆地区发病也有增多的趋势。

四、检验原理

(一)选择性增菌

副溶血性弧菌适宜生长的盐浓度为 3% $\sim$ 4%,生长适宜的 pH 为 7.4 $\sim$ 8.5,高含量氯化钠和高 pH 可以抑制非弧菌类细菌生长,不影响副溶血性弧菌生长。因此,采用 3% 氯化钠碱性蛋白胨水进行选择性增菌。

(二)选择性平板分离

用硫代硫酸盐 – 柠檬酸盐 – 胆盐 – 蔗糖琼脂或科玛嘉弧菌显色培养基分离副溶血性弧菌,由于副溶血性弧菌不分解蔗糖,不产酸,培养基中的酸碱指示剂未发生颜色变化,因而呈现绿色菌落(分解乳糖的菌落因产酸,酸碱指示剂变色,呈现黄色菌落),在科玛嘉弧菌显色培养基上菌落呈粉紫色。挑取可疑菌落,在 3% 氯化钠胰蛋白胨大豆琼脂平板上划线,进一步分离纯化。

(三)初步鉴定

挑选纯培养的单个菌落进行氧化酶试验,3% 氯化钠三糖铁试验,嗜盐性试验,并进行革兰氏染色,镜检形态。

(四)确定鉴定

符合副溶血性弧菌特征的可疑菌株进行进一步的生化鉴定,以确定是否为副溶血性弧菌。

必要时,可做血清学分型试验和神奈川试验。

五、检验方法

食品中副溶血性弧菌国家标准检验方法参照 GB/T 4789.7—2008。

(一)设备和材料

恒温培养箱、冰箱、均质器或无菌乳钵、天平、无菌试管、无菌吸管或微量移液器及吸头、无菌锥形瓶、无菌培养皿、全自动微生物鉴定系统(VITEK)。

(二)培养基和试剂

3%氯化钠碱性蛋白胨水(APW)、硫代硫酸盐-柠檬酸盐-胆盐-蔗糖(TCBS)琼脂、3%氯化钠胰蛋白胨大豆(TSA)琼脂、3%氯化钠三糖铁(TSI)琼脂、嗜盐性试验培养基、3%氯化钠甘露醇试验培养基、3%氯化钠赖氨酸脱羧酶试验培养基、3%氯化钠 MR-VP 培养基、我妻氏血琼脂、氧化酶试剂、革兰氏染色液、ONPG 试剂、3%氯化钠溶液、Voges-Proskauer(V-P)试剂、弧菌显色培养基、API20E 生化鉴定试剂盒或 VITEK NFC 生化鉴定卡。

(三)检验程序

食品中副溶血性弧菌检验程序见图 7-12。

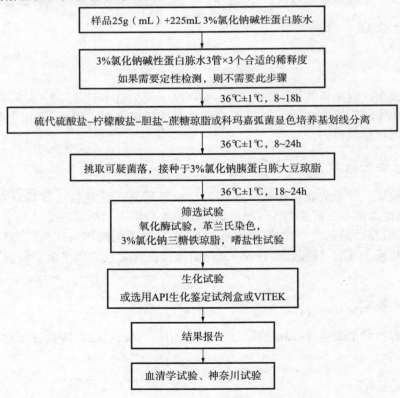

图 7-12 副溶血性弧菌检验程序

（四）操作步骤

1. 样品制备

（1）冷冻样品应在45℃以下不超过15min或在2～5℃不超过18h解冻,若不能及时检验应放于－15℃左右保存;非冷冻而易腐蚀的样品应尽可能及时检验,若不能及时检验,应置2～5℃冰箱保存,在24h内检验。

（2）鱼类和头足类动物取表面组织、肠或鳃。贝类取全部内容物,包括贝肉和体液;甲壳类取整个动物,或者动物的中心部分,包括肠和鳃,如为带壳贝类或甲壳类则应先在自来水中洗刷外壳并甩干表面水分,然后以无菌操作打开外壳,按上述要求取相应部分。

（3）以无菌操作取检样25g(mL),加入3%氯化钠碱性蛋白胨水225mL,用旋转刀片式均质器以8 000r/min均质1min,或拍击式均质器拍击2min,制备成1:10的均匀稀释液。如无均质器,则将样品放入无菌乳钵中磨碎,然后放在500mL的灭菌容器内,加225mL 3%氯化钠碱性蛋白胨水,并充分振荡。

2. 增菌

（1）定性检测

将上述1:10稀释液于36℃±1℃培养8～18h。

（2）定量检测

①用灭菌吸管吸取1:10稀释液1mL,注入含有9mL 3%氯化钠碱性蛋白胨水的试管内,振摇试管混匀,制备1:100的稀释液。

②另取1mL灭菌吸管,按上述操作依次制备10倍递增稀释液每递增稀释一次,换用一支1mL灭菌吸管。

③根据对检样污染情况的估计,选择三个连续的适宜稀释度,每个稀释度接种三支含有9mL 3%氯化钠碱性蛋白胨水的试管,每管接种1mL。置36℃±1℃恒温箱内,培养8～18h。

3. 分离

（1）在所有显示生长的试管或增菌液中用接种环沾取一环,于TCBS平板或弧菌显色培养基平板上划线分离。一支试管划线一块平板,于36℃±1℃培养18～24h。

（2）典型的副溶血性弧菌在TCBS上呈圆形、半透明、表面光滑的绿色菌落,用接种环轻触,有类似口香糖的质感,直径2～3mm。从培养箱取出TCBS平板后,应尽快(不超过1h)挑取菌落或标记要挑取的菌落。典型的副溶血性弧菌在科玛嘉弧菌显色培养基上呈圆形、半透明、表面光滑的粉紫色菌落,直径2～3mm。

4. 纯培养

挑取三个或以上可疑菌落,划线3%氯化钠胰蛋白胨大豆琼脂平板,36℃±1℃培养18～24h。

5. 初步鉴定

（1）氧化酶试验

挑选纯培养的单个菌落进行氧化酶试验,副溶血性弧菌为氧化酶阳性。

（2）涂片镜检

将可疑菌落涂片,进行革兰氏染色,镜检观察形态。副溶血性弧菌为革兰氏阴性,呈棒状、弧状、卵圆状等多形态,无芽孢,有鞭毛。

(3)挑取纯培养的单个可疑菌落,接种3%氯化钠三糖铁琼脂斜面并穿刺底层,35℃±1℃培养24h观察结果。副溶血性弧菌在3%氯化钠三糖铁琼脂中的反应为底层变黄不变黑,无气泡,斜面颜色不变或红色加深,有动力。

(4)嗜盐性试验

挑取纯培养的单个可疑菌落,分别接种于不同氯化钠浓度的胰胨水,36℃±1℃培养24h观察液体浑浊情况。副溶血性弧菌在无氯化钠和10%氯化钠的胰胨水中不生长或微弱生长,在7%氯化钠的胰胨水中生长旺盛。

6. 确定鉴定

①生化试验:取纯培养物分别接种含3%氯化钠的甘露醇、赖氨酸、MR-VP培养基,36℃±1℃培养24~18h后观察结果。隔夜培养物进行ONPG试验。

②API 20E生化鉴定试剂盒或VITEK:刮取3%氯化钠胰蛋白胨大豆琼脂平板上的单个菌落,用生理盐水制备成浊度适当的细胞悬浮液,使用API 20E生化鉴定试剂盒或VITEK鉴定。

7. 报告

当检出的可疑菌落生化性状符合表7-26要求时,报告25g(mL)样品中检出副溶血性弧菌。如果进行定量检测,根据证实为副溶血性弧菌阳性的试管管数,查最可能数(MPN)检索表,报告每克(毫升)副溶血性弧菌的MPN值。副溶血性弧菌主要性状与其他弧菌的鉴别见表7-27。

表7-26 副溶血性弧菌的生化性状

试验项目	结果
革兰氏染色镜检	阴性,无芽孢
氧化酶	+
动力	+
蔗糖	-
葡萄糖	+
甘露醇	+
分解葡糖糖产气	-
乳糖	-
硫化氢	-
赖氨酸脱羧酶	+
V-P	-
ONPG	-

注:+阳性;-阴性。

表 7 – 27　副溶血性弧菌与其他弧菌的鉴别

名称	氧化酶	赖氨酸	精氨酸	鸟氨酸	明胶	脲酶	V-P	42℃生长	蔗糖	D-纤维二糖	乳糖	阿拉伯糖	D-甘露糖	D-甘露醇	OPNG	嗜盐性试验氯化钠%				
																0	3	6	8	10
副溶血性弧菌 v. parahaemolyticus	+	+	-	+	+	V	-	+	-	V	-	+	+	+	-	-	+	+	+	-
创伤弧菌 v. vlnificus	+	+	-	+	+	-	-	+	-	+	+	-	+	V	+	-	+	+	-	-
溶藻弧菌 v. alginolyicus	+	+	-	+	+	+	+	+	+	-	-	-	+	+	-	-	+	+	+	+
霍乱弧菌 v. cholerae	+	+	-	+	+	-	V	+	+	-	-	-	+	+	+	+	+	-	-	-
拟态弧菌 v. mimicus	+	+	-	+	+	-	-	+	-	-	-	-	+	+	+	+	+	-	-	-
河弧菌 v. fluialis	+	-	+	-	+	-	-	V	+	+	+	+	+	+	+	-	+	+	V	-
弗氏弧菌 V. furnissii	+	-	+	-	+	-	-	+	+	+	-	+	+	+	+	-	+	+	+	-
梅氏弧菌 v. metschnikouii	-	+	-	-	+	-	+	V	+	-	-	-	+	+	+	-	+	+	V	-
霍利斯弧菌 v. hollisae	+	-	-	-	-	-	-	nd	-	-	-	+	+	+	-	-	+	+	+	-

注:nd 表示未试验;V 表示可变。

8. 血清学分型(可选择)

(1)制备

接种两管 3% 氯化钠胰蛋白胨大豆琼脂试管斜面 36℃ ±1℃ 培养 18~24h。用含 3% 氯化钠的 5% 甘油溶液冲洗 3% 氯化钠胰蛋白胨大豆琼脂斜面培养物,获得浓厚的菌悬液。

(2)K 抗原的鉴定

取一管上述制备好的菌悬液,首先用多价 K 抗血清进行检测,出现凝集反应时再用单个的抗血清进行检测。用蜡笔在一张玻片上划出适当数量的间隔和一个对照间隔。在每个间隔内各滴加滴菌悬液并加一滴相当的 K 血清。在对照间隔内加一滴 3% 氯化钠溶液。轻微倾斜玻片,使各成分相混合,再前后倾动玻片 1min。阳性凝集反应可以立即观察到。

(3)O 抗原的鉴定

将另外一管的菌悬液转移到离心管内,121℃ 灭菌 1h。灭菌后 4 000r/min 离心 15min,弃去上层液体,沉淀用生理盐水洗三次,每次 4 000r/min 离心 15min,最后一次离心后留少许上层液体,将细胞浆弹起制成菌悬液。用蜡笔将玻片划分成相等的间隔。在每个间隔内加入一滴菌悬液,将 O 群血清分别加一滴到间隔内,最后一个间隔加一滴生理盐水作为自凝对照。轻微倾斜玻片,使各成分相混合,再前后倾动玻片 1min;阳性凝集反应应可以立即观察到。如果未见到与 O 群血清的凝集反应,将菌悬液 121℃再次高压后,重新检测。如果仍旧为阳性,则培养物的 O 抗原属于未知。根据表 7 - 28 报告血清学分型结果。

表 7 - 28 副溶血性弧菌的抗原组合

O 群	K 型
1	1,5,20,25,26,32,38,41,56,58,60,64,69
2	3,28
3	4,5,6,7,25,29,30,31,33,37,43,45,48,54,56,57,58,59,72,75
4	4,8,9,10,11,12,13,34,42,49,53,55,63,67,68,73
5	15,17,30,47,60,61,68
6	18,46
7	19
8	20,21,22,39,41,70,74
9	23,44
10	24,71
11	19,36,40,46,50,51,61
12	19,52,61,66
13	65

9. 神奈川试验

神奈川试验是在我妻氏琼脂上测试是否存在特定溶血素。神奈川试验阳性结果与副溶血性弧菌分离株的致病性显著相关。

用接种环将测试菌株的 3% 氯化钠胰蛋白胨大豆琼脂 18h 培养物点种表面干燥的我妻氏血琼脂平板。每个平板可以环状点种几个菌。36℃ ±1℃培养不超过 24h,并立即观察。阳性结果为菌落周围呈半透明环的 β 溶血。

六、其他检验方法

目前,利用分子生物学技术检测副溶血性弧菌的方法有 PCR 法(多重 PCR、实时 PCR 等)和 LAMP 法等。副溶血性弧菌产生的 3 种类型的溶血素 TDH、TRH 和 TLH 编码基因 *tdh*、*trh* 和 *tlh* 在建立快速检测方法中具有重要意义。副溶血性弧菌基因组序列研究揭示,*tlh* 是副溶血性弧菌的种特异性基因,不论是环境分离株,还是病人分离株,都携带该基因,即所有的副溶血性弧菌均含有该基因。因此,检测该基因对副溶血性弧菌的鉴定具有重要作用。

第九节　金黄色葡萄球菌的检验

金黄色葡萄球菌是人类的一种重要病原菌,一方面可引起化脓性炎症,另一方面金黄葡萄球菌污染食品后,在食品中生长繁殖,可产生肠毒素,引起食物中毒。金黄色葡萄球菌肠毒素已成为世界性卫生问题,在美国由金黄色葡萄球菌肠毒素引起的食物中毒占整个细菌性食物中毒的33%,加拿大则更多,占45%,我国每年发生的此类中毒事件也非常多。

一、分类与分布

金黄色葡萄球菌(*Staphyloccocus aureus*)隶属于微球菌科、葡萄球菌属(*Staphylococcus*),是革兰氏阳性菌的代表。葡萄球菌属有19个菌种,从人体上可检出12个种。葡萄球菌属主要与皮肤腺体和温血动物的黏膜相关系,有些种是人及动物的条件致病菌。金黄色葡萄球菌对人类有致病性,可引起许多严重感染和食物中毒,通常被称为病原性球菌。

金黄色葡萄球菌在自然界中无处不在,空气、水、灰尘及人和动物的排泄物中都可找到。作为人和动物的常见病原菌,其主要存在于人和动物的鼻腔、咽喉、头发上,50%以上健康人的皮肤上都有金黄色葡萄球菌存在。

二、生物学特性

(一)形态染色

典型的金黄色葡萄球菌为球型,直径0.8μm左右,显微镜下排列成葡萄串状。液体培养条件下经常呈双或链状排列,易与链球菌或双球菌混淆。葡萄球菌无鞭毛、无芽孢,除个别外一般均无荚膜,容易被碱性染料着色,革兰氏染色阳性。

(二)培养特性

对营养要求不高,在普通培养基上即可良好生长,最适生长温度为37℃,最适pH为7.2~7.4。需氧或兼性厌氧,20%二氧化碳条件下利于产生毒素。

普通培养基上培养18h后菌落表面光滑、湿润、有光泽,圆形凸起且边缘整齐,直径约为1~2mm。可产生金黄色色素,色素为脂溶性,不溶于水,故色素只局限于菌落内,不渗至培养中。血平板菌落周围形成透明的溶血环,称为β溶血。可产生卵磷脂,在卵黄高盐培养基上形成周围有白色沉淀环的菌落。

金黄色葡萄球菌有高度的耐盐性,可在10%~15%NaCl肉汤中生长,可用于筛选菌种。

(三)生化反应

可分解葡萄糖、麦芽糖、乳糖、蔗糖,产酸不产气。甲基红反应阳性,V-P反应弱阳性。许多菌株可分解精氨酸,水解尿素,还原硝酸盐,液化明胶,接触酶阳性。

金黄色葡萄球菌可产生血浆凝固酶和耐热DNA酶。这两种酶均与金黄色葡萄球菌的致病性有关。血浆凝固酶:与金黄色葡萄球菌的致病力密切相关。一般认为,血浆凝固酶阳性的金黄色葡萄球菌菌株有致病力。否则为无致病力的菌株。血浆凝固酶对热稳定,能抵抗60℃

231

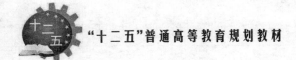

30min 甚至 100℃ 30min 后,仍能保存大部分活性。耐热 DNA 酶作为除血浆凝固酶外鉴定金黄色葡萄球菌致病力的指标之一。该酶的最适 pH 为 9.0。

(四)毒素

金黄色葡萄球菌肠毒素是金黄色葡萄球菌一种重要的致病物质。本菌引起的食物中毒是因为食品污染了金黄色葡萄球菌后,由细菌产生大量肠毒素而导致的。肠毒素是一种可溶性蛋白质,耐热,经 100℃煮沸 30min 不被破坏,也不受胰蛋白酶的影响。食物中的肠毒素耐热性更强,一般烹调温度不能将其破坏。218～248℃的油中需 30min 才能被破坏。肠毒素可引起急性胃肠炎。根据肠毒素的血清型,可分 A,B,C(C1、C2),D,E5 个型。A 型肠毒素引起的食物中毒较多,约占 50%。其他依次为 D,C,B 和 E 型。也有 A + D、A + B、A + C、B + C 等。A 型肠毒素毒力较强,摄入 1μg 即可引起中毒;B 型毒力较弱摄入 25μg,才引起中毒。一般认为引起人中毒的最小剂量是 1.0～7.2μg/kg。

(五)抵抗力

金黄色葡萄球菌具有较厚的细胞壁,因此对外界环境的抵抗力较强,是非芽孢菌种中最强的一种,80℃下需要 30min 甚至 1h 才能杀灭,在干燥的血液中可以存活数月,并且可以耐受低温冷藏。该菌的生长可以被 50%～60% 的蔗糖或者 15% 以上的氯化钠抑制。

三、流行病学特性

该菌引起的食物中毒,季节分布多见于春夏季;中毒食品种类多,如奶、肉、蛋、鱼及其制品。此外,剩饭、油煎蛋、糯米糕及凉粉等引起的中毒事件也有报道。携带葡萄球菌患者如皮肤化脓者或葡萄球性咽病等上呼吸道患者,所以人畜化脓性感染部位常成为污染源。金黄色葡萄球菌可通过以下途径污染食品:食品加工人员、炊事员或销售人员带菌,造成食品污染;食品在加工前本身带菌,或在加工过程中受到了污染,产生了肠毒素,引起食物中毒;熟食制品包装不严,运输过程受到污染;奶牛患化脓性乳腺炎或禽畜局部化脓时,对肉体其他部位的污染。

金黄色葡萄球菌污染食品后在 25～30℃条件下 5h 左右即可产生肠毒素,人食用 2～3h 后可引起中毒,主要症状为急性胃肠炎,反复呕吐、恶心、急性腹痛、腹泻,严重者头痛、肌肉痛、心跳减弱、盗汗和虚脱,体温不会升高;发病时间通常较短,仅为 1～2d,很少有死亡病例。

四、检验原理

(一)选择性增菌培养

一般采用 7.5% 氯化钠肉汤进行选择性增菌培养,因金黄色葡萄球有耐受高盐的特性,因而能在此增菌液中生长,除某些嗜高盐的海洋菌外,大多数细菌都被增菌液中的高盐所抑制。

(二)选择培养基分离

一般采用 Baird - Parker 琼脂作为选择培养基,该培养基中含有卵黄、亚碲酸钾,能抑制大多数细菌的繁殖,并能促进金黄色葡萄球菌的生长,金黄色葡萄球菌可还原亚碲酸钾为金属碎,使菌落呈现黑色。金黄色葡萄球菌还可以产生卵磷脂酶,分解卵黄,形成浑浊沉淀状的甘油酯和水溶性的磷酸胆碱,使菌落周围产生浑浊带。

(三)染色,溶血测定和血浆凝固酶试验

金黄色葡萄球菌为革兰氏阳性球菌,排列呈葡萄球状。在血平板上,菌落呈金黄色(有时为白色),菌落周围可见完全透明溶血圈。金黄色葡萄球菌可以产生凝固酶,使血浆中纤维蛋白原转变为纤维蛋白,使血浆凝固,即血浆凝固酶试验阳性,凝固酶是鉴别葡萄球菌有无致病性的重要指标。

五、检验方法

金黄色葡萄球菌检验国家标准方法参照 GB 4789.10—2010。

(一)第一法　金黄色葡萄球菌定性检验

1. 设备和材料

恒温培养箱、冰箱、恒温水浴箱、天平、均质器、振荡器、无菌吸管或微量移液器及吸头、无菌锥形瓶、无菌培养皿、注射器、pH 计或 pH 比色管或精密 pH 试纸。

2. 培养基和试剂

10%氯化钠胰酪胨大豆肉汤、7.5%氯化钠肉汤、血琼脂平板、Baird – Parker 琼脂平板、脑心浸出液肉汤(BHI)、兔血浆、磷酸盐缓冲液、营养琼脂小斜面、革兰氏染色液、无菌生理盐水。

3. 检验程序

金黄色葡萄球菌定性检验程序见图 7 – 13。

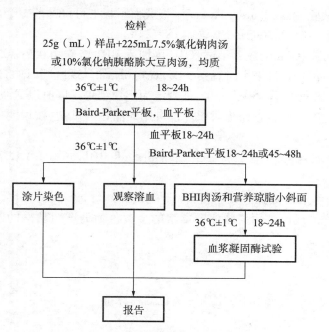

图 7 – 13　金黄色葡萄球菌定性检验程序

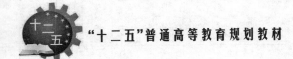

4. 操作步骤

（1）样品的处理

称取 25g 样品至盛有 225mL 7.5% 氯化钠肉汤或 10% 氯化钠胰酪胨大豆肉汤的无菌均质杯内,8 000～10 000r/min 均质 1～2min,或放入盛有 225mL 7.5% 氯化钠肉汤或 10% 氯化钠胰酪胨大豆肉汤的无菌均质袋中,用拍击式均质器拍打 1～2min。若样品为液态,吸取 25mL 样品至盛有 225mL 7.5% 氯化钠肉汤或 10% 氯化钠胰酪胨大豆肉汤的无菌锥形瓶(瓶内可预置适当数量的无菌玻璃珠)中,振荡混匀。

（2）增菌和分离培养

1）将上述样品匀液于 36℃±1℃ 培养 18～24h。金黄色葡萄球菌在 7.5% 氯化钠肉汤中呈浑浊生长,污染严重时在 10% 氯化钠胰酪胨大豆肉汤内呈浑浊生长。

2）将上述培养物,分别划线接种到 Baird-Parker 平板和血平板,血平板 36℃±1℃ 培养 18～24h。Baird-Parker 平板 36℃±1℃ 培养 18～24h 或 45～48h。

3）金黄色葡萄球菌在 Baird-Parker 平板上,菌落直径为 2～3mm,颜色呈灰色到黑色,边缘为淡色,周围为一浑浊带,在其外层有一透明圈。用接种针接触菌落有似奶油至树胶样的硬度,偶然会遇到非脂肪溶解的类似菌落;但无浑浊带及透明圈。长期保存的冷冻或干燥食品中所分离的菌落比典型菌落所产生的黑色较淡些,外观可能粗糙并干燥。在血平板上,形成菌落较大,圆形、光滑凸起、湿润、金黄色(有时为白色),菌落周围可见完全透明溶血圈。挑取上述菌落进行革兰氏染色镜检及血浆凝固酶试验。

（3）鉴定

1）染色镜检:金黄色葡萄球菌为革兰氏阳性球菌,排列呈葡萄球状,无芽孢,无荚膜,直径为 0.5～1μm。

2）血浆凝固酶试验:挑取 Baird-Parker 平板或血平板上可疑菌落 1 个或以上,分别接种到 5mL BHI 和营养琼脂小斜面,36℃±1℃ 培养 18～24h。

取新鲜配制兔血浆 0.5mL,放入小试管中,再加入 BHI 培养物 0.2～0.3mL,振荡摇匀,置 36℃±1℃ 温箱或水浴箱内,每半小时观察一次,观察 6h,如呈现凝固(即将试管倾斜或倒置时,呈现凝块)或凝固体积大于原体积的一半,被判定为阳性结果。同时以血浆凝固酶试验阳性和阴性葡萄球菌菌株的肉汤培养物作为对照。也可用商品化的试剂,按说明书操作,进行血浆凝固酶试验。

结果如可疑,挑取营养琼脂小斜面的菌落到 5mL BHI,36℃±1℃ 培养 18～48h,重复试验。

（4）葡萄球菌肠毒素的检验

可疑食物中毒样品或产生葡萄球菌肠毒素的金黄色葡萄球菌菌株的鉴定,应检测葡萄球菌肠毒素。

5. 结果与报告

（1）结果判定

符合 4(2)中的 3)和 4(3),可判定为金黄色葡萄球菌。

（2）结果报告

在 25g(mL)样品中检出或未检出金黄色葡萄球菌。

（二）第二法　金黄色葡萄球菌 Baird-Parker 平板计数

1. 检验程序

金黄色葡萄球菌平板计数程序见图 7-14。

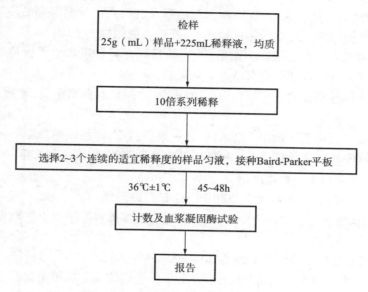

图 7-14　金黄色葡萄球菌平板计数程序

2. 操作步骤

（1）样品的稀释

1）固体和半固体样品：称取 25g 样品置盛有 225mL 磷酸盐缓冲液或生理盐水的无菌均质杯内，8 000~10 000r/min 均质 1~2min，或置盛有 225mL 稀释液的无菌均质袋中，用拍击式均质器拍打 1~2min，制成 1:10 的样品匀液。

2）液体样品：以无菌吸管吸取 25mL 样品置盛有 225mL 磷酸盐缓冲液或生理盐水的无菌锥形瓶（瓶内预置适当数量的无菌玻璃珠）中，充分混匀，制成 1:10 的样品匀液。

用 1mL 无菌吸管或微量移液器吸取 1:10 样品匀液 1mL，沿管壁缓慢注于盛有 9mL 稀释液的无菌试管中（注意吸管或吸头尖端不要触及稀释液面），振摇试管或换用 1 支 1mL 无菌吸管反复吹打使其混合均匀，制成 1:100 的样品匀液。

按操作程序，制备 10 倍系列稀释样品匀液。每递增稀释一次，换用 1 次 1mL 无菌吸管或吸头。

（2）样品的接种

根据对样品污染状况的估计，选择 2~3 个适宜稀释度的样品匀液（液体样品可包括原液），在进行 10 倍递增稀释时，每个稀释度分别吸取 1mL 样品匀液以 0.3mL，0.3mL，0.4mL 接种量分别加入三块 Baird-Parker 平板，然后用无菌 L 棒涂布整个平板，注意不要触及平板边缘。使用前，如 Baird-Parker 平板表面有水珠，可放在 25~50℃ 的培养箱里干燥，直到平板表面的水珠消失。

（3）培养

在通常情况下，涂布后，将平板静置 10min，如样液不易吸收，可将平板放在培养箱 36℃±

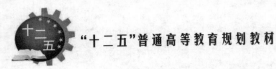

1℃培养1h;等样品匀液吸收后翻转平皿,倒置于培养箱,36℃±1℃培养45~48h。

（4）典型菌落计数和确认

1）金黄色葡萄球菌在 Baird – Parker 平板上,菌落直径为2~3mm,颜色呈灰色到黑色,边缘为淡色,周围为一浑浊带,在其外层有一透明圈。用接种针接触菌落有似奶油至树胶样的硬度,偶然会遇到非脂肪溶解的类似菌落;但无浑浊带及透明圈。长期保存的冷冻或干燥食品中所分离的菌落比典型菌落所产生的黑色较淡些,外观可能粗糙并干燥。

2）选择有典型的金黄色葡萄球菌菌落的平板,且同一稀释度3个平板所有菌落数合计在20~200CFU 之间的平板,计数典型菌落数。如果:

①只有一个稀释度平板的菌落数在20~200CFU 之间且有典型菌落,计数该稀释度平板上的典型菌落。

②最低稀释度平板的菌落数小于20CFU 且有典型菌落,计数该稀释度平板上的典型菌落。

③某一稀释度平板的菌落数大于200CFU 且有典型菌落,但下一稀释度平板上没有典型菌落,应计数该稀释度平板上的典型菌落。

④某一稀释度平板的菌落数大于200CFU 且有典型菌落,且下一稀释度平板上有典型菌落,但其平板上的菌落数不在20~200CFU 之间,应计数该稀释度平板上的典型菌落。

以上按式(7-4)计算。

⑤2 个连续稀释度的平板菌落数均在20~200CFU 之间,按式(7-5)计算。

3）从典型菌落中任选5 个菌落(小于5 个全选),分别按第一法做血浆凝固酶试验。

3. 结果计算

$$T = \frac{AB}{Cd} \tag{7-4}$$

式中　　T——样品中金黄色葡萄球菌菌落数;

　　　　A——某一稀释度典型菌落的总数;

　　　　B——某一稀释度血浆凝固酶阳性的菌落数;

　　　　C——某一稀释度用于血浆凝固酶试验的菌落数;

　　　　d——稀释因子。

$$T = \frac{A1B1/C1 + A2B2/C2}{1.1d} \tag{7-5}$$

式中　　T——样品中金黄色葡萄球菌菌落数;

　　　　$A1$——第一稀释度(低稀释倍数)典型菌落的总数;

　　　　$A2$——第二稀释度(高稀释倍数)典型菌落的总数;

　　　　$B1$——第一稀释度(低稀释倍数)血浆凝固酶阳性的菌落数;

　　　　$B2$——第二稀释度(高稀释倍数)血浆凝固酶阳性的菌落数;

　　　　$C1$——第一稀释度(低稀释倍数)用于血浆凝固酶试验的菌落数;

　　　　$C2$——第二稀释度(高稀释倍数)用于血浆凝固酶试验的菌落数;

　　　　1.1——计算系数;

　　　　d——稀释因子(第一稀释度)。

4. 结果与报告

根据 Baird – Parker 平板上金黄色葡萄球菌典型菌落数,按3 中公式计算,报告每 g(mL)样品中菌数,以 CFU/g(mL)表示;如 T 值为 0,则以小于 1 乘以最低稀释倍数报告。

（三）第三法　金黄色葡萄球菌 MPN 计数

1. 检验程序

金黄色葡萄球菌 MPN 计数程序见图 7 − 15。

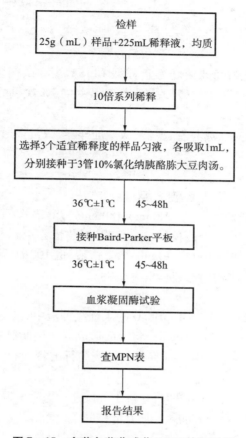

图 7 −15　金黄色葡萄球菌 MPN 计数程序

2. 操作步骤

（1）样品的稀释

按第二法进行。

（2）接种和培养

①根据对样品污染状况的估计,选择 3 个适宜稀释度的样品匀液（液体样品可包括原液）,在进行 10 倍递增稀释时,每个稀释度分别吸取 1mL 样品匀液接种到 10% 氯化钠胰酪胨大豆肉汤管,每个稀释度接种 3 管,将上述接种物于 36℃ ±1℃培养 45 ～48h。

②用接种环从有细菌生长的各管中,移取 1 环,分别接种 Baird − Parker 平板,36℃ ±1℃培养 45 ～48h。

（3）典型菌落确认

①见第二法。

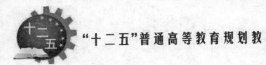

②从典型菌落中至少挑取1个菌落接种到BHI肉汤和营养琼脂斜面,36℃±1℃培养18～24h。进行血浆凝固酶试验。

3. 结果与报告

计算血浆凝固酶试验阳性菌落对应的管数,查MPN检索表,报告每g(mL)样品中金黄色葡萄球菌的最可能数,以MPN/g(mL)表示。

(四)第四法 葡萄球菌肠毒素检验

1. 试剂和材料

A,B,C,D,E型金黄色葡萄球菌肠毒素分型ELISA检测试剂盒;pH试纸,范围在3.5～8.0,精度0.1;Tris缓冲液;pH7.4的磷酸盐缓冲液;庚烷;10%次氯酸钠溶液。

2. 仪器和设备

电子天平、均质器、离心机、离心管、滤器、微量加样器、微量多通道加样器、自动洗板机(可选择使用)、酶标仪。

3. 检测步骤

(1)从分离菌株培养物中检测葡萄球菌肠毒素方法

待测菌株接种营养琼脂斜面(试管18mm×180mm)37℃培养24h,用5mL生理盐水洗下菌落,倾入60mL产毒培养基中,每个菌种种一瓶,37℃振荡培养48h,振速为100次/min,吸出菌液离心,8 000r/min 20min,加热100℃,10min,取上清液,取100μL稀释后的样液进行试验。

(2)从食品中提取和检测葡萄球菌毒素方法

①乳和乳粉

将25g乳粉溶解到125mL、0.25M、pH8.0的Tris缓冲液中,混匀后同液体乳一样按以下步骤制备。将乳于15℃,3 500g离心10min。将表面形成的一层脂肪层移走,变成脱脂乳。用蒸馏水对其进行稀释(1:20)。取100μL稀释后的样液进行试验。

②脂肪含量不超过40%的食品

称取10g样品绞碎,加入pH7.4的PBS液15mL进行均质。振摇15min。于15℃,3 500g离心10min。必要时,移去上面脂肪层。取上清液进行过滤除菌。取100μL的滤出液进行试验。

③脂肪含量超过40%的食品

称取10g样品绞碎,加入pH7.4的PBS液15mL进行均质。振摇15min。于15℃,3 500g离心10min。吸取5mL上层悬浮液,转移到另外一个离心管中,再加入5mL的庚烷,充分混匀5min。于15℃,3 500g离心5min。将上部有机相(庚烷层)全部弃去,注意该过程中不要残留庚烷。将下部水相层进行过滤除菌。取100μL的滤出液进行试验。

④其他食品可酌情参考上述食品处理方法。

(3)检测

①所有操作均应在室温(20～25℃)下进行,A,B,C,D,E型金黄色葡萄球菌肠毒素分型ELISA检测试剂盒中所有试剂的温度均应回升至室温方可使用。测定中吸取不同的试剂和样品溶液时应更换吸头,用过的吸头以及废液要浸泡到10%次氯酸钠溶液中过夜。

②将所需数量的微孔条插入框架中(一个样品需要一个微孔条)。将样品液加入微孔条的A～G孔,每孔100μL。H孔加100μL的阳性对照,用手轻拍微孔板充分混匀,用粘胶纸封住微

孔以防溶液挥发,置室温下孵育1h。

③将孔中液体倾倒至含10%次氯酸钠溶液的容器中,并在吸水纸上拍打几次以确保孔内不残留液体。每孔用多通道加样器注入250μL的洗液,再倾倒掉并在吸水纸上拍干。重复以上洗板操作4次。本步骤也可由自动洗板机完成。

④每孔加入100μL的酶标抗体,用手轻拍微孔板充分混匀,置室温下孵育1h。

⑤重复③的洗板程序。

⑥加50μL的TMB底物和50μL的发色剂至每个微孔中,轻拍混匀,室温黑暗避光处孵育30min。

⑦加入100μL的2mol/L硫酸终止液,轻拍混匀,30min内用酶标仪在450nm波长条件下测量每个微孔溶液的OD值。

(4)结果的计算和表述

①质量控制

测试结果阳性质控的OD值要大于0.5,阴性质控的OD值要小于0.3,如果不能同时满足以上要求,测试的结果不被认可。对阳性结果要排除内源性过氧化物酶的干扰。

②临界值的计算

每一个微孔条的F孔和G孔为阴性质控,两个阴性质控OD值的平均值加上0.15为临界值。示例:阴性质控1=0.08;阴性质控2=0.10;平均值=0.09;临界值=0.09+0.15=0.24。

③结果表述

OD值小于临界值的样品孔判为阴性,表述为样品中未检出某型金黄色葡萄球菌肠毒素;OD值大于或等于临界值的样品孔判为阳性,表述为样品中检出某型金黄色葡萄球菌肠毒素。

六、其他检验方法

(一)纸片法

目前广泛应用的一种方法,用纸片、膜、胶片等作为培养基载体,将特定的培养基和显色物质附着在上面,通过观察微生物在测试片上面的生长、显色来测定食品中微生物。

快速测试片。快速金黄色葡萄球菌检验测试片一般是根据耐热核酸酶(一种金黄色葡萄球菌的酵素产物)在检测片上反应呈粉红色环带包围着的一个红色或蓝色菌落,通过目视或使用菌落计数器并可参读判读卡计算菌落数。应用该方法检测金黄色葡萄球菌快速简便,大约3h即可检验是否有金黄色葡萄球菌。市场上已经出现了金黄色葡萄球菌快速测试片的商业化产品,使用简单方便。但有时会因判读错误等,造成误差,只能初步判断是否有金黄色葡萄球菌,不能用于定量分析。

(二)免疫学方法

目前,对于金黄色葡萄球菌的免疫学方法检测主要进行肠毒素的测定,以酶联免疫吸附实验为主,有胶体金方法,也有用亲和素—生物素乳胶凝集试验和免疫荧光试验,但都有一定的局限性。

（三）分子生物学方法

目前,检测金黄色葡萄球菌的分子生物学方法主要有 PCR、荧光定量 PCR、环介导等温扩增技术（LAMP）和基因芯片技术。用于检测金黄色葡萄球菌常见的特异性基因有:编码耐热核酸酶 nuc 基因、16～23s rDNA、内毒素基因（sea、seb 等）、eta 基因等。

第十节　溶血性链球菌的检验

溶血性链球菌（Streptococcus hemolyticus）在自然界中分布较广,是一种常见的病原微生物,可引起皮肤、皮下组织的化脓性炎症、呼吸道感染、流行性咽炎的爆发性流行以及新生儿败血症、猩红热、脑膜炎和肺炎。被该菌污染的食品如奶、肉、蛋及其制品,该菌也可感染人。因此,溶血性链球菌被列为食品卫生检验的主要对象之一。

一、分类与分布

链球菌常用的分类方法有根据溶血性、抗原结构等两种方法。

（一）根据链球菌在血液培养基上的溶血性质分为三类

1. 甲型（α）溶血性链球菌

菌落周围有 1～2mm 宽的草绿色溶血环,也称甲型溶血,这类链球菌多为条件致病菌。其中产生的溶血环为草绿色,是因为细菌产生的 H_2O_2 等氧化性的物质将血红蛋白氧化成高铁血红蛋白,绿色其实是高铁血红蛋白的颜色。

2. 乙型（β）溶血性链球菌

菌落周围形成一个 2～4mm 宽、界限分明、完全透明的无色溶血环,也称乙型溶血,因而这类菌亦称为溶血性链球菌,该菌的致病力强,常引起人类和动物的多种疾病。

3. 丙型（γ）链球菌

不产生溶血素,菌落周围无溶血环,也称为丙型或不溶血性链球菌,该菌无致病性,常存在于乳类和粪便中,偶尔也引起感染。

（二）根据溶血性链球菌 C 抗原的不同分为 18 个族

溶血性链球菌根据 C 抗原不同可分为 18 个族（群）,A,B,C,D,F,G 族对人类有致病能力,其中 90% 属于 A 族。97% 的 A 群链球菌可被杆菌肽抑制,其他链球菌则不被抑制。

溶血性链球菌广泛存在于水、空气、尘埃、粪便及健康人和动物的口腔、鼻腔、咽喉中,可通过直接接触、空气飞沫或皮肤、黏膜伤口感染传播,而被污染的食品如奶、肉、蛋及其制品也会使人类感染,上呼吸道感染患者、人畜化脓性感染部位常成为食品污染的污染源。

二、生物学特性

（一）形态与染色

链球菌呈球形或椭圆形,直径 0.6～1.0μm,呈链状排列,长短不一,从 4～8 个至 20～

30 个菌细胞组成不等,链的长短与细菌的种类及生长环境有关。在液体培养基中易呈长链,固体培养基中常呈短链。该菌不形成芽孢,无鞭毛,易被普通的碱性染料着色,革兰氏阳性。

(二)培养特征

需氧或兼性厌氧菌,营养要求较高,普通培养基上生长不良,需补充血清、血液、腹水,大多数菌株需核黄素、维生素 B_6、烟酸等生长因子。最适生长温度为 37℃,最适 pH 为 7.4 ~ 7.6。在血平板上形成灰白色、半透明、表面光滑、边缘整齐、直径 0.5 ~ 0.75mm 的细小菌落。溶血性链球菌可形成透明溶血环,不同菌株溶血环不一。在血清肉汤中易成长链,管底呈絮状或颗粒状沉淀生长。

(三)生化反应

分解葡萄糖,产酸不产气,对乳糖、甘露醇、水杨苷、山梨醇、棉子糖、蕈糖、七叶苷的分解能力因不同菌株而异。一般不分解菊糖,不被胆汁溶解,触酶阴性。

(四)抗原结构

链球菌的抗原构造较复杂,主要有三种:
(1)核蛋白抗原或称 P 抗原,无特异性,各种链球菌均相同。
(2)多糖抗原或称 C 抗原,系群特异性抗原,是细胞壁的多糖组分。
(3)蛋白质抗原或称表面抗原,具有型特异性,位于 C 抗原外层,其中可分为 M,T,R,S 四种不同性质的抗原成分,与致病性有关的是 M 抗原。

(五)毒素与酶

(1)链球菌溶血素:溶血素有 O 和 S 两种,O 为含有 –SH 的蛋白质,具有抗原性,S 为小分子多肽,相对分子质量较小,故无抗原性。
(2)致热外毒素:曾称红疹毒素或猩红热毒素,是人类猩红热的主要毒性物质,会引起局部或全身红疹、发热、疼痛、恶心、呕吐、周身不适。
(3)透明质酸酶:又称扩散因子,能分解细胞间质的透明质酸,故能增加细菌的侵袭力,使病菌易在组织中扩散。
(4)链激酶:又称链球菌纤维蛋白溶酶,能使血液中纤维蛋白酶原变成纤维蛋白酶,具有增强细菌在组织中的扩散作用,该酶耐热,100℃50min 仍可保持活性。
(5)链道酶:又称链球菌 DNA 酶,能使脓液稀薄,促进病菌扩散。
(6)杀白细胞素:能使白细胞失去动力,变成球形,最后膨胀破裂。

(六)抵抗力

该菌抵抗力一般不强,60℃ 30min 即被杀死,对常用消毒剂敏感,在干燥尘埃中生存数月。乙型链球菌对青霉素、红霉素、氯霉素、四环素、磺胺均敏感。青霉素是链球菌感染的首选药物,且很少有耐药性。

三、流行病学特性

溶血性链球菌在自然界中分布较广,存在于水、空气、尘埃、粪便及健康人和动物的口腔、

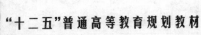

鼻腔、咽喉中,可通过直接接触、空气飞沫传播或通过皮肤、黏膜伤口感染,被污染的食品如奶、肉、蛋及其制品也会对人类进行感染。上呼吸道感染患者、人畜化脓性感染部位常成为食品污染的污染源。

一般来说,溶血性链球菌常通过以下途径污染食品:食品加工或销售人员口腔、鼻腔、手、面部有化脓性炎症时造成食品的污染;食品在加工前就已带菌、奶牛患化脓性乳腺炎或畜禽局部化脓时,其奶和肉尸某些部位污染;熟食制品因包装不善而使食品受到污染。

溶血性链球菌常可引起皮肤、皮下组织的化脓性炎症、呼吸道感染、流行性咽炎的爆发性流行以及新生儿败血症、细菌性心内膜炎、猩红热和风湿热、肾小球肾炎等变态反应。

四、检验原理

(一)增菌

一般样品用葡萄糖肉浸液肉汤增菌,污染严重的样品用匹克氏肉汤增菌。

(二)血平板分离

溶血性链球菌在血平板上呈现乙型溶血,圆形突起的细小菌落。

(三)溶血测定,革兰氏染色,链激酶试验和杆菌肽敏感试验

乙型溶血性链球菌周围有无色透明的溶血圈,革兰氏阳性,能产生链激酶(即溶纤维蛋白酶),该酶能激活正常人体血液中的血浆蛋白酶原,使成血浆蛋白酶,而后溶解纤维蛋白,使凝固的血浆溶解,链激酶是鉴别致病性链球菌的重要特征。97%的 A 群链球菌可被杆菌肽抑制,其他链球菌则不被抑制,故此试验可初步鉴别 A 群链球菌。

五、检验方法

参照 GB/T 4789.11—2003《食品卫生微生物学检验溶血性链球菌检验》。

(一)设备和材料

冰箱、恒温培养箱、恒温水浴锅、显微镜、均质器或灭菌乳钵、离心机、架盘药物天平、灭菌试管、灭菌吸管、灭菌锥形瓶、灭菌培养皿。

(二)培养基和试剂

葡萄糖肉浸液肉汤、肉浸液肉汤、匹克氏肉汤、血琼脂平板、人血浆、0.25% 氯化钙、0.85% 灭菌生理盐水、杆菌肽药敏纸片(含 0.04 单位)。

(三)检验程序

检验程序见图 7-16。

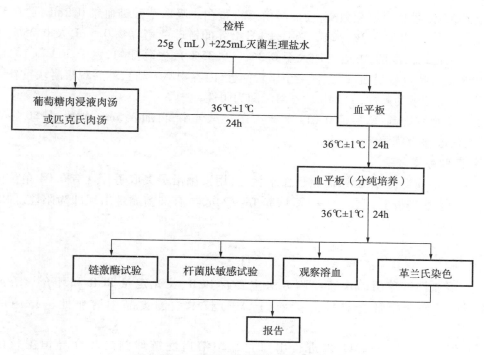

图 7 – 16　食品中溶血性链球菌检测程序

（四）操作步骤

1. 样品处理

按无菌操作称取食品检样 25g（mL），加入 225mL 灭菌生理盐水，研成匀浆制成混悬液。

2. 培养

将上述混悬液吸取 5mL，接种于 50mL 葡萄糖肉浸液肉汤，或直接划线于血平板。如检样污染严重，可同时接种 5mL 至匹克氏肉汤，36℃ ±1℃ 培养 24h，接种血平板，36℃ 培养 24h，挑起乙型溶血圆形突起的细小菌落，在血平板上分纯，然后观察溶血情况及革兰氏染色，并进行链激酶试验和杆菌肽敏感试验。

3. 形态与染色

本菌呈球形或卵圆形，直径 0.5～1μm，链状排列，链长短不一，短者 4～8 个细胞组成，长者 20～30 个，链的长短常与细菌的种类及生长环境有关；液体培养中易呈长链；在固体培养基中常呈短链，不形成芽孢，无鞭毛，不能运动。

4. 培养特性

该菌营养要求高，在普通培养基上生长不良，在加有血液、血清培养基中生长较好。溶血性链球菌在血清肉汤中生长时管底呈絮状或颗粒状沉淀。血平板上菌落为灰白色，半透明或不透明，表面光滑，有乳光，直径为 0.5～0.75mm，为圆形突起的细小菌落，乙型溶血性链球菌周围有 2～4mm 界限分明、无色透明的溶血圈。

5. 链激酶试验

致病性乙型溶血性链球菌能产生链激酶（即溶纤维蛋白酶），此酶能激活正常人体血液中的血浆蛋白酶原,使成血浆蛋白酶,而后溶解纤维蛋白。吸取草酸钾血浆 0.2mL,加 0.8mL 灭菌生理盐水,混匀,再加入 18～24h、36℃±1℃ 培养的链球菌培养物 0.5mL 及 0.25% 氯化钙 0.25mL(如氯化钙已潮解,可适当加大至 0.3%～0.35%),振荡摇匀,置于 36℃±1℃ 水浴中 10min,血浆混合物自行凝固(凝固程度至试管倒置,内容物不流动),然后观察凝块重新完全溶解的时间,完全溶解为阳性,如 24h 后不溶解即为阴性。

草酸钾人血浆配制:草酸钾 0.01g 放入灭菌小试管中,再加入 5mL 人血,混匀,经离心沉淀,吸取上清液即为草酸钾人血浆。

6. 杆菌肽敏感试验

挑取乙型溶血性链球菌液,涂布于血平板上,用灭菌镊子夹取每片含有 0.04 单位的杆菌肽纸片,放于上述平板上,于 36℃±1℃ 培养 18～24h,如有抑菌圈带出现即为阳性,同时用已知阳性菌株作为对照。

六、其他检验方法

目前,溶血性链球菌的快速检测方法主要有 PCR、荧光定量 PCR 和环介导等温扩增(LAMP)等,下面介绍环介导等温扩增(LAMP)技术检测食品中溶血性链球菌的具体方法。

参照 SN/T 2754.9—2011 来进行出口食品中溶血性链球菌的环介导恒温核酸扩增(LAMP)检测。

(一)检测程序

食品中溶血性链球菌 LAMP 检测程序见图 7-17。

(二)操作步骤

1. 样品处理

取 25g 固体(或 25mL 液体)检样加入 225mL 灭菌生理盐水,制成混悬液。

2. 细菌模板 DNA 的制备

(1)增菌液模板 DNA 的制备

对于获得的增菌液,采用如下方法制备模板 DNA:

①直接取该增菌液 1mL 加到 1.5mL 无菌离心管中,7 000g 离心 2min,尽量吸弃上清液。

②加入 80μL DNA 提取液,混匀后沸水浴 10min,置冰上 10min。

③7 000g 离心 2min,上清液即为模板 DNA;取上清液置 -20℃ 可保存 6 个月备用。

(2)可疑菌落模板 DNA 的制备

对于分离到的可疑菌落,可直接挑取可疑菌落,再按照(二)2(1)步骤制备模板 DNA 以待检测。

(三)环介导恒温核酸扩增

1. 反应体系

溶血性链球菌 LAMP 反应体系见表 7-29。

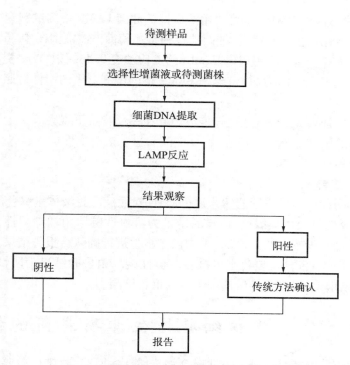

图 7 – 17   食品中溶血性链球菌 LAMP 检测程序

表 7 – 29   溶血性链球菌 LAMP 反应体系

组分	工作液浓度	加样量/μL	反应体系终浓度
ThermoPol 缓冲液	10×	2.5	1×
F3	10μmol/L	0.5	0.2μmol/L
B3	10μmol/L	0.5	0.2μmol/L
FIP	40μmol/L	1.0	1.6μmol/L
BIP	40μmol/L	1.0	1.6μmol/L
dNTPs	10mmol/L	4	1.6μmol/L
甜菜碱	5mol/L	4	0.8mol/L
硫酸镁	150mmol/L	1	8mmol/L
BstDNA 聚合酶	8U/μL	0.5	0.16U/μL
DNA 模板	–	2.5	–
去离子水	–	7.5	–

2. 反应过程

（1）按表 7 – 29 所述配制反应体系。

（2）65℃扩增 60min。

3. 空白对照、阴性对照、阳性对照设置

每次反应应设置阴性对照、空白对照和阳性对照。空白对照以水替代 DNA 模板。阴性对照以 DNA 提取液代替模板 DNA。也可使用溶血性链球菌 LAMP 检测试剂盒中的阴性。

阳性对照制备:将溶血性链球菌标准菌株接种于葡萄糖肉浸液肉汤中 36℃ ±1℃ 培养18 ~ 24h,用无菌生理盐水稀释至 $10^6 \sim 10^8$ CFU/mL(约麦氏浊度 0.4),按(二)2 提取模板 DNA 作为 LAMP 反应的模板。也可使用溶血性链球菌 LAMP 检测试剂盒中的阳性对照。

4. 结果观察

在上述反应管中加入 $2\mu L$ 显色液,轻轻混匀并在黑色背景下观察。

建议使用 LAMP 试剂盒专用反应管,将反应液和显色液一次性加入,DNA 扩增反应后可不必开盖即可观察结果。

5. 结果判定和报告

在空白对照和阴性对照反应管液体为橙色,阳性对照反应管液体呈绿色的条件下:

(1)待检样品反应管液体呈绿色,该样品结果为溶血性链球菌初筛阳性,对样品的二次增菌液或可疑纯菌落进一步按 GB/T 4789.11 中操作步骤进行确认后报告结果。

(2)待检样品反应管液体呈橙色则可报告溶血性链球菌检验结果为阴性。若与上述条件不符,则本次检测结果无效,应更换试剂按本方法重新检测。

第十一节　单核细胞增生李斯特菌的检验

单核细胞增生李斯特菌是一种人畜共患食物传播性病原菌,感染后主要表现为败血症、脑膜炎和单核细胞增多。由于该菌一年四季均可引起感染,并且病死率甚高,在国际上已引起广泛关注。在欧美、日本由该菌造成的临床疾病和食物污染问题,已超过在细菌性食物中毒中占第一位的沙门菌,在国内也受到了重视。该菌在 4℃ 的环境中仍可生长繁殖,是冷藏食品威胁人类健康的主要病原菌之一。

一、分类与分布

单核细胞增生李斯特氏菌在分类上属李斯特氏菌属(*Listeria*)。该菌属有 8 个菌种:单核细胞增生李斯特氏菌(*L. monocytogenes*)、绵羊李斯特氏菌(*L. ivanovii*)、英诺克李斯特氏菌(*L. innocua*)、威尔斯李斯特氏菌(*L. welshimeri*)、西尔李斯特氏菌(*L. seeligeri*)、脱氮李斯特氏菌(*L. denitrificans*)、格氏李斯特氏菌(*L. grayi*)、默氏李斯特氏菌(*L. murrayi*)。引起食物中毒的主要是单核细胞增生李斯特氏菌。

它在自然界分布广泛,存在于土壤、水域(地表水、污水、废水)、昆虫、植物、蔬菜、鱼、鸟、野生动物、家禽。据报道,健康人粪便中单增李氏菌的携带率为 0.6% ~16%,有 70% 的人可短期带菌,4% ~8% 的水产品、5% ~10% 的奶及其产品、30% 以上的肉制品及 15% 以上的家禽均被该菌污染。

二、生物学特性

(一)形态与染色

李斯特菌的幼龄菌(取 16 ~24h 的培养物进行革兰染色),呈革兰氏阳性短杆菌,长 0.5 ~2.0μm,宽 0.4 ~0.5μm,直或弯曲,两端钝圆,常呈 V 字形,成对排列。但是陈旧培养物多转为革兰阴性,两端浓染,而且菌体可成球形。在染色过重的玻片上菌体有栅栏状排列的趋势,易误认为白喉菌而错判。

无芽孢,一般不产生荚膜,但在含血清的葡萄糖蛋白胨水中能形成黏多糖荚膜。在 20 ~ 25℃培养时可产生 2 ~ 4 根鞭毛而运动,故在 25℃肉汤培养液中运动活泼,用生理盐水制成菌悬液,在油镜或相差显微镜下观察,该菌出现轻微旋转或翻滚样的运动,但在 37℃培养时鞭毛发育不良,无运动性。

(二)培养特性

单核细胞增生李斯特氏菌是需氧或兼性厌氧,生长温度为 0.5 ~ 45℃,最适温度为 30 ~ 37℃。该菌营养要求不高,可在普通琼脂培养基中生长,但在血琼脂培养基或胰酪胨琼脂上生长更好。加入 0.2% ~ 1%(W/V)的葡萄糖及 2% ~ 3%(V/V)的甘油生长更佳。

在普通琼脂平板上可形成直径 0.5 ~ 1.5mm、光滑圆形、半透明、微带珠光的露水状、低隆起、边缘整齐、表面有细致纹理的蓝灰色菌落,斜射光照射时,菌落呈特征性蓝绿光泽。R 型菌落表面起伏不平,边缘不整齐,细菌难以乳化。

在血液琼脂培养基上,菌落呈灰白色、圆润,直径为 1.0 ~ 1.5mm,可形成狭窄的 β – 溶血环,常不超出菌落边缘,移去菌落才可见。弱溶血或疑似溶血菌株可用协同溶血试验(CAMP)鉴定。

在半固体和 SIM 动力培养基上 25℃培养,细菌沿穿刺线扩散生长,呈云雾状,随后缓慢扩散,在培养基表面下 3 ~ 5mm 处呈伞状。

在 MMA 琼脂上用白炽灯 45°斜光检查,可见蓝绿色光。

在 TSA – YE 平板上生长为灰白色、半透明、圆润、边缘整齐的菌落,用 45°角入射光照射菌落,通过解剖镜垂直观察,菌落呈蓝色、灰色或蓝灰色。

在科玛嘉李斯特菌选择培养基上培养,菌落呈蓝色并带有白色光环(晕轮)。

在 OXF 平板上分离,为灰色菌落并带有黑色环。

在亚碲酸钾平板上形成黑色的菌落。

在 SS、EMB 和 Mac 平板上不生长。

在液体培养基中培养 18 ~ 24h 后,肉汤呈轻度均匀浑浊,数天后形成黏稠沉淀附着于管底,摇动时沉淀呈螺旋状,继续培养可形成颗粒状沉淀,不形成菌环、菌膜。

(三)生化特性

该菌接触酶阳性,氧化酶阴性。能发酵多种糖类,产酸不产气,如发酵葡萄糖、果糖、海藻糖、乳糖、鼠李糖、麦芽糖、山梨糖、水杨素、七叶苷、蔗糖(迟发酵),不发酵木糖、阿拉伯糖、棉子糖、甘露醇、蜜二糖、菊糖、纤维二糖和侧金盏花醇。不利用枸橼酸盐,40% 胆汁不溶解,吲哚、硫化氢、尿素、明胶液化、硝酸盐还原、赖氨酸、鸟氨酸均阴性,不产生靛基质和硫化氢。甲基红、V – P 和精氨酸双水解试验呈阳性。

(四)构造与分型

根据菌体(O)抗原和鞭毛(H)抗原,将单增李氏菌分成 13 个血清型,分别是 1/2a,1/2b,1/2c,3a,3b,3c,4a,4ab,4b,4c,4d,4e,7。抗原结构与毒力无关,对人致病的主要为血清型

1/2a,1/2b,4b,占全球本病病例约90%。

（五）抵抗力

该菌经60℃30min、60～70℃5～20min、80℃1min即可全部灭活。对理化因素抵抗力较强，在土壤、粪便、青贮饲料和干草内能长期存活。对热的抵抗力较弱，具有嗜冷性，能在低至4℃的温度下生存和繁殖，－20℃低温仍可部分存活，并可抵抗反复冷冻。酸碱对该菌具有较强的抑制作用，pH 5～9.6，耐酸，不耐碱，最适pH为中性或弱碱性；对NaCl的抵抗力强，在含1%～4%NaCl的TSB－YE肉汤中生长良好；在含8%～12%NaCl的TSB－YE肉汤中生长停滞；在含16%～20%NaCl的TSB－YE肉汤中菌数有所下降，但仍有部分残存。对化学杀菌剂及紫外线照射均较敏感，75%酒精5min,0.1%新洁尔灭30min,0.1%高锰酸钾15min,紫外线照射15min均可杀死本菌。

三、流行病学特性

单核细胞增生李斯特菌广泛存在于自然界中，动物很容易食入该菌，并通过口腔、粪便等途径进行传播，是反刍动物脑炎及流产的常见病因。人类主要通过食入软奶酪、未充分加热的鸡肉、未再次加热的热狗、鲜牛奶、巴氏消毒奶、冰激凌、生牛排、羊排、卷心菜沙拉、芹菜、西红柿、馅饼等受到感染，占85%～90%。

该菌能引起人和动物患脑膜炎、脑炎、败血症、心内膜炎、流产、脓肿和局部的脓性损伤，可造成孕妇流产、死胎等疾病。人类李斯特菌病感染对象主要是新生儿、孕妇、免疫功能低下者及老年人群。该菌可通过眼及破损皮肤、黏膜进入体内而造成感染，孕妇感染后通过胎盘或产道感染胎儿或新生儿。本菌为散发性感染，发病率有逐年增长趋势，近几年已有暴发流行，发病者死亡率可达30%～70%，多发生在夏季。

四、检验原理

1. 增菌

李斯特氏菌采用LB_1、LB_2培养基进行两步增菌，培养基中含有较高浓度的氯化钠，一定量的萘啶酮酸和吖啶黄。较高浓度的氯化钠对肠球菌起抑制作用，萘啶酮酸和吖啶黄为选择性抑菌剂，李斯特氏菌则不受其抑制。

2. 平板分离

采用PALCAM琼脂和显色培养基分离李斯特氏菌，李斯特氏菌不发酵培养基中的甘露醇，能水解培养基中的七叶苷，与铁离子反应生成黑色的6,7－二羟基香豆素，因此在PALCAM琼脂平板上菌落呈灰绿色，周围有棕黑色水解圈。李斯特氏菌在其他显色培养基上，也都有一定的特征。

3. 初筛

用木糖、鼠李糖发酵试验进行初筛，选择木糖阴性、鼠李糖阳性的菌株进行系统的生理生化鉴定。

4. 鉴定

对可疑菌株进行染色镜检、动力试验、生化试验、溶血试验，确定其是否为单增李斯特氏菌。必要时，做小鼠毒力试验。

五、检验方法

参照 GB 4789.30—2010 进行单核细胞增生李斯特氏菌国家标准检验方法。

（一）设备和材料

冰箱、恒温培养箱、均质器、显微镜、电子天平、锥形瓶、无菌吸管、无菌平皿、无菌试管、离心管、无菌注射器、金黄色葡萄球菌（ATCC25923）、马红球菌（*Rhodococcus equi*）、小白鼠（16~18g）、全自动微生物生化鉴定系统。

（二）培养基和试剂

含0.6%酵母浸膏的胰酪胨大豆肉汤（TSB-YE）、含0.6%酵母浸膏的胰酪胨大豆琼脂（TSA-YE）、李氏增菌肉汤 LB（LB$_1$，LB$_2$）、1%盐酸吖啶黄（acriflavine HCl）溶液、1%萘啶酮酸钠盐（naladixic acid）溶液、PALCAM琼脂、革兰氏染液、SIM动力培养基、缓冲葡萄糖蛋白胨水、5%~8%羊血琼脂、糖发酵管、过氧化氢酶试验、李斯特氏菌显色培养基、生化鉴定试剂盒。

（三）检验程序

单核细胞增生李斯特氏菌检验程序见图7-18。

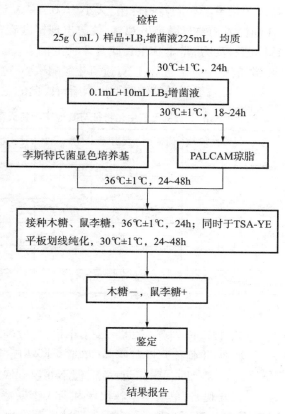

图7-18 单核细胞增生李斯特氏菌检验程序

（四）操作步骤

1. 增菌

以无菌操作取样品 25g（mL）加入到含有 225mL LB$_1$ 增菌液的均质袋中，在拍击式均质器上连续均质 1～2min；或放入盛有 225mL LB$_1$ 增菌液的均质杯中，8 000～10 000r/min 均质 1～2min。于 30℃±1℃ 培养 24h，移取 0.1mL，转种于 10mL LB$_2$ 增菌液内，于 30℃±1℃ 培养 18～24h。

2. 分离

取 LB$_2$ 二次增菌液划线接种于 PALCAM 琼脂平板和李斯特氏菌显色培养基上，于 36℃±1℃ 培养 24～48h，观察各个平板上生长的菌落。典型菌落在 PALCAM 琼脂平板上为小的圆形灰绿色菌落，周围有棕黑色水解圈，有些菌落有黑色凹陷；典型菌落在李斯特氏菌显色培养基上的特征按照产品说明进行判定。

3. 初筛

自选择性琼脂平板上分别挑取 5 个以上典型或可疑菌落，分别接种在木糖、鼠李糖发酵管，于 36℃±1℃ 培养 24h；同时在 TSA－YE 平板上划线纯化，于 30℃±1℃ 培养 24～48h。选择木糖阴性、鼠李糖阳性的纯培养物继续进行鉴定。

4. 鉴定

（1）染色镜检：李斯特氏菌为革兰氏阳性短杆菌，大小为 $(0.4～0.5)\mu m × (0.5～2.0)\mu m$；用生理盐水制成菌悬液，在油镜或相差显微镜下观察，该菌出现轻微旋转或翻滚样的运动。

（2）动力试验：李斯特氏菌有动力，呈伞状生长或月牙状生长。

（3）生化鉴定：挑取纯培养的单个可疑菌落，进行过氧化氢酶试验，过氧化氢酶阳性反应的菌落继续进行糖发酵试验和 MR－VP 试验。单核细胞增生李斯特氏菌的主要生化特征见表 7－30。

表 7－30　单核细胞增生李斯特氏菌生化特征与其他李斯特氏菌的区别

菌种	溶血反应	葡萄糖	麦芽糖	MR－VP	甘露醇	鼠李糖	木糖	七叶苷
单增李斯特氏菌（*L. monocytogene*）	+	+	+	+／+	－	+	－	+
格氏李斯特氏菌（*L. grayi*）	－	+	+	+／+	+	－	－	+
斯氏李斯特氏菌（*L. seeligeri*）	+	+	+	+／+	－	－	+	+
威氏李斯特氏菌（*L. welshimeri*）	－	+	+	+／+	－	V	+	+
伊氏李斯特氏菌（*L. ivanovii*）	+	+	+	+／+	－	－	+	+
英诺克李斯特氏菌（*L. innocua*）	－	+	+	+／+	－	V	－	+

注：+ 阳性；－ 阴性；V 反应不定。

（4）溶血试验：将羊血琼脂平板底面划分为 20～25 个小格，挑取纯培养的单个可疑菌落刺种到血平板上，每格刺种一个菌落，并刺种阳性对照菌（单增李斯特氏菌和伊氏李斯特氏菌）和阴性对照菌（英诺克李斯特氏菌），穿刺时尽量接近底部，但不要触到底面，同时避免琼脂破裂，36℃±1℃ 培养 24～48h，于明亮处观察，单增李斯特氏菌和斯氏李斯特氏菌在刺种点周围产生狭小的透明溶血环，英诺克李斯特氏菌无溶血环，伊氏李斯特氏菌产生大的透明溶血环。

（5）协同溶血试验（CAMP）：在羊血琼脂平板上平行划线接种金黄色葡萄球菌和马红球

菌,挑取纯培养的单个可疑菌落垂直划线接种于平行线之间,垂直线两端不要触及平行线,于30℃±1℃培养24~48h。单核细胞增生李斯特氏菌在靠近金黄色葡萄球菌的接种端溶血增强,斯氏李斯特氏菌的溶血也增强,而伊氏李斯特氏菌在靠近马红球菌的接种端溶血增强。

（6）小鼠毒力试验（可选择）

将符合上述特性的纯培养物接种于 TSB - YE 中,于30℃±1℃培养24h,4 000r/min 离心5min,弃上清液,用无菌生理盐水制备成浓度为 10^{10} CFU/mL 的菌悬液,取此菌悬液进行小鼠腹腔注射3~5只,每只0.5mL,观察小鼠死亡情况。致病株于2~5d 内死亡。试验时可用已知菌作对照。单核细胞增生李斯特氏菌、伊氏李斯特氏菌对小鼠有致病性。

5. 结果与报告

综合以上生化试验和溶血试验结果,报告25g(mL)样品中检出或未检出单核细胞增生李斯特氏菌。

六、其他检验方法

下面介绍免疫胶体金层析法快速检测单核细胞增生李斯特氏菌。

免疫胶体金层析法采用胶体金标记产单核李斯特菌抗体制备免疫层析检测试纸条,并制成检测卡,通过免疫层析作用对产单核李斯特菌进行检测。其操作步骤为:

（1）单增李斯特菌需要增殖至 10^5 CFU/mL。

（2）取出检测卡,立即使用。

（3）将检测卡平放,用塑料吸管垂直滴加3滴无气泡样品(约80μL)于加样孔。

（4）反应10min 后判定结果。检测线显红色,结果为阳性;检测线无色,结果为阴性。

另外,还有分子生物学检测技术,如 PCR、荧光定量 PCR 和环介导等温扩增(LAMP)等。

第十二节　肉毒梭菌及其毒素的检验

早在18世纪末以前,肉毒梭菌在欧洲,尤其是在德国就已被人们所认识,由于那时候引起中毒的食品主要是腊肠,所以这种中毒就取自腊肠的拉丁文 Botulus,而称为腊肠中毒(botulism)。在我国过去的一些书中,把本病译为腊肠中毒,把肉毒梭菌译为腊肠(毒)杆菌或腊肠(毒)梭菌,现在改称为肉毒中毒。

自1896年 VanEMengein 首次报道荷兰因火腿引起肉毒中毒爆发,并分离出肉毒梭菌后,世界各地陆续报道本病。我国1958年报告新疆察布查尔县由于食用面酱半成品引起肉毒中毒之后,又相继报告了该地区由其他谷、豆类发酵食品等引起的肉毒中毒。

一、分类与分布

肉毒梭菌属于芽孢杆菌科,梭状芽孢杆菌属,根据所产毒素的抗原特异性可将其分为 A 至 G 七个型。根据对蛋白质分解能力的区别,肉毒梭菌分为两种类型,一种是蛋白分解型(就是分解蛋白质的类型),另一种是非蛋白分解型(就是不能分解蛋白质的类型)。蛋白分解型包括肉毒梭菌的 A 型和一部分 B 型和 F 型。非蛋白分解型包括肉毒梭菌的 E 型和一部分 B 型和 F 型。

肉毒梭菌是一种腐物寄生菌。肉毒梭菌在自然界分布广泛,土壤中常可检出,江、河、湖、海沉积物,水果,蔬菜,畜、禽、鱼等制品中亦可发现,霉干草和畜禽粪便中均有存在。

二、生物学特性

(一)形态与染色

革兰阳性短粗杆菌,有鞭毛,无荚膜。肉毒梭菌芽孢位于菌体次极端,芽孢椭圆形,大于菌体,使菌体形成匙型或网球拍状。

(二)培养特性

本菌为专性厌氧菌,生长的适宜温度为 25～40℃,pH 为 6～8。毒素形成的适宜温度为 28～37℃,产毒的适宜 pH 为 7.8～8.2,温度低于 8℃及 pH 在 4.0 以下时,则不能形成毒素。

在普通琼脂平板上,经 48h 培养后,形成 3～4mm 不规则圆形和界线不清的纤毛样边缘、半透明、表面颗粒性菌落,生长易布满整个平板。

在血平板上,菌落周围有溶血环。

在乳糖卵黄牛奶平板上,菌落下培养基为乳浊,菌落表面及周围形成彩虹薄层,不分解乳糖;分解蛋白的菌株,菌落周围出现透明环。

在庖肉培养基中,呈均匀浑浊生长,肉渣可被 A,B,G 和 F 型菌消化溶解成烂泥状,并发黑,产生腐败恶臭味。

(三)生化特性

能分解葡萄糖、麦芽糖及果糖,产酸产气。能产生硫化氢,液化明胶,不形成靛基质。

(四)毒素与菌型

肉毒梭菌的致病性在于所产生的神经毒素即肉毒毒素,这些毒素能引起人和动物的肉毒中毒,根据肉毒毒素的抗原性,肉毒梭菌至今已有 A,B,C(1,2),D,E,F,G7 个型。引起人群中毒的,主要有 A,B,E 三型。C,D 二型毒素主要是畜、禽肉毒中毒的病原。F,G 型肉毒梭菌引起的中毒极少见。

(五)抵抗力

肉毒梭菌的抵抗力一般,但其芽孢的抵抗力很大,可耐煮沸 1～6h 之久,于 180℃干热 5～15min,120℃高压蒸汽 10～20min 才能杀死。

肉毒毒素抵抗力也较强,80℃30min 或 100℃10min 才能完全破坏。正常胃液和消化酶于 24h 不能将其破坏,可被胃肠道吸收而中毒。

三、流行病学特性

引起肉毒中毒主要是由于食入了含有肉毒毒素的食品。这些食品是在调制加工、运输贮存的过程中,污染了肉毒梭菌芽孢,在适宜条件下,芽孢萌发、增殖并产生毒素所造成的。肉毒梭菌产生的毒素是一种神经毒素,是目前已知的化学毒物与生物毒素中毒性最强烈的一种,对人的致死量为 10～9mg/kg 体重。其毒力比氰化钾还要大一万倍。

引起中毒的食品种类因地区和饮食习惯不同而异。国内以家庭自制植物性发酵品为多见,如臭豆腐、豆酱、面酱等,罐头瓶装食品、腊肉、酱菜和凉拌菜等引起中毒也有报道。在新疆引起中毒的食品多为家庭自制谷类或豆类发酵食品,在青海主要为越冬密封保存的肉制品。据新疆肉毒科研协作组的223起肉毒中毒的调查统计,臭豆腐、豆豉、面酱、红豆腐、烂土豆等植物性食品共204起,占91.48%;其余的19起(占8.52%)是动物性食品,包括熟羊肉、羊油、猪油、臭鸡蛋、臭鱼、咸鱼、腊肉、干牛肉、马肉等。日本90%以上的是由家庭自制鱼和鱼类制品引起;欧洲各国肉毒梭菌中毒的食物多为火腿、腊肠及其他肉类制品;美国主要为家庭自制的蔬菜、水果罐头、水产品及肉、乳制品。

肉毒中毒的潜伏期长短不一,短者2h,长者10d左右,一般为18~36h。潜伏期越短,死亡率也越高。症状比较严重,主要是神经出现麻痹现象,患者眼睑下垂,出现复视,继而出现运动困难,不能抬头,头多倒向前方或侧方,肌肉乏力,吞咽和言语都感困难,瞳孔散大,对光反应迟钝,出现斜视,后期可发生呼吸困难。患者体温正常或稍低。在胃肠道方面的症状不明显,一般没有腹泻;但也有某些病例,初期出现肠胃炎症状,数小时后再出现典型的神经症状。病程2~3d,也有持续2~3个星期之久。死亡率较高,达30%~60%。死亡原因是由于呼吸麻痹,死前神智清晰,心脏仍然活动。

四、检验原理

肉毒梭菌及其型别的鉴定主要依据产毒试验。

(一)肉毒毒素检测

因肉毒毒素在明胶磷酸盐缓冲液中稳定,故采用明胶磷酸盐缓冲液制备肉毒毒素检样。又因为E型毒素需要胰酶激活后才表现出较强的毒力,所以检样分两份,其中一份用胰酶激活处理。

肉毒毒素检测以小白鼠腹腔注射法为标准方法,取检样离心上清液及其胰酶激活处理液分别注射小白鼠,若小白鼠以肉毒毒素中毒特有的症状死亡,表示检出肉毒毒素,并进一步证实。

采用多型混合肉毒抗毒诊断血清与检样作用中和毒素和加热破坏肉毒毒素的方法来证实样品中的毒素是否为肉毒毒素。若注射以上两种方法处理的检样的小白鼠均获保护存活,而注射未经其他处理的检样的小白鼠以特有的症状死亡,则证实含有肉毒毒素,并进行毒力测定和定型试验,报告检样含有某型肉毒毒素。

(二)肉毒梭菌及其型别检测

采用疱肉培养基进行增菌产毒培养实验,并进行毒素检测试验,阳性结果证明检样中有肉毒梭菌存在,报告检样含有某型肉毒梭菌。

经毒素检测试验证实含有肉毒梭菌的增菌产毒培养物,用卵黄琼脂平板分离肉毒梭菌,肉毒梭菌在卵黄琼脂平板上生长时,菌落及周围培养基表面覆盖着特有的彩虹样(或珍珠层样)薄层,但G型菌无此现象。

挑取卵黄琼脂平板上的菌落,进行增菌产毒培养实验和培养特性检测试验,以便进一步确证。得到确证后,报告由样品分离的菌株为某型肉毒梭菌。

五、检验方法

参照 GB/T 4789.12—2003《食品卫生微生物检验 肉毒梭菌及肉毒毒素检验》。

(一)设备和材料

离心机及离心管、研钵及细沙、温箱、显微镜、厌氧培养装置、吸管、注射器、平皿、接种环、载玻片、小白鼠。

(二)培养基和试剂

庖肉培养基、卵黄琼脂培养基、明胶磷酸盐缓冲液、肉毒分型抗毒诊断血清、胰酶、革兰氏染色液。

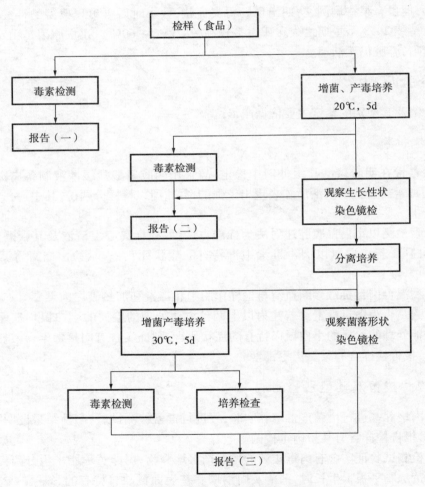

图 7-19 肉毒梭菌及其毒素的检验

注:1. 报告(一):检样含有某型肉毒毒素。

2. 报告(二):检样含有某型肉毒梭菌。

3. 报告(三):由样品分离的菌株为某型肉毒梭菌。

如上所示,检样经均质处理后及时接种培养,进行增菌、产毒,同时进行毒素检测试验。毒素检测实验结果可证明检样中有无肉毒毒素以及有何型肉毒毒素存在。

对增菌产毒培养物,一方面做一般的生长特性观察,同时检测肉毒毒素的产生情况。所得结果可证明检样中有无肉毒梭菌以及有何型肉毒梭菌存在。

对其他特殊目的而欲获纯菌株,可用增菌产毒培养物进行分离培养,对所得纯菌株进行形态、培养特征等观察及毒素检测,其结果可证明所得纯菌为何型肉毒梭菌。

1. 肉毒毒素检测

液状检样可直接离心,固体或半流动检样须加适量(例如等量、倍量或 5 倍量、10 倍量)明胶磷酸盐缓冲液,浸泡、研碎,然后离心,取上清液进行检测。

另取一部分上清液,调 pH 6.2,每 9 份加 10% 胰酶(活力 1:250)水溶液 1 份,混匀,不断轻轻搅动,37℃作用 60min,进行检测。

肉毒毒素检测以小白鼠腹腔注射法为标准方法。

(1)检出试验

取上述离心上清液及其胰酶激活处理液分别注射小白鼠三只,每只 0.5mL,观察 4d。注射液中若有肉毒毒素存在,小白鼠一般多在注射后 24h 内发病、死亡。主要症状为竖毛、四肢瘫软,呼吸困难,呼吸呈风箱式,腰部凹陷,宛若蜂腰,最终死于呼吸麻痹。

如遇小鼠猝死以至症状不明显时,则可将注射液做适当稀释,重做试验。

(2)确证试验

不论上清液或其胰酶激活处理液,凡能致小鼠发病、死亡者,取样分成三份进行试验,一份加等量多型混合肉毒抗毒诊断血清,混匀,37℃作用 30min,一份加等量明胶磷酸盐缓冲液,混匀,煮沸 10min;一份加等量明胶磷酸盐缓冲液,混匀即可,不做其他处理。三份混合液分别注射小白鼠各两只,每只 0.5mL,观察 4d,若注射加诊断血清与煮沸加热的两份混合液的小白鼠均获保护存活,而唯有注射未经其他处理的混合液的小白鼠以特有的特征死亡,则可判定检样中的肉毒毒素存在,必要时要进行毒力测定及定型试验。

(3)毒力测定

取已判定含有肉毒毒素的检样离心上清液,用明胶磷酸盐缓冲液做成 50 倍、500 倍及 5 000 倍的稀释液,分别注射小白鼠各两只,每只 0.5mL,观察 4d。根据动物死亡情况,计算检样所含肉毒毒素的大体毒力(MLD/mL 或 MLD/g)。例如:5 倍、50 倍及 500 倍稀释致动物全部死亡,而注射 5 000 倍稀释液的动物全部存活,则可大体判定检样上清液所含毒素的毒力为 1 000～10 000MLD/mL。

(4)定型试验

按毒力测定结果,用明胶磷酸盐缓冲液将检样上清液稀释至所含毒素的毒力大体在 10～ 1 000MLD/mL 的范围,分别与各单型肉毒抗诊断血清等量混匀,37℃作用 30min,各注射小鼠两只,每只 0.5mL,观察 4d。同时以明胶磷酸盐缓冲液代替诊断血清,与稀释毒素液等量混合作为对照。能保护动物免于发病、死亡的诊断血清型即为检样所含肉毒毒素的型别。

注 1:未经胰酶激活处理的检样的毒素检出试验或确证试验若为阳性结果,则胰酶激活处理液可省略毒力测定及定型试验。

注 2:为争取时间尽快得出结果,肉毒检测的各项试验也可以同时进行。

注 3:根据具体条件和可能性,定型试验可酌情先省略 C,D,F 及 G 型。

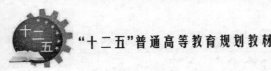

注4:进行确证及定型等中和试验时,检样的稀释应参照所用肉毒诊断血清的效价。

注5:实验动物的观察可按阳性结果的出现随时结束,以缩短观察时间;唯有出现阴性结果时,应保留充分的观察时间。

2. 肉毒梭菌检出(增菌产毒培养试验)

取庖肉培养基三支,煮沸 10~15min,做如下处理:

①第一支:急速冷却,接种检样均质液 1~2mL。

②第二支:冷却至 60℃,接种检样,继续于 60℃保温 10min,急速冷却。

③第三支:接种检样,继续煮沸加热 10min,急速冷却。

以上接种物于 30℃培养 5d,若无生长,可再培养 10d。培养到期,若有生长,取培养液离心,以其上清液进行毒素检测试验,方法同 1,阳性结果证明检样中有肉毒梭菌存在。

3. 分离培养

选取经毒素检测试验证实含有肉毒梭菌的前述增菌产毒培养物(必要时可重复一次适宜的加热处理)接种卵黄琼脂平板,35℃厌氧培养 48h。肉毒梭菌在卵黄琼脂平板上生长时,菌落及周围培养基表面覆盖着特有的虹彩样(或珍珠层样)薄层,但 G 型菌无此现象。

根据菌落形态及菌体形态挑取可疑菌落,接种庖肉培养基,于 30℃培养 5d,进行毒素检测及培养特性检查确证试验。

(1)毒素检测

试验方法同 1。

(2)培养特性检查

接种卵黄琼脂平板,分成两份,分别在 35℃的需氧和厌氧条件下培养 48h,观察生长情况及菌落形态。肉毒梭菌只有在厌氧条件下才能在卵黄琼脂平板上生长并形成具有上述特征的菌落,而在需氧条件下则不生长。

注:为检出蜂蜜中存在的肉毒梭菌,蜂蜜检测样需预温 37℃(流质蜂蜜),或 52~53℃(晶质蜂蜜),充分搅拌后立即成取 20g,溶于 100mL 灭菌蒸馏水(37℃或 52~53℃),搅拌稀释,以 8 000~10 000r/min,离心 30min(20℃),沉淀,加灭菌蒸馏水 1mL,充分摇匀,等分各半,接庖肉培养基(8~10mL)各一支,分别在 30℃及 37℃下厌氧培养 7d,按 2 进行肉毒素检测。

六、其他检验方法

采用 PCR、环介导等温扩增等分子生物学技术可快速检测肉毒梭菌,利用酶联免疫吸附测定(ELISA)技术可检测肉毒毒素。市场上已有利用免疫胶体金标记技术检测肉毒梭菌的商品化试剂盒,其原理是采用兔抗肉毒杆菌特异性抗体和羊抗兔 IgG 分别包被硝酸纤维素膜作为检测线和质控线,胶体金标记的兔抗肉毒杆菌抗体及其他试剂组成。应用层析式双抗体夹心原理定性检测样品中的肉毒杆菌。可用于罐头食品及密封腌渍食物中肉毒梭菌的检测,检测限为食品 80ng/g,奶类 100ng/g,可在 30min 内出结果,适用于农业、工商、卫生等监管部门及商超、市场、食堂餐饮企业对肉毒梭菌的快速检测。

第十三节　产气荚膜梭菌的检验

产气荚膜梭菌是人类气性坏疽的主要病原菌。1892 年,美国病理学家 W. H. 韦尔奇等自一尸体分出本菌,因而又称韦氏梭菌。因能分解肌肉和结缔组织中的糖,产生大量气体,导致组织严重气肿,继而影响血液供应,造成组织大面积坏死,加之本菌在体内能形成荚膜,故名产气夹膜梭菌。此外,产气荚膜梭菌产生的的肠毒素可引起食物中毒,中毒食品多为生畜肉、禽肉、鱼及其他蛋白性食品。

一、分类与分布

产气荚膜梭菌属于芽孢杆菌科,梭状芽孢杆菌属,根据产生毒素种类和致病性的不同,分为 A,B,C,D,E,F 六个型。本菌广泛存在于空气、灰尘、土壤、垃圾、污水、人和动物的肠道以及动物和人类的粪便中。

二、生物学特性

有些菌株产生肠毒素,可引起食物中毒。其 DNA 中的 G + C 摩尔百分比为 24% ~ 27%。导致气性坏疽的病原菌还有诺维氏梭菌、腐败梭菌、溶组织梭菌、产芽孢梭菌等。

(一)形态与染色

本菌菌体两端钝圆,直杆状,大小为 $(1 ~ 2) \mu m \times (2 ~ 10) \mu m$,革兰氏阳性,卵圆形芽孢位于菌体中央或近端,芽孢直径不大于菌体,但有些菌株在一般的培养条件下很难形成芽孢,无鞭毛,在人和动物活体组织内或在含血清的培养基内生长时有可能形成荚膜。

(二)培养

本菌虽属厌氧性细菌,但对厌氧程度的要求并不太严。生长适宜温度为 37 ~ 47℃,最适生长温度为 43 ~ 47℃,此时,繁殖速度极快。

在普通培养基上能生长,若加葡萄糖,血液,则生长更好。在普通琼脂平板上培养 15h 左右可见到菌落,培养 24h 菌落直径 2 ~ 4mm,圆形、光滑、灰白色、不透明、边缘整齐。有些菌落中心突起不透明,外周有放射状条纹,边缘呈锯齿状。

血琼脂平板上培养的菌落周围有双层溶血环,内层溶血完全,外层溶血不完全。糖发酵能力强,产酸产气。

在卵黄琼脂平板上,菌落周围出现乳白色浑浊带,是由细菌产生的卵磷脂酶分解卵黄中卵磷脂所致。

在庖肉培养基中培养数小时即可见到生长,产生大量气体,肉渣或肉块变为略带粉色,但不被消化。

在牛奶培养基中能分解乳糖产酸,使酪蛋白凝固,同时产生大量气体,将凝固的酪蛋白冲成蜂窝状,气势凶猛,称为"汹涌发酵"或"暴烈发酵"现象,但培养基不变黑,这是本菌的特征,也是主要鉴别的指标。

(三)生化特性

所有菌株均发酵葡萄糖、麦芽糖、乳糖及蔗糖,产酸产气,液化明胶,不产生靛基质,不能消化已凝固的蛋白质和血清,还原硝酸盐为亚硝酸盐,但也有例外。能将亚硫酸盐还原为硫化物,产生卵磷脂酶。

（四）毒素

产气荚膜杆菌的毒素性物质可分为 12 种成分：$\alpha, \beta, \gamma, \delta, \varepsilon, \eta, \theta, \iota, \kappa, \lambda, \mu$ 和 ν。如卵磷脂酶、纤维蛋白酶、溶血素、透明质酸酶、胶原酶和 DNA 酶等，根据细菌产生外毒素的性质和致病性的不同，可将产气荚膜梭菌分为 A，B，C，D，E，F 六个毒素型。其中 A，C，F 对人致病，但 A 型是毒性最强的一种，为常见的致病菌。A 型某些菌株可产生肠毒素，引起食物中毒。

（五）抵抗

在含糖培养基中，由于产生酸的作用，细菌在几天内即死亡；在无糖的培养基中，细菌生成芽孢后能存活数月。芽孢加热 90℃30min 或 100℃5min 可被杀死，但引起食物中毒的菌株能耐热煮沸 1～3h。

三、流行病学特性

产气荚膜梭菌是引起食源性胃肠炎最常见的病原之一，引起食物中毒的食品大多是畜禽肉类和鱼类食物，牛奶也可因污染而引起中毒，原因是食品加热不彻底，使芽孢在食品中大量繁殖所致，此外不少熟食品，由于加温不够或后污染而在缓慢的冷却过程中，细菌繁殖体大量繁殖并形成芽孢产生肠毒素，而食品并不一定在色味上发现明显的变化，人们在误食了这样的熟肉或汤菜，就有可能发病。食品中该菌数量必须达到很高时（1.0×10^7 或更多），才能在肠道中生产毒素，引起食物中毒。

A 型产气荚膜梭菌所产生的肠毒素可引起食物中毒。潜伏期短，6～24h，临床表现为腹泻和腹部痛性痉挛，较少呕吐，一般不发热，1～2d 内可自愈。

四、检验原理

（一）选择性平板分离

样品经过 10 倍递比稀释，采用混菌法在胰陈－亚硫酸盐－环丝氨酸（TSC）琼脂平板上厌氧培养，分离产气荚膜梭菌。环丝氨酸可抑制非梭菌。产气荚膜梭菌能将 TSC 琼脂中的亚硫酸盐还原为硫化物，其与培养基中铁盐作用生成黑色硫化亚铁，而使菌落呈黑色。

（二）确证试验

挑取 5 个黑色菌落，分别接种在厌氧菌能够生长的液体硫乙醇酸盐培养基（FTG）中培养，硫乙醇酸盐为还原剂，能吸收培养基内部的氧气，造成厌氧环境。取培养液进行染色镜检、牛奶发酵、动力－硝酸盐、乳糖－明胶试验，产气荚膜梭菌应为革兰氏阳性粗短的杆菌，"暴烈发酵"，无动力，能将硝酸盐还原为亚硝酸盐，发酵乳糖，液化明胶。

（三）典型菌落计数

根据 TSC 琼脂平板上产气荚膜梭菌的典型菌落数和确证试验结果，计算每 g（mL）样品中产气荚膜梭菌数。

五、检验方法

参照 GB 4789.13—2012《食品安全国家标准 食品微生物学检验》产气荚膜梭菌检验。

（一）设备和材料

恒温培养箱、冰箱、恒温水浴箱、天平、均质器、显微镜、无菌吸管或微量移液器及吸头、无菌试管、无菌培养皿、pH 计或 pH 比色管或精密 pH 试纸、厌氧培养装置。

（二）培养基和试剂

胰胨 – 亚硫酸盐 – 环丝氨酸（TSC）琼脂、液体硫乙醇酸盐培养基（FTG）、缓冲动力 – 硝酸盐培养基、乳糖 – 明胶培养基、含铁牛乳培养基、0.1% 蛋白胨水、革兰氏染色液、硝酸盐还原试剂、缓冲甘油 – 氯化钠溶液。

（三）检验程序

产气荚膜梭菌的检验程序见图 7 – 20。

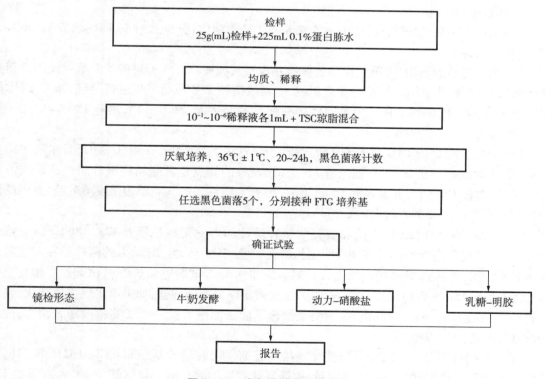

图 7 – 20 产气荚膜梭菌的检验

（四）操作步骤

1. 样品制备

（1）样品采集后应尽快检验，若不能及时检验，可在 2 ~ 5℃保存；如 8h 内不能进行检验，应以无菌操作称取 25g(mL)样品加入等量缓冲甘油－氯化钠溶液(液体样品应加双料),并尽快至于 -60℃ 低温冰箱中冷冻保存或加干冰保存。

(2)以无菌操作称取 25g(mL)样品放入含有 225mL 0.1% 蛋白胨水(如为(1)中冷冻保存样品,室温解冻后,加入 200mL 0.1% 蛋白胨水)的均质袋中,在拍击式均质器上连续均质 1~2min;或置于盛有 225mL 0.1% 蛋白胨水的均质杯中,8 000~10 000r/min 均质 1~2min,作为 1:10 稀释液。

(3)以上述 1:10 稀释液按 1mL 加 0.1% 蛋白胨水 9mL 制备 10^{-2}~10^{-6} 的系列稀释液。

2. 培养

(1)吸取各稀释液 1mL 加入无菌平皿内,每个稀释度做两个平行。每个平皿倾注冷却至 50℃ 的 TSC 琼脂(可放置于 50℃±1℃ 恒温水浴箱中保温)15mL,缓慢旋转平皿,使稀释液和琼脂充分混匀。

(2)上述琼脂平板凝固后,再加 10mL 冷却至 50℃ 的 TSC 琼脂(可放置于 50℃±1℃ 恒温水浴箱中保温)均匀覆盖平板表层。

(3)待琼脂凝固后,正置于厌氧培养装置内,36℃±1℃ 培养 20~24h。

(4)典型的产气荚膜梭菌在 TSC 琼脂平板上为黑色菌落。

3. 确证试验

(1)从单个平板上任选 5 个(小于 5 个全选)黑色菌落,分别接种到 FTG 培养基,36℃±1℃ 培养 18~24h。

(2)用上述培养液涂片,革兰氏染色镜检并观察其纯度。产气荚膜梭菌为革兰氏阳性粗短的杆菌,有时可见芽孢体。如果培养液不纯,应划线接种 TSC 琼脂平板进行分纯,36℃±1℃ 厌氧培养 20~24h,挑取单个典型黑色菌落接种到 FTG 培养基,36℃±1℃ 培养 18~24h,用于后续的确证试验。

(3)取生长旺盛的 FTG 培养液 1mL 接种于含铁牛乳培养基,在 46℃±0.5℃ 水浴中培养 2h 后,每小时观察一次有无"暴烈发酵"现象,该现象的特点是乳凝结物破碎后快速形成海绵样物质,通常会上升到培养基表面。5h 内不发酵者为阴性。产气荚膜梭菌发酵乳糖,凝固酪蛋白并大量产气,呈"暴烈发酵"现象,但培养基不变黑。

(4)用接种环(针)取 FTG 培养液穿刺接种缓冲动力－硝酸盐培养基,于 36℃±1℃ 培养 24h。在透射光下检查细菌沿穿刺线的生长情况,判定有无动力。有动力的菌株沿穿刺线呈扩散生长,无动力的菌株只沿穿刺线生长。然后滴加 0.5mL 试剂甲和 0.2mL 试剂乙以检查亚硝酸盐的存在。15min 内出现红色者,表明硝酸盐被还原为亚硝酸盐;如果不出现颜色变化,则加少许锌粉,放置 10min,出现红色者,表明该菌株不能还原硝酸盐。产气荚膜梭菌无动力,能将硝酸盐还原为亚硝酸盐。

(5)用接种环(针)取 FTG 培养液穿刺接种乳糖－明胶培养基,于 36℃±1℃ 培养 24h,观察结果。如发现产气和培养基由红变黄,表明乳糖被发酵并产酸。将试管于 5℃ 左右放置 1h,检查明胶液化情况。如果培养基是固态,于 36℃±1℃ 再培养 24h,重复检查明胶是否液化。产气荚膜梭菌能发酵乳糖,使明胶液化。

4. 结果与报告

(1)典型菌落计数

选取典型菌落数在 20~200CFU 之间的平板,计数典型菌落数。如果:

①只有一个稀释度平板的典型菌落数在 20～200CFU 之间,计数该稀释度平板上的典型菌落;

②最低稀释度平板的典型菌落数均小于 20CFU,计数该稀释度平板上的典型菌落;

③某一稀释度平板的典型菌落数均大于 200CFU,但下一稀释度平板上没有典型菌落,应计数该稀释度平板上的典型菌落;

④某一稀释度平板的典型菌落数均大于 200CFU,且下一稀释度平板上有典型菌落,但其平板上的典型菌落数不在 20～200CFU 之间,应计数该稀释度平板上的典型菌落;

⑤2 个连续稀释度平板的典型菌落数均在 20～200CFU 之间,分别计数 2 个稀释度平板上的典型菌落。

(2)结果计算

计数结果按式(7－6)计算:

$$T = \frac{\sum \left(A\,\dfrac{B}{C} \right)}{(n_1 + 0.1 n_2) d} \qquad (7-6)$$

式中　T——样品中产气荚膜梭菌的菌落数;

　　　A——单个平板上典型菌落数;

　　　B——单个平板上经确证试验为产气荚膜梭菌的菌落数;

　　　C——单个平板上用于确证试验的菌落数;

　　　n_1——第一稀释度(低稀释倍数)经确证试验有产气荚膜梭菌的平板个数;

　　　n_2——第二稀释度(高稀释倍数)经确证试验有产气荚膜梭菌的平板个数;

　　0.1——稀释系数;

　　　d——稀释因子(第一稀释度)。

(3)报告

根据 TSC 琼脂平板上产气荚膜梭菌的典型菌落数,按照式(7－6)计算,报告每 g(mL)样品中产气荚膜梭菌数,报告单位以 CFU/g(mL)表示;如 T 值为 0,则以小于 1 乘以最低稀释倍数报告。

六、其他检测方法

分子生物学检测方法主要有 PCR、荧光定量 PCR 和环介导等温扩增(LAMP)等,通常以 α,β,ε,ι 毒素基因和 cpe 肠毒素基因为靶基因进行检测。另外,还有产气荚膜梭菌快速测定仪,可取代传统的平板培养计数法,最快 10min 即可得到检测结果,可用于现场检测。

第十四节　蜡样芽孢杆菌的检验

蜡样芽孢杆菌引发的食物中毒,首次暴发于挪威,随后在世界各地,如北欧、东欧、英国等都有相同类型的食物中毒发生,是一种常见的食物中毒,中毒者症状为腹痛、呕吐腹泻。

一、分类与分布

蜡样芽孢杆菌(*Bacillus cereus*)属于芽孢杆菌科,芽孢杆菌属,是几种产芽孢需氧病原细菌中的一种。它广泛分布于自然界中,土壤、水、空气、食品、饲料、污水和腐草中均有存在,植物和许多生熟食品中亦常见。本菌可引起人类食物中毒以及多种肠外感染,属人畜共患病原菌。

二、生物学特性

(一)形态特征

蜡样芽孢杆菌为革兰氏阳性大杆菌,大小为$(0.9 \sim 1.2)\mu m \times (1.8 \sim 4.0)\mu m$,两端钝圆,一般从短链到长链排列,培养6h后即可形成芽孢,芽孢位于菌体中央或稍偏于一端,椭圆形,不膨出。周生鞭毛,能运动,无荚膜。

(二)培养特性

蜡样芽孢杆菌生长温度范围为$5 \sim 30℃$,最适生长温度为$36℃$,$10℃$以下停止繁殖;生长酸碱度范围为$pH 4.3 \sim 9.0$。

在普通琼脂培养基中,蜡样芽孢杆菌生长旺盛,形成较大、灰白色、不透明、边缘不整齐、表面粗糙,呈毛玻璃或融蜡状,因而得名;在复杂培养基中能呈厌氧生长,葡萄糖和硝酸盐可促进厌氧生长;在血平板上,菌落呈浅灰色,不透明,似白色毛玻璃状,有溶血环;在甘露醇卵黄多黏菌素平板上,菌落呈粉红色,具有白色浑浊环(不发酵甘露醇、产生卵磷脂酶)。

(三)生化特性

蜡样芽孢杆菌的生化特性见表7-31。

表7-31 蜡样芽孢杆菌的生化特性

项目	性状	项目	性状	项目	性状
触媒	+	V-P反应	+/-	山梨醇	-
卵磷脂酶	+	葡萄糖	+	甘露醇	-
酪蛋白酶	+	果糖	+	卫矛醇	-
青霉素酶	+	蕈糖	+	肌醇	-/+
硝酸盐还原	+/-	木糖	-	水杨苷	+/-
淀粉酶	±	阿拉伯糖	-	蔗糖	+/-
胆胶酶	+/-	半乳糖	-	乳糖	-/+
尿素酶	-/+	山梨糖	-	纤维二糖	-/+
牛奶胨化	+	麦芽糖	+/-	甘油	+/-
柠檬酸盐利用	+/-	甘露糖	-/+	七叶苷	-/+

注: +阳性; -阴性; ±不定; +/-多数为阳性少数为阴性; -/+多数为阴性少数为阳性。

(四)生化分型

根据蜡样芽孢杆菌对柠檬酸盐利用、硝酸盐还原、淀粉水解、V-P反应、明胶液化性状的不同,分成不同的型,用阿拉伯数字表示。

(五)抵抗力

蜡样芽孢杆菌生长型不耐热,对酸碱不敏感。在 37℃ 16h 的肉汤培养物的 $D_{80℃}$ 值(在 80℃时使细菌数减少 90% 所需的时间)为 10～15min;在 100℃ 下需要 20min,将肉汤中细菌由 $2.4×10^7$ 个/mL 转为阴性。但食物中毒菌株的游离芽孢在 100℃ 下能耐受 30min,而干热 120℃ 则需要 60min 才能将其杀死。本菌对氯霉素、红霉素和庆大霉素敏感,对青霉素、磺胺噻唑和呋喃西林耐受。

三、流行病学特性

食品中蜡样芽孢杆菌的来源,主要为外界所污染。食品在加工、运输、保藏及销售过程中通过灰尘、土壤、苍蝇、昆虫、不洁的用具与容器而传播,使该菌在食品上大量繁殖,导致食物中毒发生。蜡样芽孢杆菌食物中毒所涉及的食品种类较多,包括乳类食品、畜禽肉类制品、蔬菜、汤汁、马铃薯、豆芽、甜点心、调味汁、色拉(凉杂拌菜)和米饭等。在美国,炒米饭是引发蜡样芽孢杆菌呕吐型食物中毒的主要原因;在欧洲大都由甜点、肉饼、色拉和奶、肉类食品引起;在我国主要与受污染的米饭或淀粉类制品有关。当食品保存温度过高,放置时间过长时,没有被彻底杀死的芽孢便会迅速繁殖,加上该菌繁殖和产毒一般不会导致食品腐败现象,感官检查无明显变化,故夏秋季(6～10 月份)人们容易误食此类食品而中毒。

一般认为,蜡样芽孢杆菌食物中毒是由于活菌和其产生的肠毒素共同作用所引起的。食品中蜡样芽孢杆菌含量与能否引起中毒有密切的关系。蜡样芽孢杆菌中毒菌量的范围一般在 10^6～10^8CFU/g(食物),这与菌株型别和毒力、食品类型和摄入量以及机体个体差异等密切相关。

食用被蜡样芽孢杆菌污染的食品后,一般在 8～16h 内出现中毒症状,可分为呕吐型和腹泻型,或两者兼有。呕吐型症状以恶心、呕吐为主,并有头晕、四肢无力等;腹泻型以腹痛、腹泻为主。中毒症状 8～36h 可消失,一般不会导致死亡。

四、检验原理

(一)选择性平板分离

采用甘露醇卵黄多黏菌素(MYP)培养基分离蜡样芽孢杆菌,多黏菌素可抑制革兰氏阴性菌,蜡样芽孢杆菌不分解甘露醇,不产酸,利用含氮物质,产生碱性产物,使培养基中的酚红变为红色,又因其产生卵磷脂酶,所以蜡样芽孢杆菌在此培养基上形成的菌落为红色(表示不发酵甘露醇),环绕有粉红色的晕(表示产生卵磷脂酶)。

(二)证实试验

在上述平板上挑取可疑菌落,进行形态观察、培养特性以及生化鉴定,确认是否为蜡样芽孢杆菌。

五、检验方法

参照国家标准 GB/T 4789.14—2003 中的检验方法。

（一）设备和材料

恒温培养箱、恒温水浴锅、冰箱、显微镜、天平、电炉、吸管、广口瓶或三角烧瓶、平皿、试管、载玻片、酒精灯、均质器或乳钵、试管架、接种环、接种针、L形涂布棒、灭菌刀、剪、镊子、酒精棉球。

（二）培养基和试剂

甘露醇卵黄多黏菌素（MYP）琼脂、肉浸液肉汤、营养琼脂、酪蛋白琼脂、动力 – 硝酸盐培养基、木糖 – 明胶培养基、缓冲葡萄糖蛋白胨水、甲萘胺 – 乙酸溶液、对氨基苯磺酸 – 乙酸溶液、3% 过氧化氢溶液、革兰氏染色液、70% 乙醇、甲醇、0.5% 碱性复红染色液。

（三）检验程序

对蜡样芽孢杆菌检验程序如图 7 – 21 所示。

（四）操作步骤

1. 菌数测定

涂布甘露醇卵黄多粘菌素（MYP）平板计数。

以无菌操作将检样 25g（或 25mL）按"菌落总数测定"方式，用灭菌生理盐水或磷酸盐缓冲液做成 $10^{-1} \sim 10^{-5}$ 的稀释液按国标 GB/T 4789.2 测定。取各稀释液 0.1mL 接种在两个选择性培养基（甘露醇卵黄多黏菌素琼脂）平板上用 L 形棒涂布于整个表面，置于 36℃ ±1℃ 下培养 12～20h 后，选取菌落数在 30 个左右者进行计数。蜡样芽孢杆菌在此培养基上生成的菌落为红色（表示不发酵甘露醇），环绕有粉红色的晕（表示产生卵磷脂酶）。计算后，从中挑取 5 个这样的菌落做证实试验。根据证实为蜡样芽孢杆菌的菌落数计算出该皿内的蜡样芽孢杆菌，然后乘其稀释倍数即得 1g（或 1mL）样品中所含蜡样芽孢杆菌数。

例如，将固体检样的 10^{-4} 稀释液 0.1mL 涂布于甘露醇卵黄多黏菌素琼脂平板上，生成的可疑菌落为 25 个，取 5 个进行鉴定。证实为蜡样芽孢杆菌的菌落数是 4 个，则 1g 检样中蜡样芽孢杆菌数为：

$$25 \times 4/5 \times 10^4 \times 10 = 2 \times 10^6$$

2. 分离培养

取检样或其稀释液划线分离于选择性培养基（MYP）上，置 37℃ 培养 12～20h，挑取可疑的蜡样芽孢杆菌的菌落接种于肉汤和营养琼脂进行纯培养，然后做证实试验。

3. 证实试验

（1）形态观察：本菌为革兰阳性大杆菌，宽度在 1μm 或 1μm 以上，芽孢呈卵圆形，不突出菌体，多位于菌体中央或稍偏于一端。

（2）培养特性：本菌在肉汤中生长浑浊，常微有菌膜或壁环，振摇易乳化。在普通琼脂平板上生成的菌落不透明，表面粗糙，似毛玻璃状或融蜡状，边缘不齐。

（3）生化性状及生化分型

1）生化性状

本菌有动力；能产生卵磷脂酶和酪蛋白酶；过氧化氢酶试验阳性；溶血；不发酵甘露醇和木

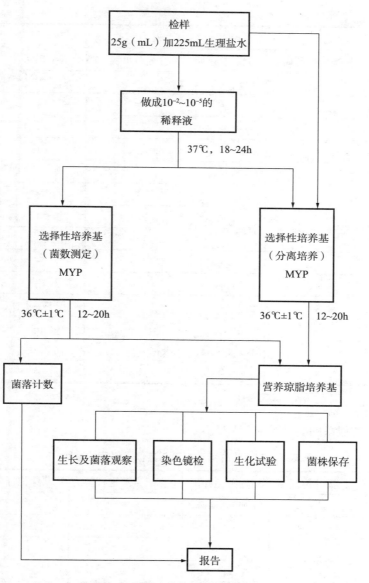

图 7 – 21　蜡样芽孢杆菌检验程序图

糖;常能液化明胶和使硝酸盐还原;在厌氧条件下能发酵葡萄糖。

2)生化分型

根据蜡样芽孢杆菌对柠檬酸盐利用、硝酸盐还原、淀粉水解、V – P 反应、明胶液化性状的试验,分成不同的类别,见表 7 – 32。

表 7 – 32　蜡样芽孢杆菌生化分型

型别	生化试验				
	柠檬酸盐利用	硝酸盐还原	淀粉水解	V – P 反应	明胶液化
1	+	+	+	+	+

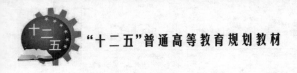

型别	生化试验				
	柠檬酸盐利用	硝酸盐还原	淀粉水解	V－P反应	明胶液化
2	－	＋	＋	＋	＋
3	＋	＋	－	＋	＋
4	－	－	＋	＋	＋
5	－	＋	＋	＋	＋
6	＋	－	－	＋	＋
7	＋	－	＋	＋	＋
8	－	＋	－	＋	＋
9	－	＋	－	＋	＋
10	－	＋	＋	＋	＋
11	＋	＋	＋	＋	＋
12	＋	＋	＋	＋	＋
13	－	－	＋	＋	－
14	＋	－	－	＋	＋
15	＋	－	＋	－	＋

（4）与类似菌鉴别

本菌与其他类似菌的鉴别见表7－33。

表7－33 蜡样芽孢杆菌与其他类似菌的鉴别

项目	巨大芽孢杆菌	蜡样芽孢杆菌	苏云金芽孢杆菌	蕈状芽孢杆菌	炭疽芽孢杆菌
过氧化氢酶	＋	＋	＋	＋	＋
动力	＋/－	＋/－	＋/－	－	－
硝酸盐还原	－	＋	＋	＋	＋
酪蛋白分解	＋/－	＋	＋/－	＋/－	－/＋
卵黄反应	－	＋	＋	＋	＋
葡萄糖利用（厌氧）	－	＋	＋	＋	＋
甘露醇	＋	－	－	－	－
木糖	＋/－	－	－	－	－
溶血	－	＋	＋	－/＋	－/＋
已知致病菌特性		产生肠毒素	对昆虫致病的内毒素结晶	假根样生长	对动物和人致病

注：＋90％～100％的菌株阳性；－90％～100％的菌株阳性；＋/－大多数菌株阳性；－/＋大多数菌株阴性。

266

本菌在生化性状上与苏云金芽孢杆菌极为相似,但后者可凭借细胞内产生蛋白质毒素结晶加以鉴别。其检查方法如下:取营养琼脂上纯培养物少许,加少量蒸馏水中涂于玻片上,待自然干燥后用弱火焰固定,加甲醇于玻片上,30s后倾去甲醇,置火焰上干燥,然后滴加0.5%碱性复红液,并用酒精灯加热至微见蒸汽后维持90s,移去酒精灯,将玻片放置30s,倾去染液,置洁净自来水充分漂洗,晾干,镜检。在油浸镜下检查有无游离芽孢和深染得似菱形的红色结晶小体(如游离芽孢未形成,培养物应放室温再保存1~2d后检查),如有即为苏云金芽孢杆菌,蜡样芽孢杆菌检查为阴性。

六、其他检验方法

(一)美国 AOAC 采用的最近似数技术

1. 适用范围

适用于含有蜡样芽孢杆菌数≤10^3个/g的食品。

2. 检测步骤

(1)接种培养。用胰酪胨大豆多黏菌素肉汤按三管法接种最近似数(MPN)系列,用1:10、1:100和1:1 000稀释液,每个稀释度接种3管,每管接种1mL,30℃培养48h±2h。

(2)分离培养。检查试管中蜡样芽孢杆菌典型的浓厚生长。将生长阳性试管的培养物划线接种于MYP分离琼脂平板。30℃培养24~48h。

(3)证实试验。从每个平板挑出一个或者更多个有卵磷脂酶沉淀环的粉红色菌落,接种到营养琼脂斜面,供证实试验用。经证实为蜡样芽孢杆菌,并根据蜡样芽孢杆菌阳性管数应用表,计算蜡样芽孢杆菌MPN数/g。

(二)蜡样芽孢杆菌测试片

1. 原理及适用范围

蜡样芽孢杆菌测试片(Filmplate™ Bacillus cereus BL210)是一种商品化的一次性培养基产品,由选择性培养基、高分子吸水凝胶和专一性酶指示剂等构成,一步培养显色就可确认是否有病原菌的存在,大大地简化了检测程序,对于提高细菌性食物中毒突发事件的反应能力具有重要的作用,同时也可在食品生产企业使用。本产品适用于乳制品、肉类、淀粉类食品、各种甜点等的快速检测。

2. 操作方法

(1)样品处理

取样品25mL(g)放入含有225mL灭菌磷酸缓冲液稀释液(或生理盐水)的取样罐或均质杯内,制成1:10的样品匀液。用1mL灭菌吸管吸取1:10样品匀液1mL,注入含有9mL稀释液的试管内,振摇后成为1:100的样品匀液。

(2)接种

将蜡样芽孢杆菌测试片(BL210)置于平坦实验台面,揭开上层膜,用无菌吸管每个梯度各取1mL样品匀液慢慢均匀地滴加到纸片上,然后再将上层膜缓慢盖下,静置10s左右,使培养基凝固,每个稀释度接种两片,同时做一片空白对照。

(3)培养

将测试片叠在一起放回原自封袋中,并封口,透明面朝上水平置于恒温培养箱内,堆叠片

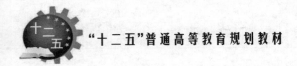

数不超过 12 片。培养温度为 36℃ ±1℃,培养 15~24h。

3. 结果判读

对测试片进行观察,呈蓝绿色的菌落为蜡样芽孢杆菌。对于出现阳性菌落的样品,最好用其他方法作进一步的鉴定。

另外,还有分子生物学检测方法,主要利用 PCR 和荧光定量 PCR 技术进行检测。目前,已有商品化的试剂盒上市。

第十五节 椰毒假单胞菌酵米面亚种检验

椰毒假单胞菌酵米面亚种食物中毒是我国发现的一种病死率很高的细菌性食物中毒,引起中毒的主要食品是酵米面。我国最早发现椰毒假单胞菌酵米面亚种是在东北三省,接着广西、四川、河北、河南、内蒙、山西、山东、云南等地也相继发现。民间常用各种粗粮放于水中浸泡,使之发酵做成酵米面,再制成各种食品,常因椰毒假单胞菌酵米面亚种污染酵米面而发生食物中毒,该菌产生的毒素米酵菌酸是其致病原因。椰毒假单胞菌酵米面亚种存在于发酵的玉米、糯玉米、黄米、高粱米、变质银耳以及周围环境中,是酵米面及变质银耳中毒的病原菌。本菌中毒发病急、病情严重、发展迅速,病死率高达 30%~90%,至今尚无特效的治疗方法。

一、分类与分布

椰毒假单胞菌酵米面亚种(*pseudomonas cocovenenans subsp. Farinofermentans*,简称椰酵假单胞菌),属于伯克霍尔德菌属,是从发酵食物中毒样品里分离并命名的一种细菌。

它主要存在于中毒酵米面中,近年来从糯玉米、小米、黄米、高粱米、银耳及环境中也分离到此菌。中国预防医学科学院营养与食品卫生研究所曾组织展开了全国有关食品中椰酵假单胞菌和米酵菌酸污染调查,在 21 省、市、自治区采集了 1992 件样品进行椰酵假单胞菌的检测,发现 17 个省(占调查地区的 80.95%)有不同污染,按污染严重情况依次为鲜银耳 > 其他谷类 > 酵米面 > 干银耳。对鲜银耳的检菌阳性率高达 4.04% 和 8.41%,毒素最高含量达 20mg/kg。

二、生物学特性

(一)形态特征

椰酵假单胞菌为革兰氏阴性杆菌,多形态,大小为(0.3~0.5)μm×(1.0~3.0)μm,单个排列,短杆状或稍弯曲,两端钝圆,有的菌两端有浓染颗粒,无芽孢,有动力,有端生及侧生鞭毛。此菌鞭毛在 1% PDA 琼脂(pH 5~6),25℃培养 3d 生长良好。

(二)培养特性

椰酵假单胞菌生长温度以 37℃ 为最好,但产毒最佳温度为 26℃,其在培养基上的菌落特征见表 7-34。

表7-34　椰酵假单胞菌菌落培养特征

培养基	菌落特征
PDA 平板	菌落1~2mm,乳白色或灰白色,光滑,湿润,边缘整齐,不透明。培养48h后,中心有凸起,呈草帽状或放射状花纹;菌落周围有黄绿色素产生并扩散到基质中。在365nm紫外灯下有黄绿色荧光
卵黄琼脂平板	菌落表面光滑,湿润,48h后,菌落周围形成乳白色浑浊环,斜射日光下可见环的表面呈彩虹现象
SS 琼脂平板	不生长

（三）生化特性

椰酵假单胞菌的生化特性见表7-35。

表7-35　椰酵假单胞菌的生理生化性状

阳性	阴性
动力O/F试验(O型)、葡萄糖、果糖	氧化酶、肌醇
果胶明胶液化、卵磷脂酶	尿素、靛基质
木糖、半乳糖、阿拉伯糖、过氧化氢酶	V-P、M.R
甘露糖、淀粉、苯丙氨酸、侧金盏花醇	H_2S 产生
柠檬酸盐酮、精氨酸、石蕊牛乳、卫茅醇	5℃不生长
硝酸盐还原37℃生长	41℃不生长

（四）抵抗力

本菌抵抗力较弱,56℃5min即可杀死,对各种常用消毒剂抵抗力也不强。在PDA上生长的椰酵假单胞菌,对金霉素、土霉素、四环素、庆大霉素较为敏感,对青霉素、红霉素、合霉素、氯霉素、新霉素具有很强的抗性。

（五）抗原构造与分型

椰酵假单胞菌具有O,K,H三种抗原。O抗原为菌体抗原,耐热,凝集反应出现较慢,聚集物呈颗粒状;H抗原为鞭毛抗原,不耐热,凝集反应发生迅速,凝块呈疏松絮状。K抗原为表面抗原。在三种抗原中,研究得最多的是O抗原。

三、流行病学特性

椰毒假单胞菌酵米面亚种广泛分布于寒温带到热带土壤,通过土壤污染食物或食物原料。1953~1980年,椰酵假单胞菌食物中毒主要在东北三省及广西等有吃酵米面习惯的地区流行,流行区域为全国行政区域的13.3%。1981~1984年,中毒流行区域扩大至四川、河北、山西、内蒙古等,占我国行政区域的30%。1984~1994年,中毒流行区域进一步扩大至山东、河南、

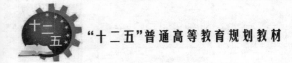

贵州等 16 省,占我国行政区域的 53.3%。

椰毒假单胞菌酵米面亚种食物中毒的发生与该菌的生态分布、食品加工方式和居民的特殊饮食习惯有关。在我国,传统的中毒食品是酵米面,随流行区域的扩大,中毒食品种类增多,其中谷类发酵制品仍是主要的中毒食品,如发酵玉米面、糯玉米汤圆粉、发酵糯小米粉、醋凉粉等;其次为变质银耳及薯类淀粉制品,如马铃薯淀粉、甘薯淀粉、山芋淀粉等。引起中毒的食物如酵米面、银耳外观有明显的改变,酵米面可有霉斑,变质鲜银耳色暗黄、发黏、耳片丧失弹性,有刺鼻气味,甚至糜烂。

在适宜条件下(如 PDA 半固体,26℃),椰酵假单胞菌在生长繁殖过程中向胞外基质分泌至少两种毒素:米酵菌酸(bongkrekic acid,BA)和毒黄素(toxoflavin,TF)。一般细菌的外毒素为蛋白质或多肽,而椰酵假单胞菌的两种外毒素却是脂肪酸类的小分子物质,且有剧毒。因椰酵假单胞菌毒素毒性强,目前尚缺乏特效的解毒措施,使椰酵假单胞菌毒素食物中毒死亡率较高。

椰毒假单胞菌产生毒素,严重损害人的肝、肾、脑,造成消化系统、泌尿系统和神经系统感染。中毒者有急性胃肠炎症状,临床表现为进食后 2~24h 出现上腹不适,恶心、呕吐,重者呈咖啡色样物,轻微腹泻、头晕、全身无力等。严重者可出现呕血、血尿、少尿、皮下出血、黄疸、肝脾肿大、意识不清、烦躁不安、四肢抽搐甚至中毒性休克等而死亡,体温一般不升高,病死率高达 40%~100%。

四、检验原理

(一)选择性增菌

用 GVC 增菌液进行选择性增菌,增菌液中的氯霉素可以抑制大部分杂菌,有利于椰毒假单胞菌增殖。

(二)PDA 平板分离

椰毒假单胞菌适合在 PDA 培养基中生长,因此增菌后,选用 PDA 平板分离该菌。

(三)染色、初步生化试验和培养特征观察

对可疑菌落进行革兰氏染色和氧化酶试验,对革兰氏阴性和氧化酶阴性的菌株,接种卵黄琼脂平板和 SS 琼脂平板,观察培养特征。由于该菌产生卵磷脂酶,在卵黄琼脂平板上,菌落周围形成乳白色浑浊环。而且,环表面呈虹彩现象。在 SS 琼脂平板上不生长。

(四)证实试验

对可疑菌株进行全面生化试验、血清学分型试验和毒性试验,以确认是否为椰毒假单胞菌酵米面亚种。

五、检验方法

参照国家标准检验方法 GB/T 4789.29—2003。

（一）设备和材料

恒温培养箱、恒温水浴锅、冰箱、显微镜、天平、电炉、吸管、锥形瓶、试管、载玻片、酒精灯、离心机、离心管、试管架、接种环、接种针、L形涂布棒、灭菌取样工具(刀、剪、镊子)、酒精棉球、灌胃器、小白鼠。

（二）培养基和试剂

1%葡萄糖肉汤、PDA培养基、卵黄琼脂培养基、SS培养基、葡萄糖半固体发酵培养基、Hugh-Leifson培养基、蛋白胨水、缓冲葡萄糖蛋白胨水、西蒙氏柠檬酸盐培养基、糖发酵管、苯丙氨酸培养基、液体石蜡、革兰氏染色液、氧化酶、抗O多价血清、型特异性因子血清O-Ⅲ，O-Ⅳ,O-Ⅴ,O-Ⅵ,O-Ⅶ等。

（三）检验程序

椰酵假单胞菌检验程序如图7-22所示。

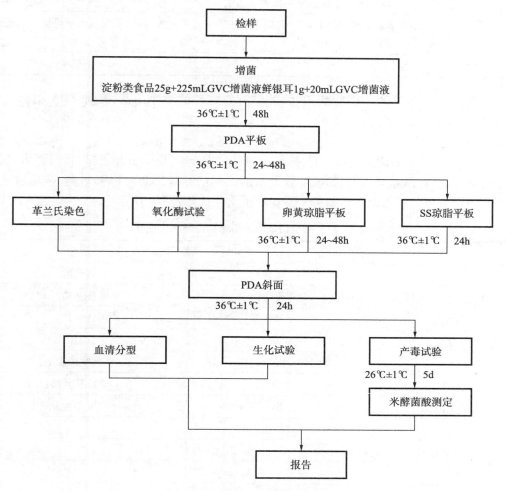

图7-22　椰酵假单胞菌检验程序图

（四）操作步骤

1. 增菌

用无菌操作取样品25g,加入盛有225mL增菌液的500mL三角瓶中(鲜银耳样品取1g,用剪刀剪碎,加入盛有20mL增菌液的100mL三角瓶中),置(36±1)℃培养48h。

2. 分离、纯化培养

取增菌液1接种环,划线接种PDA平板,(36±1)℃培养24~48h。观察平板上生长菌落的形态,挑取可疑单个菌落,进行革兰氏染色及氧化酶试验,革兰氏染色阴性,氧化酶试验阴性的菌落再点种卵黄琼脂平板及SS琼脂平板,(36±1)℃分别培养48h和24h。椰毒假单胞菌酵米面亚种在不同分离平板上的菌落特征见表7-36。

表7-36　椰毒假单胞菌酵米面亚种在不同分离平板上的菌落特征

培养基	菌落特征
PDA平板	菌落1~2mm,灰白或乳白色,光滑、湿润、边缘整齐。培养48h后,中心有凸起,呈草帽状,菌落周围有黄绿色素扩散到基质中
卵黄琼脂平板	菌落表面光滑、湿润,48h后,菌落周围形成乳白色浑浊环,斜射日光下可见环的表面呈彩虹现象
SS琼脂平板	不生长

从卵黄琼脂平板挑取卵磷脂酶阳性,并带有彩虹环的单个菌落,接种PDA斜面,(36±1)℃培养24h,供下步试验用。

3. 生化试验

从纯培养的PDA斜面上挑取少量菌苔,分别接种Hugh-Leifson培养基、蛋白胨水、缓冲蛋白胨水、西蒙氏柠檬酸盐培养基、糖发酵管及苯丙氨酸培养基,(36±1)℃培养,按单项试验的要求分别进行观察。椰毒假单胞菌酵米面亚种生化性状见表7-37。

表7-37　椰毒假单胞菌酵米面亚种生化性状

阳性		阴性
动力	尿素	氧化酶
O/F实验(O型)	明胶液化	靛基质
葡萄糖	卵磷脂酶	V-P
果糖	侧金盏花醇	MR
木糖	柠檬酸盐利用	H_2S产生
半乳糖	精氨酸	5℃不生长
阿拉伯糖	石蕊牛乳	41℃不生长
甘露醇	37℃生长	
肌醇		
卫矛醇		
硝酸盐还原		

4. 血清学分型鉴定

（1）O 抗原的制备

将马铃薯葡萄糖琼脂（PDA）斜面（36±1）℃，24h 培养物用灭菌生理盐水洗下，煮沸 2h，离心弃上清液，再用灭菌生理盐水稀释至 5~10 亿个/mL 菌悬液，作为凝集试验用抗原。

（2）O 抗原的鉴定

用多价血清做玻片凝集试验，同时用生理盐水做对照。与多价血清凝集者，依次用 O-Ⅲ、O-Ⅳ、O-Ⅴ、O-Ⅵ、O-Ⅶ等因子血清做试管凝集试验。根据试验结果，判定 O 抗原型。在生理盐水中自凝者不能分型。生物学性状符合，但不能与以上血清凝集者，需保留菌株做进一步的鉴定。

5. 毒性试验

（1）产毒培养

取已鉴定为椰毒假单胞菌酵米面亚种的菌株接种 PDA 斜面，（36±1）℃，培养 24h，加入 3mL 灭菌生理盐水，制成约 100 亿个/mL 的菌悬液，用无菌吸管吸取 0.5mL，滴在铺好灭菌玻璃纸的半固体 PDA 平板上，用灭菌 L 形玻璃棒涂布均匀，（26±1）℃培养 5d。取下带菌的玻璃纸，将半固体平板放入消毒锅内，100℃流动蒸汽灭菌 30min。室温冷却后，置 -20~-10℃冰箱过夜。将冰冻好的半固体平板置室温融化，用灭菌吸管取出冻融液，经滤纸过滤至灭菌试管或三角瓶中，4℃避光保存，此为粗毒素。

（2）毒力测定

取粗毒素或经水浴蒸发的 5~10 倍浓缩液 0.5mL，灌胃 3 只体重 18~20g 小白鼠，观察 7d。若菌株产生米酵菌酸，小白鼠在灌胃后 20min~24h 内发病、死亡。主要症状为竖毛，萎靡不振，继而躁动，行步蹒跚、肢体麻痹、瘫软、抽搐，呈角弓反张状，呼吸急促、死亡。

该菌主要代谢产物米酵菌酸的测定按照 GB 11675—2003 执行。

六、其他检验方法

椰酵假单胞菌的快速检测主要采用米酵菌酸牛血清白蛋白结合物（BA-BSA）、卵清蛋白结合物（BA-EA），经免疫后，获得抗 BA 半抗原的多克隆抗体。目前已建立了检测 BA 的直接和间接竞争 ELISA 法，最低检出浓度分别为 0.1μg/mL 和 0.01μg/mL，线性范围分别为 0.1~1μg/mL 和 0.01~1μg/mL。间接法的最低检出量可达 1ng/mL。运用杂交瘤技术，获得了抗 BA 单克隆抗体，建立了单抗 ELISA 检测方法。

第八章 真菌的检验

食品中的真菌主要包括霉菌和酵母菌。霉菌和酵母广泛分布于自然界并可作为食品中正常菌相的一部分。长期以来,人们利用某些霉菌和酵母加工一些食品,如用霉菌加工干酪和肉,使其味道鲜美;还可利用霉菌和酵母酿酒、制酱;食品、化学、医药等工业都少不了霉菌和酵母。但在某些情况下,霉菌和酵母在食品中生长也可造成食品腐败变质。由于它们生长缓慢和竞争能力不强,故常常在不适于细菌生长的食品中出现,这些食品多为 pH 低、湿度低、含盐和含糖高的食品,低温贮藏的食品,以及含有抗菌素的食品等。由于霉菌和酵母能抵抗热、冷冻,以及抗菌素和辐照等贮藏及保藏技术,它们能转换某些不利于细菌的物质,而促进致病细菌的生长;有些霉菌能够合成有毒代谢产物——霉菌毒素。霉菌和酵母往往使食品表面失去色、香、味。例如,酵母在新鲜的和加工的食品中繁殖,可使食品发生难闻的异味,它还可以使液体发生浑浊,产生气泡,形成薄膜,改变颜色及散发不正常的气味等。因此霉菌和酵母也作为评价食品卫生质量的指示菌,并以霉菌和酵母计数来制定食品被污染的程度。目前,已有若干个国家制订了某些食品的霉菌和酵母限量标准。我国已制订了一些食品中霉菌和酵母的限量标准。

第一节 食品中霉菌和酵母菌计数

一、食品中的霉菌、酵母菌

(一)霉菌

霉菌具有较强的糖化和蛋白质水解能力,常污染食品、谷物,在适宜条件下生长繁殖,引起发霉变质。有些霉菌在食品中生长可产生毒素,对人类健康危害很大。主要产毒菌株分属于曲霉属、青霉属、镰刀菌属、交链孢菌属等。在发酵工业中常利用霉菌生产调味品、酒类的糖化剂,以及作为有机酸、酶制剂、抗生素、食品添加剂等的生产菌种。

1. 毛霉属

毛霉是发酵工业的重要菌种,其淀粉酶和蛋白酶活力强。鲁氏毛霉是酒曲(小曲、酒药、大曲)的主要糖化菌之一,也是生产豆腐乳的菌种;总状毛霉产生的蛋白酶有凝乳活性等。

2. 根霉属

根霉能产生糖化酶,将淀粉转化为葡萄糖,是酿酒工业中有名的糖化菌种,也是甜酒曲的主要菌种。如米根霉、华根霉、黑根霉、日本根霉等。

根霉常引发馒头、面包、米饭、甘薯等淀粉质食品和潮湿的粮食发霉变质,或引起水果蔬菜腐烂。

3. 曲霉属

曲霉属在分类学上属于半知菌亚门—丝孢纲—丝孢目—丛梗孢科。曲霉具有发达的有隔膜菌丝,分生孢子梗顶端膨大成为顶囊,在顶囊表面以辐射状长出一层或两层小梗(初生小梗与次生小梗),在小梗上着生成串的球形分生孢子。

曲霉是发酵工业的重要菌种,已被利用的有近 60 种,主要作为制酱、制酱油、酿酒、制醋曲的糖化菌种;用曲霉生产的酶制剂有淀粉酶、蛋白酶、果胶酶等;有机酸有柠檬酸、葡萄糖酸、苹果酸。

4. 青霉属

青霉属在分类学上属于半知菌亚门——丝孢纲——丝孢目——丛梗孢科。青霉菌丝有隔膜,但无足细胞和顶囊。分生孢子梗顶端形成不同类型的形状,分为小梗、梗基、分枝,小梗上着生成串的分生孢子链。青霉的菌落在基质上局限性生长呈地毯状,颜色有绿色、黄绿色、灰绿色、蓝色或蓝绿色等。

目前已发现几百种青霉,其中产黄青霉、点青霉等是生产青霉素的重要菌种;展青霉用于生产灰黄霉素,治疗人的真菌性皮肤病。青霉是食品重要的变质菌,耐低温和干燥。某些青霉在冷藏肉的结缔组织和脂肪层上生长繁殖。柑橘、苹果、葡萄与梨上的青绿色、蓝色或蓝绿色的斑点常由青霉引起。有些青霉能产生毒素如:岛青霉浸染大米后产生"黄变米"毒素。

(二)酵母菌

酵母菌是一群以单细胞为主的,以出芽为主要繁殖方式的真核生物。在分类上主要隶属于子囊菌亚门和半知菌亚门。

酵母菌在自然界分布广泛,种类繁多,已发现共 56 个属 500 多种。它是人类应用较早的一类微生物,如啤酒酿造、面包发酵、制馒头等。由于酵母菌含有丰富的蛋白质和维生素 B,并能发酵多种糖类,所以近年来用于饲料发酵,单细胞蛋白,石油脱蜡,有机酸和维生素的生产都有较高实用价值。

个别酵母菌也给人类带来危害,例如,腐生型酵母菌能使食品、纺织品等腐败变质;有些酵母菌是发酵工业的污染菌,影响发酵产品的产量和质量;少数嗜高渗酵母,如鲁氏酵母、蜂蜜酵母可使蜂蜜、果酱腐败;有些能引起人或其他动物的疾病,如白假丝酵母(白色念珠菌),可引起人的皮肤、黏膜、呼吸道、消化道等多种疾病。

二、计数方法

食品中霉菌和酵母菌计数主要用于反映食品的卫生状况和杀菌处理情况,一般采用稀释平板法。食品中的霉菌和酵母菌菌数是指食品检样经过处理,在一定条件下培养后,所得 1g(mL)检样中所含的霉菌和酵母菌菌落数。

(一)培养法

1. 原理

食品中霉菌孢子和酵母菌细胞经过处理后,在稀释液中均匀分散存在,单个微生物细胞于适宜的条件下能在固体培养基上生长形成一个肉眼可见的子细胞群体即菌落。一般来说,一个独立的菌落是由一个单细胞微生物繁殖而成的,计数菌落数就可推知菌体数。培养法计数就是根据微生物的这一生理及培养特征进行的。

霉菌和酵母菌虽然都可以在附加抗菌素的马铃薯 - 葡萄糖琼脂、高盐察氏培养基或孟加拉红培养基上生长,但菌落特征不同,菌落的颜色、光泽、质地、表面和边缘特征等均为识别时的重要依据。大多数酵母菌的菌落与细菌相似,但较细菌的菌落大而厚些,湿润、黏稠、易被挑起,菌落多为乳白色,少数为红色(例如红酵母),菌落质地均匀,正面与反面以及边缘与中央部位的颜色较一致。霉菌的菌落形态较大,质地疏松,外观干燥,不透明,呈现或松或紧的蛛网状、绒毛状或毡状;菌落与培养基间的连接紧密,不易挑起,菌落正面与反面的颜色、构造,以及边缘与中心的颜色、构造常不一致。

2. 检验程序

检测程序见图 8-1。

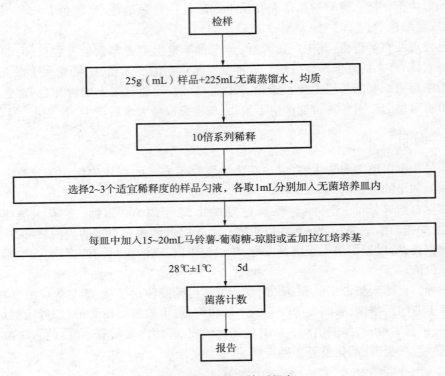

图 8-1 培养法检测程序

3. 操作步骤

(1)样品的稀释

①固体和半固体样品:称取 25g 样品置盛有 225mL 灭菌蒸馏水的锥形瓶中,充分振摇,即为 1:10 稀释液。或放入盛有 225mL 稀释液的无菌均质袋中,用拍击式均质器拍打 1~2min,制成 1:10 的样品匀液。

②液体样品:以无菌吸管吸取 25mL 样品置盛有 225mL 灭菌蒸馏水的锥形瓶(瓶内预置适当数量的无菌玻璃珠)中,充分混匀,制成 1:10 的样品匀液。

③用 1mL 无菌吸管或微量移液器吸取 1:10 样品匀液 1mL,沿管壁缓慢注于盛有 9mL 无菌水的试管中(注意吸管或吸头尖端不要触及稀释液面),振摇试管或另换用 1 支无菌吸管反复吹打使其混合均匀,制成 1:100 的样品匀液。

④按③操作程序,制备 10 倍系列稀释样品匀液。每递增稀释一次,换用 1 次 1mL 无菌吸

管或吸头。

⑤根据对样品污染状况的估计,选择 2~3 个适宜稀释度的样品匀液(液体样品可包括原液),在进行 10 倍递增稀释的同时,每个稀释度分别吸取 1mL 样品匀液于两个无菌平皿内,同时分别吸取 1mL 空白稀释液加入两个无菌平皿内作空白对照。

⑥及时将 15~20mL 冷却至 46℃的马铃薯 – 葡萄糖 – 琼脂或孟加拉红培养基(可放置于 46℃±1℃恒温水浴箱中保温)倾注平皿,并转动平皿使其混合均匀。

(2)培养

待平板计数琼脂凝固后,将平板翻转,28℃±1℃培养 5d,观察并记录。

(3)菌落计数

可用肉眼观察,必要时用放大镜或菌落计数器,记录稀释倍数和相应的菌落数量。菌落计数以菌落形成单位(colony – forming units,CFU)表示。

选取菌落数在 10~150CFU 的平板,根据菌落形态分别计数霉菌和酵母菌数。霉菌蔓延生长覆盖整个平板的可记录为多不可计。菌落数应采用两个平板的平均数。

4. 结果的计算

(1)计算两个平板菌落数的平均值,再将平均值乘以相应稀释倍数计算。

(2)若有两个连续稀释度的平板菌落数在适宜计数范围内,按式(8 – 1)计算:

$$N = \sum C/(n_1 + 0.1n_2)d \qquad (8 - 1)$$

式中　N——样品中菌落数;

　　　$\sum C$——适宜计数范围内的平板菌落数之和;

　　　n_1——第一适宜稀释度(低稀释倍数)平板个数;

　　　n_2——第二适宜稀释度(高稀释倍数)平板个数;

　　　d——稀释因子(第一适宜稀释度)。

(3)若所有稀释度的平板菌落数均大于 150CFU,则对稀释度最高的平板进行计数,其他平板可记录为多不可计,结果按平均菌落数乘以最高稀释倍数计算。

(4)若所有稀释度的平板菌落数均小于 10CFU,则应按稀释度最低的平均菌落数乘以稀释倍数计算。

(5)若所有稀释度(包括样品液体原液)均无菌落生长,则以小于 1 乘以最低稀释倍数计算。

5. 报告

菌落数在 1~100 时,按"四舍五入"原则,以整数报告;如大于 100 时,则报告前面两位有效数字,第三位数按"四舍五入"计算,为了缩短数字后面的零数,也可以 10 的指数表示;称重取样以 CFU/g 为报告单位,按体积取样的以 CFU/mL 为报告单位。

(二)Petrifilm™ 测 试 片 法

此方法测试的霉菌和酵母菌中,霉菌系以孢子、分生孢子或菌丝片断进行传播的形成菌丝体的微小真菌;酵母菌系主要靠出芽无性繁殖的单细胞真菌。

1. 原理

Petrifilm™ 酵母菌和霉菌(Petrifilm™ yeast and mold,PYM)测试片是一种预先制备好培养基的霉菌和酵母菌计数碟片。培养基中含有作为载体的冷水可溶性凝胶和对酵母菌和霉菌敏感的 5 - 溴 - 4 - 氯 - 3 - 吲哚基 - 磷酸盐指示剂,以及抑制细菌生长的四环素、氯霉素。圆形生长区域中划分为 30 个 1cm × 1cm 便于计数的方格。

酵母菌在 Petrifilm™ 测试片上多形成小型菌落,有隆起,菌落有明显的边缘,颜色均匀一致,没有暗色中心,多为灰白色到蓝绿色,也可呈粉色。霉菌在 Petrifilm™ 测试片上多形成大型或小型菌落,扁平,具有扩散的边缘,菌落有不同的颜色(以霉菌产生不同色素而定)如棕色、米色、橙色和蓝绿色等,菌落中心颜色较暗。

2. 检验程序

检验程序见图 8 - 2。

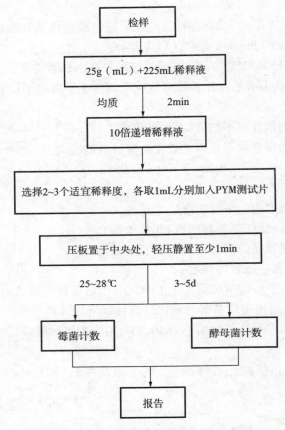

图 8 - 2 Petrifilm™ 测试片法检验程序

3. 操作步骤

(1)检验样品的制备

①冷冻样品的解冻:检验前冷冻样品可于 2 ~ 5℃ 解冻,时间不超过 18h,或在不超过 45℃ 的温度中解冻,时间不超过 15min。

②样品匀液的制备:固体食品以无菌操作取 25g 样品,放入装有 225mL 稀释液(Butter-field's 磷酸盐缓冲液或 0.1% 蛋白胨水)的无菌均质杯内,于 8 000r/min 均质 2min,制成 1:10 样品匀液,或放入 225mL 稀释液的无菌均质袋中,用均质器拍打 2min,使霉菌孢子充分散开,制成 1:10 样品匀液。液体食品取原液予以检测或以无菌吸管吸取样品 25mL,放入装有 225mL

稀释液的无菌玻璃瓶(瓶内预置适当数量的玻璃珠)中,以 30cm 幅度、于 7s 内振摇 25 次(或以机械振荡器振摇),制成 1:10 样品匀液。

(2)样品匀液的接种和培养

①稀释:对上述样品匀液做 10 倍系列梯度稀释,根据样品的污染程度,选择适宜的 2~3 个连续稀释度,每个稀释度接种 2 张 PYM 测试片。

②接种:将 PYM 检验测试片置于平坦实验台面,揭开上层膜,用吸管吸取 1mL 样液垂直滴加在测试片的中央,允许上层膜直接落下,但切勿向下滚动上层膜。手拿压板横杆,将压板放置在上层膜中央处,平稳的压下,使样液均匀覆盖于圆形培养面积上,切勿扭转压板。拿起压板,静置至少 1min 以使培养基凝固。

③培养:将测试片的透明面朝上置于培养箱内,堆叠片数至多不能超过 20 片,25~28℃培养 3~5d。

4. 结果计算与报告

(1)判读

①培养 3d 后持续观察计数,可目测、显微镜来计数;如果培养 5d 后,测试片上目标菌生长过快,呈现边缘模糊的菌落,则以 3d 计数结果作为估计菌落数。

②在 PYM 检验测试片上(图 8-3),将颜色均匀一致,灰白色到蓝绿色或粉红色,没有暗色中心,边界明显的小型隆起菌落计为酵母菌。颜色多样(棕色、米色、橙色、蓝绿色等,以霉菌产生不同色素而定)、中心颜色深暗的大型或小型扁平扩散菌落计为霉菌。

(2)结果计算

①选取菌落数在 15~150 之间的测试片计数,平均菌落数乘以稀释倍数报告之。

②如果所有稀释度的测试片上均无菌落生长,则以小于 1 乘以最低稀释倍数报告之。

③如果所有稀释度测试片上的菌落数都小于 15,则计数稀释度最低的测试片上的平均菌落数乘以稀释倍数报告之。

④如果最高稀释度的菌落数大于 150,计数最高稀释度的测试片上的平均菌落数乘以稀释倍数报告之。计数菌落数大于 150 个的测试片时,可计数一个或两个具有代表性的方格内的菌落数,换算成单个方格内(1cm²)的菌落数后乘以 30 即为测试片上估算的菌落数(圆形生长面积为 30cm²)。

⑤计数在测试片上出现堆挤和彼此覆盖的霉菌菌落,可将测试片分成几个区域,计算每个有明显暗色中心的菌落。大量的酵母菌可能会导致整个生长区域呈现蓝色,大量的霉菌也可能导致整个生长区域呈现蓝、黑、黄等颜色,此时测试片中央可能没有可见菌落,但圆形培养面积的边缘有许多小型菌落。当发生这种情况时,不要估算菌落数,其结果记录计为"多不可计"(too mumerous to count,TNTC)。

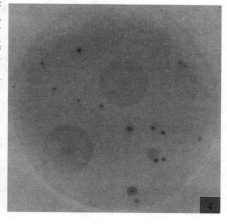

图 8-3 Petrifilm™ 测试片上的
霉菌和酵母菌菌落

(3)结果报告

报告每克或毫升[g(mL)]样品中霉菌、酵母菌数,以"CFU/g 或 CFU/mL"表示。

5. 生物安全措施

废弃物的处置见 GB 19489 的有关规定,为了放置实验室霉菌孢子的污染,不要打开 PYM 测试片。

(三)霉菌直接镜检计数法

由于霉菌的菌丝的直径通常为 3 ~ 10μm,比细菌或放线菌的细胞约粗 10 倍,在光学显微镜下,可较清楚地观察到菌丝的形态与构造,因此可以采用直接镜检的方法对霉菌进行计数。常用直接镜检计数法为郝氏霉菌计测法,本方法适用于番茄酱罐头。其检测步骤如下:

1. 检样制备

取定量检样,加蒸馏水稀释至折光指数为 1.344 7 ~ 1.346 0(即浓度为 7.9% ~ 8.8%),备用。

2. 显微镜标准视野校正

将显微镜按放大率 90 ~ 125 倍调节标准视野,使其直径为 1.382mm。

3. 涂片

洗净郝氏计测玻片,将制好的标准液,用玻璃棒均匀的摊布于计测室,以备观察。

4. 观测

将制好的载玻片放于显微镜标准视野下进行霉菌观测,一般每一检样观察 50 个视野,同一检样应由两人进行观察。

5. 结果与计算

在标准视野下,发现有霉菌菌丝其长度超过标准视野(1.382mm)的六分之一或三根菌丝总长度超过标准视野的六分之一(即测微器的一格)时即为阳性(+),否则为阴性(-),按 100 个视野计,其中发现有霉菌菌丝体存在的视野数,即为霉菌的视野百分数。

第二节 食品中产毒霉菌的鉴定

一、食品中常见的产毒霉菌及其毒素

(一)常见产毒霉菌及毒素

1. 曲霉属(*Aspergillus*)

曲霉属分类上属于半知菌亚门 – 丝孢纲 – 丝孢木 – 丛梗孢科。曲霉属菌是食品中常见的霉菌,在自然界广泛分布,具有较强的分解各种有机物质的能力,可引起粮食、食品、饲料、皮革、布匹及其他工农业产品的霉变。本属的产毒霉菌主要包括黄曲霉、寄生曲霉、杂色曲霉、构巢曲霉和赭曲霉,这些霉菌的代谢产物分别为黄曲霉毒素、杂色曲霉毒素和赭曲霉毒素。

(1)黄曲霉菌及毒素(aflatoxin,AFT)

1)产毒菌及其特性:黄曲霉菌属真菌门、半知菌亚门、丛梗孢科、曲霉属。本菌为需氧菌,最适温度 30 ~ 33℃,相对湿度 80% ~ 90% 为最佳条件。花生、玉米、大米和小麦是其较好的生长基质。寄生曲霉也是产生 AFT 的主要菌株,其特性与黄曲霉类似。我国分布较少。青霉、毛霉和根霉等真菌也能产生 AFT,但产毒量甚微,其特性与黄曲霉类似。

2）AFT 的种类及对食品的污染：AFT 是一类化学结构类似的化合物，均为二氢呋喃香豆素的衍生物。在紫外线照射下能产生荧光，根据荧光颜色不同，将其分为 B 族和 G 族两大类及其衍生物。AFT 目前已发现 20 余种。AFT 主要污染粮油食品、动植物食品等；其中以花生和玉米污染最严重。家庭自制发酵食品也能检出黄曲霉毒素，尤其是高温高湿地区的粮油及制品种检出率更高。

3）AFT 主要特性：①毒性极强：远远高于氰化物、砷化物和有机农药的毒性，其中以黄曲霉毒素 B_1 毒性最大。当摄入量大时，可发生急性中毒，出现急性肝炎、出血性坏死、肝细胞脂肪变性和胆管增生。当微量持续摄入，可造成慢性中毒，生长障碍，引起纤维性病变，致使纤维组织增生。AFT 的致癌力也居首位，是目前已知最强致癌物之一。②具耐热性：一般烹调加工温度不能将其破坏，裂解温度为 280℃。在水中溶解度较低，溶于油及一些有机溶剂，如三氯甲烷和甲醇中，但不溶于乙醚、石油醚及乙烷。③食品中所污染的主要是黄曲霉毒素 B_1，其毒性目前一般认为有 3 种临床特征：A. 急性中毒：它是一种剧毒物质，毒性比 KCN 大 100 倍，仅次肉毒毒素，是目前已知霉菌毒素中毒性最强的。B. 慢性中毒：长期摄入小剂量的黄曲霉毒素则造成慢性中毒。其主要变化特征为肝脏出现慢性损伤，如肝实质细胞变性、肝硬化等。出现动物生长发育迟缓，体重减轻，母畜不孕或产仔少等系列症状。C. 致癌性：AFT 是目前所知致癌性最强的化学物质。能诱发多种动物的实验肿瘤；其致癌能力比六六六大 1 万倍；AFT 主要诱发肝癌，还可胃癌、肾癌、泪腺癌、直肠癌、乳腺癌，卵巢及小肠等部位的肿瘤，还可出现畸胎。

（2）赭曲霉及其毒素（ochratoxin，OCT）

1）产毒菌及产毒条件：产毒菌包括赭曲霉，硫色曲霉、蜜蜂曲霉及鲜绿青霉、普通青霉等。一般产毒霉菌在 25～28℃，高湿度、阴暗静置条件下培养 1～2 周产毒效果较好。

2）OCT 的种类及对食品的污染：赭曲霉毒素包括 A、B、C（简称 OA、OB、OC）等几种衍生物，其化学结构也类似香豆素。可污染玉米、大麦、小麦，大米、荞麦、大豆、花生、棉籽等各种食品原料及其制品，火腿、鱼制品以及饲料也有一定程度的污染。当谷物在 20～25℃、含水率高于 16% 时污染更严重。污染饲料中的毒素在动物的肝、肾、脂肪中的蓄积较多，这是肉食污染的重要原因。

3）OCT 的特性：①理化特性：OCT 是一种相当稳定的化合物，在乙醇溶液中置冰箱保存一年以上不破坏。微溶于水，溶于有机溶剂和稀的碳酸氢钠水溶液（如 5% 碳酸氢钠）中。在紫外光下 OA 呈蓝绿色荧光，OB 呈蓝色，OC 呈亮绿色。因 OCT 的相对分子质量小，故无免疫原性，只有与蛋白质或多肽载体结合后，才能刺激机体产生相应抗体。②毒性：OCT 中 OA 含量最高，且毒性最强，主要侵害肾脏，是一种强烈的肾脏毒。当人和畜禽持续摄入含毒食物及饲料时，不仅会出现急性症状，也可形成严重的慢性中毒、致癌、致畸等。A. 急性毒性：主要损害肾脏。病理变化包括肾小管萎缩，肾间质纤维化及肾小球透明样病变等。B. 慢性毒性：肝脏可见实质细胞变性、透明变性、灶性坏死等，脾、淋巴结，扁桃体等组织也可观察到坏死性病变。C. 致癌性和致畸性：动物试验表明，OCT 对妊娠大鼠有致畸性，对小鼠肾脏有致癌性。另外，给孕期 7～12d 的小鼠腹腔注射 5mg/kg 体重的 OA，出现胎鼠死亡率增加，胎鼠重量降低、畸形等。

2. 青霉属（*Penicillium*）

本属产毒霉菌，主要包括黄绿青霉、橘青霉、圆弧青霉、展开青霉、纯绿青霉、红青霉、产紫青霉、冰岛青霉和皱褶青霉等。这些青霉的代谢产物为黄绿青霉素、橘青霉素、圆弧偶氮酸、展青霉素、红青霉素、黄天精、环氯素和皱褶青霉素。它们所产生毒素的毒性作用各异。

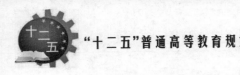

（1）橘青霉素（citrinin）

橘青霉素是一种能杀灭革兰氏阳性菌的抗生素，因其毒性太强，未能用于治疗。橘青霉素为黄色针状结晶。本毒素主要得于橘青霉、黄绿毒霉、鲜绿青霉等，它是"黄变米"中的霉菌毒素之一。主要污染大米、小麦、大麦、燕麦和黑麦等。橘青霉素对小鼠经口 LD_{50} 为 110mg/kg。具有肾毒性，可使肾脏肿大、肾小管扩张、变性和坏死，有致突变性。

（2）冰岛青霉毒素（islanditoxin）

冰岛青霉毒素由冰岛青霉产生，是"沤黄米"或"黄粒米"的主要原因。该毒素为含氯环状结构的肽类，无色针状结晶。有快速肝毒性，染毒后短时间内即可引起肝脏空泡变性、坏死和肝小叶出血；小剂量长时间摄入，可使小鼠肝硬变、肝纤维化和癌变。

（3）黄绿青霉素（citreoviridin）

黄绿青霉素由黄绿青霉等产生，也是"黄变米"中的霉菌毒素之一。它是深黄色针状结晶。它具有神经毒、肝毒性和血液毒。其神经毒具有嗜中枢性。其慢性毒性主要表现于肝细胞萎缩、多形性及贫血。

3. 镰刀菌属（*Fusarium*）

由于镰刀菌侵染谷物的广泛性及严重性，以及该菌产生的毒素对人、畜健康的危害性。因此，镰刀菌及其毒素在国内外越来越引起人们的普遍重视。

本属的产毒霉菌主要包括禾谷镰刀菌、串珠镰刀菌、三线镰刀菌、雪腐镰刀菌、梨孢镰刀菌、拟枝孢镰刀菌、尖孢镰刀菌、茄病镰刀菌和木贼镰刀菌等。这些霉菌的代谢产物为单端孢霉烯族化合物、玉米赤霉烯酮和丁烯酸内酯等。

（1）串珠镰刀菌

串珠镰刀菌主要寄生于禾谷类作物，如稻谷、甘蔗、玉米和高粱等，其代谢产物为串珠镰刀菌素、玉米赤霉烯酮。

（2）禾谷镰刀菌

禾谷镰刀菌是赤霉病麦的主要病原菌，主要引起小麦、大麦和元麦的赤霉病，禾谷镰刀菌还可以感染玉米和水稻等，能产生 T-2 毒素、脱氧雪腐镰刀菌烯醇、玉米赤霉烯酮等。

（3）三线镰刀菌

本菌主要寄生在玉米、小麦的种子上，可产生 T-2 毒素、丁烯酸内酯、二乙酸藨草镰刀菌烯醇、玉米赤霉烯酮。

（4）雪腐镰刀菌

雪腐镰刀菌在小麦、大麦和玉米等谷物上生长，可产生镰刀菌烯酮-X、雪腐镰刀菌烯醇和二乙酸雪腐镰刀菌烯醇等有毒代谢产物。

（5）梨孢镰刀菌

梨孢镰刀菌主要寄生于谷类，可产生 T-2 毒素、新茄病镰刀菌烯醇和丁烯酸内酯等。

（6）拟枝孢镰刀菌

本菌主要寄生于小麦、燕麦、玉米和甜瓜等作物，能产生 T-2 毒素、丁烯酸内酯和新茄病镰刀菌烯醇。

（7）木贼镰刀菌

木贼镰刀菌主要寄生于大豆种子和幼苗、小麦、大麦和黑麦上，能产生二醋酸藨草镰刀菌烯醇、玉米赤霉烯酮、新茄病镰刀菌烯醇和丁烯酸内酯。

（8）茄病镰刀菌

茄病镰刀菌可引起蚕豆的枯萎病，还可造成多种栽培作物如花生、甜菜、马铃薯、番茄、芝麻、玉米和小麦的根腐、茎腐和果实干腐等，并能产生新茄病镰刀菌烯醇、玉米赤霉烯酮。

（9）尖孢镰刀菌

尖孢镰刀菌可寄生于玉米、小麦和大麦的种子上，可产生玉米赤霉烯酮和 T-2 毒素。

镰刀菌的毒素对人畜有强的毒害作用。玉米赤霉烯酮：靶位点主要是生殖器官，还能通过胎盘屏障作用于胎儿，主要可使畜、禽及啮齿类发生雌性激素亢进症。例如它可引起猪的发情综合征，对于妊娠牛和猪，可出现流产、死胎及畸胎。T-2 毒素：主要靶器官是消化道、造血系统、心脏、脾脏、子宫、淋巴结等。能引起人食物中毒性白细胞缺乏症，内脏器官出血和骨髓造盘组织坏死，表现为恶心、腹痛、呕吐和全身无力等。

4. 木霉属

木霉生长迅速，菌落棉絮状或致密丛束状，产孢丛束区常排列成同心轮纹，菌落表面颜色为不同程度的绿色，有些菌株由于产孢子不良几乎无色。菌落反面无色或有色，气味有或无，菌丝透明，有隔，分枝繁复。厚垣孢子有或无，间生于菌丝中或顶生于菌丝短侧分枝上，球形、椭圆形，无色，壁光滑。分生孢子梗为菌丝的短侧枝，其上对生或互生分枝，分枝上又可继续分枝，形成二级、三级分枝，终而形成似松柏式的分枝轮廓，分枝角度为锐角或几乎直角，束生、对生、互生或单生瓶状小梗。分枝的末端即为小梗，但有的菌株主梗的末端为一鞭状而弯曲不孕菌丝。分生孢子由小梗相继生出而靠黏液把它们聚成球形或近球形的孢子头，有时几个孢子头汇成一个大的孢子头。分生孢子近球形或椭圆形、圆筒形、倒卵形等，壁光滑或粗糙，透明或亮黄绿色。

木霉产生木霉素，属于单端孢霉烯族化合物。

5. 头孢霉属

在合成培养基及马铃薯-葡萄糖琼脂培养基上各个种的菌落类型不一，有些种缺乏气生菌丝，湿润或呈细菌状菌落，有些种气生菌丝发达，呈茸毛状或絮状菌落，或有明显的绳状菌丝索或孢梗束。菌落的色泽可由粉红至深红、白、灰色或黄色。营养菌丝丝状有隔，分枝，无色或鲜色或者在少数情况下由于盛产厚垣孢子而呈暗色。菌丝常缩结成绳状或孢梗束。分生孢子梗很短，大多数从气生菌丝上生出，基部稍膨大，呈瓶状结构，互生、对生或轮生。分生孢子从瓶状小梗顶端溢出后推至侧旁，靠黏液把它们黏成假头状，遇水即散开，成熟的孢子近圆形、卵形、椭圆形或圆柱形，单细胞或偶尔有一隔，透明。有些种具有有性阶段可形成子囊壳。

头孢霉能引起芹菜、大豆和甘蔗等的植物病害，它所产生的毒素属于单端孢霉烯族化合物。

6. 单端孢霉属

本属菌落薄，絮状蔓延，分生孢子梗直立，有隔，不分枝。分生孢子 2 室~4 室，透明或淡粉红色。分生孢子是以向基式连续形成的形式产生的，孢子靠着生痕彼此连接成串，分生孢子梨形或倒卵形，两孢室的孢子上孢室较大，下孢室基端明显收缩变细，着生痕在基端或其一侧。

该类菌能产生单端孢霉素，属于有毒性的单端孢霉烯族化合物。

7. 葡萄状穗霉属

葡萄状穗霉属菌丝匍匐、蔓延，有隔，分枝，透明或稍有色。分生孢子梗从菌丝直立生出，最初透明然后烟褐色，规则地互生分枝或不规则分枝，每个分枝的末端生瓶状小梗，透明或浅褐色，在分枝末端单生、两个对生至数个轮生。分生孢子单个地生在瓶状小梗的末端，椭圆形、近柱形或卵形,暗褐色,有刺状突起。

该菌产生黑葡萄状穗霉毒素,属于单端孢霉烯族化合物,能使牲畜特别是马中毒,症状是口腔、鼻腔黏膜溃烂,颗粒性白血球减少,死亡。接触有毒草料的人,出现皮肤炎、咽峡炎、血性鼻炎。

8. 交链孢霉属

交流孢霉的不育菌丝匍匐,分隔。分生孢子梗单生或成簇,大多不分枝,较短,与营养菌丝几乎无区别。分生孢子倒棒状,顶端延长成啄状,淡褐色,有壁砖状分隔,暗褐色,成链生长,孢子的形态及大小极不规律。

该菌能产生 7 种细胞毒素。

(二)食品中真菌毒素限量

限量指的是真菌毒素在食品原料和(或)食品成品可食用部分中允许的最大含量水平。这里主要列出了可能对公众健康构成较大风险的食品中真菌毒素:黄曲霉毒素 B_1、黄曲霉毒素 M_1、脱氧雪腐镰刀菌烯醇、展青霉素、赭曲霉毒素 A 及玉米赤霉烯酮的限量指标。其中,黄曲霉毒素 B_1、黄曲霉毒素 M_1、脱氧雪腐镰刀菌烯醇指标见表 8 - 1。展青霉素、赭曲霉毒素 A 及玉米赤霉烯酮的限量指标见表 8 - 2。

限量指标的应用原则是:①无论是否制定真菌毒素限量,食品生产和加工者均应采取控制措施,使食品中真菌毒素的含量达到最低水平。②本文列出了可能对公众健康构成较大风险的真菌毒素,制定限量值的食品是对消费者膳食暴露量产生较大影响的食品。③当某种真菌毒素限量应用于某一食品类别(名称)时,则该食品类别(名称)内的所有类别食品均适用,有特别规定的除外。④食品中真菌毒素限量以食品通常的可食用部分计算,有特别规定的除外。⑤干制食品中真菌毒素限量以相应食品原料脱水率或浓缩率折算。脱水率或浓缩率可通过对食品的分析、生产者提供的信息以及其他可获得的数据信息等确定。

表 8 - 1　食品中黄曲霉毒素 B_1、黄曲霉毒素 M_1 和脱氧雪腐镰刀菌烯醇的限量指标

食品类别(名称)		限量/(μg/kg)		
		黄曲霉毒素 B_1	黄曲霉毒素 M_1	脱氧雪腐镰刀菌烯醇
谷物及其制品	玉米、玉米面(渣、片)及玉米制品	20	–	1 000
	稻谷[a]、糙米、大米	10		
	小麦、大麦、其他谷物	5.0		1 000
	小麦粉、麦片、其他去壳谷物	5.0		–
豆类及其制品	发酵豆制品	5.0		–
坚果及籽类	花生及其制品	20		
	其他熟制坚果及籽类	5.0		–
油脂及其制品	植物油脂(花生油、玉米油除外)	10		–
	花生油、玉米油	20		–

食品类别（名称）		限量/（μg/kg）		
		黄曲霉毒素 B$_1$	黄曲霉毒素 M$_1$	脱氧雪腐镰刀菌烯醇
调味品	酱油、醋、酿造酱（以粮食为主要原料）	5.0	–	–
特殊膳食用食品	婴幼儿配方食品 婴儿配方食品[b]	0.5（以粉状产品计）	0.5（以粉状产品计）	–
	较大婴儿和幼儿配方食品[b]	0.5（以粉状产品计）	0.5（以粉状产品计）	–
	特殊医学用途婴儿配方食品	0.5（以粉状产品计）	0.5（以粉状产品计）	–
	婴幼儿辅助食品（婴幼儿谷物辅助食品）	0.5	–	–
	乳及乳制品[c]	–	0.5	–

注：[a]稻谷以糙米计；[b]以大豆及大豆蛋白制品为主要原料的产品；[c]乳粉按生乳折算。

表8－2　食品中展青霉素、赭曲霉毒素 A 及玉米赤霉烯酮的限量指标

食品类别（名称）		限量/（μg/kg）		
		展青霉素	赭曲霉毒素 A	玉米赤霉烯酮
水果及其制品[a]	水果制品（果丹皮除外）	50	–	–
饮料类[a]	果蔬汁饮料	50	–	–
酒类[a]		50	–	–
谷物及其制品	谷物[b]	–	5.0	–
	谷物碾磨加工品	–	5.0	–
	小麦、小麦粉	–	–	60
	玉米、玉米面（渣、片）	–	–	60
豆类及其制品	豆类	–	5.0	–

注：[a]仅限于以苹果、山楂为原料制成的产品；[b]稻谷以糙米计。

二、鉴定与检测方法

（一）食品中产毒青霉属、曲霉属及其毒素的检测方法

1. 试样的制备和保存

（1）试样制备

从原始样品中取出部分有代表性的样品，将可食部分用绞碎机绞碎，充分混匀。用四分法缩分出不少于500g，作为试样。装入清洁容器内，加封并表明标记。

（2）试样保存

将试样于 –18℃以下冷冻保存。在抽样及制样的操作过程中，应防止样品受到污染或发

生残留物含量的变化。

2. 测定方法

（1）方法提要

以无菌操作称取有代表性的样品，然后进行微生物培养，按照 GB/T 4789.16 中检索表进行镜检、鉴定，对可疑的真菌进行产毒培养，用标准菌株检测培养液是否存在毒素，从而得到定性的结果。检验流程参见图 8-4。

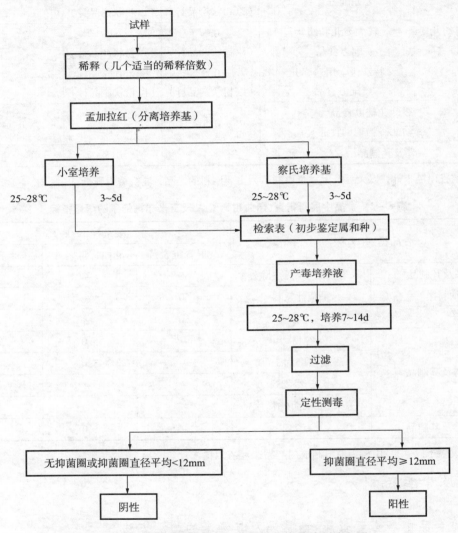

图 8-4　产毒青霉属、曲霉属及其毒素的检测流程图

（2）细菌菌种培养和芽孢悬浮液的制备

1）菌种培养：将装有菌种的安瓿上部消毒后敲碎，加入少量肉汤培养基，使其溶解并移至肉汤管中混匀，置于 37℃ ±1℃ 培养 6h，再转接至另一肉汤管中 37℃ ±1℃ 培养 18h。将培养物接种于营养琼脂斜面，37℃ ±1℃ 培养 1 周，镜检，芽孢数达 85% 以上时便可制备芽孢混悬液。

2）芽孢混悬液的制备：用适量灭菌生理盐水冲洗菌苔，然后将该菌液移至离心管中，充分

286

摇匀后于 3 000g 离心 30min,弃去上清液,再加入同样量的灭菌生理盐水,摇匀后 65℃ 水浴中加热 30min,然后于 1 000g 离心 5min,取上清液并转入灭菌试管中,即为芽孢悬浮液,稀释并测定浓度,置于冰箱中 4℃ 保存。

3. 检验步骤

(1)接种培养

1)样品制备:精确称取 25g(或吸取 25mL)有代表性的样品,放入装有 225mL 无菌水的三角瓶或广口瓶中,振荡 30min,然后 10 倍递增稀释至所需要的浓度。

2)分离培养:用灭菌吸管吸取 1mL 样品液放入平皿内,加入 15～20mL 溶化并冷却到 55℃ ±1℃ 的孟加拉红琼脂充分混匀,置 25～28℃ 培养箱中培养 3～5d。

3)选择培养(点种法):挑取孟加拉红培养基上生长的可疑菌落转接于察氏培养基上(从一个菌落挑取分别接种一点或三点),于 25～28℃ 培养 3～5d,观察菌落的大小、形态、特征或孢子的形态特征、颜色、气味、溢水等。

4)小室培养法(载片培养法):对产生极小而易碎的分生孢子梗的真菌,可用小室培养法对菌丝和子实体着生状态进行观察。取直径约为 90mm 的圆形滤纸一张,铺于直径 90mm 的培养皿底部,放一 U 形玻璃棒于滤纸上,其上平放一个洁净的载玻片,盖好培养皿后灭菌。吸取 10mL 加热熔化的察氏培养基,注入另一灭菌培养皿中,使其凝成薄层,用解剖刀无菌地把琼脂切成 1cm 的正方形,并将此正方形琼脂片移置已备好的载玻片中央,用接种针从孟加拉红琼脂平板上转将可疑菌接种在琼脂边缘,然后将盖玻片覆盖在琼脂上。为了防止在培养过程中琼脂干燥,可于滤纸上加注 2～3mL 灭菌的 20% 甘油液,置于 25～28℃ 温箱中,即成为小室保温培养。培养 3～5d,直接在低倍显微镜下观察菌株生长的细微结构、特征,进行描绘并做好详细记录。

(2)鉴定

根据菌落形态,特征及孢子或子实体的细微结构,按照 GB/T 4789.16 中检索表,初步鉴定出真菌的属名或种名。

(3)产毒判定

①产毒培养:将长有符合形态菌及长有标准菌株的孟加拉红琼脂无菌操作切成 2cm, 小块,分别接种于两瓶装有 500mL 产毒培养液的 1 000mL 三角瓶中,于 25～28℃ 培养 1 周后开始测毒。

②过滤:取 5mL 培养后的产毒培养液在无菌条件下用单层定性滤纸过滤,滤液置于 4℃ 冰箱待测,剩余的培养液盖好棉塞继续培养。

③抑菌培养:将熔化并冷却至 50～55℃ 的察氏培养基中加入适量的芽孢悬液后(10^7CFU/mL 的巨大芽孢杆菌悬液按 1% 加入)充分混匀,然后每个灭菌培养皿中倾注 6～8mL,凝固后每皿中按对角线位置加放牛津杯 4 个,两个对角线位置分别加满标准产毒培养滤液及未接菌的产毒培养液,另两个对角线位置滴加待测样品的滤液,每个样品平行做两套平板,于 30℃ 培养 18h。

4. 判定结果

(1)菌属鉴定结果

根据鉴定出真菌的属名或种名报告结果。

(2)毒素检出结果

标准产毒菌株滤液产生清晰的抑菌圈,且直径平均值 ≥12mm(未接菌的空白培养液无抑

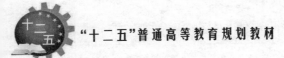

菌圈)时测量样品滤液,培养 1 周后开始测毒直至第 14d。本方法的测定低限为 0.2mg/kg。

测量直径平均值≥12mm 报告产毒阳性。

无抑菌圈或其直径 <12mm 报告产毒阴性。

（二）几种重要毒素的检验

1. 黄曲霉毒素(aflatoxin,AFT)的检验

主要有化学法、生物学方法和免疫学方法。

（1）生物学方法

①抑菌试验:巨大芽孢杆菌和短芽孢杆菌对 AFT 最敏感。通过平皿中抑菌圈大小来衡量 AFT 含量。

②荧光测定法:AFT 在紫外光照射下可发出荧光。将待检菌株接种,28 ~ 30℃培养 48 ~ 72h,检查其特异荧光。此法操作简便。对 AFT 最低检出量为 5μg/mL。

③大鼠试验法:大鼠幼鼠对 AFT 最敏感,雄性幼鼠比雌性幼鼠敏感性更高,用 100 ~ 150g 大鼠作急性中毒试验,一般 3 ~ 4d 死亡。

④鸡胚试验。

⑤鸭雏试验:鸭雏对 AFT 非常敏感,致死性强,一般用一次剂量后 72h 内死亡。

⑥斑点试验:本法用于检测真菌毒素致突变试验的一种有意义的方法。主要利用沙门氏菌/微粒体突变性来检测某些样品种 AFT 的存在与含量。

（2）化学分析方法

常见的化学分析方法为薄层层析法(TLC),适用于粮食及其制品、调味品等,主要是半定量。利用 AFT 具有荧光的特点,提取出样品中的 AFT,用单向或双向展开法在薄层上分离后,在 365nm 紫外灯下检测其荧光,实现半定量。该法是黄曲霉毒素测定的官方规定方法之一,但是该方法不专一,容易使样品中的其他荧光物质对其测定造成干扰。

（3）高效液相色谱法

样品经过提取,后经过滤、稀释等步骤,使滤液通过含有黄曲霉毒素特异抗体的免疫亲和柱,通过层析净化,由于抗体的专一性,黄曲霉毒素被交联在层析介质中。检测待测 AFB1 的含量是利用甲醇将待测物质洗脱,洗脱液上高效液相色谱仪,用紫外检测器于激发波长:360nm,发射波长:420nm。而用 C_{18} 柱抽提纯化样品中的 AFM1,乙醚对 C_{18} 柱洗涤,再用 CH_2Cl_2 - 乙醇洗脱 AFM1,然后加入三氟乙酸(TFA)对 AFM1 进行衍生化处理,利用液相色谱荧光检测器检测,并与标准 AFM1 - TFA 的衍生物比较,进行定性、定量分析。该方法专一性较强,但实验过程繁琐,容易造成被测物质的损失,且所需仪器设备昂贵,降低了其推广性。

（4）免疫学方法

AFT 是相对分子质量为 312 ~ 346 的二氢呋喃香豆素的衍生物,无免疫原性,不能引起抗体的产生,故必须与大分子化学基团或蛋白质偶联,成为完全抗原,方能引起免疫动物的抗体形成,然后利用血清学方法检测 AFT。由于 AFT 的量一般都较低,因此,检测方法主要是敏感性较高的放射免疫测定法(RIA)和酶联免疫吸附试验(ELISA)。

酶联免疫法是当今测定 AFM1 较常用的方法之一,该法采用竞争 ELISA,在微孔板上预包被 AFM1 抗原,加入样本(或 AFM1 标准品溶液)及辣根过氧化物酶标记的 AFM1 抗体。样本或标准品溶液中的 AFM1 与预包被在板孔上的 AFM1 抗原竞争结合辣根过氧化物酶标记的

AFM1 抗体。未结合的酶标抗体在洗涤时被除去。再加入 TMB 显色液,读取吸光值。样本的吸光值与其所含残留物 AFM1 抗原的含量成负相关。对照标准曲线,即可得出相应残留物 AFM1 的含量。

近几年来,国外已成功制备了测定 B_1 的酶联免疫测定盒及检测乳中 M_1 含量的 RIA 检测盒。这两种检测盒都十分方便,而且快速准确。

2. 脱氧雪腐镰刀菌烯醇(deoxynivalenol,DON)的检测

DON 的检测方法有多种,主要包括薄层色谱法、酶联免疫吸附、气相色谱、液相色谱、近红外光谱分析、荧光极性免疫分析法等。

(1)薄层色谱法(thinlayer chromatography,TLC)

TLC 分析 DON 的最低检出限为 0.1mg/kg,是我国国家标准检测方法之一。但由于 TLC 法的精确度相对低,操作过程复杂,分析结果的可重复性和再现性差,因此近年来国际上用 TLC 方法检测新发现真菌毒素章大幅度减少,说明 TLC 不再作为一种检测技术在新的学科领域广泛应用。

(2)气相色谱法(gas chromatography,GC)

GC 检测 DON 首先需要将 DON 上的三个羟基衍生,常用的衍生试剂有三甲基氯化硅烷(trimethylchlorosilane,TMCS)或三甲基硅咪唑(trimethylsilylimidazole,TMSI)。GC 可与电子捕获检测器、火焰离子化检测器、质谱联用,均可达到检测之目的。GC 具有灵敏、高选择性、准确性和精确性等优点,用 GC 还能实现对单端孢霉烯族化合物和玉米赤霉菌烯醇等 8 种真菌毒素同时检测。但 GC 色谱中存在标准曲线线性关系不好,响应漂移,上一次进样样品的滞留和记忆效应等问题。采用了 TMCS 或 TMSI 与 DON 反应形成三甲基硅烷物,从而达到衍生化效果,不仅可简化毒素纯化过程,而且还可有针对性的解决 GC 方法的不足。

(3)高效液相色谱法(high performance liquid chromatography,HPLC)

HPLC 是定量分析 DON 常用的方法,与质谱联机使用可实现对毒素定性、定量、确证同时进行。HPLC 对样品的适用性广,不受分析对象挥发性和热稳定性的限制,因而弥补了气相色谱法的不足,能够准确、快速检测小麦样本中 DON 含量及差别。但是这种方法也存在着成本较高,一次检测只能测定 DON 含量,而对于其他几种 DON 衍生物不能检测等问题。

(4)酶联免疫检测(enzyme linked immunosorbent assay)

其原理是将已知抗原吸附在固相载体表面,洗除未吸附抗原,加入一定量抗体与待检样品(含有抗原)提取液的混合液、竞争温育后,在固相载体表面形成抗原抗体复合物。洗除多余抗体成分,然后加入酶标记的抗免疫球蛋白的第二抗体结合物,与吸附在固体表面的抗原抗体复合物结合,加入酶底物。在酶的催化作用下,底物发生降解反应,产生有色产物,通过酶标检测仪,测出酶底物的降解量,根据标准曲线计算被测样品中的抗原量。邓舜洲等应用抗脱氧雪腐镰刀菌烯醇单克隆抗体 12D1 建立了竞争间接 ELISA 方法,用于检测小麦、玉米中的脱氧雪腐镰刀菌烯醇(DON),最低检出限为 20ng/mL,检测范围为 20～460ng/mL。用蒸馏水提取掺合 DON(50～4 000ng/g)的小麦样品,回收率为 82.1%～96.6%,变异系数为 0.6%～7.1%。

3. 展青霉素(patulin,PAT)的检测

PAT 的传统检测方法包括气相色谱、薄层色谱、胶束电动毛细管电泳和液相色谱法。目前,最常用的是液相色谱法。PAT 是相对分子质量小的极性化合物,有较强的紫外吸收光谱,因此适合于用高效液相色谱法(HPLC)检测。最初的正相色谱法正逐渐被反相色谱法所代替。

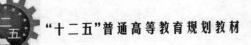

乙酸乙酯被广泛地作为萃取溶剂,净化系统也得到了不断发展。由于 PAT 只能通过使用高水溶性的固定相才能被留在反相 HPLC(RP-HPLC)的柱子上,所以固定相大多采用乙腈+水(10:90)和四氢呋喃+水(5:95)。尽管此法的灵敏度和可靠性都很高,但其样品制备的程序比较复杂,检测成本高,仪器昂贵,难以适应农产品的现场抽查及进出口快速通关检测的要求。基于抗原抗体反应的免疫检测技术具有高度专一性和特异性、简单快速、灵敏度高、成本划算等优点,且其试验操作较简单,适于大量样品的快速检测,可作为费时费力的色谱分析方法的补充,成为半定量筛选和定量分析的工具,尤其是其具有高通量筛选的能力,已经显示出替换传统仪器分析的应用前景。

4. 赭曲霉毒素 A(ochratoxin A,OTA)的检测

（1）色谱检测

主要是采用高效液相色谱与其他方法共用来检测,其中包括:①高效液相色谱-质谱联用,该方法经 HLB 固相萃取柱净化样品,以 C_{18} 柱分离,流动相为 0.1% 甲酸水溶液和甲醇（梯度洗脱）,电喷雾正离子 MRM 模式检测;②免疫亲和柱净化高效液相色谱法,即样品经提取、过免疫亲和柱净化后,用高效液相色谱-荧光检测器进行分析。

（2）免疫法检测

用于 OTA 检测免疫学方法主要有免疫亲合柱-荧光光度法、免疫亲和柱-高效液相色谱法(IAC-HPLC)、酶联免疫法(ELISA)、时间分辨荧光免疫法(TR-FIA)、胶体金免疫层析技术(DIGFA)和免疫传感器法等。

5. 玉米赤霉烯酮(zearalenone,ZEN)的检测

（1）薄层色谱法(TLC)

GB/T 19540—2004《饲料中玉米赤霉烯酮的测定》规定运用薄层色谱法作为仲裁法测定饲用谷物原料和配合饲料中 ZEN 含量,此法最低检测量为 0.02μg。

（2）高效液相色谱法(HPLC)

GB/T 5009.209—2008《谷物中玉米赤霉烯酮的测定》规定运用免疫亲和柱-高效液相色谱法测定谷物（小麦、玉米等）中 ZEN 含量,检出限为 5μg/kg。SN/T 1745—2006《进出口大豆、油菜籽和食用植物油中玉米赤霉烯酮的检测方法》也规定运用此法作为第一法测定进出口大豆、油菜籽和食用植物油中 ZEN 含量,检出限为 10μg/kg。同时,还有报道采用液液萃取-高效液相色谱法、C_{18} 硅胶柱-高效液相色谱法、多功能净化柱-高效液相色谱法和高效液相色谱-质谱法(HPLC-MS)等液相色谱方法。

（3）免疫学检测技术

免疫学检测方法包括酶联免疫法(ELISA)、放射免疫法(RIA)和胶体金标记技术。《饲料中玉米赤霉烯酮的测定》(GB/T 19540—2004)中规定:饲料中检测 ZEN 的仲裁方法为薄层色谱测定法,酶联免疫吸附测定方法为快速筛选方法。

第九章 其他检验项目

第一节 罐头食品商业无菌的检验

19 世纪初,战争促使了罐头的诞生。1804 年,法国生产出以广口瓶和软木塞为特征的世界上第一批罐头。1810 年,英国发明了镀锡薄钢板罐,大大提高了罐头的坚固性。1849 年,美国创办了用机械设备生产罐头的工厂,标志着罐头已进入工业化生产阶段。罐头食品在诞生之后的半个世纪中一直没有摆脱部分产品、甚至整批产品发生腐败的威胁。1862 年,法国微生物学家巴斯德揭示了腐败之谜,但罐头工业获益不大。罐头生产者对大量腐败造成的原因仍迷惑不解,对腐败造成的损失束手无策。直到 1895 年,美国麻省理工学院彻底解决了罐头生产中的腐败问题。

罐头食品是指那些可以食用的食物装在密封的容器中加以热处理而保存。一般说来,罐头食品不依靠防腐剂来维持其稳定性。足够的加热处理可使罐头食品达到商业无菌,但并非绝对无菌。过去普遍认为只有将罐头内的微生物杀死才是安全的。事实上是不可能的。如果片面地追求无菌状态,使用更强的热力来杀菌,罐头食品的色、香、味、形就会受到很大破坏,消费者就会失去对罐头的兴趣。从安全角度出发,罐头的热力杀菌可以杀死一切致病的微生物,包括肉毒杆菌的芽孢,微生物致病可能性和造成腐败的可能性事实上已经不存在了,完全有理由认为这样的罐头是安全的。至于个别罐头中存在常温下休眠的非致病菌芽孢则可以视为正常,这些微生物同人的口腔、体表等部位以及餐具上的微生物相比是微乎其微的。罐头的这种商业上的无菌、事实上的有菌不能和污染相提并论,因为它们的存在已经不再与致病和腐败联系在一起。

因此,罐头食品的商业无菌是指罐头食品经过适度的杀菌后,不含有致病微生物,也不含有在通常温度下能在其中繁殖的非致病性微生物的状态。对罐头食品进行商业无菌检验,是保证罐头食品卫生质量与消费者使用安全的重要工作。

一、罐头的微生物污染

微生物对罐头的污染分为原料的微生物污染和加工过程中的微生物污染两个阶段。

(一)原料的微生物污染

作为原料的动植物在自然环境中就受到了微生物的污染,其主要途径主要有以下几种。

(1)土壤。土壤是微生物的主要栖息地之一,有的地方土壤中的微生物含量达 $10^3 \sim 10^7$ 个/g,其中包括芽孢菌、放线菌、霉菌、酵母、肠杆菌等,它们会直接或间接地进入罐头加工车间造成污染。

(2)空气。空气中含有数量可观的微生物,有资料表明,在试验中得到的 1289 个微生物中,球菌为 40.2%,杆菌为 23.5%,芽孢杆菌为 16.0%,其余为霉菌、酵母和放线菌。

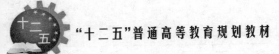

（3）水。水中有大量微生物，有时还有病原菌，即使是处理后的水，也有少量残存的微生物。

（4）原料在收购、运输、加工过程中普遍存在交叉污染和重复污染。它们在进入罐头加工厂之前就带有大量的微生物。

（二）加工过程中的污染

加工过程的污染是从原料处理到冷却期间的微生物污染。

（1）原料进入加工车间后开始加工制造，除了个别的加热工序可以降低微生物的含量外，大多数工序都是增加微生物的场所。

（2）罐头在封口前受到运送工具、加工者、操作台和机器等一系列污染。

（3）罐头杀菌后，由于包装材料和加工的不好而使罐体密封性降低，空气和水中的微生物将会趁虚而入。

二、罐头的热力杀菌和微生物控制

（一）微生物的热致死和热力杀菌

一般来说，微生物对热是敏感的。在高出它们最适生长温度时，微生物就开始死亡。例如，大肠杆菌可在 55℃ 水中致死，沙门氏菌在 57.2℃ 的 39.6% 蔗糖中死亡，金黄色葡萄球菌在 pH 6.6 肉汤中的致死温度是 65℃，在全乳中为 60℃。微生物的热致死是以对数速度进行的，通常把细菌减少到原有数量 1/10 所需的时间，也就是杀死 90% 细菌的时间称为 D 值。

罐头的热力杀菌就是将罐头置于一定的高温下经受一段时间的热处理。现代罐头行业的热力杀菌是建立在完整的理论基础之上的。杀菌条件是用科学的方法进行计算得到理论值，必要时进行实罐试验。罐头的品种成百上千，不同品种的罐头、同一品种不同规格的罐头都有其不同的杀菌条件。热力杀菌条件的制定是为数不多的权威机构作出的，某种罐头的杀菌条件确定后是不能随意改变的。

（二）影响微生物热致死的主要因素

（1）微生物的生长条件。同一种微生物，高温下培养要比低温下培养耐热。将大肠菌液试样分别于 0℃ 和 37℃ 保存后在 50℃ 加热 10min，经测定，0℃ 保存的致死率在 90% 以上，而 37℃ 的致死率不到 10%。

（2）细菌的密度。单位体积内的细菌越多，其耐热性越强。大肠菌悬浮液，10^8 个/mL 的 D 值比 10^7 个/mL 的 D 值大 2～3 倍。

（3）介质的 pH。细菌在中性或接近中性的介质中耐热性最强，降低 pH 能提高杀菌效果。

（4）干燥。微生物在干燥状态下耐热性较强。枯草杆菌在 95℃ 时，干热的 D 值是湿热 D 值的 700 多倍。

（5）水分活度（water activity, A_w）。用于表示罐头中游离水的状态，罐头的 A_w 在 0～1。A_w 越大微生物活动的可能性就越大，A_w 越低，其耐热性一般都显著增强。

（三）杀菌后的残留细菌

罐头的杀菌条件是根据肉毒杆菌的耐热能力制定的。关于肉毒杆菌的耐热性很早就开始了研究,它是罐头微生物中最重要的致病菌,其毒素的毒力在生物毒素中占第一位。表 9-1 中列出了肉毒杆菌的耐热数值。

表 9-1　肉毒杆菌的最大耐热数值

致死温度/℃	100	105	110	115	120
致死时间/min	330	100	32	10	4

注:检测介质为磷酸盐缓冲液(pH 7.0)。

从上表可知,肉毒杆菌的芽孢在 120℃ 处理 4min 后可以完全致死。但是,罐头食品中的蛋白质、脂肪、碳水化合物等对细菌芽孢有保护作用,致使 120℃4min 未必能全部致死细菌芽孢,为安全起见,罐头工业界,采用中心温度 120℃5~6min 的条件杀菌。

罐头腐败菌中比肉毒杆菌芽孢更耐热的芽孢,如平酸菌 No.1518,在 pH7.0 的磷酸盐缓冲液中 121℃ 的致死时间为 25min,致黑梭菌为 19min,它们在罐头中的存在被看做正常现象。

有些食品,尤其是水果和蔬菜类的,不能采用 120℃ 的高温杀菌,可以用降低罐头的 pH,及酸化的办法来降低杀菌温度。

(四)罐头中微生物的控制

杀菌后的罐头仍然有可以控制残存微生物生长的因素。

(1)温度。残存的微生物一般为嗜热的芽孢,在通常温度下不会繁殖,罐头在常温下保存即可抑制它们的生长。

(2)pH。研究已证明肉毒杆菌芽孢在 pH4.6 或以下不生长。所以,保持一定的 pH 可以抑制其的生长。

(3)水分活度。微生物都有其适宜的水分活度值,例如霉菌为 0.8,细菌为 0.94,肉毒杆菌为 0.95。低于其适宜水分活度时,微生物很难生长繁殖。

(五)引起罐头食品腐败的一般因素

在罐头食品中,一般微生物性的腐败表现为容器的膨胀,当没有不正常的外观时,腐败主要表现为产品风味的异常。引起这些的主要因素有以下几种:

(1)杀菌不足,使嗜中温性微生物残存。

(2)杀菌后冷却不当或贮存不当而使各种嗜高温微生物生长。

(3)容器密封不良,而使微生物在产品杀菌后再次污染。

(4)在产品加工之前的初期腐败,会导致微生物或酶的产生,而这些微生物引起的初期腐败可能会产生二氧化碳气体。

(5)食品与容器之间化学作用,可产生氢气,导致膨罐。

(6)非酶褐变,多发生在含有高糖、氨基酸及高酸的食品中,反应过程可能会产生大量的二氧化碳,导致容器变形。尤其是当产品高温贮存时,此问题常见于罐装的水果浓缩物中。

(7)产品配方错误或操作错误。

三、罐头的微生物检验

(一)范围

国标 GB/T 4789.26—2003 规定了罐头食品商业无菌的基本要求,操作程序和结果判定。该标准适用于各种密封容器包装的,经过适度的热杀菌后达到的商业无菌,在常温下能较长时间保存的罐头食品。

(二)术语和定义

1. 罐头食品的商业无菌(commercial sterilization of canned food)

罐头食品经过适度的热杀菌以后,不含有致病的微生物,也不含有在通常温度下能在其中繁殖的非致病性微生物,这种状态称作商业无菌。

2. 密封(hermatical seal)

食品容器经密闭后能阻止微生物进入的状态。

3. 胖听(swell)

由于罐头内微生物活动或化学作用产生气体,形成正压,使一端或两端外凸的现象。

4. 泄漏(leakage)

罐头密封结构有缺陷,或由于撞击而破坏密封,或罐壁腐蚀而穿孔致使微生物侵入的现象。

5. 低酸性罐头食品(low acid canned food)

除酒精饮料以外,凡杀菌后平衡 pH 大于 4.6、水活性值大于 0.85 的罐头食品,原来是低酸性的水果、蔬菜或蔬菜制品,为加热杀菌的需要而加酸降低 pH 的,属于酸化的低酸性罐头食品。

6. 酸性罐头食品(acid canned food)

杀菌后平衡 pH 等于或小于 4.6 的罐头食品。pH 小于 4.7 的番茄、梨和菠萝以及由其制成的汁,以及 pH 小于 4.9 的无花果都算作酸性食品。

(三)设备和仪器

冰箱:0 ~ 40℃;恒温培养箱:30℃ ± 10℃、36℃ ± 1℃、55℃ ± 1℃;恒温水浴锅:46℃ ± 1℃;显微镜:10 × ~ 100 ×;架盘药物天平:0 ~ 500g,精度 0.5g;电位 pH 计;灭菌吸管:1mL(具 0.01mL 刻度)、10mL(具 0.1mL 刻度);灭菌平皿:直径 90mm;灭菌试管:16mm × 160mm;开罐刀和罐头打孔器;白色搪瓷盘;灭菌镊子。

(四)培养基和试剂

革兰氏染色液;疱肉培养基;甲酚紫葡萄糖肉汤;酸性肉汤;麦芽浸膏汤;锰盐营养琼脂;血琼脂;卵黄琼脂。

(五)检验步骤

1. 审查生产操作记录

工厂检验部门对送检产品的下述操作记录应认真进行审阅。妥善保存至少三年备查。

(1)杀菌记录:杀菌记录包括自动记录仪的记录纸和相应的手记记录。记录纸上要标明产品品名、规格、生产日期和杀菌锅号。每一项图表记录都应由杀菌锅操作者亲自记录和签字，由车间专人审核签字，最后由工厂检验部门审定后签字。

（2）杀菌后的冷却水有效氯含量测定的记录。

（3）罐头密封性检验记录：罐头密封性检验的全部记录应包括空罐和实罐卷边封口质量和焊缝质量的常规检查记录，记录上应明确标记批号和罐数等，并由检验人员和主管人员签字。

2. 抽样方法

可采用下述方法之一。

（1）按杀菌锅抽样

低酸性食品罐头在杀菌冷却完毕后每杀菌锅抽样两罐，3kg 以上的大罐每锅抽一罐，酸性食品罐头每锅抽一罐，一般一个班的产品组成一个检验批，将各锅的样罐组成一个样批送检，每批每个品种取样基数不得少于三罐。产品如按锅划分堆放，在遇到由于杀菌操作不当引起问题时，也可以按锅处理。

（2）按生产班（批）次抽样

①取样数为 1/6 000，尾数超过 2 000 者增取一罐，每班（批）每个品种不得少于三罐。

②某些产品班产量较大，则以 30 000 罐为基数，其取样数按 1/6 000；超过 30 000 罐以上的按 1/20 000 计，尾数超过 4 000 罐者增取一罐。

③个别产品产量过小，同品种同规格可合并班次为一批取样，但并班总数不超过 5 批次取样数不得少于三罐。

3. 称量

用电子秤或台天平称量，1kg 及以下的罐头精确到 1g，1kg 以上的罐头精确到 2g。各罐头的质量减去空罐的平均质量即为该罐头的净重。称量前对样品进行记录编号。

4. 保温

（1）将全部样罐按下述分类在规定温度下按规定时间进行保温见表 9 - 2。

表 9 - 2 样品保温时间和温度

罐头种类	温度/℃	时间/d
低酸性罐头食品	36 ± 1	10
酸性罐头食品	30 ± 1	10
预定要输往热带地区（40℃以上）的低酸性食品	55 ± 1	5 ~ 7

（2）保温过程中应每天检查，如有胖听或泄漏等现象，立即剔出作开罐检查。

5. 开罐

取保温过的全部罐头，冷却到常温后，按无菌操作开罐检验。

将样罐用温水和洗涤剂洗刷干净，用自来水冲洗后擦干。放入无菌室，以紫外光杀菌灯照射 30min。

将样罐移置于超净工作台上，用 75% 酒精棉球擦拭无代号端，并点燃灭菌（胖听罐不能烧）。用灭菌的卫生开罐刀或罐头打孔器开启（带汤汁的罐头开罐前适当振摇），开罐时不能伤及卷边结构。

6. 留样

开罐后，用灭菌吸管或其他适当工具以无菌操作取出内容物 10 ~ 20mL（g），移入灭菌容器

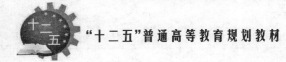

内,保存于冰箱中。待该批罐头检验得出结论后可弃去。

7. pH 测定

取样测定 pH,与同批中正常罐相比,看是否有显著的差异。

8. 感官检查

在光线充足、空气清洁无异味的检验室中将罐头内容物倾入白色搪瓷盘内,由有经验的检验人员对产品的外观、色泽、状态和气味等进行观察和嗅闻,用餐具按压食品或戴薄指套以手指进行触感,鉴别食品有无腐败变质的迹象。

9. 涂片染色镜检

(1)涂片

对感官或 pH 检查结果认为可疑的,以及腐败时 pH 反应不灵敏的(如肉、禽、鱼类等)罐头样品,均应进行涂片染色镜检。带汤汁的罐头样品可用接种环挑取汤汁涂于载玻片上。固态食品可以直接涂片或用少量灭菌生理盐水稀释后涂片。待干后用火焰固定。油脂性食品徐片自然干燥并火焰固定后,用二甲苯流洗,自然干燥。

(2)染色镜检

用革兰氏染色法染色,镜检,至少观察 5 个视野,记录细菌的染色反应、形态特征以及每个视野的菌数。与同批的正常样品进行对比,判断是否有明显的微生物增殖现象。

10. 接种培养

保温期间出现的胖听、泄漏,或开罐检查发现 pH、感官质量异常、腐败变质,进一步镜检发现有异常数量细菌的样罐,均应及时进行微生物接种培养。

对需要接种培养的样罐(或留样)用灭菌的适当工具移出约 1mL(g)内容物,分别接种培养。接种量约为培养基的十分之一。要求在 55℃培养基管,在接种前应在 55℃水浴中预热至该温度,接种后立即放入 55℃温箱培养。

(1)低酸性罐头食品(每罐)接种培养基、管数及培养条件见表 9-3。

表 9-3　低酸性罐头食品的检验

培养基	管数	培养条件/℃	时间/h
疱肉培养	2	36±1(厌氧)	96~120
疱肉培养	2	55±1(厌氧)	24~72
溴甲酚紫葡萄糖肉汤(带倒管)	2	36±1(需氧)	96~120
溴甲酚紫葡萄糖肉汤(带倒管)	2	55±1(需氧)	24~72

(2)酸性罐头食品(每罐)接种培养基、管数及培养条件见表 9-4。

表 9-4　酸性罐头食品的检验

培养基	管数	培养条件/℃	时间/h
酸性肉汤	2	55±1(需氧)	48
酸性肉汤	2	30±1(厌氧)	96
麦芽浸膏汤	2	30±1(需氧)	96

11. 微生物培养检验程序及判定

(1)将按表 9-3 或表 9-4 接种的培养基管分别放入规定温度的恒温箱进行培养,每天观察培养生长情况。

对在36℃培养有菌生长的溴甲酚紫肉汤管,观察产酸产气情况,并涂片染色镜检。如果是含杆菌的混合培养物或球菌、酵母菌或霉菌的纯培养物,不再往下检验;如仅有芽孢杆菌则判为嗜温性需氧芽孢杆菌;如仅有杆菌无芽孢则为嗜温性需氧杆菌,如需进一步证实是否是芽孢杆菌,可转接于锰盐营养琼脂平板在36℃培养后再作判定。

对在55℃培养有菌生长的溴甲酚紫肉汤管,观察产酸产气情况,并涂片染色镜检。如有芽孢杆菌,则判为嗜热性需氧芽孢杆菌;如仅有杆菌而无芽孢则判为嗜热性需氧杆菌。如需要进一步证实是否是芽孢杆菌,可转接于锰盐营养琼脂平板,在55℃培养后再作判定。

对在36℃培养有菌生长的疱肉培养基管,涂片染色镜检,如为不含杆菌的混合菌相,不再往下进行;如有杆菌,带或不带芽孢,都要转接于两个血琼脂平板(或卵黄琼脂平板),在36℃分别进行需氧和厌氧培养。在需氧平板上有芽孢生长,则为嗜温性兼性厌氧芽孢杆菌;在厌氧平板上生长为一般芽孢则为嗜温性厌氧芽孢杆菌,如为梭状芽孢杆菌,应用疱肉培养基原培养液进行肉毒梭菌及肉毒毒素检验(按GB/T 4789.12)。

对在55℃培养有菌生长的疱肉培养基管,涂片染色镜检。如有芽孢,则为嗜热性厌氧芽孢杆菌或硫化腐败性芽孢杆菌;如无芽孢仅有杆菌,转接于锰盐营养琼脂平板,在55℃厌氧培养,如有芽孢则为嗜热性厌氧芽孢杆菌,如无芽孢则为嗜热性厌氧杆菌。

(2)对有微生物生长的酸性肉汤和麦芽浸膏汤管进行观察,并涂片染色镜检。按所发现的微生物类型判定。

12. 罐头密封性检验

对确定有微生物繁殖的样罐均应进行密封性检验以判定该罐是否泄漏。

（六）结果判定

(1)该批(锅)罐头食品经审查生产操作记录,属于正常;抽取样品经保温试验未胖听或泄漏;保温后开罐,经感官检查,pH测定或涂片镜检,或接种培养,确证无微生物增殖现象,则为商业无菌。

(2)该批(锅)罐头食品经审查生产操作记录,未发现问题;抽取样品经保温试验有一罐及一罐以上发生胖听或泄漏;或保温后开罐,经感官检查、pH测定或涂片镜检和接种培养,确证有微生物增殖现象,则为非商业无菌。

第二节 乳酸菌的检验

乳酸菌(lactic acid bacteria,LAB)由一群形态、代谢和生理特性相同的细菌组成。一般将这群细菌描述为革兰氏阳性、无芽孢、不呼吸的球菌或杆菌。它们发酵碳水化合物主要产生乳酸。乳酸菌这一术语最初涉及与食品和饲料发酵相关的细菌,也包括人类和动物(健康的)黏膜表面的细菌。目前,在乳酸菌应包括哪些菌属方面还存在着争议,但研究者们普遍认为乳酸菌大致由20多个属的细菌个构成。然而从实际的食品工艺学的观点,下列12个菌属被认为是主要的乳酸菌:乳杆菌属、链球菌属、乳球菌属(*Latococcus*)、肠球菌属(*Enterococcus*)、片球菌属、明串珠菌属、气球菌属(*Aerococcus*)、肉杆菌属(*Carnobacterium*)、酒球菌属(*Oenococcus*)、四联球菌属(*Tetragenococcus*)、漫游球菌属(*Vagococcus*)和魏斯氏菌属(*Weissrlla*)。双歧杆菌属

（*Bifidobacterium*）经常也被认为是真正的乳酸菌,并具有它们典型的特点,与系统发育无关,具有独特的碳水化合物发酵模式。乳酸菌不同菌属的分类主要基于形态学、葡萄糖发酵模式、不同生长温度、产生乳酸的类型、高盐浓度下的生长能力,以及酸或碱的耐受性。化学分类标志物,如脂肪酸组成和细胞壁成分也用于分类。

一、乳酸菌的定义

乳酸菌是能从葡萄糖(或可利用碳水化合物)发酵产生大量乳酸的一群细菌。这只是一种历史习惯叫法,而不是分类学上的一个术语。目前细菌分类有数百个属(genus),很难把能否产生大量乳酸作为细菌的分类标准。但是乳酸菌的习惯提法已被大多数学者和民众接受。这里给出的乳酸菌定义是,乳酸菌是一类能在可利用的碳水化合物发酵过程中产生大量乳酸的细菌。

乳酸菌细胞形态有球状、类球状、短杆或杆状。细胞染色呈革兰氏阳性、阴性,也具有阳性细胞壁型的阴性菌。细胞内有芽孢或无芽孢。乳酸菌生理需求有好氧、厌氧或兼性厌氧。其发酵方式有同型发酵或异型发酵。乳酸菌发酵代谢产物有以乳酸为唯一或主要产物,也有乳酸、琥珀酸、乙酸等的混合产物。乳酸菌 DNA 的(G + C)含量为 32% ~ 67%(摩尔分数)。

自从发现乳酸菌与食品和饲料酸化有关的特性以来,人们就对其生理产生了兴趣。人们已经了解了乳酸菌生理,如代谢、营养素利用等方面的知识。现在,在研究乳酸菌代谢方面,现代基因技术是十分有前途的。然而除非是对乳酸菌的生理十分了解,否则在这一面所进行的努力都是徒劳无功的。“乳酸菌”这一名称暗示了这些细菌有某种简单的代谢方式,产生一种或少数几种发酵产物,这些产物可以在实验室的环境下获得。然而这群微生物还包括具有高度致病性的细菌,因而不能用于食品(如绝大多数的链球菌),此外,食品中的一些乳杆菌和其他乳酸菌也与疾病有关。肉杆菌寄居于肉中,同时也是鱼类的病原菌。许多乳酸菌都具有“两面性”。

二、乳酸菌的分类

(一)乳酸菌在《伯杰氏系统细菌学手册》中的分类方法

自 1857 年巴斯德发现乳酸菌以来,许多研究人员[蒂策勒(R. P. Tittsler)、罗高沙(Rogosa)、胡普(Hueppe)及光岗知足等]把对乳酸菌的分类作为研究乳酸菌的重要课题。他们根据乳酸菌的形态、生理生化学(生长温度、营养、糖发酵途径、代谢产物)、血清学、抑制物试验、化学分类(乳酸旋光性、胞壁组成、醌类测定)、基因型[DNA 的同种与异种、(G + C)含量]和菌体细胞壁组成等方面进行分类,此项工作一直到 20 世纪 60 年代才趋于确立。在 60 年代前,乳酸菌主要按细菌的形态、培养条件、糖的利用、代谢产物等进行分类;60 年代后,增加了乳酸菌细胞 DNA(G + C)含量测定。90 年代以来,采用 16SrDNA 序列分析和基因探针、类脂分析和醌类等分析技术进行测定、分类。

根据国际公认的分类系统——伯杰氏系统,在《伯杰氏系统细菌学手册》(Bergey's Manual of Systematic Bacteriology,简称系统手册)第 8 版中,目前在自然界已发现的这类菌在细菌分类学上现在划分至少有 23 个属,其中具有代表性的种属有乳杆菌属(*Lactobacillus*)、乳球菌属(*Lactococcus*)、链球菌属(*Streptococcus*)、双歧杆菌属(*Bifidobacterium*)、气球菌属(*Aerococcus*)、肉杆菌属(*Carnobacterium*)、肠球菌属(*Enterococcus*)、明串珠菌属(*Leuconostoc*)、酒球菌属

(*Oenococcus*)、足球菌属(*Pediococcus*)、四体球菌属(*Tetragenococcus*)和漫游球菌属(*Vagococcus*)等。

(二)乳酸菌的现代分类和鉴定方法

乳酸菌的现代分类和鉴定的依据为:①表型特征(生理生化,细胞壁组成,蛋白印记等);②遗传学特征(特异 DNA 序列)。

乳酸菌现代鉴定方法包括:①DNA/DNA 或 DNA/rRNA 的同源性测定;②限制性片段长度多态性分析(RFLP),扩增片段长度多态性分析(AFLP);③随机扩增 DNA 多态性分析(RAPD)和 16SrRNA 全序列分析等。聚合酶链式反应(PCR)方法和核酸分子探针杂交技术是乳酸菌现代分类和鉴定最常用的方法。乳酸菌染色体 DNA 的(G + C)含量普遍较低,一般在 35% ~ 46%(摩尔分数)范围内,但双歧杆菌染色体 DNA 的(G + C)含量可高达 55% ~66%(摩尔分数)。乳酸菌染色体为双链环状 DNA 分子,其 DNA 分子的长度一般在 1.8 ~2.6Mb,少数能超过 3.0Mb,如 *Lactobacillus plantarum* WCFSI 的 DNA 分子长度竟能达到 3.3Mb。

三、乳酸菌的生理特性

1. 乳酸菌的细胞组分

了解细菌的细胞组分是设计和配制培养基的重要前提之一,现将细菌的细胞各组分和元素的含量列入表 9 - 5 中。

表 9 – 5　细菌的细胞组分

成分		含量(干重)/%
大分子物质	蛋白质	55(50 ~60)
	糖类	9(6 ~15)
	脂类	7(5 ~10)
	核酸	23(15 ~25)
元素成分	碳	48(46 ~50)
	氮	12.5(10 ~14)
	灰分元素	6(1 ~10)
	磷	1.0 ~2.5
	硫、镁	0.3 ~1.0
	钾、钙	0.1 ~0.5
	钠、铁	0.01 ~0.1
	锌、铜、锰	0.001 ~0.01

2. 乳酸菌的营养需求

(1)碳源

碳源即碳元素的来源,泛指一切能满足微生物生长繁殖所需碳元素类营养物。乳酸菌细胞的含碳量约占干重的 50%,故碳源是活细胞除水分外需要量最大的营养物。

乳酸菌的碳源谱较窄,最常用的碳源是单糖中的己糖,部分菌种能利用戊糖,只有极少数

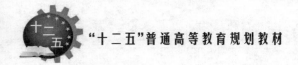

菌种还可利用淀粉,乳酸菌中三个大属的主要碳源如下:

①乳杆菌属(*Lactobacillus*)葡萄糖＞果糖＞麦芽糖＞半乳糖＞蔗糖＞甘露糖＞核糖＞乳糖＞纤维二糖＞蜜二糖。

②双歧杆菌属(*Bifidobacterium*)葡萄糖＞蔗糖＞麦芽糖＞蜜二糖＞果糖、棉籽糖＞半乳糖＞核糖＞乳糖＞阿拉伯糖、淀粉＞木糖。

③明串珠菌属(*Leuconostoc*)葡萄糖＞果糖＞蔗糖＞海藻糖＞麦芽糖＞甘露糖＞半乳糖、乳糖＞核糖、木糖阿拉伯糖＞蜜二糖＞棉籽糖＞纤维二糖。

（2）氮源

凡能为微生物的生长繁殖提供氮元素的营养物,称为氮源。乳酸菌由于其蛋白质分解能力和氨基酸的合成能力很弱,因此在培养乳酸菌时,普遍需要向它们提供富含各种肽类和氨基酸的有机氮源,包括蛋白胨、酵母膏、牛肉膏或番茄汁等。

（3）生长因子

生长因子(growth factor)是一类调节微生物正常代谢所必须的微量有机物,它不能用简单的碳源、氮源自行合成。狭义的生长因子一般指维生素,而广义的生长因子则包括维生素、碱基、卟啉及其衍生物、甾醇、胺类 $C_4 \sim C_6$ 的分支或直链脂肪酸,有时还包括需要量较大的氨基酸在内。

乳酸菌是一类对生长因子尤其是维生素依赖性很强的微生物,至今尚未发现像大肠埃希氏菌(*Escherichia coli*)那样可在只含葡萄糖一种有机物的无机盐培养基上良好的生长的乳酸菌。

3. 影响乳酸菌生长的因素

影响乳酸菌生长的因素很多,除前面提到的各种营养因子外,本部分主要介绍氧气、温度、pH。

（1）氧气

各种乳酸细菌因普遍缺乏好氧的呼吸链(或电子传递链)酶系,以发酵方式获取能量,故在与游离氧的关系上,大多数是一些耐氧性厌氧菌、微好氧菌、兼性厌氧菌或专性厌氧菌。例如,乳酸杆菌属的菌一般都属于耐氧性厌氧菌,也有少数微好氧菌或兼性厌氧菌,当在固体培养基上培它们时,降低氧压或充以 $5\% \sim 10\%$（体积分数）CO_2 可促进其生长。

（2）温度

各种微生物的生命活动都由一系列物化学反应所组成,它们受温度的影响极其明显。不同的微生物生长的温度范围不同,根据生长与温度的关系,微生物的生长有三个温度基点,即最适、最高、最低生长温度,根据微生物的最适生长温度的不同,可将微生物分为:低温微生物、中温微生物和高温微生物。

常见的几个乳酸菌的属的生长温度特点如下:

①乳杆菌属。生长温度范围为 $2 \sim 53℃$,最适生长温度为 $30 \sim 40℃$。

②双歧杆菌属。生长温度范围为 $25 \sim 45℃$,最适生长温度为 $37 \sim 41℃$。

③明串珠菌属。生长温度范围为 $5 \sim 30℃$,最适生长温度为 $20 \sim 30℃$。

④片球菌属。最适生长温度为 $25 \sim 40℃$,一般培养温度以 $30℃$ 为宜。

⑤链球菌属。生长温度范围为 $25 \sim 45℃$,最适生长温度为 $37℃$。部分菌种可在 $10℃$ 中生长。

⑥肠球菌属。生长温度范围为 $10 \sim 45℃$,最适生长温度为 $37℃$。

⑦乳球菌属。最适生长温度为30℃;能生长在10℃条件下,但不能生长在45℃条件下。

(3)pH

乳酸菌是一大类以乳酸为唯一或主要代谢产物的细菌,故它们对酸性环境十分适应。不同的微生物最适生长的pH不同,同一种微生物在不同的生理阶段对pH值的要求也不同。

例如,嗜酸乳杆菌(*L. acidophilus*)的最低生长pH为4.0~4.6,最适生长pH为5.8~6.6,最高生长pH为6.8。现将乳酸菌几个主要属的生长pH举例如下:

①乳杆菌属在pH 4.5时可生长,最适pH为5.5~6.2,pH 9.0时不能生长。当接种到初始pH为中性或碱性的培养基中时,生长速度很低。

②双歧杆菌属生长的pH范围为4.5~8.5,但初始生长的最适pH为6.5~7.0,在pH为4.5~5.0或8.0~8.5时均不生长。

③明串珠菌属生长pH范围在5.0以上,pH<4.4时停止生长。

④肠球菌属生长pH范围较广,在中性和微碱性范围生长良好,一般还可在pH 9.6时生长。

⑤乳球菌属生长在酸性和中性范围内,在pH 9.6条件下不能生长。

⑥链球菌属生长pH范围较广,不少菌种还可生长在pH 9.6条件下。

四、乳酸菌在食品中的应用及检测

(一)乳酸菌在食品中的应用

1. 乳酸菌在发酵乳制品中的应用

目前,根据发酵乳制品的物理特征和其他特性,其产品可分为发酵乳、干酪、乳酸菌制剂和酸乳粉等四大类。其中发酵乳和干酪生产量最大。发酵乳是指以乳(全乳、部分脱脂乳、全脱脂乳、浓缩乳、还原乳、稀奶油)为原料,经均质(或不均质)、杀菌(或不杀菌)后,加特定的微生物发酵剂而制成的一大类产品。其种类包括酸奶、发酵酪乳、酸性奶油、嗜酸菌乳、双歧杆菌乳、牛奶酒、马奶酒等。干酪是采用产酸菌和产香菌的混合发酵剂共同培养发酵乳、稀奶油、脱脂乳、酪乳等原料,同时加入凝乳酶,使其凝固后再除去乳清,制成新鲜的未熟化或成熟的非液态发酵制品。它是另一大类发酵乳制品,大体上分为三类,即天然干酪、融化干酪和干酪食品,其中天然干酪最多。

虽然乳酸发酵食品具有悠久的历史,但只有近几年才对其有了较深刻的了解。它的主要特点是:

①提高酸度,改善风味。乳酸菌产生乳酸、醋酸、丙酸等有机酸,不仅赋予食品以酸味,同时还与乳酸发酵中产生的醇、醛、酮等物质相互作用,形成多种新的风味物质,此外,在发酵过程中乳酸味还能消除某些原料的异味。

②增加养分,提高营养价值。由于乳酸菌在代谢中可产生多种氨基酸、维生素和酶,故所有乳酸发酵食品的维生素、氨基酸、无机盐等养分含量都比未发酵的食品高。

③延长食品保存期,防止腐败。乳酸是乳酸菌代谢的主要产物,在防止食品腐败变质中有重要作用。此外,在乳酸发酵过程中还形成其他一些抑菌物质,如细菌素等。因此乳酸发酵既是一种加工产品的方法,也是一种保存食品的方法。

④增强人体免疫力,减轻疾病。乳酸菌在发酵过程中还可产生某些生物活性物质,能增强机体内巨噬细胞的吞噬能力,因而提高了对病原菌的抵抗力。其医疗作用也逐渐被证实。

2. 乳酸菌在肉制品中的应用

乳酸菌发酵过程中产生的乳酸菌素,能够抑制肉毒杆菌及其他病原微生物的生长繁殖或产生毒素,减少了腐败,延长保质期;产生乳酸,降低 pH,当 pH 降至 4.8～5.2 时,肌肉蛋白变性形成胶状组织,增加肉块间的结合力,提高制品的硬度与弹性,使香肠具有可切薄片的特性。

制品在发酵过程中,由于蛋白质的分解,提高了游离氨基酸的含量和蛋白质的消化率,同时发酵过程中形成了酸类、醇类、碳水化合物、杂环化合物、游离氨基酸和核苷酸等风味物质,使制品的营养价值和风味都得到改善。发酵肉制品生产中大多数采用啤酒片球菌和植物乳杆菌的单一菌种或两种菌的混合物。

3. 乳酸菌在果蔬发酵中的应用

乳酸菌通过同型或异型发酵,产生乳酸、醋酸、丙酸等有机酸,它们赋予发酵果蔬制品柔和的酸味;同时,还能产生 2 - 庚酮、2 - 壬酮对爽口清香有一定的作用;产生的微量双乙酰赋予制品奶油香味;另外,还有低级饱和脂肪酸与脂肪醇所形成的酯类具有香味。同时乳酸菌在发酵过程中产酸造成的酸性环境,可抑制食品环境中一些腐败菌与病原菌的生长。根据加工工艺不同可将乳酸发酵果蔬制品分为酱腌菜类、渍酸菜类、泡菜类、果蔬汁类及果蔬汁与牛乳混合发酵的饮料。可用于发酵果蔬食品的乳酸菌主要有:嗜酸乳杆菌、植物乳杆菌、肠膜明串珠菌、粪链球菌等。

4. 乳酸菌在酿造工业的应用

乳酸菌可用于酿造酒类,乳酸菌产生的乳酸与乙醇酯化,生成白酒三大酯类之一的乳酸乙酯,能提高白酒的质量。在葡萄酒酿造工业中,乳酸菌通过苹果酸—乳酸发酵(malolactic fermentation,MLF)过程,使葡萄酒的酸度降低,大大降低酸涩感和粗糙感,使酒的果香和酒香突出,从而改善风味。生产所用乳酸菌主要是乳酸杆菌、明串珠菌及乳球菌。

（二）食品中乳酸菌的检验

1. 分离与计数方法

（1）范围

SN/T 1941 的本部分规定了乳酸菌的分离与计数方法。

本部分适用于天然或添加乳酸菌的食品及原料中乳酸菌的分离与计数。

（2）设备和材料

显微镜:10×～100×;温度计:量程 1℃～55℃,分刻度 0.1℃;恒温培养箱:36℃ ±1℃;吸管:1mL、5mL 和 10mL,分刻度 0.1mL;试管:16mm×160mm;培养皿:直径 90mm;接种环:3mm 直径;天平:量程 2kg,感量 0.1g;灭菌样品处理器具:取样勺、剪刀、镊子;样品稀释瓶:250mL 和 500mL;微需氧培养设备:最佳微需氧条件为 5% 氧气、10% 二氧化碳和 85% 氮气。可用具双相压力计的微需氧培养箱、厌氧罐、蜡烛缸、气袋或其他可代用的装置。

除另外有规定外,试剂为分析剂或生化试剂,水为蒸馏水。

MRS 肉汤;MRS 琼脂;改良 TJA 培养基(改良番茄汁琼脂培养基);改良 MC 培养基(Modified Chalmers 培养基);0.1% 美蓝牛乳培养基;6.5% 氯化钠肉汤;pH9.6 葡萄糖肉汤;40% 胆汁肉汤;淀粉水解培养基;精氨酸培养基;七叶苷培养基;革兰氏染色液;3% 过氧化氢溶液;蛋白胨水,靛基质试剂;明胶培养基;硝酸盐培养基、硝酸盐试剂。

（3）检验方法

1）方法提要

食品中乳酸菌的分离与计数方法是应用微生物检验的增菌培养、分离、生化鉴定等方法对食品中可能存在的乳酸菌进行定量的检验。

2）乳酸菌计数方法

①以无菌操作将经过充分摇匀的检样25g(mL)放入含有225mL灭菌生理盐水的灭菌广口瓶内作成1:10的均匀稀释液。

②用1mL灭菌吸管吸取1:10稀释液1mL,沿管壁徐徐注入含有9mL灭菌生理盐水的试管内,振摇试管,混合均匀,做成1:100的稀释液。

③另取1mL灭菌吸管,按上述操作依次做10倍递增稀释。

④选择2~3个以上适宜稀释度,分别在做10倍递增稀释的同时,即以吸取该稀释度的吸管移1mL稀释液于灭菌平皿内,每个稀释度做两个平皿。

⑤稀释液移入平皿后,应及时将冷至50℃的乳酸菌计数培养基（MRS、改良 TJA、或改良MC 琼脂）注入平皿约15mL,并转动平皿使混合均匀,同时做空白对照。

⑥待琼脂凝固后,翻转平板,于厌氧条件下置36℃±1℃温箱内培养72h±3h,观察乳酸菌菌落特征（见表9－6）,选取菌落数在25~250的平板进行计数。计算后,挑取5个以上可疑菌落进行革兰氏染色,镜检和过氧化氢酶试验。革兰氏阳性,过氧化氢酶阴性,无芽孢菌可定为乳酸菌。

⑦根据证实为乳酸菌的菌落数比例,计算出该皿内实际乳酸菌落,然后乘以其稀释倍数即得每克(毫升)样品中乳酸菌落。

表9－6　乳酸菌在不同培养基上菌群特征

MRS	改良 MC	改良 TJA
菌落为白色,较大,直径5mm±1mm	平皿底为粉红色,菌落较小,圆形,红色,边缘似星状,直径2mm±1mm,有淡淡的晕	平皿底为黄色,菌落中等大小,微白色,湿润,边缘不整齐,直径3mm±1mm,如棉絮团状菌落

⑧菌型鉴定:常见乳酸菌属内种的生化物性,见表9－7、表9－8。

表9－7　常见乳酸杆菌的生化特性

乳酸杆菌类型	葡萄糖	木糖	水杨苷	七叶苷	麦芽糖	甘露醇	蔗糖	触酶	吲哚	明胶
嗜酸乳杆菌 (L. acidophilus)	+	−	+	+	+	−	+	−	−	−
卷曲乳杆菌 (L. cripatus)	+	−	+	+	+	−	+	−	−	−
格氏乳杆菌 (L. gasseri)	+	−	+	+	d	−	+	−	−	−
詹氏乳杆菌 (L. jensenii)	+	−	+	+	d	D	+	−	−	−
乳酪乳杆菌 (L. casei)	+	−	+	+	+^{w}	+	+	−	−	−
植物乳杆菌 (L. plantarum)	+	d	+	+	+^{w}	+	+	−	−	−

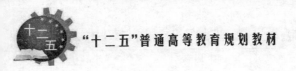
续表

乳酸杆菌类型	葡萄糖	木糖	水杨苷	七叶苷	麦芽糖	甘露醇	蔗糖	触酶	吲哚	明胶
发酵乳杆菌 （L. fermentum）	+	−	−	−	+^{w}	−	+	−	−	−
短乳杆菌 （L. brevis）	+	v	−	d	+^{w}	−	d	−	−	−

注：+:90%以上菌株阳性；−:90%以上菌株阴性；d表示不同菌株反应不同；v:为11%~89%以上菌株阳性；+^{w}:大部分菌株为弱阳性，少数为阳性。

表9-8 乳酸链球菌的生化特性

乳酸链球菌类型	生长试验								
	10℃	45℃	0.1%美蓝牛乳	6.5%氯化钠	40%胆汁	pH 9.6	加热60℃ 30min	淀粉水解	精氨酸水解
嗜热链球菌	−	+	−	−	−	−	+	+	−
乳链球菌	−	−	+	−	+	−	d	−	+
乳脂链球菌	−	−	d	−	−	−	d	−	−

注：d有些菌株阳性，有些菌株阴性，其他符号同表9-9。

2. Petrifilm™测试片法

（1）范围

SN/T 1941的本部分规定了乳酸菌的Petrifilm™测定方法。

本部分适用于天然或添加乳酸菌的食品及原料中乳酸菌的测定。

（2）术语和定义

下列术语和定义适用于SN/T 1941的本部分。

Petrifilm™细菌总数测试片（用于乳酸菌检测）[aeroblic count plates（used for lactic acid bateria testing]是一种预先制备好的培养基系统，含有标准的培养基，冷水可溶性的凝胶剂和氯化二苯四氮唑（TTC）指示剂可增强菌落计数效果。用MRS肉汤制备好样品后，在微需氧条件下培养后可以对乳酸菌进行计数。

（3）设备和材料

培养箱:36℃±1℃和25℃±1℃;微量移液器1 000μL;微需氧培养设备:最佳微需氧条件为5%氧气、10%二氧化碳和85%氮气。可用具双相压力计的微需氧培养箱、厌氧罐、蜡烛缸、气袋或其他可代用的装置;天平:量程2kg,感量0.1g;灭菌样品处理器具:吸管、取样勺、剪刀、开罐器;样品稀释瓶:500mL样品稀释瓶;压板。

（4）培养基和试剂

除另有规定外,试剂均为分析纯或生化试剂,水为蒸馏水;

磷酸盐缓冲液、MRS肉汤、Petrifilm™细菌总数测试片。

（5）检验方法

Petrifilm™是一种用于乳酸菌计数的可再生水合物的干膜,它由上下两层薄膜组成,下层的聚乙烯薄膜上印有网格并且覆盖有乳酸菌生长所需的培养基,上层是聚丙烯薄膜。使用时只需接种 1mL 待测样品的稀释液在下层的培养基上。盖上上层的聚丙烯薄膜,此时聚乙烯层上的培养基由于水的作用生成水合物,适合乳酸菌生长。Petrifilm™测试片是采用 TTC(氯化三苯四氮唑)作为菌落指示剂,可对食品中存在的乳酸菌进行计数。

（6）操作步骤

1）检测样品的制备

①样品的全部制备过程均应遵循无菌操作程序。

②冷冻样品应在 2～5℃ 条件下解冻,时间不超过 18h,也可在温度不超过 45℃ 的条件下解冻,时间不超过 15min。

③液体样品应先将其充分摇匀。

④表面取样的样品(如拭子、胶带)等应立即进行检测。

2）样品匀液的制备

①固体和半固体食品:以无菌操作称取 25g 样品,放入装有 225mL 磷酸盐缓冲稀释液或 0.85% 生理盐水的无菌均质杯内,于 8 000～10 000r/min 均质 1～2min,制成 1:10 样品均液;或放入 225mL 稀释液的无菌均质袋中、用拍击式均质器拍打 1～2min,制成 1:10 样品均液。

②液体样品:以无菌吸管吸取样品 25mL 放入装有 225mL 稀释液的无菌锥形瓶(瓶内预置适当数量的无菌玻璃珠),充分振摇、制成 1:10 样品均液。

③表面取样的样品按一定的比例制成 1:1 样品匀液和(或)1:10 样品匀液。

④用 1mL 无菌吸管或微量移液器吸取 1:10 样品匀液 1.0mL,沿管壁缓缓注于装有 9mL 稀释液的无菌试管中(注意吸管尖端不要触及稀释液),振摇试管或换用一支无菌吸管反复吹打使共混合均匀制成 1:100 的样品匀液。

⑤另取 1mL 无菌吸管或微量移液器吸头,按上述操作顺序,做 10 倍递增样品匀液,如此每递增稀释一次,即换用 1 次 1mL 灭菌吸管或吸头。

3）接种

①制备两倍浓度的 MRS 肉汤。根据食品卫生标准要求或对标本污染情况的估计,选择 2～3 个适宜稀释度检验。对每一个稀释度的试管,从中吸取 5mL 溶液到一支无菌试管中,在吸取 5mL 两倍浓度的 MRS 肉汤到该试管中,充分混匀后制成 MRS 和样品匀液,再从中吸取 1mL 液体进行接种;或者对每一个稀释度的试管,用微量移液器吸取 0.5mL 样品稀释液,再取 0.5mL 两倍浓度的 MRS 肉汤后进行接种。

②将测试片置于平坦表面处,揭开上层膜,用吸管、微量移液器将上述制备好的 1mL MRS 肉汤和样品匀液,垂直滴加在测试片的中央处。将巨层膜盖下,允许上层膜直接落下,但不要滚动上层膜,将压板(凹面底朝下)放置在上层膜中央处,轻轻地压下,使样液均匀覆盖于圆形的培养面积上,切勿扭转压板,拿起压板,静置至少 1min 以使培养基凝固。每个稀释度接种两张测试片,每张 1mL。

4）培养

将测试片的透明面上置于厌氧培养设备内,可堆叠至 20 片,如果测试片超过 20 片,可以用坚硬的分隔物将测试片分开后培养,于厌氧条件下 30～35℃ 培养 48h±3h。

5）计数

用目视、用标准菌落计数器或放大镜来计数红色菌落。选取菌落数在 25～250 之间的测试片作为计数标准。当菌落数大于 250 时,可以选取 1～2 个具有代表性的方格来计数,计数表格边缘的菌落时遵循"数左不数右,数上不数下"的原则,最后以每个方格的平均菌落数乘以20来报告估算菌落数。

6)计数说明

①不论菌落大小都应计数。

②当乳酸菌浓度很高时,整个测试片会变成红色或粉红色,将结果记录为"多不可计";

③有时乳酸菌浓度很高时测试片中央可能没有可见菌落,但圆形培养面积的边缘有许多小的菌落,其结果也记录为"多不可计":要求对样品进行进一步的稀释,也可获得准确的读数。

④异性乳酸菌在测试片上表现为产气,但在距离圆形边缘6.4mm,的范围内,可能不产生可视的气泡,同型乳酸菌不产生气泡。红色菌落不管是否产气都计数为乳酸菌。

7)计算方法

①若只有一个稀释度测试片上的菌落数在适宜计数范围内,计算两个测试片菌落数的平均值,再将平均值乘以相应稀释倍数,作为每克(毫升)中菌落总数结果。

②若有两个连续稀释度在适宜计数范围内时,只计数在 25 ~ 250 菌落的测试片,按式(9-1)计算。

$$N = \sum C/(n_1 + 0.1n_2)d \tag{9-1}$$

式中 N——样品中菌落数;

$\sum C$——测试片(含适宜范围菌落数的测试片)菌落数之和;

n_1——适宜范围菌落数的第一稀释度(低)测试片个数;

n_2——适宜范围菌落数的第二个稀释度(高)测试片个数;

d——稀释因子(第一稀释度)。

示例:

稀释度	1:200(第一稀释度)	1:2 000(第二稀释度)
菌落数	232,244	33,35

$N = \sum C/(n_1 + 0.1n_2)d = (232 + 244 + 33 + 35)/\{[2 + (0.1 \times 2)] \times (0.5 \times 10^2)\} = 49\ 455$

上述数据经"四舍五入"后,表示未 49 000 或 4.9×10^4。

(7)报告结果

根据证实为乳酸菌的菌落计数出该测试片上的乳酸菌数,然后乘其稀释倍数即得每克(毫升)样品中乳酸菌数。

3. 乳酸杆菌的 PCR 法

(1)范围

SN/T 1941 的本部分规定了乳酸杆菌的 PCR 检验方法。

本部分适用于天然或添加乳酸菌的食品及原料中乳酸菌的测定。

(2)术语、定义和缩略语

1)术语和定义

①乳酸杆菌属(*Lactobacillus*)

乳酸杆菌为一类革兰氏阳性无芽孢的细长杆菌,能分解葡萄糖或乳酸产生污染的乳酸,专性厌氧、兼性厌氧或厌氧,多数无动力,过氧化氢酶阴性。

②聚合酶链反应(polymerase chain reaction,PCR)

用两段(通常长度为15~25个核苷酸)寡脱氧核苷酸作为反应的引物,与待测模板DNA链上的特定位点分别发生互补,在适宜反应液上DNA聚合酶的催化下,通过DNA变形,退火及延伸数十个循环而获得两个互补位点之间DNA片段的大量拷贝,反应液包括含有镁离子的反应缓冲液、4种脱氧核苷三磷酸(dNTP)、模板DNA、引物及热稳定DNA聚合酶组成。

③引物 primer

应用化学方法合成一对与已知待扩增基因片段两侧DNA序列互补的寡核苷酸,作为PCR扩增的引物。

2)缩略语

下列缩略语适用于SN/1941的本部分。

PCR. polymerase chain reaction(PCR,聚合酶链反应)。

DNA:deoxyribonucleic acid,脱氧核糖核酸。

dNTP:deoxyribonucleoside triphosphate,脱氧核苷三磷酸。

dATP:deoxyadenosine triphosphate,脱氧腺苷三磷酸。

dCTP:deoxycytidine triphosphate,脱氧胞苷三磷酸。

dGTP:deoxyguanosine triphosphate,脱氧鸟苷三磷酸。

dTTP:deoxythymidine triphosphate,脱氧胸苷三磷酸。

dUTP:deoxyuridine triphosphate,脱氧尿苷三磷酸。

UDG:uracil DNA glycosylase,尿嘧啶DNA-糖基酶。

bp:base pair,碱基对。

Taq:Thermus aquatica,水生栖热菌。

Tris:trish(hydroxymethyl)aminomethane,三(羟甲基)氨基甲烷。

TE:Tris-HCl、EDTA缓冲液。

(3)培养基和试剂

除另有规定外,试剂均为分析纯或生化试剂,实验用水为灭菌蒸馏水。

MRS肉汤;MRS琼脂;改良番茄汁琼脂培养基;改良MC培养基;预计扩增片段目的片段250bp;Taq DNA聚合酶;dNTP:dATP、dTTP、dCTP、dGTP;乳酸杆菌质控菌株:菌株目录号为干酪乳酸杆菌1.243 5,嗜酸乳酸杆菌1.187 8,发酵乳酸杆菌1.1880均购自生物制品研究所(CMCC),大肠杆菌质控菌株购自ATCC 25922;琼脂糖;溴化乙锭;DNA相对分子质量标记:100bp DNA ladder;细菌基因组DNA提取试剂盒;TE缓冲液:10mmol/L Tris-HCl(pH8.0)、1mmol/L EDTA(pH8.0);10×PCR缓冲液;200mmol/1 Tris-HCl(pH8.4),200mmo1/L氯化钾(KCl、15mmol/L氯化镁(MgCl₂);TAE电泳缓冲液(储备液×50);Tris碱242g、冰乙酸57.1mL、0.5mol/L EDTA(pH8.0)100mL,用蒸馏水定容至1 000mL,混匀,室温保存。使用时取20mL 50×TAE电泳缓冲液,稀释为1 000mL应用液即可;10×加样纷冲液;1%SDS、50%(体积分数)甘油,0.05%(质量浓度)溴酚蓝。

(4)仪器和设备

电子天平感量为:0.001g;PCR仪;离心机;紫外凝胶成像仪;电泳仪;微量移液器:2μL,10μL,20μL,100μL,200μL,1 000μL;恒温培养箱;恒温水浴锅;厌氧培养设备:可用具双相压力

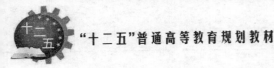

计的厌氧培养箱、厌氧罐、蜡烛缸、气袋或其他可代用的装置。

（5）检验方法

食品经增菌后采用细菌基因组 DNA 提取试剂盒提取 DNA，以提取的 DNA 为模板进行 PCR 扩增，琼脂糖凝胶电泳检验 PCR 产物是否有特征条带，从而对食品中乳酸杆菌进行快速检验。

（6）检测步骤

1）增菌

以无菌操作称取样品 25mL（g），加到含有 225mL 乳酸杆菌 MRS 增菌肉汤培养基的灭菌广口瓶内，振摇使样品充分混匀后，分别于有氧和厌氧条件下 36℃±1℃ 恒温培养 48h±3h。

2）模板 DNA 提取

取含有乳酸杆菌的肉汤培养基 1.5mL，10 000r/min 离心 2min，尽量倒尽上清液。按细菌基因组 DNA 提取试剂盒操作说明书提取模板 DNA，所提取的模板 DNA 溶于 50μL TE 中。剩余含乳酸杆菌的肉汤增菌液分别于有氧和厌氧条件下，36℃±1℃ 恒温过夜培养，以备确证试验使用。

3）PCR 扩增（可参照相关试剂盒操作说明）

反应体系体积 50μL：10×PCR 缓冲液（Mg^{2+} Plus）5μL、引物对（20pmol/L）各 0.5μL，dNTP（2.5mmol/L）4μL，TaqDNA 聚合酶（5U/μL）0.25μL，模板 DNA1μL、水补足至 50μL。

反应条件：95℃ 预变性 5min，95℃ 变性 30s，55℃ 退火 30s，72℃ 延伸 30s，进行 30 个循环，72℃ 延伸 7min，4℃ 保存。

4）质控

检验过程中要设阳性对照、阴性对照和空白对照。分别接种乳酸杆菌标准菌株目录号为 CMCC1.2435、CMCC1.1878、CMCCl.1880 和大肠埃希氏菌标准菌株目录号为 ATCC25922 到营养肉汤中，36℃±1℃ 培养。各取 1.5mL 增菌液，离心，提取 DNA。乳酸杆菌 DNA 模板作阳性对照，大肠埃希氏菌 DNA 模板作阴性对照，灭菌双蒸水作空白对照。

5）PCR 扩增产物电泳检验

用 50×TAE 电泳缓冲液（工作液为 1×TAE）配制 2% 琼脂糖电泳凝胶（溴化乙锭终浓度达到 1μg/mL）、制胶。在电泳槽中加入电泳缓冲液，使液面没过胶面。将 7.5μLPCR 扩增产物分别和 1.5μL6×加样缓冲液混合，点样，同时加入 100bp DNA ladder。9V/cm 恒压，电泳 20～30min。紫外凝胶成像仪下观察电泳结果，拍照并记录结果。

（7）结果及判断

1）PCR 扩增产物电泳检验结果

乳酸杆菌 PCR 扩增产物为 250bP。

2）结果判断

阴性对照和空白对照均未出现特征带；阳性对照出现预期大小的特征条带；待测样品出现预期大小的特征条带，怀疑存在乳酸杆菌，需进一步确证；待测样品未出现预期大小的扩增条带，为阴性结果。

3）确证试验

取（6）2）中 36℃±1℃ 恒温培养的相应增菌液接种于 MRS 琼脂平板中，按照 SN/T 1941.1 挑取可疑菌落并进行鉴定。

4）结果表述

PCR 扩增产物电泳检验结果呈阳性，且经确证为非假阳性，报告该食品中检出乳酸杆菌。

PCR 扩增产物电泳检验结果呈阴性,报告该食品中未检出乳酸杆菌。

5)废弃物处理的措施

检验过程中的废弃物,收集后焚烧处理。

4. 食品安全国家标准中乳酸菌的检验

(1)范围

本标准规定了含乳酸菌食品中乳酸菌(lactic acid bacteria)的检验方法。

本标准适用于含活性乳酸菌的食品中乳酸菌的检验。

(2)设备和材料

除微生物实验室常规灭菌及培养设备外,其他设备和材料如下:

恒温培养箱:36℃±1℃;冰箱2~5℃;均质器及无菌均质袋、均质杯或灭菌乳钵;天平:感量0.1g;无菌试管:18mm×180mm、15mm×100mm;无菌吸管:1mL(具0.01mL刻度)、10mL(具0.1mL刻度)或微量移液器及吸头;无菌锥形瓶:500mL、250mL。

(3)培养基和试剂

MRS(Man Rogosa Shape)培养基及莫匹罗星锂盐(Li-Mupirocin)改良MRS培养基;MC培养基(Modified Chalmers 培养基);0.5%蔗糖发酵管;0.5%纤维二糖发酵管;0.5%麦芽糖发酵管;0.5%甘露醇发酵管;0.5%水杨苷发酵管;0.5%山梨醇发酵管;0.5%乳糖发酵管;七叶苷发酵管;革兰氏染色液;莫匹罗星锂盐(Li-Mupriocin):化学纯。

(4)操作步骤

1)样品制备

①样品的全部制备过程均应遵循无菌操作程序。

②冷冻样品可先使其在2~5℃条件下解冻,时间不超过18h,也可在温度不超过45℃的条件解冻,时间不超过15min。

③固体和半固体食品:以无菌操作称取25g样品,置于装有225mL生理盐水的无菌均质杯内,于8 000~10 000r/m均质1~2min,制成1:10样品匀液;或置于225mL生理盐水的无菌均质袋中,用拍击式均质器拍打1~2min制成1:10的样品匀液。

④液体样品:液体样品应先将其充分摇匀后以无菌吸管吸取样品25mL放入装有225mL生理盐水的无菌锥形瓶(瓶内预置适当数量的无菌玻璃珠)中,充分振摇,制成1:10的样品匀液。

2)步骤

①用1mL无菌吸管或微量移液器吸取1:10样品匀液1mL,沿管壁缓慢注于装有9mL生理盐水的无菌试管中(注意吸管尖端不要触及稀释液),振摇试管或换用1支无菌吸管反复吹打使其混合均匀,制成1:100的样品匀液。

②另取1mL无菌吸管或微量移液器吸头,按上述操作顺序,做10倍递增样品匀液,每递增稀释一次,即换用1次1mL灭菌吸管或吸头。

③乳酸菌计数

A.乳酸菌总数

根据待检样品活菌总数的估计,选择2~3个连续的适宜稀释度,每个稀释度吸取0.1mL样品匀液分别置于2个MRS琼脂平板,使用L形棒进行表面涂布。36℃±1℃,厌氧培养48h±2h后计数平板上的所有菌落数。从样品稀释到平板涂布要求在15min内完成。

B. 双歧杆菌计数

根据对待检样品双歧杆菌含量的估计,选择 2~3 个连续的适宜稀释度,每个稀释度吸取 0.1mL 样品匀液于莫匹罗星锂盐(Li-Mupirocin)改良 MRS 琼脂平板,使用灭菌 L 形棒进行表面涂布,每个稀释度作两个平板。36℃±1℃,厌氧培养48h±2h 后计数平板上的所有菌落数。从样品稀释到平板涂布要求在 15min 内完成。

C. 嗜热链球菌计数

根据待检样品嗜热链球菌活菌数的估计,选择 2~3 个连续的适宜稀释度,每个稀释度吸取 0.1mL 样品匀液分别置于 2 个 MC 琼脂平板,使用 L 形棒进行表面涂布。36℃±1℃,需氧培养 48h±2h 后计数。嗜热链球菌在 MC 琼脂平板上的菌落特征为:菌落中等偏小,边缘整齐光滑的红色菌落,直径 2mm±1mm,菌落背面为粉红色。从样品稀释到平板涂布要求在 15min 内完成。

D. 乳杆菌计数

上述 A. 项乳酸菌总数结果减去 B. 项双歧杆菌与 C. 项嗜热链球菌计数结果之和即得乳杆菌计数。

3)菌落计数

可用肉眼观察,必要时用放大镜或菌落计数器,记录稀释倍数和相应的菌落数量。菌落计数以菌落形成单位(colony-forming units,CFU)表示。

①选取菌落数在 30~300CFU、无蔓延菌落生长的平板计数菌落总数。低于30CFU 的平板记录具体菌落数,大于 300CFU 的可记录为多不可计。每个稀释度的菌落数应采用两个平板的平均数。

②其中一个平板有较大片状菌落生长时,则不宜采用,而应以无片状菌落生长的平板作为该稀释度的菌落数;若片状菌落不到平板的一半,而其余一半中菌落分布又很均匀,即可计算半个平板后乘以2,代表一个平板菌落数。

③当平板上出现菌落间无明显界线的链状生长时,则将每条单链作为一个菌落计数。

4)结果的表述

①若只有一个稀释度平板上的菌落总数在适宜计数范围内,计算两个平板菌落数的平均值,再将平均值乘以相应稀释倍数,作为每 g(mL)中菌落总数结果。

②若只有两个连续稀释度的平板菌落数在适宜计数范围内时,按公式(9-2)计算:

$$N = \sum C/(n_1 + 0.1n_2)d \qquad (9-2)$$

式中　N——样品中菌落数;

　　$\sum C$——测试片(含适宜范围菌落数的测试片)菌落数之和;

　　n_1——适宜范围菌落数的第一稀释度(低)平板个数;

　　n_2——适宜范围菌落数的第二个稀释度(高)平板个数;

　　d——稀释因子(第一稀释度)。

③若所有稀释度的平板菌落数均大于 300CFU,则对稀释度最高的平板进行计数,其他平板可记录为多不可计,结果按平均菌落数乘以最高稀释倍数计算。

④若所有稀释度的平板菌落数均小于30CFU,则应按稀释度最低的平均菌落数乘以稀释倍数计算。

⑤若所有稀释度(包括液体样品原液)平板均无菌落生长,则以小于1乘以最低稀释倍数计算。

⑥若所有稀释度的平板菌落数均不在 30~300CFU,其中一部分小于 30CFU 或大于

300CFU 时,则以最接近 30CFU 或 300CFU 的平均菌落数乘以稀释倍数计算。

5)菌落数的报告

①菌落数小于 100CFU 时,按"四舍五入"原则修约,以整数报告。

②菌落数大于或等于 100CFU 时,第 3 位数字采用"四舍五入原则修约后,取前 2 位数字,后面用 0 代替位数:也可用 10 的指数形式来表示,按"四舍五入"原则修约后,采用两位有效数字。

③称重取样以 CFU/g 为单位报告,体积取样以 CFU/mL 为单位报告。

(5)结果与报告

根据菌落计数结果出具报告,报告单位以 CFU/g(mL)表示。

(6)乳酸菌的鉴定(可选做)

1)纯培养

挑取 3 个或以上单个菌落,嗜热链球菌接种于 MC 琼脂平板,乳杆菌属接种于 MRS 琼脂平板,置 36℃±1℃厌氧培养 48h。

2)鉴定

①双歧杆菌的鉴定按 GB/T 4789.34 的规定操作。

②涂片镜检:乳杆菌属菌体形态多样,呈长杆状、弯曲杆状或短杆状。无芽孢,革兰氏染色阳性。嗜热链球菌菌体呈球形或球杆状,直径为 0.5~2.0μm,成对或成链排列,无芽孢,革兰氏染色阳性。

③乳酸菌菌种主要生化反应见表 9-9 和表 9-10。

表 9-9 常见乳酸杆菌的生化特性

乳酸杆菌类型	葡萄糖	木糖	水杨苷	七叶苷	麦芽糖	甘露醇	蔗糖	触酶	吲哚	明胶
嗜酸乳杆菌	+	-	+	+	+	-	+	-	-	-
卷曲乳杆菌	+	-	+	+	+	-	+	-	-	-
格氏乳杆菌	+	-	+	+	d	-	+	-	-	-
詹氏乳杆菌	+	-	+	+	d	d	+	-	-	-
乳酪乳杆菌	+	-	+	+	+	+w	+	-	-	-
植物乳杆菌	+	d	+	+	+w	+	+	-	-	-
发酵乳杆菌	+	-	-	-	+w	-	+	-	-	-
短乳杆菌	+	v	-	d	+w	-	d	-	-	-

注:+:90%以上菌株阳性;-:90%以上菌株阴性;d 表示不同菌株反应不同;v:为 11%~89%以上菌株阳性;+w:大部分菌株为弱阳性,少数为阳性。

表 9-10 乳酸链球菌的生化特性

乳酸链球菌类型	生长试验							淀粉水解	精氨酸水解
	10℃	45℃	0.1%美蓝牛乳	6.5%氯化钠	40%胆汁	pH 9.6	加热 60℃ 30min		
嗜热链球菌	-	+	-	-	-	-	+	+	-
乳链球菌	-	-	+	-	+	-	d	-	+
乳脂链球菌	-	-	d	-	-	-	d	-	-

注:d 有些菌株阳性,有些菌株阴性,其他符号同表 9-10。

第三节　食品中其他厌氧菌检测

一、双歧杆菌(*Bifidobacterium*)

(一)分布

双歧杆菌是由法国巴斯德研究院学者 Tissier 于 1899 年用厌氧培养法首次从健康母乳婴幼儿的粪便中分离出来的一种专性厌氧菌,是目前公认的一类对机体健康有促进作用的益生菌。它可定殖于人的小肠下段与大肠管壁上,为吃母乳婴儿肠道中的优势菌(占肠道总菌数的90％以上),其数量的多少与人体健康密切相关。具有免疫调节、抗肿瘤、抗菌消炎、抗衰老、降血脂等一系列保健功能,与人类的许多病理、生理现象密切相关。现已确认,双歧杆菌是人体健康的重要指标之一,目前已引起了国内外医学界的普遍关注。

(二)生物学特性

双歧杆菌属革兰氏阳性、不运动、无芽孢的杆菌。双歧杆菌是专性严格厌氧菌,对氧气非常敏感。最适生长温度 37 ~ 41℃,初始最适 pH6.5 ~ 7.0,在 pH4.5 ~ 5.0 不生长。染色不规则,过氧化氢酶呈阴性,一般有 2 ~ 3 个颗粒,形态多变,常因种、菌龄及生长环境不同而呈现弯曲杆形、L、V 或 Y 形等多种形态,菌落光滑,凸圆,边缘完整,乳脂呈白色,闪光并有柔软质地。双歧杆菌的营养要求非常复杂,需要多种生长促进因子。

(三)检验方法

双歧杆菌菌落数是指在一定条件下培养后,所得 1mL(g)样检中所含双歧杆菌菌落数。

1. 培养基

TPY 琼脂培养基、BL 琼脂培养基、BBL 琼脂培养基、双歧杆菌生化用基础培养基、PYG 液体培养基。

2. 检验步骤

(1)以无菌操作将充分混匀的检样 25g(mL)用 225mL 灭菌生理盐水制成 1:10 的均匀稀释液。

(2)对样品悬液进行系列 10 倍梯度稀释。

(3)选择 2 ~ 3 个适宜稀释度,分别在做 10 倍递增稀释的同时,各取 0.1mL 分别加入计数培养基平皿,均匀涂布,每个稀释度涂布两个平皿。最好同时选用 2 ~ 3 种培养基(BL、BBL、TPY 培养基),同时用灭菌生理盐水做空白对照。

(4)待琼脂表面干后,翻转平皿,放至厌氧罐内,操作全过程须在 20min 内完成。

(5)将厌氧罐置 36℃ ±1℃温箱内培养 72h ±3h,观察双歧杆菌菌落特征见表 9 – 11。

选取菌落数在 30 ~ 300 的平板对可疑菌落进行计数,随机挑取 5 个可疑菌落进行革兰氏染色、显微镜检查和过氧化氢酶试验。过氧化氢酶阴性、无芽孢、着色不均匀、出现"Y"或"V"形的分叉状,或棒状等多形态的杆菌可定为双歧杆菌。

表9-11 双歧杆菌在不同培养基上菌落生长形态特征

培养基	双歧杆菌特征
BL 培养基(黄色)	菌落中等大小,表面光亮,边缘整齐呈瓷白色、奶油色,质地柔软、细腻
BBL 培养基(黄色)	菌落中等大小,表面光亮,凸起,边缘整齐呈奶油色,质地柔软、细腻
TPY 培养基(黄色)	菌落表面光滑,凸起,,边缘整齐呈奶油色、瓷白色,质地柔软、细腻

（6）菌落计数:根据证实为双歧杆菌的菌落数,计算出平皿内的双歧杆菌数,然后乘以样品的稀释倍数,得每毫升样品中双歧杆菌数。取三种培养基中计数最高的为最终结果。

（7）生化鉴定:双歧杆菌一般不还原硝酸盐(但当培养基有溶解的红细胞时,可以还原硝酸盐),不产靛基质和硫化氢。双歧杆菌种内鉴定见表9-12。

表9-12 常见双歧杆菌属内种的生化鉴定要点

常见双歧杆菌	D-核糖	L-阿拉伯糖	乳糖	纤维二糖	松三糖	棉子糖	山梨醇	淀粉	葡萄糖酸盐
分叉双歧杆菌(B. bifidum)	–	–	+	–	–	–	–	–	–
常双歧杆菌(B. longum)	+	+	+	–	+	+	–	–	–
婴儿双歧杆菌(B. infantis)	+	+	+	–	–	+	–	–	–
短双歧杆菌(B. breve)	+	+	d	d	+	d	–	–	–
青春双歧杆菌(B. adolescentis)	+	+	+	+	+	+	d	+	+

注:d 表示有些菌株阳性,有些阴性,其他符号同表9-10。

二、破伤风梭菌

（一）分布

破伤风梭菌是引起人和动物破伤风病的病原菌。该菌大量存在于人和动物的肠道内,随粪便污染环境及食品,其在土壤中可形成芽孢而长期存在。以植物的根、茎为原料的药物也可能被破伤风梭菌的芽孢污染。

（二）生物学特性

破伤风梭菌为革兰阳性厌氧芽孢杆菌,芽孢呈正圆形,位于菌体顶端,其直径大于菌体横径,使菌体膨大呈鼓槌状,形成破伤风梭菌特有的形态学特征。破伤风梭菌多数菌株有鞭毛,无荚膜。最适生长温度为37℃。一般不发酵乳糖,能液化明胶,产生硫化氢;大多数菌株产生吲哚,不还原硝酸盐,分解蛋白质的能力轻微而缓慢。在庖肉培养基内生长时使培养液变浑

313

浊,肉渣变黑,有腐败性恶臭;在血平板上生长可形成α溶血环。破伤风梭菌产生的痉挛毒素毒性极强,可选择性作用于中枢神经系统,影响抑制性神经介质的释放,导致肌肉强直性痉挛。

(三)检测方法

1. 培养基及试剂

庖肉培养基、血琼脂平板、破伤风抗毒素。

2. 检验步骤

(1)直接镜检:可疑样品直接涂片革兰氏染色,显微镜检见有革兰阳性大杆菌,菌体顶端有圆形芽孢,呈鼓槌状,可初步报告。

(2)增菌培养:将样品接种庖肉培养基,于75~85℃水浴加热30min,以杀灭杂菌,激活芽孢;然后置35~37℃下,厌氧培养2~4d,必要时可延长至12d。涂片镜检,如有典型鼓槌状杆菌,再进行分离培养,必要时做动物实验。

(3)分离培养:将增菌培养物离心,沉淀接种于有新霉素或卡那霉素等抑制其他厌氧菌生长的加热血琼脂或葡萄糖血琼脂平板的一边,于严格厌氧环境中37℃培养24h。破伤风梭菌常呈迁徙状生长,在边缘上形成蔓丝状菌落。取前端部分再接种增菌培养基,有时须重复接种2~3次才能得到纯培养。

(4)动物实验:常用小白鼠做毒力实验和保护性实验。每次实验用2只小白鼠,其中1只预先皮下注射破伤风抗毒素0.5mL。作为对照,然后给2只小白鼠后腿肌内注射培养滤液各0.1~0.25mL。经12~24h后,未接种破伤风抗毒素的小白鼠出现尾部僵直竖起,后肢肌肉强直疼挛,甚至死亡。而接种破伤风抗毒素的小白鼠无任何症状,称为保护性实验阳性。证实培养物中存在破伤风毒素。

(5)鉴定:根据直接涂片镜检见革兰阳性大杆菌、菌体呈典型呈鼓槌状,即可作出初步鉴定。再根据本菌在厌氧血琼脂平板上呈扩散生长,扩散生长可被特异性抗毒素所抑制。在庖肉培养基中,肉渣部分消化呈微黑色。生化反应特征为不发酵糖类,不分解蛋白质。必要时做动物保护性实验以作出最后鉴定。

三、亚硫酸盐还原梭状芽孢杆菌

(一)分布

亚硫酸盐还原梭状芽孢杆菌是梭状芽孢杆菌属的一群细菌,而不是一个生物学分类单位。多指厌氧芽孢杆菌,代表性菌株是致黑梭状芽孢杆菌,其他常见的还有产气荚膜梭菌、肉毒梭菌、破伤风梭菌、双酶梭菌、溶血梭菌、诺氏梭菌、生孢梭菌等。这类细菌的主要特征是将亚硫酸盐还原为硫化物,多为有动力的革兰氏阳性菌,可形成芽孢,厌氧生长。亚硫酸盐还原梭状芽孢杆菌的孢子在自然环境中广泛存在,通常出现在人和动物的粪便排泄物,废水和土壤中。与大肠杆菌和其他杆菌不同的是,由于它们的孢子比营养体对物理和化学因子具有更强的抵抗力,所以可以在自然环境中存活很大时间。因而,通常将他们作为长期污染或间断污染的指示菌。

由于此类细菌抵抗力强,即使在经适当加工处理的加工食品中其芽孢仍会存活,条件适宜时又会生长繁殖,造成食品品质降低或腐败,甚至会引起食物中毒的危险。因此在食品的制备、贮存以及食品加工厂环境卫生控制上颇受重视,作为食品、矿泉水、加工设备卫生、生产环境的卫生状况的评估指标,得到越来越广泛的应用。

(二)检验原理

检测方法一般包括以下三部分:检样在接种前在80~100℃水浴中处理10~15min,以杀灭抵抗力弱的芽孢细菌的营养体,同时刺激芽孢的繁殖;通过选择性培养如亚硫酸铁盐琼脂等判定是否具有还原亚硫酸盐的能力,如果有则进一步与培养基中的亚铁盐如枸橼酸铁反应,使菌落呈现黑色;培养基接种后置于厌氧环境中培养确认厌氧特征。也可在培养基中加入抗生素等抑制剂抑制其他非亚硫酸盐还原菌的生长。

(三)检验方法

1. 培养基和试剂

氯化钠胰蛋白胨稀释液、亚硫酸铁琼脂、过氧化氢试剂、庖肉培养基。

2. 检验步骤

(1)菌落计数法

①无菌操作称取剪碎后的样品25g,置于装有225mL氯化钠胰蛋白胨稀释液的广口瓶中。若检测亚硫酸盐还原梭菌的芽孢,可75℃20min或煮沸保持10min热处理样品,之后以流水迅速冷却至室温后再称取。充分混匀后据样品污染情况做进一步的系列10倍梯度稀释。

②对每一份试样,选用适宜的三个连续稀释度的样液,分别用灭菌吸管吸取1mL,一式双份地接种于每个灭菌的培养皿中。

③倾注约15mL制备好的并于水浴箱保温至45℃的亚硫酸铁琼脂。从制备最初稀释液结束到倾注培养基于最后一个平皿所用的时间不应超过15min。仔细将接种物和培养基充分混匀,水平放置,使其凝固。

④待混合物凝固后,再倾注10mL同样的培养基于已凝固的培养基上作为隔层以防氧吸附,并防止细菌蔓延生长。

⑤待该隔层凝固后反转制备好的平板,于37℃±1℃厌氧培养24~48h。若对培养温度有特殊要求(如46℃),可依据情况进行培养。

⑥亚硫酸盐还原梭菌在亚硫酸铁琼脂上呈暗灰色或黑色菌落。37℃±1℃厌氧培养24h后,计数典型的菌落;若平板上无特征性菌落或菌落较小(<0.5mm),则需继续培养24h再计数;若48h后的菌落增大以至相连,则以24h的计数为准,反之则以48h为准。那些仅产生氢(而不是H_2S)的厌氧菌生长时也可还原亚硫酸盐而导致培养基出现弥散的、非典型的普遍变黑,这种现象不应计数。

⑦取特征性菌落(不少于5个)移种于庖肉培养基中,37℃±1℃厌氧培养24~72h。待出现生长特征(培养液浑浊、产气、出现异味)后,进行证实试验。对阳性结果进行计数。

⑧读取带有10~100个黑色菌落的平皿,结果以相应稀释度的两个平板的菌落数平均值乘以相应稀释倍数来计算每克样品中亚硫酸盐还原梭菌数。结果报告如下:估计亚硫酸盐还原梭菌数/g(mL)。若相应测试试样的两个平板上均无特征性菌落,以<10/g(mL)报告。

(2)最近似值(MPN)法

适用于检查亚硫酸盐还原梭菌计数≤10g(mL)及含有受损伤的亚硫酸盐还原梭菌的加工

食品。

①增菌:选用适宜的三个连续稀释的样液,从每个样液中分别吸取 1mL,一式三份地接种于 3 管装有庖肉培养基的试管中,接种后上面覆盖一层无菌的液体石蜡,37℃ ±1℃培养 24～72h。待出现生长特征(培养液浑浊、产气、出现异味)后,进行镜检。反之,则报告阴性。

②分离培养:增菌培养物 1mL 置于灭菌的培养皿中,倾注约 15mL45℃的亚硫酸铁琼脂。仔细将接种物和培养基充分混匀,待其凝固后,再倾注 10mL 同样的培养基作为隔层,于37℃ ±1℃厌氧培养 24～48h。生成的暗灰色或黑色菌落,进行证实试验;反之,则报告阴性。

③结果计算:计数每个稀释度得到的阳性反应管数。利用 MPN 表,由阳性管数估算每克(毫升)试样中亚硫酸盐还原梭菌最近似值。结果报告如下:估计亚硫酸盐还原梭菌数/g(mL)。

(3)证实试验

①形态观察:取庖肉培养物涂片,镜检,作革兰氏染色,检查培养物细菌形态。亚硫酸盐还原梭菌为革兰氏阳性杆菌,单个散在,成对、成小链状或并列地聚堆存在。产芽孢时,芽孢呈卵圆形或球形,位于中央、次终端或终端。

②过氧化氢酶试验:在洁净载玻片上滴 1 滴培养物,再滴加 1～2 滴 3% 的过氧化氢。出现小气泡说明有过氧化氢酶活性。亚硫酸盐还原梭菌不形成过氧化氢酶。

四、无芽孢厌氧菌检验

(一)分布

无芽孢厌氧菌包括一大群专性厌氧繁殖、无芽孢的菌属,包括革兰阳性和阴性的球菌和杆菌。它们广泛分布于人和动物的皮肤、口腔、胃肠道和泌尿生殖道,是人体正常菌群的重要组成部分。同时也是人体的条件致病菌,常引起内源性混合感染。无芽孢厌氧菌种类繁多,如乳杆菌、丙酸杆菌、丁酸杆菌、普雷沃菌、脆弱类杆菌、消化链球菌、产黑色素普雷沃菌等。多引起内源性感染。这些菌污染食品后,可在特殊条件下生长繁殖,使食品受到污染。对这类细菌的检验主要依靠细菌的形态、染色性、菌落特征、色素、溶血性及生化反应等对细菌进行鉴定。

(二)微生物学检验方法

1. 初步鉴定

无芽孢厌氧菌的鉴定可依据革兰染色镜检结果、菌体形态、菌落特征(形态、大小、色素、荧光等)以及对某些抗生素的敏感性等进行初步鉴定。

(1)形态与染色:形态与染色对厌氧菌的鉴定极为重要,但应注意厌氧菌的染色可受到培养基种类和培养时间的影响。由于培养时间长,可使革兰染色阳性变为阴性,从而作出错误判断。

(2)菌落特性:包括菌落的形态、大小、色素、溶血以及荧光等,均对厌氧菌的鉴定具有一定的参考价值。

(3)色素:产黑色素普雷沃菌与不解糖紫单胞菌培养 2～10d 后,可产生黑普雷沃菌褐色或黑色色素;龋齿放线菌培养 2～10d 后可产生粉红色色素;奈氏放线菌延长培养时间可产生黄褐色色素。

（4）荧光：产黑色素普雷沃菌与不解糖紫单胞菌的某些菌株的菌落，在紫外线（360nm）的照射下可发出红色荧光；梭杆菌的菌落常发出黄绿色荧光。

（5）抗生素敏感性鉴定试验：常用的抗生素纸片有卡那霉素（1 000μg）、万古霉素（5μg）和多黏菌素（10μg），一般抑菌环直径<10mm，可视为耐药。如根据对卡那霉素的敏感性，可区别梭杆菌属（敏感）与类杆菌属（多数耐药）；对万古霉素敏感而对多黏菌素耐药，可能为革兰阳性厌氧菌，反之则可能为革兰阴性厌氧菌，这有助于一些可能被染成革兰阳性的幼龄产黑色素普雷沃菌的鉴定。

（6）聚茴香脑磺酸钠（SPS）敏感试验：可用于快速鉴定厌氧消化链球菌，该菌对50g/mL的SPS特别敏感，而其他革兰阳性球菌则对SPS耐药。

2. 快速鉴定

用快速试验能迅速鉴定出下列细菌。

（1）脆弱类杆菌：本菌对卡那霉素、万古霉素耐药，20%胆汁（或2g/L胆盐）可促进其生长。绝大多数细菌触酶试验阳性。

（2）产黑色素普雷沃菌和不解糖紫单胞菌：这两类细菌对卡那霉素、万古霉素耐药。在生产色素之前有红色荧光，但一旦菌落变黑则荧光消失。

（3）具核梭杆菌：菌体呈梭状是本菌的最大特征。吲哚试验阳性，酯酶试验阴性，在20%胆汁中不生长，某些菌落呈珍珠样光斑点或毛玻璃状外观，用放大镜观察易于看见。一些菌落可呈面包屑状。本菌对卡那霉素、万古霉素耐药。

（4）痤疮丙酸杆菌：此菌触酶试验和吲哚试验均阳性。若发现触酶试验阳性，而吲哚试验阴性的革兰阳性杆菌，则可能是迟钝优杆菌或黏液优杆菌。

（5）小韦永球菌：此菌为革兰阴性小球菌。具有还原硝酸盐为亚硝酸盐的能力，借此可与其他革兰阴性相鉴别。

（6）厌氧消化链球菌：此菌为革兰阳性球菌，菌体常呈球杆菌。此菌对SPS特别敏感，据此可与其他革兰阳性球菌相鉴别。

3. 最终鉴定

必须依据生化反应、终末代谢产物的检测及分子生物学方法等来确定菌种。

（1）生化试验：包括多种糖类发酵试验、吲哚试验、硝酸盐还原试验、触酶试验、卵磷脂酶试验、酯酶试验、蛋白溶解试验、明胶液化试验、胆汁肉汤生长试验及硫化氢试验等。其试验方法除常规方法外，还有如VITEK-ANI、MicroScan-ANI等自动化细菌鉴定系统。

（2）细菌终末代谢产物的检测：Guillaumie（1956）等观察到，细菌的终末代谢产物中有甲酸、乙酸、丙酸和丁酸等，细菌的种类不同，其代谢产物各异。Beerens等（1962）根据上述观察，提出应用细菌发酵葡萄糖产生的挥发性脂肪酸的类型来鉴定细菌，以解决分类中的定种问题。如需氧菌和兼性厌氧菌只能产生乙酸，若检测出其他短链脂肪酸，如丙酸和丁酸等则提示为厌氧菌。目前利用气液相色谱法分析厌氧菌的终末代谢产物，已成为鉴定无芽孢厌氧菌中较可靠的方法之一。

（3）分子生物学方法：利用核酸杂交技术、PCR等分子生物学方法。可对一些重要的无芽孢厌氧菌做出迅速和特异性诊断。

第九章 其他检验项目

第四节　食品中常见腐败菌的检测

一、假单胞菌属(*Pseudomonas*)

(一)分布

假单胞菌属是假单胞菌科的代表菌属。本属细菌种类很多,达 200 余种,多数为腐生菌,少数为植物和动物的寄生菌。假单胞菌属广泛分布于土壤、水、人及动物的体表、口腔和肠道及一系列食品中。本菌属于条件致病菌,可引起尿路、呼吸道感染及脑膜炎、耳炎及肺炎等全身性疾病。通常认为假单胞菌不是一种食源性致病菌,不会引起食源性感染;但在适当条件下在食品中大量繁殖可造成食品的腐败变质,如在肉制品中大量繁殖,可引起肉制品表面发绿、变黏和腐败。

(二)生物学特性

假单胞菌为革兰氏阴性、有运动性的直杆菌或弯曲菌,大小一般为$(1.5 \sim 4)\,\mu m \times (0.5 \sim 1)\,\mu m$。最适生长温度 35℃,严格需氧,触酶试验阳性,大部分氧化酶实验阳性。DNA 中 $G + C$ 含量为 58% ~71%。假单胞菌对营养要求不高,在普通琼脂培养基上生长良好,少数假单胞菌能产生多 β - 羟基丁酸盐,一些菌能产脂肪酶,有些在特殊培养基上能产生荧光化合物。

(三)检验原理

采用 CFC 琼脂培养基(cetrimide, fucidin and cephaloridine agar)分离假单胞菌。CFC 琼脂培养基是由 King's 培养基改良的,但比 King's 培养基更具特异性,也比其他用于从水中分离假单胞菌的早期改良培养基更具有特异性。由于 CFC 琼脂培养基中加入了抗生素添加物,因此具有强选择性,可允许所有产色素和不产色素嗜冷假单胞菌生长,并可产生荧光色素。

(四)检验方法

1. 培养基与材料

CFC 琼脂、基础培养基。

2. 假单胞菌的计数方法

(1)对培养基和检测方法采用经过合格验证的阳性菌株(如绿脓杆菌)和阴性菌株(如金黄色葡萄球菌)进行阳性质控和阴性质控。

(2)用样品稀释液(0.1% 蛋白胨 +0.85% 氯化钠)制备样品初始悬液。

(3)用稀释液对样品初始悬液进行系列 10 倍梯度稀释。

(4)取适当稀释度的样品悬液 0.1mL 涂布 CFC 琼脂平板。

(5)25℃需氧培养 24 ~48h。

(6)在 24h 和 48h 时,在紫外灯下检查有细菌生长。

(7)直接计数 CFC 琼脂平板上生长的菌落。

3. 结果报告

计算并报告出每克或每平方厘米样品含假单胞菌数（CFU/g 或 CFU/cm²）。

二、热杀索丝菌（*Brochothrix thermosphacta*）

（一）分布

热杀索丝菌是一种非食源性致病菌，于 1951 年首先被从香肠和碎猪肉中分离出来，是一种重要的肉及肉制品腐败菌，特别是真空包装的冷藏肉制品中的腐败菌。热杀索丝菌是一种耐受性相对较强的微生物，能耐受高盐（10%）、高亚硫酸盐和低 pH（5.5～6.5），可在冷藏温度下生长。热杀索丝菌可以在真空包装的肉中生长，对热灵敏，在熏制等熟制品加工过程中，如果肉内温度达到 68～70℃时不能存活。对于真空包装的肉制品，热杀索丝菌的生长情况很大程度上取决于包装内有效氧的含量。当有氧时，热杀索丝菌会成为腐败菌系中的优势菌；而厌氧时，乳酸菌属会成为优势菌。

（二）生物学特性

热杀索丝菌是一种兼性厌氧的革兰氏阳性杆菌，无运动性，无芽孢。菌体形态有规则的杆状至球杆状，通常呈单个、短链或呈折叠成节的长丝状。最适生长温度 20～25℃，发酵葡萄糖产生乳酸。其他的生物学特性还包括触酶阳性，甲基红试验阳性，V－P 试验阳性，在 35℃下不能生长。通过采用过触酶试验可以把热杀索丝菌与乳杆菌区别开。

（三）检验原理

从肉及肉制品中分离热杀索丝菌不需进行增菌，链霉素乙酸亚铊放线菌酮（STAA）琼脂可用作选择分离培养基。STAA 琼脂的选择性是基于热杀索丝菌对高浓度硫酸链霉素（500mg/L）具有抗性，另外放线菌酮和乙酸亚铊也可抑制酵母菌的生长。

（四）检验方法

1. 培养基与试剂

链霉素乙酸亚铊放线菌酮（STAA）琼脂、营养琼脂、触酶试剂（3% 过氧化氢）。

2. 热杀索丝菌计数方法

（1）使用标准阳性菌株和标准阴性菌株（如粪肠球菌）对培养基和方法进行质控。

（2）用稀释液（0.1% 蛋白胨 +0.85% 氯化钠）制备样品初始悬液。

（3）用稀释液对样品初始悬液进行系列 10 倍梯度稀释。

（4）取适当稀释度的样品悬液，每个稀释度涂布接种两个 STAA 平板，每板接种 0.1mL 样液。室温静置 15min，使液体吸收到琼脂内。

（5）22～25℃有氧条件下培养 48h。

（6）选择适当稀释度样品的接种平板（15～300 个菌落），计数所有菌落数。

（7）从计数过的菌落中选择 20～30 个可疑性菌落进行确证实验。

3. 确证实验

通过确证实验可将样品中含有的热杀索丝菌与乳酸菌、区别开来。

（1）触酶试验：将选择的 20～30 个可疑菌落接种营养琼脂平板进行纯化培养，22～25℃培养 18～24h 后进行触酶试验。热杀索丝菌触酶试验阳性，而乳酸菌触酶试验为阴性。

（2）氧化酶试验：对疑似菌落再进行氧化酶试验。热杀索丝菌氧化酶试验阴性，而黄杆菌属氧化酶试验为阳性。

（3）革兰氏染色、镜检：对氧化酶试验阴性的菌株再进行革兰氏染色、镜检。氧化酶阴性的革兰氏阴性菌为假单胞菌，氧化酶阴性的革兰氏阳性菌为热杀索丝菌。

统计触酶阳性、氧化酶阴性和革兰氏阳性的菌落数，计算出热杀索丝菌所占的比例。

4. 结果报告

根据热杀索丝菌所占的比例及样品稀释倍数，计算出每克或每平方厘米样品含热杀索丝菌数（CFU/g 或 CFU/cm^2）。

三、黄杆菌属（*Flavobacterium*）

（一）分布

黄杆菌属在自然界中分布很广，广泛分布在土壤、空气、淡水和海水中。包括水生黄杆菌（*F. mizutaii*）、短黄杆菌（*F. breve*）、芳香黄杆菌（*F. odoratum*）、嗜糖黄杆菌（*F. multivorum*）、嗜醇黄菌（*F. spiritivorum*）、嗜温黄杆菌（*F. thalpophilum*）和薮内黄杆菌（*F. yabuuchiae*）等。黄杆菌属不是人体正常菌群，但某些健康人的皮肤、口腔黏膜、呼吸道均可检出，为机会致病菌。在食品中，可引起多种食品如贝壳类、禽、鱼、蛋、乳等腐败变色。

（二）生物学特性

黄杆菌属为革兰氏阴性杆菌，长 1.0～3.0μm，宽 0.5μm，无鞭毛，无动力，严格需氧代谢。触酶、氧化酶、磷酸酶均阳性。绝大多数菌株产生不溶性黄色素。细菌可分解某些碳水化合物，产酸，但不产气。不消化琼脂。有机化能营养。DNA 中 G＋C 含量为 31%～42%。

（三）微生物学检验

1. 培养基与材料

血琼脂平板、麦康凯琼脂平板、触酶试剂（3% 过氧化氢）。

2. 黄杆菌的计数方法

（1）用样品稀释液（0.1% 蛋白胨＋0.85% 氯化钠）制备样品初始悬液。

（2）用稀释液对样品初始悬液进行系列 10 倍梯度稀释。

（3）取适当稀释度的样品悬液涂布血琼脂及麦康凯琼脂平板。

（4）35℃需氧培养 24～48h。

（5）直接计数在血平板上形成中等大小、圆形、光滑、湿润、微凸、不溶血、边缘整齐的淡黄色菌落，随培养时间的延长，色素由淡黄色、黄色至金黄色。

3. 确证实验

（1）氧化酶试验阳性，触酶试验阳性。

（2）与其他菌属相区别：产生黄色素是本菌重要特征，但是坂崎肠杆菌、聚团肠杆菌、嗜麦芽假单胞菌等细菌也可产生黄色素。所以在鉴定时须注意其相互区别。利用氧化酶试验与产黄色素的肠杆菌科细菌相区别;利用动力试验与产黄色素的假单胞菌相区别。

（3）属内各菌种的鉴定:利用表中列的各菌种的生化反应特性即可把 7 个菌种区别开。最简便的方法是使用其中的乳糖、甘露醇、木糖、七叶苷、硝酸盐还原、麦芽糖 6 个试验即可达到种间互相鉴别的目的(见表 9 – 13)。

表 9 – 13　常见黄杆菌主要生化培养特性

试验	水生黄杆菌	短黄杆菌	芳香黄杆菌	嗜糖黄杆菌	嗜醇黄杆菌	嗜温黄杆菌	薮内黄杆菌
动力	-	-	-	-	-		-
氧化酶	+	+	+	+	+	+	+
葡萄糖氧化	+	+		+	+	+	+
乳糖氧化	-	-		+	+	+	+
吲哚试验	+	+		-	-	-	-
分解尿素	-	-	+	+	+	+	+
七叶苷水解	+	-	-	+	+	+	+
明胶液化	+	+	+	-/+	+/-	+	+
42℃生长	-/+	-	-/+	-	-/+	+	+
产黄色色素	+	+	+	+	+		+

注: +,阳性; -,阴性; -/+,多数阴性,少数阳性; +/-多数阳性少数阴性。

4. 结果报告

根据所占的比例及样品稀释倍数,计算出每克或每平方厘米样品含黄杆菌数(CFU/g 或 CFU/cm²)。

四、产碱杆菌属(Alcaligenes)

(一)分布

产碱杆菌属为腐生菌,包括粪产碱杆菌、芳香产碱杆菌和去硝化产碱杆菌,最常见的为粪产碱杆菌。产碱杆菌属均为动物肠道的正常寄生菌,随粪便排出污染土壤和水域。可引起肉、乳、蛋、鱼、贝类和其他食物发黏变质。在人的创伤感染、脓肿、败血症中常检出。其致病性尚未完全证实。

(二)生物学特性

产碱杆菌为革兰氏阴性的短杆菌或球菌,有时呈弧形,常单在。有时成对或链状排列,具周身鞭毛,能运动,一般无荚膜。专性需氧,生长最适温度为 20～37℃,在 pH7.0 时生长较快,对营养要求不高,能在普通培养基上生长。在肉汤中培养 24h,呈均匀浑浊,表面形成薄膜,管底会形成黏性沉淀,不易散摇。在麦康凯、中国蓝和 S－S 琼脂平板上形成无色透明的菌落,但少数菌株在 S－S 琼脂上不能生长。在血琼脂平板上可形成灰色、扁平、边缘菲薄的较大菌落。在含有蛋白胨的肉汤中产氨,能使 pH 上升到 8.6 以上。产碱杆菌属细菌氧化酶和触酶试验均为阳性,能利用枸橼酸盐,部分菌株能还原硝酸盐,不分解糖类,在 O/F 培养基上呈碱性反应。不产生吲哚和 H₂S,不液化明胶,V－P 和 MR 实验阴性。

第九章　其他检验项目

321

（三）微生物学检验

1. 培养基与材料

普通血琼脂平板、麦康凯琼脂平板。

2. 产碱杆菌的计数方法

（1）用样品稀释液（0.1%蛋白胨+0.85%氯化钠）制备样品初始悬液。

（2）用稀释液对样品初始悬液进行系列10倍梯度稀释。

（3）取适当稀释度的样品悬液涂布血琼脂及麦康凯琼脂平板。

（4）35℃需氧培养18~24h。计数在血琼脂平板上形成的灰白色菌落,在麦康凯琼脂平板上形成的无色透明菌落。

（5）生化鉴定:氧化酶、过氧化氢酶试验阳性,不分解任何糖类,动力和枸橼酸盐试验阳性,不产生尿素酶、靛基质、甲基红与V-P试验阴性,不液化明胶,不产生H$_2$S。

3. 确证实验

（1）三种产碱杆菌的鉴别:三种产碱杆菌在普通琼脂平板上经24h培养,去硝化产碱杆菌可产生直径为0.5mm的圆凸、边缘整齐、有光泽的菌落。芳香产碱杆菌则形成直径为1~1.5mm的中间凸起而边缘菲薄的菌落。粪产碱杆菌介于二者之间。粪产碱杆菌的特点是芳香味,在血平板上菌落呈α溶血,边缘呈弥散状。粪产碱杆菌不能在6.5%氯化钠肉汤中生长。参照表9-14可达到种间鉴别。

表9-14 常见产碱杆菌主要生化培养特性

	粪产碱杆菌	芳香产碱杆菌	去硝化产碱杆菌
氧化酶	+	+	+
触酶	+	+	+
麦康凯琼脂	+	+	+
S-S琼脂	+/-	+	+/-
溴烷铵	-/+	+/-	+/-
分解糖类	-	-	-
尿素酶	-	-	-/+
硝酸盐还原	-/+	-	+
气味	-	水果香	-
苯丙氨酸脱氨酶	-	-	-
乙酰胺水解	-/+	-	+
七叶苷水解	-	-	-
醋酸盐利用	+/-	+	+/-
枸橼酸盐利用	+	+	+
明胶液化	-	-/+	-

注:+,阳性;-,阴性;-/+,多数阴性,少数阳性;+/-,多数阳性,少数阴性。

（2）与产碱假单胞菌的鉴别:采用鞭毛染色区别产碱假单胞菌。粪产碱杆菌周身鞭毛,产碱假单胞菌一端鞭毛。

4. 结果报告

根据所占的比例及样品稀释倍数,计算出每克或每平方厘米样品含产碱杆菌数(CFU/g 或 CFU/cm^2)。

五、不动杆菌属($Acinetobacter$)

(一)分布

不动杆菌属是一群不发酵糖类的革兰氏阴性杆菌,为腐生菌,广泛存在于水、土壤、动物和人的肠道中,另外在人伤口感染、脑膜炎、中耳炎等病的检材中也常发现。此菌是鱼、贝类和其他食物的腐败变质菌之一,在食品的卫生上有着重要意义。

(二)生物学特性

不动杆菌呈球状或球杆状,大小为 $2\mu m \times 1.2\mu m$,无芽孢,无鞭毛,无动力,常成对排列,也有单个存在的,有时呈短链,偶尔可见到菌体呈丝状。革兰氏阴性。专性需氧。在普通培养基上生长良好,最适生长温度为 $30 \sim 35℃$,但有些菌株能在 $42℃$ 生长。不动杆菌氧化酶阴性,触酶阳性,硝酸盐阴性,该属菌种在初代培养时常呈球形菌体,当生长在含有青霉素或头孢菌素以及次级增殖培养时,即可证实是杆菌。

(三)微生物学检验

(1)将样品进行增菌培养。

(2)增菌液在血琼脂、S－S 琼脂、麦康凯琼脂平板上分离培养。

(3)35℃需氧培养。

(4)形态与染色检查:菌落呈革兰氏阴性球杆菌,单个或成双排列,有时呈丝状或链状。在麦康凯琼脂平板上 35℃ 培养 $18 \sim 24h$,形成粉红色菌落,48h 后菌落呈深红色,部分菌株呈黏液性菌落。血平板上经 $35 \sim 37℃$ 培养 24h 后,形成硝酸盐阴性无动力菌落,直径为 $2 \sim 3mm$,劳菲不动杆菌较小,$0.5 \sim 1.0mm$,菌落均呈凸起圆形,光滑、边缘整齐,灰白色,有的有黏性。10% $\sim$ 20% 菌株产生宽大的溶血环。有些菌株产生难闻的气味。能在麦康凯琼脂培养基上生长,硝酸盐阴性不动杆菌形成粉红色菌落,劳菲氏不动杆菌形成黄色菌落。部分菌株可在 S－S 琼脂培养基上生长,极少数菌株产生棕黄色或棕色可溶性色素。在氰化钾培养基上,硝酸盐不动杆菌能生长,而劳菲氏不动杆菌则不能。在肉汤中呈均匀浑浊生长,有菌膜及沉淀。不能在溴化十六烷三甲胺培养基上生长。

(5)生化鉴定:氧化酶试验阴性,过氧化氢酶阳性,葡萄糖 O/F 为 +／－,硝酸盐还原试验阴性,42℃时生长。不产生靛基质和 H_2S,MR 及 V－P 试验阴性。硝酸盐阴性不动杆菌可氧化葡萄糖、木糖产酸(经 $1 \sim 2d$),对 1% 乳糖与麦芽糖部分菌株迟缓分解(3d 以后),但在 1% 的乳糖琼脂斜面上产酸(1 $\sim$ 3d),对甘露醇与蔗糖不分解。劳菲氏不动杆菌则不分解任何糖类。不动杆菌能利用枸橼酸盐,大多数菌株不分解尿素。所有的生物型均能水解吐温 －80。对抗生素有明显的耐药性,能产生青霉素酶,对红霉素、氯霉素、四环素、链霉素耐药,对新霉素、羧苄青霉素及多黏菌素敏感。

(6)鉴别性检验:见表 9 – 15。

表 9 – 15 不动杆菌与类似细菌比较

	硝酸盐阴性不动杆菌	劳菲氏不动杆菌	绿脓杆菌	产碱杆菌
氧化酶	–	–	+	+
H₂S	–	–	– / +	–
靛基质	–	–	–	–
动力	–	–	+	+
硝酸盐还原	–	–	+	– / +
葡萄糖	+	–	+	
木胶糖	+	–	+	
乳糖	(+)	–	–	
麦芽糖	(–)	–	–	
甘露糖	–	–	–	
蔗糖	–	–	–	
精氨酸水解	–	–	+	
S – S 培养基生长	+ / –	+ / –	+	+
尿素酶	+ / –	–	+	+
利用枸橼酸盐	+	+ / –	+	+

六、沙雷氏菌属(Serratia)

(一)分布

沙雷氏菌属是肠杆菌科的一个菌属,广泛分布于水、土壤、蚕体、牛乳和各种食物中。食品被严重污染后,在适宜的条件下,可导致食品的腐败变质,使其表面变红变黏。包括黏质沙雷氏菌(S. marcescens)、液化沙雷氏菌(S. 1iqucfaciens)、无花果沙雷氏菌(S. ficaria)、普利芳斯沙雷氏菌(S. plymufhica)、芳香沙雷氏菌(S. odorifera)、嗜线虫沙雷氏茵(S. enfomophila)、及红色沙雷氏菌(S. rubideae)7 个种。

(二)生物学特性

沙雷氏菌为革兰氏阴性以周生鞭毛运动的小杆菌,一些菌株有荚膜。能利用枸橼酸盐或醋酸盐作为唯一碳源。许多菌株产生粉色、红色或深红色素。发酵葡萄糖稍产气或不产气,发酵纤维二糖、肌醇和甘油不产气。木糖和阿东醇的发酵特性不稳定。MR 试验阴性,V – P 试验通常阳性。不利用丙二酸盐和藻朊酸盐,不分解果胶酸盐。通常不分解尿素,但也有些菌株能弱分解。产生脱氧核糖核酸酶。

(三)微生物检验

(1)将样品划线接种在血平板和肠道弱选择性培养基上。

(2)分别置 25℃、35℃培养。根据染色及形态学观察初步鉴定。

（3）生化鉴定：生化反应为多数菌株发酵葡萄糖产酸或产酸产气。产生 DNAse（脱氧核糖核酸酶）、明胶酶和脂酶。不产生苯丙氨酸脱氨酶和脲酶，不产生硫化氢。详见表 9 – 16。

表 9 – 16　沙雷氏菌属的生化反应

阿拉伯糖	侧金盏花醇	卫矛醇	葡萄糖(产气)	肌醇	乳糖	甘露醇	水杨苷	蔗糖	靛基质	甲基红	V–P试验	枸橼酸盐	明胶(22℃)	氰化钾	苯丙氨酸脱氨酶	脱氧核糖核酸酶	丙二酸钠	赖氨酸脱羧酶	精氨酸双水解酶	鸟氨酸脱羧酶
−	不定	−	+	不定	不定	+	+	+	−	+/−	+	+	+	+	−	+	−	+	−	+

（四）鉴别检验

沙雷氏菌属需注意与邻近类似的菌属相鉴别，见表 9 – 17。

表 9 – 17　沙雷氏菌与类似菌的鉴别

试验项目	粘质沙雷氏菌	肺炎克雷伯氏菌	产气肠杆菌	阴沟肠杆菌
DNA 酶	+	−	−	−
灵菌红素 22(一)	db	−	−	−
明胶液化	+	d	−/(＋)	d
赖氨酸脱羧酶	+	+	−	−
鸟氨酸脱羧酶	+	−	+	+
精氨酸双水解酶	−	−	−	+

注：＋:90%以上菌株阳性；(＋):75%～89%菌株阳性；d:26%～74%菌株阳性；−:90%以上菌株阴性；
db:区分生物变种的实验。

七、微球菌属（Micrococcus）

（一）分布

微球菌属细菌因为广泛分布于自然界，土壤、水中，以及人类的皮肤和呼吸道。包括藤黄微球菌（M. luteus）、玫瑰微球菌（M. roseus）、不动微球菌（M. sedentarius）、易变微球菌（M. varians）、活动微球菌（M. agilis）、盐生微球菌（M. halopius）、西宫微球菌（M. nishinomiyaensis）、莱拉微球菌（M. lylae）、克微球菌（M. kristinae）9 个种。这些菌在食物中生长后能使食品变色。有些微球菌能在低温环境中生长，引起冷藏食品的腐败变质。

（二）生物学特性

微球菌属细菌形态为细胞球形，革兰阳性，直径 $0.5 \sim 3.5\mu m$，成对、四联或成簇出现，但不成链。罕见运动，不产生芽孢。严格需氧，营养要求不高。在普通营养平板上菌落常形成圆形、凸起、光滑不透明、白色或黄色、粉红色的菌落。菌落有黏性，不易混悬于盐水中。在液体培养液中均匀浑浊生长。某些菌株能产生色素,如藤黄微球菌(*M. luteus*)产生黄色色素,玫瑰微球菌(*M. roseus*)产生粉红色色素。具呼吸化能异养菌,氧化分解糖类,对糖常产少量酸或不产酸,主要为乙酸,完全氧化后可产生二氧化碳和水。不产生吲哚,不液化明胶。触酶阳性,氧化酶常常是阳性的,但很弱。可在5%氯化钠中生长,含细胞色素、抗溶菌酶。最适温度25~37℃。DNA中C摩尔百分含量为64~75%。模式种:藤黄微球菌。

(三)微生物检验

1. 将样品划线接种于血液琼脂平板。

2. 35℃培养18~24h后,根据菌落特点、革兰氏染色、氧化发酵试验等对本属细菌加以确定。并按表9-18进行定种。

表9-18 微球菌主要生化培养特性

特性	活动微球菌②	盐生微球菌	克微球菌	藤黄微球菌	莱拉微球菌	西宫微球菌	玫瑰微球菌	不动微球菌	易变微球菌
菌落颜色	红色	无色	淡橙	黄色	奶白	橙色	粉红或橙色	奶白或黄色	黄色
运动性	+	−	−	−	−	−	+	−	−
产酸:葡萄糖	−	+	−	−	−	d	+	−	+
甘油	−	+	+	+	−	−	−	−	−
甘露糖	−	+	−	−	−	−	−	−	−
乳糖	−	+	−	−	−	−	−	−	−
水解七叶苷	+	ND	+	+	−	+	+	−	+
明胶	+	−	−	−	+	+	−	+	+
硝酸盐还原试验	−	−	−	−	−	d	+	−	+
精氨酸双水解酶	−	−	−	−	−	−	−	+	−
生长:7.5% NaCl	−	+	+	+	+	−	+	+	+
营养琼脂	−	+	+	+	+	+	+	+	+

注:① +:>90%菌株为阳性;d:11%~89%菌株为阳性;−:>90%菌株为阴性;ND:无测定;②:在培养中加5% NaCl。

②在培养基中加5% NaCl。

八、脂环酸芽孢杆菌属(*Alicyclobacillus*)

(一)分布

脂环酸芽孢杆菌属通常主要分布于高酸的热环境、土壤及水果加工产品中,如苹果、橘子、芒果等。模式种为酸热脂环酸芽孢杆菌(*Alicyclobacillusacidocaldarius*)。该属的酸土脂环芽孢杆菌(*A. acidoterrestris*)、酸热脂环芽孢杆菌(*A. acidocaldarius*)等可以引起巴氏灭菌果汁的腐败,产生难以接受的气味,引起果汁腐败变质的主要是它的代谢产物。在腐败初期,产品并不出现明显的胀包或酸败,但该菌代谢产物在万亿分之一浓度就会使果汁口感风味变劣,产生浊度升高乃至形成白色沉淀等质量危害。脂环酸芽孢杆菌属是引起果汁、酸性饮料,尤其是巴氏灭菌果汁腐败变质的主要因素。

(二)生物学特性

脂环酸芽孢杆菌(*Alicyclobacillus*)是脂环酸芽孢杆菌属,革兰氏阳性(仅有一株为革兰氏阴性),形态为杆状的芽孢杆菌。45℃需氧培养 1~2d,即在固体培养基上形成明显的菌落。菌落形态一般为圆形饱满、乳白色、半透明或不透明,直径为 0.5~5mm。在某些特殊的培养基中不能生长,如:酸土环脂芽孢杆菌不能生长于含胰酪蛋白胨、牛肉汤琼脂的培养基中,甚至 pH 达到 3.5 时也无法生长。

可在高温、高酸的条件下生存,最适生长温度为 42~53℃,生长 pH2.0~6.0。当 pH<4 时便形成芽孢,芽孢呈椭圆形,端生或次端生,有时会使营养细胞膨大,菌体宽 0.35~1.1μm、长 2~6.3μm,该芽孢的耐热能力为 85℃56min,90℃15min,95℃2.4min。因此,巴氏杀菌机不能除去此菌。

触酶、脲酶试验阳性,液化明胶、可以水解淀粉、利用氮源、氧化酶、V-P 试验阴性,不产生吲哚。

(三)微生物检验

菌落计数原理:样品经热处理,去除样品中的非耐热杂菌,取适量样液用 0.45μm 滤膜过滤后,将滤膜贴于培养基中,培养后进行菌落计数,必要时可于显微镜下检查芽孢。

1. 浓缩汁样品处理

(1)以无菌操作分别取 10mL 浓缩汁于两个 15mL 灭菌的试管中,其中一管插入温度计,作为温度控制管。

(2)将两个样品管置于 80℃±1℃的水浴中,观察温度控制管中温度计的温度,当温度计读数达到 80℃±1℃时,开始计时,维持 13min。水面应高于试管中的样品。

(3)取出后迅速冷却至室温。

(4)用 90mL 的灭菌蒸馏水将热处理过的样品转入灭菌容器中,摇匀。将稀释后的样品溶液用 0.45μm 的滤膜真空过滤。也可根据样品的污染情况,选择合适的稀释度进行过滤。

2. 清汁、水样品处理

(1)分别取 150mL 清汁(或水)于两个已灭过菌的玻璃样品瓶中,同上操作。

(2)样品冷却至室温,用 0.45μm 的滤膜真空过滤。也可根据样品的污染情况,选择合适的稀释度进行过滤。

3. 浊汁样品处理

(1)分别取 20mL 浊汁于两个已灭过菌的试管中,同上操作。

(2)样品冷却至室温,用 0.45μm 的滤膜真空过滤。也可根据样品的污染情况,选择合适的稀释度进行过滤。

4. 培养与计数

(1)用灭菌的镊子,将过滤膜从过滤器上取下放在 K 氏培养基上,保证滤膜与培养基接触,不能留有气泡。

(2)倒置于 40~41℃恒温培养箱中,可在恒温培养箱底部放置一个有水的盘子,以调整恒温培养箱的湿度,培养 5d。

（3）培养结束后，记录该培养温度下滤膜上的菌落数。脂环酸芽孢杆菌在 K 氏培养基上的菌落大多为奶油色，轻微的凸起，不透明。报告结果：CFU/10mL。

必要时，可进行生理生化鉴定。

5. 生化鉴定

可采用 API 50CHB 鉴定系统或常规生理生化试验鉴定。但脂环酸芽孢杆菌的部分菌株之间糖利用情况的差异并不显著，往往需要进一步的鉴定。

6. 快速检测方法

可采用 PCR 等分子生物学技术对其进行快速检测。

参 考 文 献

［1］James M. Jay，Martin J. Loessner，David A. Golden. Modern food microbiology［M］. 7th ed. Berlin：Springer，2012.

［2］Omar A. Oyarzabal，Steffen BacKert. Microbial food safety［M］. Berlin：Springer，2005.

［3］Anna McElhatton，Richard Marshall. Food safety［M］. Berlin：Springer，2007.

［4］雷质文，姜英辉，梁成珠，等. 食源微生物检验用样品的抽取和制备手册［M］. 北京：中国标准出版社，2010.

［5］陈江萍. 食品微生物检测实训教程［M］. 杭州：浙江大学出版社，2011.

［6］李志明. 食品卫生微生物检验学［M］. 北京：化学工业出版社，2009.

［7］张伟，袁耀武. 现代食品微生物检验技术［M］. 北京：化学工业出版社，2007.

［8］全国认证认可标准化技术委员会. GB/T 27405 - 2008《实验室质量控制规范 食品微生物检测》理解与实施［M］. 北京：中国标准出版社，2009.

［9］王云国，李怀燕. 食品微生物检验内容及其动向［J］. 中国食物与营养，2010，12：14 - 17.

［10］蒋原. 食源性病原微生物检测指南［M］. 北京：中国标准出版社，2010.

［11］刘绍军. 食源性病原微生物及防控［M］. 北京：中国轻工业出版社，2006.

［12］李蓉. 食源性病原学［M］. 北京：中国林业出版社，2008.

［13］吴文礼. 食品微生物学进展［M］. 北京：中国农业科学技术出版社，2002.

［14］雷质文. 食品微生物实验室质量管理手册［M］. 北京：中国标准出版社，2006.

［15］张伟，袁耀武. 现代微生物检测技术［M］. 北京：化学工业出版社，2007.

［16］王兰兰. 临床免疫学和免疫方法［M］. 北京：人民卫生出版社，2000.

［17］陶义训. 免疫学和免疫学检验.［M］. 北京：人民卫生出版社，2001.

［18］李成文. 现代免疫学技术.［M］. 上海：上海科学技术出版社，1992.

［19］方莹. 免疫胶体金技术及其在微生物检测中的应用［J］. 中国卫生检验杂志，2006，16（11）：1399 - 1401.

［20］严华. 胶体金免疫层析技术的应用与展望［J］. 微生物学免疫学进展，2005，33（3）：86 - 89.

［21］焦奎，张书圣. 酶联免疫分析技术及应用［M］. 北京：化学工业出版社，2004.

［22］朱立平，陈学清. 免疫学常用检测方法［M］. 北京：人民军医出版社，2000.

［23］吴乃虎. 基因工程原理［M］. 北京：科学出版社，1998.

［24］萨姆布鲁克 J，拉塞尔 D W. 分子克隆实验指南（第三版）［M］. 北京：科学出版社，2002.

［25］奥斯伯，布伦特，金斯顿，等. 精编分子生物学指南［M］. 北京：科学出版社，1998.

［26］杨洋，张伟，袁耀武，等. PCR 检测乳品中金黄色葡萄球菌［J］. 中国农业科学，2006，39（5）：990 - 996.

[27] 吴阳升,罗淑萍. 一种新的高校快速核酸恒温扩增方法——LAMP 法[J]. 生物技术,2004,14(4):76-78.

[28] Notomi T,Okayama H,Masubuchi H,et al. Loop-mediated isothermal amplification of DNA[J]. Nucleic Acids Res,2000,28,e63.

[29] 肖斌,朱永红,邹全明. 简便敏感的环介导等温扩增基因诊断新技术[J]. 中华检验医学杂志,2005,28(7):761-763.

[30] 王晶. 食品安全快速检测技术[M]. 北京:化学工业出版社,2002.

[31] 鲍敏杭,吴宪平. 集成传感器[M]. 北京:国防工业出版社,1987.

[32] 张先恩. 生物传感器技术原理与应用[M]. 长春:吉林科学技术出版社,1991.

[33] 邓家祺. 生物传感器[J]. 科学,1998,49(4):26-29.

[34] 马立人,蒋中华. 生物芯片[M]. 北京:化学工业出版社,2001.

[35] 彭志英. 食品生物技术[M]. 北京:中国轻工业出版社,1999.

[36] 任恕. 膜受体与传感器[M]. 北京:科学出版社,1996.

[37] 陈广全,张惠媛,曾静. 食品安全检测培训教材微生物检测[M]. 北京:中国标准出版社,2010.

[38] 周建新. 食品微生物学检验[M]. 北京:化学工业出版社,2011.

[39] 李志明. 食品卫生微生物检验学[M]. 北京:化学工业出版社,2009.

[40] 李松涛. 食品微生物检验学[M]. 北京:中国计量出版社,2005.

[41] 曹际娟. 食品微生物学与现代检测计数[M]. 大连:辽宁师范大学出版社,2006.

[42] 江汉湖. 食品微生物学[M]. 北京:中国农业出版社,2005.

[43] 中华人民共和国卫生部. GB 4789.2—2010 食品安全国家标准食品微生物学检验菌落总数测定[S]. 北京:中国标准出版社,2010.

[44] 中华人民共和国卫生部. GB/T 4789.3—2010 食品安全国家标准食品微生物学检验 大肠菌群计数[S]. 北京:中国标准出版社,2010.

[45] 中华人民共和国卫生部 中国国家标准化管理委员会. GB/T 4789.39—2008 食品卫生微生物学检验 粪大肠菌群计数[S]. 北京:中国标准出版社,2008.

[46] 中华人民共和国卫生部. GB 4789.38—2012 食品安全国家标准食品微生物学检验 大肠埃希氏菌计数[S]. 北京:中国标准出版社,2012.

[47] 马原,刘虹. 几种粪大肠菌群检测方法的比较[J]. 黑龙江环境通报,2010,34(3):43-45.

[48] 熊海燕. 菌落总数检测技术研究进展[J]. 粮食与油脂,2010,4:42-44.

[49] 句立言,杨立秋,王世平,等. 大肠菌群检测技术研究进展中国初级卫生保健[J]. 2008,22(5):55-56.

[50] 何国庆,贾英民,丁立孝. 食品微生物学(第2版)[M]. 北京:中国农业大学出版社,2009.

[51] 柳增善. 食品病原微生物学[M]. 北京:中国轻工业出版社,2007.

[52] 李志明. 食品卫生微生物检验学[M]. 北京:化学工业出版社,2009.

[53] 中华人民共和国卫生部. GB 4789.4—2010 食品安全国家标准 食品微生物学检验沙门氏菌检验[S]. 北京:中国标准出版社,2010.

[54]中华人民共和国国家质量监督检验检疫总局. SN/T 2415—2010 进出口乳及乳制品中沙门氏菌快速检测方法 实时荧光 PCR 法[S]. 北京:中国标准出版社,2010.

[55]中华人民共和国国家质量监督检验检疫总局. SN/T 2754.3—2011 出口食品中致病菌环介导恒温扩增(LAMP)检测方法 第 3 部分:志贺氏菌[S]. 北京:中国标准出版社,2011.

[56]李庆山. 副溶血性弧菌所致食物中毒的研究进展[J]. 中国卫生检验杂志,2009,19(2):461-463.

[57]刘威,邹大阳,尹志涛,等. 基于颜色判定的环介导恒温扩增法快速检测副溶血性弧菌[J]. 中国科学-生命科学,2011,10:1037-1041.

[58]中华人民共和国卫生部 中国国家标准化管理委员会. GB/T 4789.7—2008 食品卫生微生物学检验 副溶血性弧菌检验[S]. 北京:中国标准出版社,2008.

[59]中华人民共和国国家质量监督检验检疫总局. SN/T 2754.5—2011 进出口食品中致病菌环介导恒温扩增(LAMP)检测方法 第 5 部分:副溶血性弧菌[S]. 北京:中国标准出版社,2011.

[60]中华人民共和国国家质量监督检验检疫总局. SN/T 2424—2010 进出口食品中副溶血性弧菌快速鉴定及检测方法:实时荧光 PCR 方法[S]. 北京:中国标准出版社,2010.

[61]黄岭芳,赖卫华,张莉莉. 食品中金黄色葡萄球菌快速检测方法的研究进展[J]. 食品与机械,2009,25(6):181-185.

[62]巢国祥,焦新安,周丽萍,等. 食源性金黄色葡萄球菌流行特征产肠毒素特性及耐药性研究[J]. 中国卫生检验杂志,2006,16(8):904-907.

[63]李一松,韩希妍,赵凤,等. Taqman 探针实时 PCR 检测金黄色葡萄球菌的研究[J]. 食品与发酵工业,2008,34(5):156-161.

[64]中华人民共和国卫生部. GB 4789.10—2010. 食品安全国家标准 食品微生物学检验 金黄色葡萄球菌检验[S]. 北京:中国标准出版社,2010.

[65]李荔枝,胡萍. 快速检测食品中金黄色葡萄球菌及其肠毒素型的研究进展[J]. 江西农业学报,2011,23(8):144-146.

[66]吴福平,邵景东,姚卫蓉,等. 食品中 β-溶血性链球菌检验技术的研究[J]. 中国国境卫生检疫杂志,2010,33(1):47-49.

[67]中华人民共和国卫生部 中国国家标准化管理委员会. GB/T 4789.11—2003 食品卫生微生物学检验 溶血性链球菌检验[S]. 北京:中国标准出版社,2003.

[68]中华人民共和国国家质量监督检验检疫总局. SN/T 2754.9—2011. 出口食品中致病菌环介导恒温扩增(LAMP)检测方法 第 9 部分:溶血性链球菌[S]. 北京:中国标准出版社,2011.

[69]林霖,兰全学,祝仁发,等. 荧光 PCR 快速检测 A、C、G 群溶血性链球菌[J]. 食品工业科技,2012,(08):78-82.

[70]沙拉麦提·吐尔逊太,高涛,阿依夏木,等. 李斯特菌及其危害研究进展[J]. 地方病通报,2006,21(2):97-100.

[71]王福. 单核细胞增生李斯特菌研究进展[J]. 口岸卫生控制,2011,16(5):50-53.

[72]沈晓盛,郑国兴,李庆,等. 食品中单核细胞增生李斯特菌的危害及其检测[J]. 食品与发酵工业,2004,30(8):87-91.

[73]江汉湖. 食品微生物学[M]. 北京:中国农业出版社,2005:534 – 535.

[74]中华人民共和国卫生部. GB 4789. 30—2010,食品安全国家标准　食品微生物学检验　单核细胞增生性李斯特氏菌检验[S]. 北京:中国标准出版社,2010.

[75]中华人民共和国国家质量监督检验检疫总局. SN/T 2754. 4—2011,出口食品中致病菌环介导恒温扩增(LAMP)检测方法　第4部分:单核细胞增生李斯特菌[S]. 北京:中国标准出版社,2011.

[76]徐德顺,沈月华,俞明华,等. 食品中单核细胞增生李斯特菌PCR快速检测方法[J]. 现代预防医学,2007,34(16): 3040 – 3041.

[77]冯家望,吴小伦,王小玉,等. 多重一巢式PCR检测食品中单增李斯特菌研究[J]. 中国国境卫生检疫杂志,2007,30(1): 56 – 59.

[78]中华人民共和国卫生部. GB 4789. 4—2010,食品安全国家标准　食品微生物学检验　沙门氏菌检验[S]. 北京:中国标准出版社,2010.

[79]中华人民共和国卫生部. GB 4789. 5—2012,食品安全国家标准　食品微生物学检验　志贺氏菌检验[S]. 北京:中国标准出版社,2012.

[80]中华人民共和国卫生部　中国国家标准化管理委员会. GB/T 4789. 6—2003,食品卫生微生物学检验　致泻大肠埃希氏菌检验[S]. 北京:中国标准出版社,2003.

[81]中华人民共和国卫生部　中国国家标准化管理委员会. GB/T 4789. 8—2008,食品卫生微生物学检验　小肠结肠炎耶尔森氏菌检验[S]. 北京:中国标准出版社,2008.

[82]中华人民共和国卫生部　中国国家标准化管理委员会. GB/T 4789. 9—2008,食品卫生微生物学检验　空肠弯曲菌检验[S]. 北京:中国标准出版社,2008.

[83]中华人民共和国卫生部　中国国家标准化管理委员会. GB/T 4789. 12—2003,食品卫生微生物学检验　肉毒梭菌及肉毒毒素检验[S]. 北京:中国标准出版社,2003.

[84]中华人民共和国卫生部. GB 4789. 13—2012,食品安全国家标准　食品微生物学检验　产气荚膜梭菌检验[S]. 北京:中国标准出版社,2012.

[85]中华人民共和国卫生部　中国国家标准化管理委员会. GB/T 4789. 14—2003,食品卫生微生物学检验　蜡样芽孢杆菌检验[S]. 北京:中国标准出版社,2003.

[86]中华人民共和国卫生部　中国国家标准化管理委员会. GB/T 4789. 29—2003,食品卫生微生物学检验　椰毒假单胞菌酵米面亚种检验[S]. 北京:中国标准出版社,2003.

[87]中华人民共和国卫生部　中国国家标准化管理委员会. GB/T 4789. 31—2003,食品卫生微生物学检验　沙门氏菌、志贺氏菌和致泻大肠埃希氏菌的肠杆菌科噬菌体检验方法[S]. 北京:中国标准出版社,2003.

[88]中华人民共和国卫生部　中国国家标准化管理委员会. GB/T 4789. 36—2008,食品卫生微生物学检验　大肠埃希氏菌 O157: H7/NM[S]. 北京:中国标准出版社,2008.

[89]中华人民共和国卫生部. GB 4789. 15—2010. 食品安全国家标准食品微生物学检验霉菌和酵母计数[S]. 北京:中国标准出版社,2010.

[90]中华人民共和国国家质量监督检验检疫总局. SN/T 2566—2010. 食品中霉菌和酵母菌的计数　Petrifilm™测试片法[S]. 北京:中国标准出版社,2010.

[91]中华人民共和国卫生部、中国国家标准化管理委员会. GB/T 4789. 16—2003. 食品卫生微生物学检验常见产毒霉菌的鉴定[S]. 北京:中国标准出版社,2003.

[92]中华人民共和国卫生部.GB 2761—2011.食品安全国家标准食品中真菌毒素限量[S].北京:中国标准出版社,2011.

[93]中华人民共和国国家质量监督检验检疫总局.SN/T1035—2011.进出口食品中产毒青霉属、曲霉属及其毒素的检测方法[S].北京:中国标准出版社,2011.

[94]葛琳.黄曲霉毒素检测方法[J].科技创新与应用,2012,1:35 – 36.

[95]黄良策,程建波,郑楠,等.牛奶中黄曲霉毒素 M_1 检测方法研究进展[J].食品分析导刊,2012,3:39 – 41.

[96]王桂才.黄曲霉毒素 B_1 检测方法的研究分析[J].食品研究与开发,2012,33(4):239 – 240.

[97]John Christian Larsen,Josephine Hunt,Irène Perrin,et al. Workshop on trichothecenes with a focus on DON:summary report [J].Toxicology Letters,2004,153:1 – 22.

[98]樊平声,沙国栋,沈培银,等.脱氧雪腐镰刀菌烯醇毒性和检测方法研究进展[J].检验检疫学刊,2010,20(1):39 – 41.

[99]Pingsheng Fan,Xanjun Zhang,Mingguo Zhou. Incidence of Trichothecenes on Wheat – based Foodstuff from Nanjing,China[J]. International Journal of Environmental Analytical Chemistry,2009,89(4):269 – 276.

[100]马易怡,郭红卫.毛细气相色谱方法检测谷物及豆类中脱氧雪腐镰刀菌烯醇[J].中国卫生检验杂志,2007,17(5):789 – 790,889.

[101]邓舜洲,游淑珠,许杨.脱氧雪腐镰刀菌烯醇酶联免疫检测方法的建立[J].食品科技,2006,8:222 – 224.

[102]孟瑾,黄菲菲,吴榕,等.高效液相色谱法测定苹果及山楂制品中的展青霉素[J].上海农业学报,2009,25(1):27 – 31.

[103]刘功良,陶嫦立,白卫东,等.农产品中展青霉素检测的研究进展[J].安徽农业科学,2011,39(10):6084,6092.

[104]周继恩,吴平谷.GC/MS 法测定苹果汁和山楂制品中展青霉素[J].中国卫生检验杂志,2010,20(12):3237 – 3238,3241.

[105]王少敏,郑荣,俞灵,等.HPLC – MS/MS 法测定中药材枳壳中展青霉素[J].中国卫生检验杂志,2011,21(7):1593 – 1594.

[106]王雄,赵旭博,吴继宗,等.免疫亲和柱净化高效液相色谱荧光法测定调味品中赭曲霉毒素 A[J].农产品加工·学刊,2010,12:91 – 95.

[107]宗楠,李景明,张柏林.检测葡萄酒中赭曲霉毒素 A 的 SPE – HPLC 方法优化[J].中国酿造,2011,4:32 – 35.

[108]毛丹,郑荣,王柯,等.HPLC 法测定谷类食品中的赭曲霉毒素 A[J].中国卫生检验杂志,2010,20(1):53 – 55.

[109]杨琳,马良.免疫学法检测赭曲霉毒素 A 研究进展[J].粮食与油脂,2010,1:33 – 35.

[110]傅武胜,邱文倩,郑奎城,等.药食两用类食品中赭曲霉毒素 A 的高效液相色谱 – 荧光检测方法[J].食品科学,2011,32(14):298 – 302.

[111]庞凌云,祝美云,李瑜.玉米赤霉烯酮检测方法研究进展[J].粮食与油脂,2009,7:39 – 41.

[112]牟钧,潘蓓,杨军,等.胶体金免疫层析法快速测定玉米和小麦中玉米赤霉烯酮[J].粮油食品科技,2011,19(5):43-45.

[113]王元凯,王君,严亚贤.玉米赤霉烯酮检测方法研究进展[J].中国公共卫生,2009,25(9):1100-1101.

[114]张刚.乳酸细菌——基础、技术和应用[M].北京:化学工业出版社,2007.

[115]孟祥晨,杜鹏,李艾黎,等.乳酸菌与乳品发酵剂[M].北京:科学出版社,2009.

[116]孟昭赫.乳酸菌与人体健康[M].北京:人民卫生出版社,1993.

[117]熊宗贵.发酵工艺原理[M].北京:中国医药科技出版社,2001.

[118]包启安.酱油科学与酿造技术[M].北京:中国轻工业出版社,2011.

[119]岳田利,胡贻椿,袁亚宏,等.脂环酸芽孢杆菌(*Alicyclobacillus*)分离鉴定研究进展[J].食品科学,2008,29(2):487—492.

[120]陈世琼,胡小松,石维妮,等.浓缩苹果汁生产过程中脂环酸芽孢杆菌的分离及初步鉴定[J].微生物学报,2004,44(6):816—819.